中国城市科学研究系列报告

中国城市规划发展报告

2016—2017

中国城市科学研究会 编

中国建筑工业出版社

图书在版编目（CIP）数据

中国城市规划发展报告 2016—2017/中国城市科学
研究会编. —北京：中国建筑工业出版社，2017.7
（中国城市科学研究系列报告）
ISBN 978-7-112-20871-5

Ⅰ.①中… Ⅱ.①中… Ⅲ.①城市规划-研究报告-
中国-2016~2017 Ⅳ.①TU984.2

中国版本图书馆 CIP 数据核字（2017）第 124140 号

责任编辑：刘婷婷 王 梅
责任校对：焦 乐 李欣慰

中国城市科学研究系列报告
中国城市规划发展报告
2016—2017
中国城市科学研究会 编

*

中国建筑工业出版社出版、发行（北京海淀三里河路9号）
各地新华书店、建筑书店经销
北京佳捷真科技发展有限公司制版
大厂回族自治县正兴印务有限公司印刷

*

开本：787×1092毫米 1/16 印张：27¼ 字数：532千字
2017 年 7 月第一版 2017 年 7 月第一次印刷
定价：**88.00** 元
ISBN 978-7-112-20871-5
（30526）

编委会成员名单

序　言
城市如何让生活更美好

　　纵览世界各国城市化进程，城市建设带动了现代化建设，改善了人民生活。然而，相伴而来的空气污染、交通拥堵等，也给人民生活增添了困扰。改革开放以来，我国城镇化快速推进，对社会发展和民生改善的带动作用十分显著，但在一些城市也出现了城市病。城市如何让生活更美好？从根本上说，应在充分尊重城市发展规律的基础上科学推进城市建设。

　　坚持经济、社会、文化、生态效益并重。长期以来，我国城市建设从属于经济建设，为经济建设服务。这在特定历史背景下有其必要性，但在我国已成为世界第二大经济体、人民对美好生活有更多期盼的新发展阶段，则应从城市规划环节开始就牢牢坚持经济、社会、文化、生态效益并重，特别是处理好城市建设与自然、经济、历史传承之间的关系，让城市有活力、有文化、有魅力。从城市与自然的关系来看，出现生态问题的症结在于城市没有实现绿色发展，也就谈不上美好生活。从城市与经济的关系来看，城市是区域经济的龙头，应着力提升竞争力，实现城市建设和经济发展良性互动。从城市与历史文化的关系来看，城市应成为文化传承发展的平台和人们有归属感、自豪感的栖息地，尊重历史传承，促进社会进步，让城市魅力不断增值。

　　建设安全宜居的"弹性城市"。城市让生活更美好的基本前提是安全。由于人口密度大、设施和功能集中，城市运行机能比较脆弱，发生灾害时受到的损失更大。我国大多数城市是按照工业化模式建设的，基础设施建设相对集中，增加了城市面临的风险。建设"弹性城市"，是破解城市安全困境的有效途径。所谓弹性，是指有较强的消化吸收外界干扰的能力，并且遭遇灾害后能够快速恢复原有的结构、特征和功能。分布式的能源、通讯、垃圾与污水处理系统等，是弹性城市的特征之一，也是进入生态文明阶段城市建设的趋势。

　　以新发展理念提升城市吸引力。创新、协调、绿色、开放、共享的新发展理念，是发展新阶段提升城市竞争力和吸引力的重要指引。哪个城市创新创业环境好、宜居性好、包容性好，哪个城市就能吸引人才。能够吸引人才的城市，科技、资金、信息等也会随之而来。落实新发展理念，建设开放创新、包容共享的宜居城市，有利于更好集聚人才和激发人的创造性。拿农民工市民化来说，应努力在户籍、就业、教育、医疗等方面让农民工享受与市民同等的待遇，做好农民工社保转移接续工作，促进机会均等，提高城市的流动性和包容性。

促进大中小城市和小城镇协调发展。国际上可持续发展水平较高的国家，大中小城市基本呈正态分布，而且分工明确：超大规模城市集聚国际高端生产要素，在全球范围内进行资源配置和商品交换；一般大型城市和中等城市集聚区域生产要素，在区域内进行资源配置和商品交换；小城市则集聚周边农村生产要素，成为农民、农业的服务基地。城市的规模不同，功能定位就不同。完善城市功能，既要找准城市各自发展定位，又要提升协同发展能力。不应把城市建设片面理解为城市规模扩大，而应通过建设宜居宜业条件更好的中小城市和小城镇来疏解超大城市的人口与功能，缓解城市病。城市发展方向应由做大转向做精、由扩容转向提质，持续提升城市宜居品质、服务功能和综合竞争力。

作者简介：

仇保兴，博士，国务院参事，住房和城乡建设部原副部长，中国城市科学研究会理事长，中国社会科学院、同济大学、中国人民大学、天津大学博士生导师。

前　言

　　2016年是"十三五"规划的开局年和全面落实中央城市工作会议的第一年，更是城乡规划领域深化改革与创新的一年。2016年2月6日正式发布的《中共中央 国务院关于进一步加强城市规划建设管理工作的若干意见》（中发〔2016〕6号）确定了"十三五"乃至未来一段时间中国城市发展的"时间表"和"路线图"，提出要强化城市规划工作，依法制定城市规划、严格依法执行规划。9月1日住房和城乡建设部召开全国城乡规划改革工作座谈会，明确城市规划改革的目标是对接国家空间规划体系的建立，抓紧时间落实中央提出的具体要求。回顾2016年，我国城乡规划工作聚焦于城市总体规划、"多规合一"、城市设计、城市修补生态修复、历史文化街区划定等重点领域的规划制度改革，各种新的思想与理论研究持续活跃，在试点的基础上各地的改革创新实践普遍推开，围绕国家的政策方针和热点问题，城乡规划行业在过去的一年取得了不凡的成绩。

　　本年度报告紧密联系现阶段我国城市规划工作的重点领域和焦点、热点问题，以综合篇、技术篇和管理篇三个部分，汇总了一年来国内有关新型城镇化、城市规划技术和城市规划管理等方面的优秀理论与实践研究成果，具体包括新型城镇化发展、城市规划改革、区域规划与区域协同发展策略（城市群规划、国家新区规划）、国家"一带一路"战略、多规合一与规划空间体系重构、海绵城市规划、城市更新策略、大数据对城市规划的影响、城市设计的发展与设计方法等热点问题的研究探索，城市规划许可制度的转型及影响、城市地下管线规划管理机制、地下空间规划编制体系构建、城乡规划法规标准体系的优化策略等方面的研究成果，以期对各地城市规划管理制度建设、城市规划技术创新和应用提供有益的参考。此外，报告还介绍了一年来国家城乡建设主管部门在城乡规划管理与督察工作、风景名胜区与世界自然遗产规划建设管理、海绵城市、城市地下管线规划建设与城市设计等方面工作的开展情况。

　　本报告的素材来源包括：2016年在《城市规划》《城市规划学刊》《城市发

展研究》《规划师》《地理学报》等核心刊物上发表的内容符合本报告特点，具有前瞻性、创新性的部分较高水平的学术论文；相关部门对城市规划相关领域 2016 年工作开展情况的总结与评述；2016 年中国城市规划年会等规划领域重要会议上的主题报告和论文；还有部分向专业院所和权威专家特约的专题研究成果。

本期报告的编制得到了诸多单位和专家领导的支持，在此要特别感谢住房和城乡建设部城乡规划司、城市建设司、城市管理监督局、中国城市规划设计研究院、住房和城乡建设部城乡规划管理中心、中国城市规划学会、中国城市规划协会、北京市城市规划设计研究院，《城市规划》编辑部、《城市规划学刊》编辑部、《城市发展研究》编辑部、《规划师》编辑部、《地理学报》编辑部、《中国建设报》编辑部等单位的大力支持。

目 录

序言　城市如何让生活更美好
前言

加快城乡规划改革　推进城市治理能力现代化

——黄艳同志在全国城乡规划改革工作座谈会上的讲话

当前，我们处于具体落实中央城市工作会议精神、《中共中央国务院关于进一步加强城市规划建设管理工作的若干意见》以及党中央、国务院提出的生态文明建设、建立空间规划体系等战略部署的重要时期，责任非常重大。我们要清醒地看到制度性安排一定要改革，否则就落实不了中央的要求。在这个关键阶段，城乡规划改革的方向在哪里？改革的抓手是什么？如何才能牵城乡规划改革的牛鼻子？如何使规划作为龙头舞起来？我们需要聚焦最急迫的工作，确保能够接得住、对得上中央的改革要求。

一、落实中央精神，推动规划改革

中央城市工作会议后，各省、自治区、直辖市及一些城市的党委、政府也都召开了城市工作会议，把中央城市工作会议的要求落实在当地党委、政府的工作计划中，这是一个非常好的大环境，我们要借助这个环境，把一些关系到改革的具体工作落到实处。首先重温一下中央的要求。

（一）中央对改革的要求

2013 年 11 月，中央城镇化工作会议提出"建立空间规划体系，推进规划体制改革，加快规划立法工作。要由扩张性规划逐步转向限定城市边界、优化空间结构的规划。要保持连续性，不能政府换一届，规划就换届。编制空间规划要多听取群众意见、尊重专家意见，形成后要通过立法形式确定下来，使之具有法律权威性。"

2014 年，习近平总书记在北京市规划展览馆考察时强调："规划在城市发展中起着重要引领作用，考察一个城市首先看规划，规划科学是最大的效益，规划失误是最大的浪费，规划折腾是最大的忌讳。"

2015 年 12 月，中央城市工作会议提出"统筹规划、建设、管理三大环节，提高城市工作的系统性""要综合考虑城市功能定位、文化特色、建设管理等多种因素来制定规划。规划编制要接地气，可邀请规划企事业单位、建设方、管理方参与其中，还应该邀请市民共同参与。"中央城市工作会议还提出"要在规划理念和方法上不断创新，增强规划科学性、指导性。要加强城市设计，提倡城市修补，加强控制性详细规划的公开性和强制性。要加强对城市的空间立体性、平面协调性、风貌整体性、文脉延续性等方面的规划和管控，留住城市特有的地域环境、文化特色、建筑风格等'基因'。规划经过批准后要严格执行，一茬接一茬干下去，防止出现换一届政府、改一次规划的现象。""要提升规划水平，增强规划的科学性和权威性，促进'多规合一'，全面开展城市设计。"

（二）中央对建立国家空间规划体系的要求

2012 年 11 月，十八大提出"优化国土空间开发格局""促进生产空间集约高效、生活空间宜居适度、生态空间山清水秀""加快实施主体功能区战略，推动各地区严格按照主体功能定位发展，构建科学合理的城市化格局、农业发展格局、生态安全格局。"

2013 年 11 月，十八届三中全会提出"全面深化改革的总目标是完善和发展中国特色社会主义制度，推进国家治理体系和治理能力现代化""健全自然资源资产产权制度和用途管制制度""建立空间规划体系，划定生产、生活、生态空间开发管制界限，落实用途管制。"

2013 年 12 月，中央城镇化工作会议提出"建立空间规划体系，推进规划体制改革，加快规划立法工作。要由扩张性规划逐步转向限定城市边界、优化空间结构的规划。"

2014 年 3 月，《国家新型城镇化规划（2014-2020 年）》提出"加强与经济社会发展、主体功能区建设、国土资源利用、生态环境保护、基础设施建设等规划的相互衔接。推动有条件地区的经济社会发展总体规划、土地利用规划等'多规合一'""保持权威性、严肃性和连续性，坚持一本规划一张蓝图持之以恒加以落实，防止换一届领导改一次规划。"

2015 年 9 月，中共中央、国务院印发的《生态文明体制改革总体方案》提出建立八项制度，推进生态文明领域国家治理体系和治理能力现代化，其中就有建立空间规划体系。

2015 年 12 月，中央城市工作会议提出"要推进规划、建设、管理、户籍等方面的改革，以主体功能区规划为基础统筹各类空间性规划，推进'多规合一'""要提升规划水平，增强规划的科学性和权威性，促进'多规合一'，全面开展城市设计，完善新时期建筑方针，科学谋划城市'成长坐标'。"

2016 年 2 月，《中共中央国务院关于进一步加强城市规划建设管理工作的若干意见》要求"依法制定城市规划。城市规划在城市发展中起着战略引领和刚性控制的重要作用。""增强规划的前瞻性、严肃性和连续性,实现一张蓝图干到底。""加强空间开发管制,划定城市开发边界,优化城市空间布局和形态功能,确定城市建设约束性指标。""改革完善管理体制,加强城市总体规划和土地利用总体规划的衔接,推进两图合一。在有条件的城市探索规划管理和国土资源管理部门合一。"

通过梳理,可以看出中央对建立国家空间规划体系的思路越来越清晰,要求越来越具体。一是把生态文明放在突出位置,实现国土空间开发格局的优化;二是空间治理体系由空间规划、用途管制、差异化绩效考核等构成;三是空间规划以用途管制为主要手段,以空间治理和结构优化为主要内容;四是下一步要通过规划立法、统筹行政资源,实现国家治理体系的现代化。

(三)当前的突出短板

对照习总书记对改革的要求,对接国家空间规划体系的建立要求,目前城市总体规划还存在一些突出的短板。

一是缺乏市县全域层面的空间统筹。市域有规划区内外的划分,规划编制和管理上都集中关注中心城区,对市域范围的城镇空间没有界定,市域城镇体系规划缺乏空间约束性内容。规划区外的县城、城镇、开发区没有规划统筹、没有刚性管控要求。"重城轻乡",只规划和管理城镇建设用地,对农村集体建设活动引导和管控不足,城乡"两张皮"造成城乡接合部混乱、集体建设用地低效泛滥、违法建设蔓延、城市环境恶化等乱象。

二是事权划分不清。城市总体规划编制内容繁多,刚性管控内容不清,审查审批重点不突出,审批内容和编制、管理、监管内容脱节,国家、省、市、县和镇各级对于规划的事权划分不清。

三是城市总体规划的刚性约束、层级传递不足。目前,控规"架空"总体规划、详细规划违反总体规划的情况比较普遍,总体规划的一些要求和刚性约束没有体现在控规中,底线控制刚性不足,造成大格局大原则无法实现。必要的专项内容刚性不清、指导不明,过于偏重技术,各类专项专业规划"肢解"总体规划,以总体规划为基础的督查机制在事权模糊中进行,成效欠佳,"管得太多太死"与"管不住"并存。

四是城市总体规划实施缺乏公众、同级人大、上级政府监督的路径和手段。总体规划以十年或二十年为长远目标,但在政府以年度计划配置资源和考核的制度中失语,没有提供规划实施过程中可以监督的路径,使得十年规划被年度计划"肢解"。总体规划中缺乏指标体系的管理,使得民生和城市质量的改善大大落后于城市扩张,公共服务设施、交通市政设施、城市生态环境建设不同步。

五是城市总体规划的审批效率低下。总体规划审批周期长，例如国务院审批的108个城市总体规划，规划成果全部报批，把"规划成果"等同于"规划审批内容"，编审不分，导致审查内容繁多、审查耗时过长，按审查意见修改也耗时过长。

六是根据总体规划直接编制控制性详细规划造成城市"碎片化"。特大或超大城市功能分布、空间布局、公共资源配置等需要在片区和单元上先统筹落实和配置，目前规划体系中缺乏这个层次的统筹平台，造成城市在规划实施和建设中的整体性、系统性、协同性出了问题。

同时，我们也应该看到，在建立空间规划体系过程中，规划行业有很扎实的基础：一是有明确的法制基础保障和支撑；二是建立了较为系统的规划编审与管理机制；三是在市县层面打下了坚实的基础；四是培养了大批专业技术管理人员队伍；五是有较为完善和成熟的学科体系。

二、突出工作重点，落实改革任务

改革的目标是对接国家空间规划体系的建立，抓紧时间落实中央提出的具体要求，"树威信、补短板、增能力"，要抓住三个重要突破口开展工作：一是改革城市总体规划"编审督"制度；二是建立城市设计制度；三是建立与完善城市修补生态修复的规划制度。

（一）改革城市总体规划"编制—审批—实施—监督"制度

1. 改革城市总体规划制度的思路

改革规划编制的理念、内容和方法。要做到市域全覆盖，划定城镇空间、生态空间、农业空间，明确城镇开发边界，实现以城市规划和国土利用规划"两图合一"为主的两规合一。通过制定规划目标、指标、划定刚性边界、分区管控的方式，实现总体规划的战略引领、底线刚性约束。重要专项规划简化提炼为明确的刚性要求和管控内容，比如交通、历史文化保护等是总体规划重要的组成部分，不要当作一般的专项规划。总体规划文体表述内容要"法条化"，做到内容清晰明确，可实施、可评估、可考核、可监管。

改革规划审批内容、程序和方法。编制内容和报审内容分离，清晰界定各级政府的规划事权，明确上级政府重点管控内容，并就此进行审批并监管，通过精简上报内容，简化和规范程序，提高审批效率。这不仅对国务院审批的108个城市而言，各省、自治区住房城乡建设厅要抓好各省政府审批城市总体规划的编制和实施管理工作，建立和完善层级规划管理体系。

建立规划实施监督的机制、路径和方式。一是建立审批机关、同级人大、社会公众对城市总体规划实施情况的监督联动机制。二是通过总体规划目标的指标化，建立可以每年监督总体规划实施情况的"体检表"，强化总体规划强制性内容的落实和刚性传导。通过各层级的城乡规划，使总体规划的强制性内容可分解、可落实、可考核，推进规划建设监管相统一。

2. 改革城市总体规划制度的具体方法

围绕"一张图、一张表、一报告、一公开、一督查"，在城市总体规划编制、审查审批、批后监管三个环节上精准发力，形成"五个一"的规划制度和相应的管理机制。

"一张图"是指城市总体规划的空间布局和空间管控图。通过建立"一张图"平台机制实现对市域全覆盖，划定生态空间和城镇空间及开发边界，明确需要保护的空间和可以建设的空间，作为城市总体规划和土地利用总体规划"两规合一"的重要标志。

"一张表"是指城市总体规划的核心指标体系，选择关系到人口资源环境、城市承载力水平的城市规模、土地产出效率、社区综合服务、城市路网密度、绿地率等反映经济、社会、文化和生态文明建设的指标，明确预期性、约束性和时序要求，作为"多规融合"的具体体现。

"一报告"是指以"一张图、一张表"为核心的城市总体规划实施情况的报告。国务院审批城市总体规划的城市政府应将城市总体规划实施情况纳入政府工作考核内容，每年向同级人大常委会报告，每五年开展阶段性评估，并报上级审批机关备案，是落实同级人大对城市总体规划实施监督作用的有效途径。

"一公开"是指定期向社会公布城市总体规划的实施情况，重点是向社会公开"一张表"中的指标完成情况，通过"晒成绩单"，引导地方政府重视总体规划，督促城市政府实施好、落实好城市总体规划，切实将城市总体规划实施对社会公开并接受公众监督。

"一督察"是指上级审批机关对城市总体规划的实施开展督察。围绕城市总体规划实施的重点，特别是重要指标"一张表"完成情况，上级审批机关将适时开展专项督察或重点抽查。同时，通过派驻城市的规划督察员，利用遥感监测手段等，对"一张图"的空间管控底线等进行督察，及时发现和纠正问题，强化政府的层级监督。

最后要建立规划管理的数据平台，完善基础信息数据库，建立科学的信息管理系统，加强与相关部门的联系，统筹整合各类规划，衔接基础数据、分类标准和用地边界，形成协同管理的统一平台。借助平台理顺规划管理体制和工作机制，创新规划管理模式，推动规划审批"放、管、服"改革，实现管理、审批和监督全过程的动态跟踪和实时监控，提高规划行政管理效率和水平。

3. 制定改革城市总体规划制度的相关文件

针对城市总体规划编制、审查和监管，研究起草《城市总体规划编制审批办法》（修订稿）、《城市总体规划审查和修改工作规则》（修订稿）、《城市总体规划实施评估和监督检查工作办法》（征求意见稿）等规章，这三个文件建立了城市总体规划系统性改革的基本制度，目标一致、各有侧重、相辅相成，贯穿了从规划编制、审批、修改到实施评估、监管的各个环节。同时，为指导各地做好2030年新版城市总体规划编制，按照《城市总体规划编制审批办法》（修订稿），并借鉴北京市2030年、上海市2040年城市总体规划上报成果，起草《城市总体规划法定内容及说明》（2030年版），供各地参考。

4. 城市总体规划改革具体工作要求

一是加快出台总体规划改革的三个规章。二是已经开展省、市县空间规划或"多规合一"试点的地方，按照总体规划和空间规划对接的要求抓紧修改完善。三是已经开始编制2030年城市总体规划的城市按照新的要求编制。四是国务院审批总体规划的108个城市，要按照新要求启动新一轮城市总体规划修编的基础工作，为中央要求的空间规划和2030年总体规划编制做准备。

（二）建立城市设计制度

1. 建立城市设计制度的背景

中共中央、国务院《关于进一步加强城市规划建设管理工作若干意见》专门提到增强城市特色、加强城市设计。城市设计是改变千城一面、彰显特色风貌的有效工具，是塑造地域特性、民族特征和时代风范建筑的有效途径。推进城市设计要加强制度化建设，使城市设计真正成为管控手段。目前，很多地方城市设计工作做得很好，包括天津、宁波等，例如宁波东部新城以城市设计作为管理依据，效果很好。城市设计对于不同区域的管控要求都不一样，例如老城区、风貌协调区，还有一些重要街道和特殊功能区。城市设计对管理精细化的要求非常的高，各地要积极稳妥推进。

2. 关于《城市设计管理办法》

制订《办法》的目的是为积极稳妥推进城市设计工作，完善与建设管理。一是明确工作定位。城市设计是规划工作的重要内容，是落实、指导建筑设计、塑造城市特色风貌的有效手段。通过城市设计，从整体平面和立体空间上统筹城市建筑布局、协调城市景观风貌，体现城市的地域特征、民族特色和时代风貌。二是明确工作原则。城市设计工作应当贯穿于建设管理全过程，遵守国家有关法律法规，符合上位规划和相关标准；应当尊重城市发展规律，坚持以人为本，保护自然环境，传承历史文化，优化城市形态，创造宜居公共空间；应当根据所在城市的经济社会发展水平、资源条件和管理需要，因地制宜，逐步推进。

编制城市总体规划，应当设立专门章节，确定城市风貌特色，优化城市形态格局，明确公共空间体系，建立城市景观框架，划定城市设计的重点地区。历史城区、历史文化街区、重要的更新改造地区，以及城市中心地区、交通枢纽地区、重要街道和滨水地区等能够集中体现和塑造城市文化、风貌特色，具有特殊价值、特定意图的地区，应当被划定为城市设计的重点地区。重点地区必须开展城市设计，要从塑造景观特色，明确空间结构，组织公共空间，协调市政工程等方面，提出建筑高度、体量、风格、色彩等控制要求，并作为该地区控制性详细规划的基本依据。重点地区以外地区在编制城市控制性详细规划时，应当因地制宜明确景观风貌、公共空间和建筑布局等方面的原则要求。

3. 工作要求

第一，各城市要分层次有重点开展城市设计。既考虑城市整体格局，也考虑局部地区空间形态；既要研究城市风貌特色总的定位，也要谋划一些重要街道特色。把城市中最能代表城市文化、景观风貌、景观意图的地区确定为城市设计重点地区，将其城市设计作为详规依据，其他地区不要求单独编制城市设计。第二，要总结已有实践经验，有效使用好城市设计这个规划手段，避免"铺地毯"式的工作方式。既要总结本城市已有的经验，也要学习其他城市的成功做法，针对实际问题和需要，鼓励因地制宜开展工作。针对不同实施主体，城市设计的深度、管理方式都有所不同，防止过度"消费"而降低城市设计的权威性和严肃性。

（三）建立完善城市修补生态修复的规划制度

1. 建立城市修补生态修复规划制度的重大意义

在我国由外延扩张粗放式发展转向内涵集约高效发展的重要阶段提出城市修补、生态修复，是城镇化和城市发展转型的重要标志，是落实中央关于"要由扩张性规划逐步向限定城市边界、优化空间结构的规划""提倡城市修补"要求的具体工作。城市修补、生态修复是今后很长一段时期工作的主线和主导方向，是"优化存量"和补齐短板的重要方法，是促进建设"以人为本""生态为先"的主要舞台，体现了城市发展模式的转型、治理方式的转型。

2. 城市修补、生态修复的理念

城市生态环境修复是全面综合的系统工程，必须强调系统性，城市内的生态环境具有生态安全性和惠民性双重要求。城市修补不仅是城市空间、环境的修补，更是城市功能的修补。城市修补不仅是建设工程，更是社会和谐和社区共治工作。规划应该以新的方式方法面向社区和居民，必须和社区和居民直接沟通。

城市修补和生态修复要结合城市文化传承和文化建构，增加和提升城市公共场所，保持适宜的街道尺度。要强调补城市短板，把城市基础设施、公共服务设施的欠账补上。城市修补和生态修复工作是加强"规划、建设、管理"一体化最好的实践平台。

3. 工作部署

一是推动开展"城市修补生态修复"工作，在建设中根据生产生活需要，按照更新织补理念，对老旧城区、老旧小区采取设施改建、功能再造、环境整治和生态修复活动。二是研究出台城市修补、生态修复工作的指导意见。

三、近期工作要求

一是启动新一版城市总体规划编制工作。各省、自治区住建厅要指导本省、区内由国务院审批总体规划的城市，按照改革要求做好新一轮总体规划的组织编制工作，推动本省、区内总规改革，从编制、审批、修改到实施评估、监管全过程落实改革要求。已经编制完成总体规划的要补齐短板，没有编的要按新要求抓紧编制 2030 年的总体规划。

二是全面推动本地区规划改革工作。各地要切实推动城乡规划思路转变，认真配合部里做好"四个方面十项改革"任务落实工作，要发挥基层首创精神，因地制宜进行规划改革的深入探索。

三是做好行业的宣传培训工作。做好本地区规划编制、规划管理队伍的培训宣传，使他们及时准确了解城乡规划改革动向，在全行业内上下同心，形成合力。

同志们，城乡规划改革的号角已经吹响，落实中央城市工作会议精神，构建国家空间规划体系，城乡规划工作要顺势而为、锐意进取，通过全流程、全方位的改革，使城乡规划真正成为落实生态文明建设的基础保障、建设宜居城市的战略引领、推进治理体系和治理能力现代化的重要途径。住房和城乡建设部将与大家一道，齐心协力，把城乡规划事业推向前进！

（撰稿人：黄艳，建筑学硕士，教授级高级工程师，住房和城乡建设部副部长，第十一、十二届全国政协委员。）

中国城乡规划学科发展的历史与展望

导语：通过对中国城乡规划学科的社会文化基础、形成过程以及发展至今的历程进行回顾，从学科发展动力、表现形态以及知识特征和知识体系化发展等方面，对中国城乡规划学科发展的基本特征进行了总结，并针对中国城乡规划学科发展中存在的问题，指出未来发展需要进一步努力的方向。论文强调，城乡规划作为应用性学科的发展，要在综合运用各相关学科知识的基础上，加强自身学科知识的生产，并指出知识生产的路径、相应方式以及需要关注的基础性问题，提出中国规划学科知识和成果向其他学科和其他国家输出是中国城乡规划学科进一步发展的重要基础。

一、学科与学科发展研究

学科和社会实践关系密切，但两者分属不同的范畴。就城乡规划❶而言，作为社会实践的城乡规划具有非常悠久的历史，应当起源于人类有意识建设和管理家园的初期，但作为学科，则是非常晚近的事，这一方面是由于"学科"的概念及由此带来的分科制源自于西方，是"西学东渐"而来的成果；另一方面，即使在西方，城乡规划学科也被公认为始自 1909 年，即英国利物浦大学设立城市规划专业和美国哈佛大学设立城市规划研究生培养大纲与规划教授职位之时。

依据学科史研究的历史分期准则，中国城乡规划学科的形成时间可以确定在 1950 年代中期。其标志性的事件主要有：经国家教育主管部门批准"城市规划"专业于 1956 年正式开始招生。标志着大学城乡规划专业教育的确立；中国城市规划学会前身"中国建筑学会城乡制学术委员会"于 1956 年成立，标志着中国城乡规划专业学术团体的形成；《城市规划学刊》的前身《城市建设资料汇编》于 1957 年创刊，这是中国最早的城乡规划专业学术期刊。

中国城乡规划学科的发展，按大的历史时期可以划分成这样几个阶段：一是

---

❶ "城乡规划"作为学科和社会实践的名称，在历史进程中有不同的表达，如"城市规划""都市计划""都市规划""都市计画""市镇设计"或"市乡计划"等，但其基本内涵都是对应于英文的"urban planning"和"city planning"发展而来。这种现象在西方语言中也同样存在，除了以上两词外，"town planning""town and country planning""urban and regional palnning""urban and rural planning"等也常被不同国家和学科在不同时期所选用。

现代学科形成前的阶段，主要指中国本土与城乡规划有关的文化和知识传统，二是学科形成的过程即在"西学东渐"过程中，西方规划知识不断传入，重新组合及至中国规划学科形成的过程；三是在学科成立后的演进、发展过程，期间尽管有调整甚至再构，但知识体系仍具有非常明显的延续性。在这三个阶段中，由于知识结构和体系特征的不同，可以划分成多个时间段，这将在下文中结合内容予以阐述。

二、中国城乡规划学科发展的历程

（一）中国古代城乡规划的知识传统

中国古代知识体系都是以"学在官府""学术专守"的方式建立的，而现代城乡规划所涉及的工作内容在古代则遍布于国家执行统治和管理职能的各个方面（部门）。因此与城乡规划有关的各类知识也散播在各个领域之中，并依此而被传承。如果对这些知识内容进行整理，大致可以包括这样四个方面：

一是以城乡居民点的规模分布、城市形制和城市内各类设施尤其是礼制建筑的布局关系为核心内容，以服务于社会秩序和有序运行为目的的"礼制"的知识，主要依托于儒学而传承，并为各个朝代的律法所强化。

二是以城市（尤其都城）城址选择以及城市内部布局关系为主要内容。融合了自然地理、人文习俗、兵学、交通等要素和与道德论述和政府管理要求等内容相交融的堪舆或舆地学的知识。这类知识在儒家经学体系的道统之中延续，有大量的文献和著述传世，此外还有专门的阴阳学家、风水学家等通过师徒传授等方式相流传。

三是与城乡治理、人口分布等社会组织和统治方式相关的知识。包括先秦时期建立的邦国都鄙制和从人口（家庭）数量出发的社会管制网络❶；秦始皇统一中国后施行郡县制而确立起来的自上而下设置行政建制，从一方行政统治中心的需要出发建城，以及从政府管理和城防制度需要出发组织城市内部各项设施。

四是有关城市营建和营城制度方面的知识，这在《周礼》等典籍中有详尽记载，并一直是后世城市营建的指针。对于士大夫与官僚决策者而言，他们对城市营建的知识更多基于"道"的通识（即所谓"六艺虽殊，其道则一，各专而内通"）。因此典籍和纪述前朝事例的"类书"等是相关知识传统的重要载体。

---

❶ 如《尚书大传》记载的"古之处师，八家而为邻，三邻而为朋，三朋而为里，五里而为邑，十邑而为都，十都而为师，州有伯师焉。"《周礼·地官》所记载的"九夫为井，四井为邑，四邑为丘，四丘为甸，四甸为县，田县为都……"，等等。

对具体参与的营建者，除了都城和少数皇家工程由专门负责设计的打样机构负责外，绝大部分的建设都是由水木工匠依据官府和官员的统一安排组织、按照世代形成的固定法式估工建造，这些法式既有政府的规制，也有相当部分是依循着家族传承、师徒传承的方式传承下来的。

（二）中国城乡规划学科的形成阶段

1. 西方规划知识的零星分散引入

西方现代城乡规划在19世纪末、20世纪初开始传入中国。但很显然，由于这个时期西方现代城市规划也还处于形成时期，因此，其传入的过程和方式与其他学科有较大的差异。就整体而言，早期与城乡规划相关联的知识是裹挟在其他相关学科中分散地传入的，其中最主要的两个途径：一是以道路工程、市政工程为主的土木工程类学科，因其内容的相关性而涉及城乡规划的内容。在大学教育中，1910年代末即已出现了名为"城市工程学""市政工程"等课程；一些工程学专家在土木工程类杂志（如《中国工程师学报》《道路月刊》等）上发表城乡规划相关问题的文章，二是有关城市管理的讨论，这是因应地方自治运动的兴起，伴随着对城市公共管理的讨论引入了德、美、法、英等国有关城乡规划等的知识和理论，这类知识主要通过社会类的刊物（如《科学》《进步》《东方杂志》等）的文章而得到传播，撰稿人多为政府官员或社会科学学者。

2. 规划知识向建筑学领域的初步整合

从1920年代中期开始，广州、武汉、南京、上海、天津等城市先后开始了城市政府主导的规划实务工作，其中以《首都计划》和《大上海计划》为代表。这一时期的城市规划，受德国城市拓展规划和美国城市美化运动的影响明显，国民政府后来颁布的《都市计划法》（1939）也是这时期规划实践的提炼。通过这些实务活动，"都市计划"的范畴和领域得到了界定，之前在各学科领域发展的城乡规划内容被统归到建筑学范畴中，并直接决定了学界和社会对城乡规划的理解。

"都市计划"类的课程也开始在建筑类专业教育中出现，如苏州工业专门学校（1924）、中央大学建筑工程系（1928）等。这些课程均以理论讲课为主，专门的规划设计类课程要迟至1937年才出现在天津工商学院建筑工程系的课表上。到抗战结束，城乡规划教育更为明显地脱离土木工程学而集聚到建筑学领域，不仅开设城乡规划课程的院校数量增加，而且教学内容也从理论教育为主发展为理论教育与设计教育并重。与此同时，一些建筑学院校中设置规划教授职位，在学生培养中出现了城乡规划专门化的培养方案，并出现以"都市计划"为论题的学位论文。围绕着战争时期和战后建设，出现了相当数量从中国实际需要和具体问题出发开展的应用性研究，如卢毓骏于 1939 年出版的《防空城市计划与研究》，被迅速地运用到《都市营建计划纲要》等国家政策中；而成立于 1941 年的"国父实业计划研究会"（成员包括了梁思成、鲍鼎、赵祖康、朱皆平等），于 1943~1945 年间发布了《国父实业计划研究报告》和一系列专题报告，如"全国都市建设问题研究大纲""全国城市建设方案""国都问题研究之初步结论"等，则对战后城市建设政策和规划实务工作的开展产生了重要影响。

3. 城乡规划专业的确立

1949 年中华人民共和国成立后，伴随着苏联专家应邀前来帮助指导，尤其是伴随着苏联援助的工业项目建设的开展，城乡规划实务开展和相关制度建设快速发展。这时期的中国城乡规划以苏联模式为基本参照，被认为是国民经济计划的延续，是实施国民经济计划的手段，即在计划、规划两分的状态下，城市规划被定位于"建设规划"的范畴，是对由计划确定的具体建设内容进行空间安排。

对于城乡规划的学科地位，梁思成 1949 年在《文汇报》撰文，介绍了其对清华大学营建学系教育建制的设想：应包括建筑学、市乡规划学、造园学、工业艺术学和建筑工程学五大专业方向。尽管这一设想并未直接付诸实现，但显见其已经注意到城乡规划作为独立专业领域的地位。1952 年院校调整后，同济大学开始筹划在建筑系内设置城市规划专业，但由于苏联并无名为"城市规划"的专业，在当时形势下只能选择最为接近的"城市建设与经营"作为专业名称，并经国家教育部批准自 1952 年起开始正式招生，直至 1956 年国家教育部才将该专业更名为"城市规划"列入招生目录。但在专业名称更改前后，其培养科目并未有大的改变，课程设置也未有调整。前后包括了城市规划原理、城市规划设计、城市建设史、建筑学基础、建筑工程、绿地布置、城市道路、城市给排水等。从这些课程设置以及举办机构来看，"城市规划"专业仍然是以建筑学、市政工程等为核心的，具有较强的设计和工程科学导向。此后不久，重庆建工学院等院校逐步开设城市规划专业，另有一些院校在建筑专业设计城市规划专门化方向。

（三）中国城乡规划学科知识体系演进

1. 规划学科领域的扩展

城市规划专业确立后，规划学科领域在同一框架体系下经历了几个阶段的扩展：

首先是在 1950 年代后期，以批判"形式主义"的苏联规划模式为先导开始强调功能布局，以人民公社规划而探究将发展计划和空间规划相结合并且融为一体的规划方式，这部分知识内容与 1949 年前传播进来的西方现代规划思想有关，而且对改革开放后的城市规划有重大影响。

其次是 1970 年代中期，南京大学、中山大学等地理学类院系参与城市规划专业教育，由此将原先分离在两个学科领域的生产力布局、区域规划与城市规划结合在一起，从而充实了城市规划学科领域。到"文革"结束后的第一批大学招生时，已有 4 所大学开办经济地理方向的城市规划专业。而更为重要的是，两个学科方向的教育内容也同时得到充实完善，工科院校的城市规划专业教育增设了"区域规划""城市工业布局""城市对外交通"等核心课程。地理院校的城市规划教育增加了建筑学、工程学的内容。

改革开放后，规划学科也进入到广泛而快速的领域扩展时期。一是随着各类城市编制和修订城市规划工作的开展，西方现代城市规划的内容和工作方法及其知识基础被逐步运用到实务工作中，相应的规划研究逐渐开展，其中现代建筑运动主导下的新城建设规划是最为重要的载体。二是由不同学科领域发起的有关城市问题和城市发展的讨论，形成了多学科共同研究的局面，各相关学科的内容和成果大量引入规划学科领域，并直接运用到对城市问题解决和城市发展规划的对策和过程中。这些讨论中影响最大的当属由中国自然辩证法研究会发起的全国城市发展战略思想学术讨论会（1982 年），其覆盖的学科领域最为广泛，社会影响力也最大，其倡议建立的中国城市科学研究会（正式成立于 1984 年）至今仍是城市研究的重要学术团体。三是国际交流中关注西方规划学科的发展，从而将实务工作开展和相关学科介入所带来的领域性扩展进行了整合，并以此来改造我国规划学科体系的架构。其中以时任香港大学教授郭彦弘和美国波士顿大学教授华昌宜的讲座以及据此整理发表的文章影响最大，而由中山大学地理系与香港大学城市研究及城市规划中心联合举办的城市规划教育研讨会（1983 年），则以另一种方式推动了这样一个过程。在 1980 年代中期，各规划院校在教学过程中开设了有关城市经济学、城市社会学、城市地理学、城市生态学等方面的课程，这些知识内容逐步成为城乡规划学科知识体系的重要组成部分。

2. 规划学科领域和知识结构的重构

与国家经济体制改革相适应，城乡规划学科在前期不断引入国外和相关学科知识，充实完善规划知识体系的基础上，开始进入整合式的整体改造阶段。这一改造的核心在于，从原先的计划经济体制下建立起来的城乡规划体系向市场经济体制下的转型，并在改革开放初期大量学科知识引入的基础上，实现由建设规划向发展规划的转型。就学科发展而言，这种重构的形成主要体现在以下几个方面。

一是新规划类型的创设和规划体系的再构。中国城市规划体系中的控制性详细规划和城镇体系规划，是在学习、借鉴西方经验的基础上，为适应市场经济体制运行和行政放权后的地区间协调发展管制的需要，而由中国规划界创制形成的。相对而言，控制性详细规划更多是在实务工作过程中逐渐形成的。但在形成过程中所引发的一系列学术讨论，在控规形成和学科发展方面起到了辅助推动的作用。这些讨论所涉及的主题包括城市规划在市场经济中的作用，城市规划体系，城市规划法规与管理、开发控制手段以及由此推动的与土地经济学、城市设计、规划方法论、计算机等新技术运用等方面的关系等，而城镇体系规划则是起始于学术探讨，将西方地理学实证研究的内容转化为指导城市和区域未来发展的规划类型，由认识世界的工具转变为改造世界行动的指导，并将城市化、城市经济、城市职能、城市人口发展、城市规模、城镇空间关系以及区域基础设施工程等综合为一体，经济学、地理学、社会学、行政管理学和城乡规划学等多学科相互交汇融合。

二是在规划领域不断拓展的同时，新知识内容不断引入，促进学科知识结构不断调整。无论在已经相对成熟的实务工作及其研究方面，如总体规划、居住区规划、分区规划、历史文化名城保护等，还是在相对新兴的研究和工作方面，如各种类型的开发区规划以及生态城市、旧城更新、中心商务区发展研究等，结合新的社会经济发展条件和体制转型，在市场与规划、发展与保护社会需求和规划方式、规划手段和制度架构等之间寻找融合和拓展，融会贯通各类相关知识，进而对规划的核心内容、工作方式等进行不断调整和完善。在此过程中，社会学、经济学、心理学、行为学、系统工程、行政管理学、房地产开发等相关知识在城乡规划研究和实务工作中广泛运用，并成为规划应对的重要组成内容和方法手段，从而实现了从学科知识的引入到实务运用的整合。与此同时，到 1990 年代末，城市规划专业核心课程大都已有新版统编教材出版，从而确立了城乡规划学科在市场经济体制下的基本知识结构。

三是学科建制初步完善。从 1980 年代中期开始，城市规划教育管理制度建设不断开展。城市规划作为建筑学的二级学科，在 1989 年成立的高等学校建筑学学科专业指导委员会下设专业指导小组，并参加了 1990 年成立的全国高等学校建筑学专业教育评估委员会组织的专业评估。随着城乡规划学科的发展，1997年和 1998 年全国高等学校城市规划专业教育评估委员会和全国高等学校城市规划学科专业指导委员会相继成立，独立的学科教育管理制度确立。专业指导委员会和评估委员会所确立的专业设置基本条件、教育方案和核心课程目录等，对全国城市规划院校的学科建设和发展起到了规范的作用。从 1990 年代中期开始。中国城市规划师执业制度的建设所确立的执业资格考试科目及其内容，尤其是《城市规划管理与法规》和《城市规划实务》等科目内容。对此后的专业教育产生了重要影响。

3. 规划学科体系的提升与成熟

2001 年，以"21 世纪的城市规划：机遇与挑战"为主题的首届世界规划院校大会在同济大学召开。这次会议由北美、欧洲、亚洲和大洋洲 4 个地区性的规划院校联合会共同发起举办，6 大洲 60 多个国家近千人参加了此次会议。本次会议加强了世界城市规划教育跨地区间的交流，并为推进交流而成立了全球规划教育联合会网络组织。此次会议在中国召开，标志着中国城市规划学科发展所取得的成绩得到了世界性的认同，同时也是中国城市规划学科与国际城市规划学科的一次重要对接。这次会议对中国城市规划学科的发展还发挥了两方面的作用：一是国际学科研究热点也逐渐成为中国城市规划研究的重点，为中国规划学科研究融入国际学科发展搭建了重要平台；二是国内的学者和院校积极加入和参加这些联合会的组织和会议，使中国话题、中国经验以及中国的研究成果更多地出现在世界舞台之上。

学术研究的广度和深度得到拓展，这不仅体现在一些学术议题的发展中，而且也显现在主要的学科领域的发展中。就整体而言，这些学术领域的发展大致经历了三个阶段：第一阶段以引进其他学科概念理论或其他国家经验为主，强调在中国运用或探究的重要性和迫切性；第二阶段以多学科在各自学科背景下的理论性探讨和单方面目标下的策略性研究为主；第三阶段出现多学科交叉的、在地化或问题导向的综合性研究，并形成复合的外部影响，对各相关学科、政府政策的发展发挥作用，有些对国际学界和其他国家的实践产生影响。这其中最具典型意义的是当今国际研究热点——中国城镇化研究和中国向世界输出规划经验最多的历史文化名城保护规划等的发展演变。吴良镛先生从"建筑必须走向科学，要面向中国和世界"的命题出发，于 1987 年提出"广义建筑学"，希望将建筑与社会研究结合起来，并更好地实践专业科学化。之后，进一步拓展理论思考和学术研究，希望能够建立和发展以环境和人的生产与生活活动为基点，研究从建筑到城镇的人工与自然环境的"保护与发展"的学科，由此，于 1993 年提出"人居环境科学"的概念，并于 2001 年出版《人居环境科学导论》，提出以建筑、园林城市规划为核心学科，把人类聚居作为一个整体，从社会、经济、工程技术等多个方面，较为全面、系统、综合地加以研究，集中体现整体、统筹的思想。吴先生在此思想下开展了大量的科学研究和实践工作，将古今中外的学术经验结合了起来，获得了大量理论和实践成果，在国内外获得大量广泛赞誉，并由此获得2011 年度国家最高科学技术奖。

中国城市规划学科经过几十年的建设培育，工程技术、社会科学研究和公共政策有机相融，已经形成了相对独立的理论和方法体系，专业知识结构日趋完整。国务院学位委员会和国家教育部于 2011 年公布新版《学位授予和人才培养学科目录》，将城乡规划学列为一级学科，与建筑学、土木工程等平行列于工学门类下，这也标志着城乡规划学科的发展进入到一个新的阶段。此后，高等学校城乡规划学科专业指导委员会编定了《高等学校城乡规划本科指导性专业规范》（2013），明确提出：城乡规划是以可持续发展思想为理念，以城乡社会、经济、环境的和谐发展为目标，以城乡物质空间为核心、以城乡土地使用为对象，通过城乡规划的编制、公共政策的制定和建设实施的管理，实现城乡发展的空间资源合理配置和动态引导控制的多学科复合型专业。根据国务院学位委员会审定的学科方案，城乡规划学下设六个二级学科，分别是：城乡与区域规划理论和方法、城乡规划与设计、城乡规划技术科学、社区与住房规划、城乡历史遗产保护规划和城乡规划管理。

三、中国城乡规划学科发展的特征

城乡规划学科在过去的一百多年时间中，从无到有，逐步发展，在 1950 年代中期形成独立的专业领域。经过 60 多年的发展，学科的知识结构和知识体系，相应的学科建制逐步完善，形成了独具特色的中国城乡规划学科体系。回顾这 60 多年的学科发展历程，大致可以看到以下特征：

（1）中国城乡规划学科的形成和发展，与城乡规划作为实务工作开展的社会实践及其需要密切相关，在相当程度上是由实务工作所推动的。而作为实务工作的城乡规划的开展，是国家社会经济体制和管理制度的重要组成部分，因此在城乡规划学科的发展历程中，存在着非常明显的制度羁束，整体制度框架对城乡规划学科领域及其知识结构的演进具有较强的外部规定性。

（2）规划学科的知识内容及其基础的发展，呈现出从工程技术到与社会活动和制度建设相结合，知识体系愈加综合，并有不断强化社会科学内涵的趋势。这个过程有国际城乡规划学科发展推动的作用，但中国城乡规划学界结合社会实践的需要、追求知识领域完整性的意识在其中发挥了主导性的作用。

（3）中国城乡规划学科体系的建立与完善，基本上以引进国外城乡规划知识内容及其结构为基础，并且具有不断学习、持续引入的长久性机制。就城乡规划体系而言，中国城乡规划能够从西方各国的规划体系和学科体系中吸取其最为精华的部分为我所用，并且能够较快地将其先进的知识内容、实践成果和经验融入进现有的知识体系之中，从而形成最为包容、相对较为庞大而复杂的架构。

（4）中国城乡规划学科及其知识体系的发展演变，经历了从简单到复杂、从单一到复合的历程，在最近一段时期已经出现内部分化和重新集结的趋向。这既是规划学科涉及领域和知识内容不断扩张、知识体系寻求逻辑自治的结果，同时也是城乡规划学科从专业到二级学科再到一级学科发展的内在特性所决定的，知识领域的进一步区分以及内部结构的再组织并在此基础上的再完善将成为当今乃至今后一段时期学科发展的关键。

（5）中国城乡规划学科发展具有鲜明的实用性导向，自身的学理基础及研究较为薄弱。中国城乡规划学科的专业知识及其基础，主要源自西方，有相当部分是借助于其他相关学科作为桥梁，因此强调从国外、其他学科学习和引入，这与中国城乡规划学科相对后发有关，同时也与中国传统文化和知识演进传统的影响有关。近年来，中国城乡规划领域内的研究性内容有较大的增长和发展。但就整体而言，学科研究与应用研究、基础研究与对策研究。在研究内容上城市研究与规划研究不分的现象仍较明显，由此对推动学科领域研究深化以及城乡规划知识增长的作用不足。

（6）中国城乡规划学科经过60多年尤其是改革开放后30多年的发展，已经形成了相对比较明确的学科领域，整合了相当庞大的知识内容，建立了初步的知识体系，但很显然由于这些知识源自不同国家和学科，社会背景、概念基础和知识语境存在较大的差异，在中国城乡规划学科尚缺少广泛而深入的学理研究的状况下，所形成的知识体系和结构中的各类知识融贯性较弱，拼贴特征明显，这直接影响了中国城乡规划学科体系的进一步发展。

四、中国城乡规划学科发展的未来努力方向

中国城乡规划学科经过60多年的发展，已经形成了基本的知识体系框架和学科建制，并且在中国城镇化快速发展和国家社会经济建设中发挥了重要作用，在国际学术界具有了一定的影响力，从前面的分析和其他的研究中，可以看到，在中国的城乡规划学科发展中还存在着许多问题，需要进行调整和完善，但这不应该是重新开始建构，而是在现有的基础上进行改进，是优化既有的基础，这也是研究中国城乡规划学科发展历史的意义所在。就此而论，中国城乡规划学科的发展尤其需要关注这样一些问题：

（1）城乡规划是一门应用性学科，这是规划学科的基本属性。因此，围绕着规划领域的核心问题组合各类知识用于实践，是规划学科的核心工作内容，所有的规划研究都应为此服务。从另一个角度讲，城乡规划过程中涉及的相关知识领域非常广泛，比如社会学、经济学、法学、公共管理学等，但这些知识内容的运用通常都不是这些学科领域内容的整体运用，而是针对具体的规划内容和要求，分散的、点滴的具体运用。比如城市中的任何一块用地，其使用涉及基本功能，不同的功能类型要求有不同的建筑物和市政设施。同时也涉及该用地的工程

技术、经济、法律等方面的属性，涉及在城市中以及与周边地区的关系，涉及该类使用在城市中的数量及其空间关系，涉及该土地使用与周边卫生、安全、社会组织、景观、场所等方面的相互关系。而在规划中还会涉及对该地址历史、发展以及城市在社会、经济、生态环境等方面的需要，会涉及城市发展目标、规划组织安排的价值取向、法规与政策以及规划组织方法和手段，涉及规划过程的组织方式等，同样在规划中还需要考虑规划实施组织与管理的方式与可能等。在这其中，每一个环节都会运用到各类相关学科的知识。而这些相关学科中的知识绝大部分源自于对过去和现在的研究。因此，作为一门应用性的学科，城乡规划学科研究的关键点在于针对具体的研究问题，将源自各类学科的理论化的知识转化为可运用的知识，并且经过全面整合、融贯而去解决具体的问题，这也就是约翰·弗里德曼（John Friedmann，1987）所说的"从知识到行动"的含义所在。

（2）知识生产是学科发展的关键，但正如前面所说，城乡规划中运用的知识大量源自于社会学经济学等相关学科，尽管这些知识同样可以促进规划学科的发展，但终究是其他学科的知识。而对于城乡规划学科而言，既要把这些知识转化为本学科的知识，以运用为方向的创造性转化本身以及在此基础上的对各类知识的整合就是对这些知识的再扩展，这是规划学科知识生产的一个方面。而更为重要的是规划学科自身的知识生产，这主要集中在规划原理、制度建设、空间效应等方面，以及解决规划问题的过程之中。由此而论，城市研究确实重要，但规划研究则是城乡规划学科发展的关键。

（3）在学术研究中，应当首先明辨中国问题的构成及其真实含义，甚至对中国话语也进行认真清理，这是所有研究必须首先进行的工作。由于中国的许多学科知识源自于西方，因此相应的问题意识、学术基础甚至基本概念绝大部分都来自西方的学术体系，而它们在中国语境和中国文化中却有可能蕴含着不同的意义。比如在城乡规划领域，两个最为基本的概念就存在着这样的问题。一个是"城市"，在中国的语境中，"城市"与"市"有着不同的内涵，尽管它们经常被混用，但一个是指城市的特质，一个是指行政建制。即使同样是"市"的建制，也与西方的概念差距甚大。另一个是"城市规划"或"城乡规划"。在概念的含义、领域范畴以及在社会建制中的地位和作用等诸多方面，西方各国之间以及中国和西方国家之间，也都存在着不同。因此，当我们在使用这些概念时，是否在说着同一件事？语言学上或许是，但其本质则南辕北辙了。所以，学术研究应当首先明晰所运用的概念，重视概念背后的中西方社会文化语境的差异，才能真正揭示由这些概念所组合而成的知识内容，从而达到知识生产的目的。

（4）世界各国对城乡规划的概念理解不同，再加上历史文化、社会制度等等方面的影响，各国的城乡规划体制不同，学科体系也存在差异，任何的借鉴和学习都应当进行转换与整合。发展规划、建设规划、开发控制等内容，是各国城乡规划不同时期或同时所包含的，但在各个国家制度框架下，其实质性的含义是完全不同的。比如，英国的发展规划体系，是以基于未来预测的政策性导向为主体，法定规划在开发控制（规划许可）中只是作出决定的依据之一。因此，相对于法定规划内容，规划许可有较大的自由裁量权，而对自由裁量权运用的管控则由其他行政管理程序进行。在美国，尽管没有国家统一的规划体系，但在绝大部分城市中则采用发展规划与开发控制并列的体制，即政府事务和公共建设受发展规划约束，私人土地开发则由区划法规控制，这是两个完全不同的体系、遵循不同的逻辑。因此，在美国的规划院校中主要讨论发展规划，而大量有关开发管制、土地使用控制及其技术的研究则主要在法学专业中出现。正是由于这样的差异存在，我们必须紧紧围绕规划的核心工作，整合各相关领域的知识内容，发展出适应于中国规划体系的知识体系框架，促进中国规划学科的进一步发展。

（5）强化城乡规划实施评价的研究，这是有关规划内容、方法、研究、实施、制度等所涉及的知识内容发展的重要途径。中国城乡规划经过几十年的发展，积累了大量的实践性经验，过去更注重推想、预测性的研究，缺少回溯性的研究，对取得的经验教训也少有深入探究。而这些恰恰是知识积累的关键。所有的知识进步，都是在发现既有知识的不足或不充分的基础上发展起来的。规划实施评价不仅在于了解或知道规划实施得怎样，更重要的在于为什么有的能实施、有的不能实施，实施后有的被很好地使用，有的却被弃置或改动，产生这种结果的原因是什么，是什么样的因素和力量在其中起作用。这其中所提炼出来的结果，无论是技术方法、规划内容、还是组织实施、制度等，都可以为未来的规划制定、规划实施以及各类制度设计提供基础，是规划知识生产的重要通途。因此，城市规划实施评价不仅仅是实务工作的重要组成部分，同样也是学术研究和学科发展的重要基础。

（6）加强规划学科知识和成果输出，是中国城乡规划学科提升和发展的基础工作。过去几十年中国城乡规划学科发展，基本上是建立在向其他国家、其他学科学习，并不断引入其成果和知识的基础上的。尽管中国的城乡发展和建设都受到城乡规划的规约，但城乡规划的知识内容和话语并不为相关学科接纳和运用，规划的话题和产生的结果也未被深入研究。近年来，中国城镇化发展所取得的成就为国际社会所关注，中国也开始进入到城市社会，许多国家以及各相关学科也开始更多地关注中国城乡规划领域，但规划学科的输出仍然有限。而对于中国城乡规划学科而言，只有通过国际和学科间的输出，才能检验已经取得的成果，融贯规划知识的各个方面，并且在不同体制和学科领域的碰撞中推动和深化规划知识生产。当然，正如前面已经提到的，由于各国体制不同。各学科有自身的学理基础与知识传统，因此，从传播的基本要求出发，在城乡规划学科知识的生产中，在明晰概念的基础上，遵守普遍的学理逻辑和学术规范当为基本条件。

（撰稿人：孙施文，同济大学建筑与城市规划学院教授，博士生导师）

注：摘自《城市规划》，2016（12）：106-112，参考文献见原文。

论新中国城市规划发展的历史分期

导语：历史分期是新中国城市规划历史研究的基本方法和必要手段。由于城市规划发展的独特性，其历史分期工作存在认识和实践上的诸多困难。在相关研究综述的基础上，围绕历史分期指导思想、历史分期依据（标准）、分期标志的选择、历史分期（阶段）的划分数量、"过渡"阶段的归属等若干问题，深入讨论了新中国城市规划发展历史分期的基本思路、原则和方法。进而结合城市规划发展事件的详实史料，提出"二、六、十一"的历史分期方案，即在宏观、中观和微观层次上分别划分为 2 个历史时期、6 个发展阶段及 11 个再细分的亚阶段。在具体表述上，主张以中观层次的 6 个发展阶段作为历史分期的主体形式，即新中国城市规划的初创期（1949~1957 年）、城市规划发展的动荡期（1958~1965 年）、城市规划发展的停滞期（1966~1977 年）、城市规划发展的恢复期（1978~1989 年）、城市规划发展的建构期（1990~2007 年）、城市规划发展的转型期（2008 年至今）。

一、引言

新中国城市规划发展已走过一个甲子的历程，对这段历史进行总结，不仅是城市规划理论研究的必要手段，是城市规划学科建设的内在要求，对于以史为鉴、促进我国城市规划事业的改革发展也具有重要现实意义。城市规划发展涉及国家社会经济发展的方方面面，各种关系和矛盾冗杂交织，如何加以研究？这就必然要涉及历史分期问题。在漫长的历史画廊里，由各种画面所构成的整体历史图景是错综复杂的，必先对整个历史有了认识，才有可能更好地认识单个的历史事件，为了克服对整个历史认识上的困难，人们常常采取的一个最有效的办法就是将整个历史划分为若干个阶段，即历史分期。历史分期虽不能说是解开历史之谜的"钥匙"，但可以说是"入手"的门径，为解读遥远陌生的历史提供了便利条件。对城市规划的发展历史进行分期，既是城市规划历史研究的基本方法，也是从整体上认识和把握城市规划发展脉络的一项前提性工作。在"新中国城市规划发展史（1949~2009）"课题（以下简称新中国规划史课题）研究过程中，如何进行历史分期也常常是争论的焦点问题之一，本文试作一些初步的讨论。

二、相关研究综述

由于中国近现代城市规划历史研究工作近些年来刚刚起步，有关新中国城市规划史及其历史分期的文献尚较少见。既有研究的一些代表性观点主要是：黄立对 1949~1965 年中国城市规划发展历史进行了深入研究，将这一时期的城市规划发展划分为 3 个阶段：1949~1952 年城市规划的恢复与起步阶段，1953~1957 年城市规划的引入与调整阶段，1958~1965 年城市规划的波动与徘徊阶段。建设部城市规划司将新中国成立后 40 年城市规划事业的发展归纳为 3 个主要发展时期：1950 年代创建时期，1960~1970 年代坎坷时期，1980 年代发展和改革时期。徐巨洲对新中国成立后 50 年城市规划的发展道路进行了回顾，将其划分为 4 个阶段：1950~1957 年中国城市规划的起步阶段，1958~1965 年中国城市规划的动荡阶段，1966~1978 年城市规划发展的停滞阶段，1979~1999 年城市规划迅速发展阶段（可细分为前 10 年和后 10 年）。邹德慈在回顾新中国成立后 50 年城市化历程的基础上，指出 1951~1966 年计划经济时期和 1978 年以后社会主义市场经济时期是新中国城市规划 2 个重要的发展阶段。李芸将新中国成立后 50 年我国城市规划发展变革概括为 3 个主要阶段：1950 年代的"行政性照搬型"规划模式，1958~1978 年间城市规划的无政府状态，1979 年之后的城市规划全面复兴时期。黄鹭新等将改革开放 30 年以来中国城市规划的发展历程划分为 6 个阶段：1978~1986 年为摆脱计划经济约束的恢复重建期，1986~1992 年为走向市场经济、在实践中发展的摸索学习期，1992~1996 年为市场化资本及土地制度改革推动的加速推进期，1996~2000 年为宏观调控及建设引导控制作用显现的调整壮大期，2000~2004 年为适应协调多变形势和多元发展的反思求变期，2004~2008 年为向和谐社会、多值决策及科学发展迈进的更新转型期。

从既有研究来看，对于"一五"时期城市规划工作的初步建立、"文革"时期城市规划发展的停滞等，已形成一定的共识；对于历史分期的标准（或依据）、分期标志、分期阶段划分数量等问题，尚缺少专门的讨论；对于某些历史时期，特别是改革开放以后城市规划发展的历史分期，在认识上仍较模糊。总体而言，既有一些历史分期研究较多属于概略性描述，其研究深度和广度都难以满足认识新中国城市规划发展历史这一复杂对象的科学活动需要。以下重点针对这些问题逐一加以讨论。

三、若干问题的讨论

（一）历史分期的指导思想

历史分期既为认识历史提供方法或手段，但其本质却是一种历史认识活动，对历史作出分期，也就是对历史的认识。因此，弄清楚历史研究对象的确切内涵，是正确地进行历史分期的前提。

历史有通史和专门史之分。相对于社会经济发展的整体而言，城市规划行业的历史研究工作必然具有专门史属性。然而，新中国规划史课题的研究目标旨在"初步建构起新中国城市规划发展的整体历史框架"（经批准的项目计划书）。对于城市规划行业而言，该项研究则具有一定的"通史"性质，研究所要重点关注的，并非城市规划某一方面或某一领域的发展变化，如规划思潮、技术方法、政策制度等，而是城市规划事业的整体发展进程。相应地，历史分期必然也要重点反映对城市规划整体发展进程具有突出影响的重大变化或重大事件。

立足什么样的视角进行历史分期，是指导思想层面的另一重要论题。是否应当基于国家政治、经济发展的脉络进行城市规划发展的历史分期呢？因为不少历史事件从城市规划行业来看虽然极为重大，但却仍然从属于国家社会经济和政治变革的大背景，正如芒福德所言，"真正影响城市规划的，是深刻的政治和经济的变革"。然而，如果采取这样的分期思想，势必会出现历史分期方案与社会经济领域的研究雷同，从而丧失掉城市规划行业自身的"主体性"这一突出问题。作为一门具有鲜明独特性的学科门类，城市规划专业应该有自己的相对"独立性"，应该有属于自己的"发展史"。在"城乡规划学"已上升为独立的国家一级学科的时代背景下，这一观念尤其需要加以强调。

无独有偶，其实不止城市规划界，其他领域的历史分期工作也有类似的情形。以中华人民共和国国史和中共党史的历史分期为例，中国共产党是国家的执政党，是国家建设事业的领导核心，执政党的路线、方针和政策决定并直接影响着国家建设事业的发展，这是毫无疑义的，但这是党的领导与国家建设事业的关系，而不是中共党史与中华人民共和国史的关系，社会主义时期中共党史和中华人民共和国史是两个不同的研究范畴，这就决定了两者的历史分期也不可能完全相同，故而，以新中国成立后中共党史的历史分期取代中华人民共和国史的分期是不妥当的。有鉴于此，从"专门史"研究特点出发，应当更多地考虑到、并尽可能从城市规划行业自身发展的一些重大事件的视角，来进行城市规划发展的历史分期。当然，由于政治和社会经济发展对城市规划发展的深刻影响，在城市规划发展历史分期的过程中，必然需要将政治和社会经济发展的情况作为辅助性因素加以充分考虑，这也是毫无疑问的。

（二）历史分期的依据（标准）

对历史进行分期，必然要有科学依据。所谓依据即根据，或称标准；所谓科学，也就是使人们对历史进行分期的主观判断，尽可能地与客观的历史存在相符合。新中国规划史研究的主要任务，在于努力揭示城市规划发展的演化进程及其内在规律，那么，历史分期的依据，就应当以反映和体现城市规划事业发展的跌宕起伏过程及城市规划内在属性的演化为重点。

对于不同的历史时期（或阶段），是否采取同样的分期标准？这是需要加以讨论的一个重要问题。粗略思考通常会认为，对一段历史进行研究，当然要采取同一个标准，这样才能够前后一致、整体统一。但问题是，在不同的历史时期，城市规划的内在属性或许已经发生了截然不同的深刻变化，那么，能否沿用之前已经"过时"了的分期标准对新的历史阶段加以分期呢？具体而言，同许多其他行业一样，新中国的城市规划发展也经历了计划经济和改革开放两个不同的时期，就计划经济时期的城市规划发展而言，大致经历了"一五"时期的初步建立、"大跃进"和"三年自然灾害"时期的起伏动荡、"文革"时期的长期停滞，这是相当明确的阶段性变化，历史分期已取得较普遍的共识；然而，当我们把目光转向改革开放时期，总体而言，它呈现出相对"单一"的"正向"演化过程，除了早期（1970年代末至1980年代）可以用"城市规划的恢复"加以概括外，对于其他时段，能够延续计划经济时期的语言模式而采用"发展、繁荣、衰退、停滞"等概念进行归纳吗？回答自然是否定的。既然城市规划的内在属性已经极大改变，就应当允许历史分期以一种有所差别但整体仍然统一的标准来进行，这也符合实事求是的基本精神。

近30多年来我国社会经济发展以经济建设为中心任务，以改革和开放为基本主线，包括土地、住房、财税等各领域的改革，以及以经济特区、经济技术开发区、沿海开放城市、沿江沿边和内陆开放城市等为重点的对外开放步伐的推进，从实行有计划的商品经济到逐步建立和完善社会主义市场经济体制。受此影响，城市规划从计划经济时期较为单一的设计性质转变为政府宏观调控资源配置的工具，从过去的被动式转向了主动式，它既是指导城市未来发展的战略，又是城市建设活动的蓝图，也是对城市进行管理的依据。对改革开放时期城市规划发展的历史分期，应当对城市规划工作这种内在属性的改变加以突出反映。对于改革开放时期的城市规划而言，如果对其发展情况进行主题性的概括，不难理解其较为显著的两条发展主线，即"市场化"与"法制化"。就市场化而言，既包括为适应市场经济体制而实施的规划改革，如土地有偿使用的规划控制、城市竞争和全球化背景下战略规划的兴起等；也包括城市规划行业自身的市场化变革，如规划收费、设计和咨询市场向国际开放、建立注册城市规划师执业资格制度和规划专业教育评估制度等。就法制化而言，一方面，市场经济体制的建立本身就需要健全公平的法制环境，另一方面，城市规划法律法规体系的完善也是建立城市规划制度并保障其社会功能有效发挥的必然要求。从深层次上讲，城市规划市场化与法制化发展的结果，正在于建立起了一整套相对完善的城市规划工作的国家制度体系，包括城市规划的编制、审批和实施管理，城市规划的公众参与、监督检查和责任追究，城市规划师的专业教育和执业认证等。它们是中国城市规划事业发展十分重要的文明结晶成果，也是促使城市规划事业不断向前发展的动力机制所在，这正是改革开放时期的城市规划发展显著有别于计划经济时期的关键所在。一旦有了这样的认识，对改革开放时期的城市规划发展进行历史分期，也就可以将城市规划市场化与法制化的演化进程作为主要的标准和依据。

（三）分期标志的选择

标志是依据的外在表现，是表明依据具有某种特征的标识。纵观城市规划发展的重大历史事件，大致包括以下几种类型：重要规划机构（如全国城市规划工作主管部门）的建立或调整，重大会议（如全国城市工作会议、城市规划工作会议，相关的专题座谈会、研讨会等）的召开，重要文件或方针、政策的出台，重大规划设计或科研实践，城市规划领域的重大立法，等等。这些事件因其性质的不同，对于城市规划发展的内在影响也有所差异。其中，值得特别关注的，当属重大会议的召开以及城市规划领域的重大立法。就重大会议的召开而言，它们大多具有政治性、方向性特点，即明确某一时期内城市规划领域的方针政策，且常常伴随重要文件或决定的出台，并进行相关的工作部署等，对城市规划事业发展的影响极为深刻。例如，1978 年 3 月国务院主持召开第三次全国城市工作会议，重新强调城市在国民经济发展中的重要地位与作用，提出"控制大城市规模，多搞小城镇"的城市发展方针，明确要求认真抓好城市规划工作，并规定了规划审批要求及实施保障措施，会后中共中央批转《关于加强城市建设工作的意见》（中共中央〔1978〕13 号文）。这次会议对于"文革"结束后城市规划工作的恢复等具有重大的转折性意义，对相当长一段时期内城市规划的方针政策具有思想指南作用，可以作为对计划经济和改革开放两种社会条件下城市规划发展分期的重要标志。

就城市规划领域的重要立法而言，它们往往是以国家法律法规的形式来确立城市规划工作运行的各项制度，赋予相关部门规划职权，明确各类规划活动的行为准则，并赋予法定规划以法律效应和权威，也是规划管理、监督检查及责任追究的文书依据，这对于城市规划发展的影响也就极为关键，历史分期应当给予充分重视。例如，1990 年 4 月《中华人民共和国城市规划法》正式施行，这是我国城市规划领域的第一部法律，对于依靠法律权威保证科学制定和实施城市规划具有重要历史意义，同年还建立了"一书二证"制度❶、颁布了我国城市规划行业的第一项国家标准《城市用地分类与规划建设用地标准》，各地区还陆续制定了《城市规划法》实施办法，建立健全了城市规划机构及各项规章制度，这就从根本上改变了我国长期以来城市规划建设领域无基本法可依的状况，标志着城市规划工作全面走上了法制化的轨道，是我国城市规划发展的重要里程碑，必然是城市规划历史分期的重要标志。当然，每次会议对城市规划发展的影响要具体分析，不能一概而论。例如，同样都是全国城市规划工作会议，但却可能由于其召开的时代背景、会议形成的主要决策以及会议精神的落实情况等的不同，在城市规划发展中占据各不相同的历史地位。

在通常的历史研究，特别是专门史研究中，作为历史分期直接依据的标志性事件往往只有一个，如党史分期中较多采用的党代会、党的有关指示或决议的文件等，十分明确，城市规划发展的历史分期能否如此？以 1984 年 1 月国务院颁发《城市规划条例》为例，一方面，它是《城市规划法》的前身，对"一书二证"等重大制度已作出设计（明确了建设项目的规划许可和竣工验收制度），当然有十分重要的影响；但另一方面，作为"条例"，其法律效力要显著低于"法律"，且当时拨乱反正刚刚结束，计划经济体制的烙印仍较突出，条例的实际作用及内在影响就会大打折扣。那么，它能否作为历史分期的重要标志？实际上，如果我们能够跳出单一标志性事件的思维局限，就会获得不同的认识。同样是在 1984 年，中共十二届三中全会做出《中共中央关于经济体制改革的决定》，对开展以城市为重点的经济体制全面改革进行研究和部署；就规划工作而言，1984 年国家环境保护局和 1986 年国家土地管理局的成立，二者均设在城乡建设环境保护部内部，形成了规划、国土及环境保护"三位一体"的统筹管理体制，以 1984 年 8 月召开的城市规划设计单位试行技术经济责任制座谈会为标志，城市规划有偿服务的市场化改革开始起步……如果考虑到这些因素，那么 1984 年前后的城市规划发展就具有了一定的标志性意义。

同样的情形又如 2000 年，以广州市城市总体发展概念规划的咨询工作为标志，全国各主要大中城市迅速掀起战略规划、概念规划的编制热潮，这反映出地方政府将城市规划作为强化城市经济功能、提高城市竞争能力、带动地区快速发展的重要手段之一，是城市规划从计划经济时期的被动式走向改革开放主动式以

---

❶ 1990 年 2 月，建设部下发《关于统一实行建设用地规划许可证和建设工程规划许可证的通知》。

及市场化发展的重要标志。但是，战略规划并非法定规划类型，对城市规划发展的影响具有一定的局限性，能否作为分期的标志呢？值得注意的是，2000年前后还有诸多事件，特别是2001年正式加入世界贸易组织，在全球化发展显著加速的背景下，城镇化和城镇体系规划开始大规模启动，与此同时，规划设计和咨询服务市场进一步开始向国际开放，城市规划专业教育评估制度和注册城市规划师执业资格制度也正式建立，而"跨入新世纪"这一重大时间节点，本身就给城市规划界带来一股强烈的思想冲击……这就不得不承认，2000年前后也可以视作城市规划发展的一个重要标志点。

总之，我们可以将某一重要时间节点前后的若干重要历史事件，以一种整体的方式（而非单一事件），作为新中国城市规划发展历史分期的主要标志。之所以能够且应该如此，从理论上讲，正是由于城市规划工作的综合性，这是城市规划有别于其他学科门类的重要方面，只有综合考虑多方面的影响要素进行历史分期，才有利于更准确地反映城市规划复杂系统的实际变化。

（四）历史分期（阶段）的划分数量

新中国的城市规划经历了漫长、曲折的发展过程，历史分期究竟划分为多少个时期（或阶段）比较合适？在史学研究中，有一个重要而敏感的话题，即"宜粗不宜细"。这一原则是邓小平同志1980年在主持《关于建国以来党的若干历史问题的决议》起草工作时提出的："对历史问题，还是要粗一点、概括一点，不要搞得太细"[1]。该原则的基础是实事求是，其内涵则表现在：概括总结，从具体事物中抽象出事物的本质；抓大放小，抓主要矛盾和矛盾的主要方面，不可过于纠缠细节。从这一原则出发，新中国城市规划发展的历史分期应当采取一种大胸怀和大思路，历史分期不宜划得过多、过细。在新中国规划史研究刚刚起步、相关认识有待深化的今天，这一原则具有特别意义。

但是，对于专门的历史分期研究工作而言，却不能仅停留于"宜粗不宜细"的层面。就邓小平的论述而言，只是针对处理重大历史问题而提出的一项原则，并未明确历史研究也"宜粗不宜细"，这一原则是特殊历史条件下处理特殊问题的特殊原则，不宜笼统套用。因而，还应作进一步的具体分析。对于波澜壮阔的城市规划发展史，历史研究者应当详细研究其方方面面，这是还原历史真实性的客观要求；对于这段历史而言，即便只是进行粗略的少数阶段划分，随着研究活动的不断深入，一个个更为细致的历史时段必然会在人们的脑海中一一浮现。

---

[1] 1980年3月19日，邓小平就起草《关于建国以来党的若干历史问题的决议》同中央负责同志的谈话。参见：邓小平. 邓小平文选（第二卷）. 北京：人民出版社，1994：292-298。

不难理解，历史分期是认识历史、研究历史的一种结构性的分析手段，既然如此，历史分期工作能否同样采取一种"结构性"的处理方式呢？所谓"结构性"的历史分期，也就是从宏观、中观、微观等不同层面，将新中国的城市规划发展划分为不同数量的时期或阶段，这样就能做到有"粗"有"细"，"粗""细"结合，有利于满足不同层次和不同类型的认识活动需要。纵观其他学科领域的历史分期工作，这其实也是较为常见的做法。例如，葛仁钧将新中国成立后40多年的历史划分为1949～1956年、1957～1978年、1978年以后等3个时期，每个时期又分别划分为2个、5个和3个不同的发展阶段；张世飞以1992年为界，将1978年中共十一届三中全会以后我国发展的"新时期"划分为2个阶段，每个阶段又进一步划分为2个亚阶段；等等。这也正如有关学者所言，"合理的历史分期应该呈现为一个金字塔结构"。

当然，历史分期的研究与历史著作的呈现，属于不同概念。在各类史学著作中，我们还很少看到过将历史分期搞得十分复杂的情况。有鉴于此，在历史著作的撰写时，可以采取与历史分期略有不同的一些应对思路，譬如，可采取突出中间、弱化"两端"的表述方式——以中观层面"不粗不细"的历史分期为主体，将宏观层面的"大分期"作为统领，将微观层面的历史分期融入中观层面的历史分期之中加以描述。这样，也就能够做到历史叙述逻辑的清晰明了。

（五）"过渡"阶段的归属

事物的矛盾处于不断的发展变化之中，在不同的历史时期之间，往往还会有一些兼具前后两段时期特征的"过渡性"阶段，这是历史分期中较难处理的又一问题。以1970年代为例，一方面，它在整体上处于10年"文革"期间，城市规划工作整体上陷入停滞，但是，"文革"本身也有其前期、中期和后期等不同的阶段性变化；就城市规划发展而言，1971年6月北京市率先召开城市建设和城市管理工作会议，同年11月国家建委召开城市建设座谈会，在万里、谷牧等老一辈革命家的支持下，被废弛多年的城市规划工作逐渐开始复苏；特别是1976年发生"唐山大地震"后，唐山、天津等地的灾后重建规划迅速启动……这些事件对于改革开放后城市规划工作的恢复都起到了十分重要的内在推动作用。那么，对于1970年代的这段时期，究竟应如何进行分期？

应对这一问题，从根本上讲，只能实事求是，采取具体问题具体分析的办法，以城市规划发展变化的主要矛盾及矛盾的主要方面来决定。就对城市规划发展的影响而言，1970年代城市规划复苏的各项事件，都不足以与1978年的第三次城市工作会议相提并论；同时，就1970年代城市规划的复苏而言，只是局部性的现象，也缺乏实质性的规划应对措施和体制机制方面的实施保障，因此，将其划入"文革"城市规划停滞阶段，应该是合适的。另外，对于这段时期的独特性，则可以通过亚阶段再细分的手段，予以更为客观、全面的表述。

（六）"首、尾"的处理

对于新中国城市规划发展的历史起点，应如何界定？客观上讲，新中国城市规划的大规模兴起，主要是由"一五"时期大规模的工业化建设活动所推动，在新中国成立后的前3年，国家的精力主要放在国民经济恢复和社会秩序整顿方面，并耗费大量人力、物力和财力投入"抗美援朝"战争，基本上无暇顾及城市规划工作。那么，是否应将新中国城市规划发展的起点定位于"一五"计划之时？如此一来，新中国成立之初的前几年就成了十分尴尬的空白点。然而，需要注意的是，早在新中国成立之前，1949年3月召开的党的七届二中全会，做出了从乡村向城市进行战略转变、变消费城市为生产城市等重大决策，从而为新中国的城市发展、城市建设以及相关城市规划活动的产生，创造了必要的思想基础和政治条件；同年5月，北京（时称北平）市成立了都市计划委员会，以首都建设为推动，各项城市规划工作陆续启动，这不能不说是新中国城市规划发展的里程碑事件，具有重要的奠基性意义。基于这样的考虑，将它们作为新中国城市规划发展的历史起点，应当是合乎情理的。至于三年恢复时期与"一五"时期的显著差异，则可以通过历史阶段再细分的途径予以明确。

关于新中国成立初期城市规划发展阶段的称谓，也有必要加以讨论。新中国城市规划发展并非是从"零"开始的，古代和近代都有大量的规划活动，能否使用"初创"一词呢？值得注意的是，新中国城市规划工作的启动，是在当时高度集中的计划经济条件下，借鉴苏联经验而大力开展的，就城市规划工作属性而言，也具有"国民经济计划的继续和具体化"的鲜明特点，这与中国古代城市营建的"规画"传统，近代传入中国并产生重要影响的欧美自由市场条件下的城市规划和日本的"都市计划"等，有着显著的不同。因此，即使使用"初创"概念，也并不为过。

对于2008年《城乡规划法》实施至今的这段"最新"的历史时期，应如何界定？这是另一个争议性问题。一方面，这段时间非常短暂，且仍处于不断发展之中，很难成为一个历史分期；同时，《城乡规划法》是对《城市规划法》的修订和完善，其对我国城市规划发展的影响有限。对此，值得注意的是，正如原建设部部长汪光焘向全国人大常委会所作《关于〈中华人民共和国城乡规划法（草案）〉的说明》及相关大量讨论所言，《城乡规划法》并非只是对《城市规划法》的简单补充，而是有诸多的开拓性与变革举措；以2008年的国际金融危机等为标志，国际国内形势发生了复杂而深刻的变化，中国的城镇化与城市发展也进入一个新阶段，城市规划发展所依托的政治和社会经济背景发生了极为深刻的改变。因此，2008 年以来，我国城市规划发展已经进入一个特殊的转型时期，而 2011 年城乡规划学升格为一级学科，也对城市规划的理论思想和技术方法提出了全新的发展要求。虽然 2008 年至今的这段时间较为短暂，但完全可以在历史研究中采取"厚古薄今"的原则予以技术性处理；既然它仍处于不断的发展之中，也不妨将其作为我国城市规划发展的当前阶段，如此处理反而有利于以史为鉴，更好地认识当前我国城市规划发展的形势和状况。

四、历史分期方案

科学的历史分期，必须建立在对有关历史活动和事件进行详尽了解和把握的基础之上。在新中国规划史课题研究中，通过对诸多历史文献的搜集和整理，已按照编年史的体例编辑完成约 60 万字的城市规划发展大事记，这就为历史分期工作提供了较为可靠的史料保障。以此为基础，根据上文讨论的历史分期思路和方法，我们提出关于新中国城市规划发展历史的"二、六、十一"分期方案："二"即宏观层次的计划经济（1949~1977 年）和改革开放（1978 年至今）这 2 个历史时期，"六"即中观层次的 6 个主要发展阶段，"十一"即微观层次上对 6 个主要发展阶段进一步再细分所形成的 11 个亚阶段。

在具体表述上，建议以中观层次的 6 个主要发展阶段为历史研究工作的主体，它们分别是：第一个阶段为新中国城市规划的初创期（1949~1957 年），包含 1949~1951 年、1952~1957 年 2 个亚阶段，分别以首都建设规划和重点新兴工业城市规划为主导。第二个阶段为城市规划发展的动荡期（1958~1965 年），包含 1958~1960 年、1961~1965 年 2 个亚阶段，前一亚阶段以城市规划的"大跃进"为主线，后一亚阶段表现为提出"三年不搞城市规划"后城市规划事业遭受重创。第三个阶段为城市规划发展的停滞期（1966~1977 年），包含 1966~1970 年、1971~1977 年 2 个亚阶段，前一亚阶段除了少数三线建设城市规划外，城市规划发展基本处于停滞状态，后一亚阶段城市规划工作开始逐步恢复。第四个阶段为城市规划发展的恢复期（1978~1989 年），包含 1978~1983 年、1984~1989 年 2 个亚阶段，前一亚阶段从计划经济的过渡性质较为突出，后一亚阶段城市规划的市场化和法制化开始起步。第五个阶段为城市规划发展的建构期（1990~2007 年），包含 1990~1999 年、2000~2007 年 2 个亚阶段，前一亚阶段城市规划的法制化建设较为突出，后一亚阶段城市规划的市场化改革逐步深化，随着市场化与法制化的深入发展，城市规划作为一项国家社会制度而建立起相对完整的框架体系。第六个阶段为城市规划发展的转型期（2008 年至今），也是当前城市规划发展所处的历史阶段，新形势下规划改革的要求已迫在眉睫。因篇幅所限，有关6个主要阶段内我国城市规划发展的基本状况，拟另外撰文，不予赘述。

五、结语

历史是持续发展的动态过程，历史分期只是出于历史研究工作的认识需要，它绝不是要割裂历史，而是为了更好地认识历史整体，因此，以整体、系统的观念看待历史分期和历史发展问题至关重要。同时，尽管历史发展的阶段性是客观存在的，但史学研究者划分历史阶段的依据和标准却是主观设定的。由于历史分期的这种主观性，加之对新中国城市规划发展历史这一复杂对象的认识尚处于不成熟的阶段，决定了本文的有关讨论必然具有一定的局限性，它只能代表我们当前的认识水平。随着历史研究的逐步深入，认识水平的不断提高，未来关于城市规划发展的历史分期也将进一步修正与完善。

（本文是邹德慈院士主持的"新中国城市规划发展史（1949-2009）"课题的部分成果，课题启动初石楠教授曾提议对该问题作专门探讨，后邹院士授意笔者承担具体研究工作，课题研讨过程中得到多位专家学者的指导和帮助，并于2012年11月受邀在中国城市规划学会城市规划历史与理论学术委员会成立大会上作主旨报告，后推荐发表，特致感谢。）

（撰稿人：李浩，博士，中国城市规划设计研究院邹德慈院士工作室高级城市规划师，注册城市规划师。）

注：摘自《城市规划》，2016（04）：20-26，参考文献见原文。

2015～2030 年中国新型城镇化
发展及其资金需求预测

导语：未来的新型城镇化如何发展是政府和社会各界广泛关注的问题。本文利用时间序列预测法、Logistic 曲线估算法、复合函数估算法及建立模型等方法，借助 SPSS 和 ArcGIS 平台，对 2015～2030 年全国及 31 个省、直辖市、自治区的城镇化发展进行预测研究。根据预测结果，探讨了中国城镇化率 70.12% 背景下的城镇化质量空间分异状况，估算了 2015～2030 年全国及 31 个省市区新型城镇化建设的资金需求。结果表明：①2015～2030 年，中国人口、城镇化率将分别达到 14.45 亿和 70.12%；②2015～2030 年，人口红利将不存在，会承受人口总量最大的压力，城镇人口自身再生产 7016.26 万，需要城镇化的农村人口为 31567.96 万，城市人口净增加 3.86 亿；③2015～2030 年，从中国城镇化率时—空分异变化来看，各省市区城镇化率发展的差异性很大，但都在增长，而且增长的幅度空间差异性很大。从城镇化质量来看，也存在着极大的差异，不仅如此，有些省区其城镇化质量与经济社会不相协调；④2015～2030 年，全国新型城镇化建设所需资金 105.38 万亿元，而各省市区的资金需求并不均衡，差别极大，资金需求最多的是广东，最少的是西藏，相差 148.09 倍。最后，就新型城镇化发展及投资建设等方面提出了相关建议。

一、引言

城镇化是农村人口向城市（镇）转移、集中并由此引起的产业—就业结构非农化等一系列制度变迁的过程。改革开放 30 年以来，中国保持了持续快速的城镇化进程，一直以来也受到了不同学科的学者及社会各界的广泛关注。

国内外对城镇化进行了大量而深入的研究。主要从理论和实证研究两大方面展开：

（1）理论研究。城镇化研究的理论来源主要是人口迁移的相关理论。影响较大的有拉文斯坦的推拉理论、舒尔茨的人口迁移理论、托达罗的城乡人口迁移理论、刘易斯的二元经济发展模式、利普顿的城市偏向理论等。这些理论虽各抒己见，但都保持了农村人口向城镇集聚为城镇化的主要观点。不同的是，有些理论的主要观点却有乐观与悲观之分。如刘易斯认为城镇化发展将逐步带动整个国家实现现代化，而利普顿却认为过度地追求城镇化会导致有利的发展要素向城市偏向，是发展中国家持续贫困的重要原因。此外，有专门针对城镇化研究提出的较为著名的观点，如诺瑟姆的"S"形曲线、钱纳里就城镇化与工业化提出的"多国发展模型"等。这些都为今后城镇化的实证研究提供了有力的理论支撑。

（2）实证研究。陈明星对其进行了详细的综述，认为国外城镇化的实证研究主要集中在全球化和信息化背景下世界城市发展与全球城市体系空间重构、城镇化发展水平的评估体系与动态监测、城镇化发展的类型划分与国家（区域）模式选择、城镇化与资源环境交互影响以及典型城市群可持续发展、城镇化发展质量等方面。国内城镇化的实证研究主要集中在对中国特色城镇化合理进程的科学认知与思辨、城镇化与经济增长关系的实证研究、城镇化空间形态、格局与区域模式的研究、城镇化与资源环境承载力的关系研究、城镇规模结构与城乡发展一体化的研究以及其他若干问题的研究（如城镇化与行政区划的调整与管理、城乡居民行为研究、城镇化中的制度研究等）。可以看出，对城镇化的研究已经较为成熟。但多数实证研究是从历史、现状角度开展的定量与定性分析，对于城镇化的预测研究较少。

2014年，国家正式出台《国家新型城镇化规划（2014～2020年）》，这标志着中国城镇化发展的重大转型。该规划的发展目标是2020年中国的常住人口城镇化率达到60%左右。此外，根据官方及相关科研院所统计分析，随着中国经济的持续发展和现代化的不断推进，2010～2030年是中国城镇化快速发展时期。2030年中国总人口约14.45亿，城镇化率将达到70%，届时居住在城市和城镇的人口将超过10亿人。这意味着至2030年，中国农村的人口将减少1/3以上，将有3亿多人口由农村移居到城市（镇）。在理论上，70%是城镇化率发展的一个重要拐点，届时城镇化也会从快速推进阶段转变到稳定发展的阶段。

然而，在未来15年的城镇化快速发展的过程中，区域发展的差异性依然客观存在，3亿多庞大规模的农民进入城镇也并非均衡分布，区域城镇化率并非均是70%，有极大的区域差异性，而这种差异也将会带来诸多问题，如城镇环境问题、就业问题、住房问题、养老问题、社会福利问题、医疗保障问题、教育问题等。有学者甚至担心这些问题会导致中国出现拉美式的"城市化陷阱"。拉美式的"城市化陷阱"所表现的两个主要特征：一是城镇人口过度增长，农村人口基本没有增长；二是城镇化水平明显超过工业化和经济发展水平。蕴含的具体问题是：①住房问题严重，贫民窟现象比较普遍。②就业问题突出，城市创造就业的机会和能力十分有限，农村转移出来的劳动力不得不流向非正规部门。③社会保障制度的覆盖率跟不上城市化进程，社保制度供给与过度城市化之间将出现巨大鸿沟，绝大部分劳动年龄人口得不到社会保障。④贫困化现象十分严重，贫困率居高不下。⑤两极分化十分明显，分配不公非常严重。⑥社会混乱，犯罪率居高不下，成为社会顽疾。因此，拉美式的"过度城市化"是不可持续发展的。

中国的"半城镇化"是指农业转移人口（以农民工为主体）没有完全融入现代城市、处于一种"中间人"状态下的不彻底的城镇化，虽然实现了空间转移和职业转换，但他们只具有"应然"的市民头衔，并无"实然"的市民权利。"半城镇化"只是土地的城镇化，而非人的城镇化，是城镇化的不成熟状态。"半城镇化"所表现的总体特征是："就业在城市，户籍在农村；劳力在城市，家属在农村；收入在城市，积累在农村；生活在城市，根基在农村。"包含的具体问题是：①在经济上，由于农民工没有城市户口，大部分都没有"五险一金"，农民工同市民存在着"同工不同酬、同工不同时、同工不同权"的不平等现象。②在政治上，城乡二元户籍制度，使离乡的农民工在城市没有选举权和被选举权等政治权利。③在福利待遇上，特殊的户籍制度决定了属于城镇人口而无城镇户口的农民工在就业、社保、医疗、入学、住房等许多方面享受不到城市居民的待遇。④特殊的社会环境使农民工群体已经演化成一个"回不去农村，融不进城市"的特殊的社会群体。因此，中国"半城镇化"也是不可持续发展的。

通过拉美式的"城市化"和中国"半城镇化"分析可以看出，拉美式的"城市化"和中国"半城镇化"的发展道路都不可取。在城镇化发展中，既要防止拉美式的"过度城市化"，又绝不能发展"半城镇化"，要彻底解决"半城镇化"问题，大力推进符合中国国情的城镇化水平与工业化水平保持同步协调的新型城镇化，才能持续发展，才是中国城镇化的必由之路。

在此背景下，对中国未来城镇化的预测研究则显得尤为重要，这将为未来城镇化发展提供科学的参考，对宏观把握城镇化的发展具有重要的现实意义。有些学者、团队对未来的城镇化开展了相关的预测研究。如经济学人智库中国研究团队对2030年各省市区的城镇化率进行了预测，但预测指标相对单一。

"三驾马车"中的投资一直是中国经济发展中的主要抓手，新城镇化建设也不例外。建设城镇化是一项巨大、复杂的战略工程，需要投入大量的资金。如果没有足够的资金作保障，城镇化建设的质量和效益就会大打折扣。这不仅对城镇的综合承载力提出极大的考验，更为重要的是这种新型城镇化需要的巨额资金到底是多少，其空间需求格局是怎样的，这也是中国未来新型城镇化发展必须面对的重大战略和实践问题，更是人文与经济地理学者应关注的问题。目前尚未发现对中国及其各省市区未来城镇化建设所需资金预测的相关分析，本文将尝试性地进行探索研究。

综上所述，本文对2015~2030年中国新型城镇化发展及投资进行预测研究，将主要回答以下几个问题：未来15年的时间里，①中国省际城镇化率的时空分异如何？②与城镇化发展紧密相关的要素（城镇化质量、城镇自身再生产人口、农村转入城镇人口、GDP 发展、三大产业结构）是如何发展的？③各省市区城镇化率是否与社会经济发展相协调？④中国省际城镇化发展的资金需求是多少？本研究不仅具有重要的历史和理论意义，对宏观把握中国城镇化未来的发展更是具有重要的现实意义。

二、数据与方法

（一）基础数据的来源

本文以中国及 31 个省市区为数据源地（暂时不包括港、澳、台）。数据来源：①1991～2013 年《中国统计年鉴》和 31 个省市区统计年鉴数据；②1984～2013 年《中国城市统计年鉴》相关的 31 个省市区数据。③1983～2013 年《中国人口统计年鉴》相关的 31 个省市区数据。

（二）研究方法

本文涉及多项指标至 2030 年的长时间预测，由于指标的性质和发展演化规律不同，因此在预测中所使用的方法也不同。在科学、经典、简便的原则指导下，本文所使用的具体预测方法如下：

1. 时间序列预测法

近 30 年来，中国城镇化速度不断加快，引起了政府和学界的广泛关注，研究日趋深入，形成了许多分析方法和模型。主要有：①经验判断法；②Logistic 曲线估算法；③城镇化与经济发展相关关系模型；④其他方法，如时间序列预测法、Beckmann 模型、神经网络模型、PDL（多项式分布滞后）模型、联合国法、趋势外推法、灰色模型预测法、结构转移预测法、马尔可夫链预测法等。时间序列预测法（历史引申预测法）是一种历史资料延伸预测的方法。其基本原理就是以时间数列所能反映的社会经济现象的发展过程和规律性，进行引申外推预测其发展趋势。

城镇化发展是一个缓慢、加速、再减慢的过程，全过程呈"S"形曲线。中国城镇化的全过程应该是一个非线性发展的过程，而中国目前正处于城镇化的加速阶段，整个加速阶段应该是不断提升的线性变化过程。基于此，用式（1）来表示城镇化率与时间的关系，然后利用时间序列预测法来预测中国 2030 年的城镇化率。

$$y = 1/(1 + \lambda e^{-\beta t}) \tag{1}$$

式中：y 为城镇化率；t 为时间，设 1991 年为 0，1992 年为 1，2030 年为 39；

λ、β 为参数，对式（1）进行变换得：

$$1/y - 1 = \lambda e^{-\beta t} \tag{2}$$

式（2）两边取自然对数得：

$$\ln(1/y - 1) = -\beta t \ln\lambda \tag{3}$$

令：$\ln\lambda = a_0$，$-\beta = a_1$，$\ln(1/y-1) = y_1$，式（3）转化为：

$$y_1 = a_0 a_1 t \tag{4}$$

根据 1991~2012 年间的城镇化率计算出 y_1，然后利用 SPSS 20.0 软件计算式（4）的参数，计算结果为：$a_0 = 1.5492$，$a_1 = -0.0616$。而且，相关系数 $r = 0.996$，可见 y_1 与 t 存在显著的线性关系，表明该回归方程拟合度较好。

由 $\ln\beta = 1.5492$，可知 $\beta = 4.7077$。所以，城镇化水平的时间序列方程式为：

$$y = 1(1 + 4.7077e^{-0.0616t}) \tag{5}$$

根据式（5），则可以预测 2015~2030 年的中国及 31 个省市区的城镇化率。

2. Logistic 曲线估算法和建立模型

此研究涉及全国及 31 个省市区总人口、人口自然增长率、城镇人口、乡村人口、农村转入城镇人口的计量、预测，Logistic 曲线估算法是一种经典的较好的预测人口方法。Logsitic 曲线是一种常见的 "S" 形函数，由德国数学家、生物学家 Verhust 于 1837 年在研究人口时发现。Logistic 曲线模仿人口增长，起初阶段大致是指数增长，第二阶段增长逐渐变缓，第三阶段增长达到极限，开始出现负增长。其 "S" 形函数方程为：

$$z = (1/\varphi + b_0 b_1 t) - 1 \tag{6}$$

式中：z 为因变量；b_0 为常数；b_1 为回归系数；φ 为参数；t 为自变量（时间）。例如，利用 1991~2012 年的人口统计数据，借助 SPSS 20.0 软件计算式（6）的参数，计算结果为：$\varphi = 0.02951$，$b_0 = 0.853$，$b_1 = 0.993$，$t = 39$。而且 $r = 0.973$，表明该回归方程拟合度较好。因此可达到预测的目的。由于每年增长的城镇人口包括城镇自身增长人口和农村转入城镇人口两部分，在这两部分人口测算时，除了用到 Logistic 曲线估算法预测的相关数据外，还需建立两个模型，即：

$$P_{czz} = P_{scz}\lambda_{dcpz} = P_{dcz} - P_{scz} - P_{nzc} \tag{7}$$

式中：P_{czz} 为城镇自身增长人口；P_{scz} 为上年城镇人口；λ_{dcpz} 为当年城市人口自然增长率（出生率-死亡率）；P_{dcz} 为当年城镇人口；P_{nzc} 为农村转入城镇人口。

$$P_{nzc} = P_{sn}(1 + \lambda_{dnpz}) - P_{dz}(1 - \nu_{dc}) \tag{8}$$

式中：P_{sn}（$1+\lambda_{dnpz}$）为当年实际农村人口；P_{sn} 为上年的总人口；λ_{dnpz} 为当年农村人口自然增长率；P_{dz}（$1-\nu_{dc}$）为当年城镇化率农村人口；P_{dz} 为当年总人口；ν_{dc} 为当年城镇化率。

3. 复合函数估算法

此研究涉及全国及 31 个省市区的 GDP、第一产业、第二产业、第三产业 4 个经济指标的预测，在这种情况下，利用两个相关变量中的一个变量对另一个变量进行预测时，有多种方法。由于不能马上根据观测量确定一个最佳模型，则可用函数曲线估算方法在众多回归模型中建立一个简单而又比较适合的模型。通过 SPSS 20.0 软件模拟确认复合函数估算模型为最佳。采用复合函数估算法预测经济指标，既科学简便又与客观实际拟合较好。其方程为：

$$E = x(1 + \alpha)t \tag{9}$$

式中：E 为因变量；x 为基年数据；α 为参数（增长率）；t 为自变量（时间）。利用 1991~2012 年的相关统计数据，借助 SPSS 20.0 软件计算，即可达到预测的目的。

三、 2015~2030 年中国城镇化发展预测

（一） 2015~2030 年中国城镇化率的预测

利用上述相关方法，借助 SPSS 20.0 软件对 2015~2030 年中国城镇化率、总人口、城镇人口、农村人口、农村转入城镇人口、GDP、三大产业进行了预测。关于城镇化率、总人口、GDP 的预测需要进一步说明。

关于城镇化率的预测，近些年国家统计局发布的城镇化率是把外来城镇常住人口（城镇流动人口）统计在内，实际上外来城镇常住人口绝大部分是农村人口。因此，远高于专家根据公安部门统计的户籍测算的结果，2014 年全国常住人口和户籍人口城镇化率分别为 54.77% 和 37.11%，城镇流动人口为 2.53 亿人。鉴于此，在预测城镇化率时把外来城镇常住人口（城镇流动人口）视为农村人口，设计了高、中、低 3 种方案。2030 年，城镇化率高、中、低 3 种方案测算的结果分别是 74.32%、70.12%、68.03%，本文根据一些权威机构的预测结果及预期的目标，选取了中方案 70.12%。关于总人口的预测，2015 年 7 月 31 日国家发改委发布了《人口和社会发展报告 2014》。该报告引用了蔡昉等的《"十三五"国家人口发展总体思路研究报告》，指出 "预计（现行政策下放开二胎）2031 年达峰值 14.5 亿人"，联合国《世界人口展望（2015）》认为中国 2028 年达到 14.16 亿的峰值后下降，2050 年还有 13.48 亿。尽管有些学者对这两种观点持有异议，但都是权威机构发表的。本文预测的中方案结果是 2030 年中国人口达到 14.45 亿峰值后下降。

关于中国 2030 年 GDP 的预测，国内外有多种结论。毛泽东主席早在 1955 年就预言中国的经济在 2030 年超过美国。清华大学国情研究中心胡鞍钢等在

《2030 中国：迈向共同富裕》一书中，按汇率法和购买力评价法等 3 种方法估算，2020 年之前，中国 GDP 总量将会超过美国，2030 年，中国 GDP 总量相当于美国的 2.0~2.2 倍。世界银行和国务院发展研究中心在《2030 年的中国：建设现代化和谐有创造力的社会》中，预测中国 2011~2030 年 GDP 年平均增长率为 6.625%，2030 年中国的 GDP 为 170.66 万亿元。国家环境保护部环境规划院按照高、中、低 3 种方案对 2030 年中国的 GDP 进行了预测，其结果分别是 191.60 万亿元、162.57 万亿元、135.42 万亿元。英国媒体预测，中国 GDP 将在 2021 年超越美国，2030 年达到 75 万亿美元，按照现在的人民币对美元汇率（1 美元 = 6.1433 人民币元）计，即为 460.75 万亿元。利用复合函数估算法，2015~2030 年 GDP 增长率按高（7.5%）、中（7%）、低（6.5%）3 种方案测算的 GDP 结果分别是 190.97 万亿元、175.40 万亿元、161.39 万亿元。本文认为 GDP 增长率按中方案 7% 发展比较符合中国国情，一些专家学者认为中国经济发展进入新常态，经济增长总体趋势会逐渐变缓，这没错，但经济发展变缓并不意味着将来不发展。2015 年中国 GDP 比上一年增长 6.9%，为 25 年来最低，即使如此，也非常接近 7%，更何况中国的经济还有发展潜力。2016 年 2 月 14 日，李克强总理在中国国务院常务会议上发表对中国经济的看法，称中国经济仍有巨大的潜力，中国经济将"越战越勇"。这意味着中国经济还有发展的空间，2016~2030 年 15 年间按照中方案 GDP 平均每年 7% 左右的增长是可能的。

根据中国的实际情况，考虑到中国经济发展进入新常态，所预测的相关指标数据均取中方案（表 1）。根据表 1 所示，本文测算 2015 年全国城镇化率是 48.23%，既不是常住人口城镇化率，也不是单纯的户籍人口城镇化率，它是以 1983 年的城乡人口为基数（不含城镇外来常住人口），按照 1983~2013 年连续 20 年的出生率、死亡率、自然增长率数据模拟测算的城、乡人口发展变动状态下的一种城镇化率，有一定误差是肯定的，但认为基本上能反映客观实际。这种结果和国家统计局公布的 2015 年常住人口城镇化率为 56.1% 并不矛盾，何况国家统计局的测算依据是 1% 的抽样调查数据，本身也有一定误差。

2015~2030 年中国城镇化率及相关要素的时序变化　　　　表 1

年份	城镇化率（%）	总人口（亿人）	城镇人口（亿人）	农村人口（亿人）	农转城人口（亿人）	GDP（万亿元）	GDP/亿人（万元）	一二三产业结构（%）
2015	48.23	13.75	6.63	7.12	0.1836	68.20	4.96	10/45/45
2016	49.77	13.81	6.87	6.94	0.1869	72.63	5.26	10/45/45
2017	51.31	13.87	7.12	6.75	0.1896	77.35	5.58	10/45/45
2018	52.85	13.92	7.36	6.56	0.1911	82.38	5.92	10/44/46

年份	城镇化率（%）	总人口（亿人）	城镇人口（亿人）	农村人口（亿人）	农转城人口（亿人）	GDP（万亿元）	GDP/亿人（万元）	一二三产业结构（%）
2019	54.38	13.97	7.60	6.37	0.1928	87.74	6.28	10/44/46
2020	55.90	14.03	7.84	6.19	0.1948	93.44	6.66	10/44/46
2021	57.41	14.07	8.08	5.99	0.1966	99.51	7.07	10/44/46
2022	58.91	14.12	8.32	5.8	0.1983	105.98	7.51	10/44/46
2023	60.40	14.17	8.56	5.61	0.2003	112.87	7.97	10/44/46
2024	61.86	14.21	8.79	5.42	0.1997	120.21	8.46	10/44/46
2025	63.30	14.26	9.03	5.23	0.1989	128.02	8.98	10/43/47
2026	64.72	14.30	9.25	5.05	0.1984	136.34	9.53	10/43/47
2027	66.11	14.34	9.48	4.86	0.1965	145.20	10.13	10/43/47
2028	67.48	14.38	9.70	4.68	0.1954	154.64	10.75	10/43/47
2029	68.82	14.41	9.92	4.49	0.1932	164.70	11.43	10/43/47
2030	70.12	14.45	10.13	4.32	0.1903	175.40	12.14	10/43/47

2015～2030 年，中国人口由 13.75 亿增加到 14.45 亿；城镇化率由 48.23%增长到 70.12%；城镇人口由 6.63 亿增加到 10.53 亿，净增 3.88 亿城镇人口，平均每年净增 2586.67 万人；农村人口由 7.12 亿减少到 4.32 亿，平均每年净减少 1750 万人；农村转入城镇人口 3.1064 亿人，平均每年转入 1941.5 万人。GDP 由 68.20 万亿元增加到 175.40 万亿元，人均 GDP 由 4.96 万元增加到 12.14 万元。第一、二、三产业的结构比，由 10%、44%、46%变化为 10%、43%、47%，第一产业基本上不变，第二产业下降，第三产业上升。说明随着城镇化率和城镇化质量的不断提高，第三产业服务业将趋于发达。此外，中国一直是一个传统农业大国，尽管目前中国的一、二、三产业和过去相比都有了很大发展，相对于近 14 亿人口的中国而言，农业的安全和基础地位不可动摇，尽管国家一直积极调整结构促进经济转型，随着经济进入新常态发展，在未来 15 年也即到 2030 年，一、二、三产业的结构比例不可能有很大的变化。2015～2030 年，中国城镇化率发展的时序分异规律以及主要相关要素的演变规律如图 1 所示。

（二）2015～2030 年中国省际城镇化率的时空预测

利用同样的方法，对 2015～2030 年全国各省市区城镇化率、总人口、城镇人口、农村人口、农村转入城镇人口、GDP、三大产业进行了预测。由于在城镇化率预测时把外来城镇常住人口（城镇流动人口）视为农村人口，各省市区的

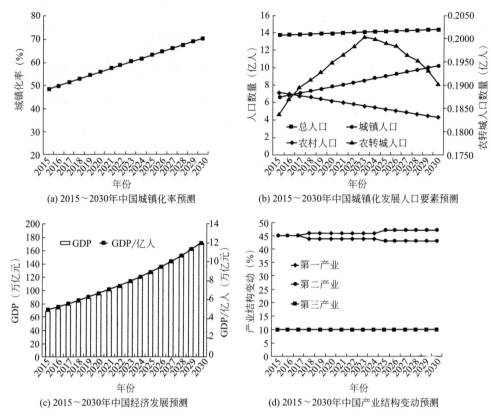

图 1   2015~2030 年中国城镇化率发展的时序分异规律以及主要相关要素的演变

预测结果大小顺序与目前国家统计局发布的结果有一定差别实属正常。为了研究的方便，选取 2015、2020、2025、2030 年 4 个时间点对 2015~2030 年中国城镇化发展的空间分异规律进行考察，具体预测结果见表 2。

2015 年、2020 年、2025 年、2030 年中国各省市区城镇化率（%）   表 2

区域	2015 年	2020 年	2025 年	2030 年
北京	77.13	85.02	92.32	99.46
天津	72.91	81.26	89.10	98.64
河北	40.86	49.02	57.01	64.51
山西	46.95	54.74	62.30	69.27
内蒙古	52.34	60.34	68.04	75.11
辽宁	57.67	64.30	70.51	76.04
吉林	48.79	53.64	58.12	62.02
黑龙江	50.03	54.73	59.03	62.74

区域	2015 年	2020 年	2025 年	2030 年
上海	79.78	87.43	94.46	99.89
江苏	58.72	69.61	80.22	90.13
浙江	58.69	71.41	83.92	95.73
安徽	42.48	50.59	58.50	65.90
福建	56.32	67.73	78.89	89.39
江西	42.59	50.18	57.57	64.43
山东	49.56	58.28	66.77	74.66
河南	38.62	45.81	52.81	59.36
湖北	46.15	53.77	61.14	67.96
湖南	43.58	51.82	59.85	67.36
广东	64.30	76.21	87.81	96.07
广西	40.86	48.49	55.95	62.90
海南	47.75	56.13	64.28	71.86
重庆	52.09	62.77	73.24	83.09
四川	40.37	47.98	55.40	62.34
贵州	32.51	38.49	44.32	49.76
云南	35.26	41.99	48.57	54.72
西藏	22.38	25.77	29.03	32.02
陕西	43.86	51.84	59.60	66.83
甘肃	32.36	37.94	43.35	48.38
青海	40.49	45.97	51.19	55.92
宁夏	43.67	50.56	57.21	63.34
新疆	36.08	39.07	41.76	44.02
全国	48.23	55.90	63.30	70.12

1. 中国省际城镇化的时空演化预测

2015 年全国城镇化率为 48.23%（表 2），超过 70% 的只有北京、上海和天津 3 个直辖市，上海最高，达到 79.78%；居第 4 位的是广东，为 64.30%；在 50%～60% 之间的，由高到低依次为江苏、浙江、辽宁、福建、内蒙古、重庆和黑龙江 7 个省市区；在 40%～50% 之间的，由高到低依次为山东、吉林、海南、湖北、山西、陕西、宁夏、河南、湖南、江西、安徽、河北、广西、青海和四川 15 个省区；在 30%～40% 之间的，由高到低依次为新疆、云南、贵州和甘肃 4 个省区；西藏城镇化率最低，仅为 22.38%。

中国城镇化率 2015~2020 年由 48.23%上升到 55.90%，2020~2025 年由 55.90%上升到 63.30%，到 2030 年达到 70.12%。2015~2030 年全国城镇化率不断增长，增长了 21.89%，全国 31 个省市区都在增长，但增长的幅度有一定差别。2030 年，城镇化率在 90%以上的有 6 个省市，最高的是上海、北京，其理论值分别为 99.89%、99.46%，依次是天津、广东、浙江和江苏（90.13%）；城镇化率增长幅度北京、上海、天津均在 20%以上，而广东、浙江和江苏均在 30%以上；在 80%~90%之间的，由高到低依次为福建、重庆，城镇化率提高幅度均在 30%以上；在 70%~80%之间的，由高到低依次为辽宁、内蒙古、山东和海南 4 个省区，城镇化率增长幅度，除辽宁（增长 18.37%）外，其余 3 个省区均在 20%以上；在 60%~70%之间的，由高到低依次为山西、湖北、河北、湖南、陕西、安徽、江西、宁夏、广西、黑龙江、四川和吉林 12 个省区，城镇化率增长幅度，除了宁夏、吉林、黑龙江低于 20%以外，其余均在 20%以上；在 50%~60%之间的，由高到低依次为河南、青海、云南 3 个省，城镇化率增长幅度均在 15%以上，其中云南为 19.46%，接近 20%；在 40%~50%之间的，由高到低依次为贵州、甘肃、新疆 3 个省区，城镇化率增长幅度均在 7.9%以上；还是西藏城镇化率最低，仅为 32.02%，但提高了 9.64%。区域经济的发展促进城镇化的发展，反过来城镇化的发展又促进了区域经济的发展。因此，2015~2030 年中国 31 个省市区城镇化的时空演化规律，实际上是各省市区的区域经济发展时空演化规律的客观反映，未来 15 年，全国 31 个省市区城镇化的空间格局不会有大的改变。

2. 三大经济带城镇化的时空预测

由表 2 所示，2015 年中国城镇化率为 48.23%，东部经济带（北京、天津、河北、辽宁、上海、江苏、浙江、福建、山东、广东、广西、海南）的城镇化率为 58.71%（12 个省市区城镇化率的均值），高于全国 10.48%；中部经济带（山西、内蒙古、吉林、黑龙江、安徽、江西、河南、湖北、湖南）的城镇化率为 45.73%（9 个省区城镇化率的均值），低于全国 2.49%；西部经济带（四川、重庆、贵州、云南、西藏、陕西、甘肃、宁夏、青海、新疆）的城镇化率为 37.91%（10 个省市区城镇化率的均值），低于全国 10.32%。发展到 2030 年，全国城镇化率为 70.12%，比 2015 年高 21.89%。东部经济带为 84.99%，比 2015 年高 26.28%；中部经济带为 66.02%，比 2015 年高 20.29%；西部经济带为 56.04%，比 2015 年高 18.13%。从东、中、西三大经济带的城镇化进程看，东部经济带发展最快，其次是中部经济带，最后是西部经济带。这种区域城镇化的时空分异规律，与区域经济发展的时空规律紧密相关。

（三） 2030 年中国城镇化率 70.12% 背景下的城镇化质量预测分析

城镇化质量的评价方法有多种，建立的评价指标体系涉及的指标数量也差别很大。中国未来的新型城镇化较之于以前的发展关注点有所不同，更多地将聚焦半城镇化问题解决、节约集约、低消耗、就业、城市病化解等问题，然而这些指标的历史数据很难全面获取。本文在参照牛文元的中国新型城市化报告（2010）和林挺进等的中国新型城镇化发展报告（2015）的基础上，本着科学性、简捷性、数据可获得性、能反映客观实际的基本原则，构建了 3 个二级指标、8 个三级指标、56 个四级指标的城镇化质量评价指标体系（图 2）。

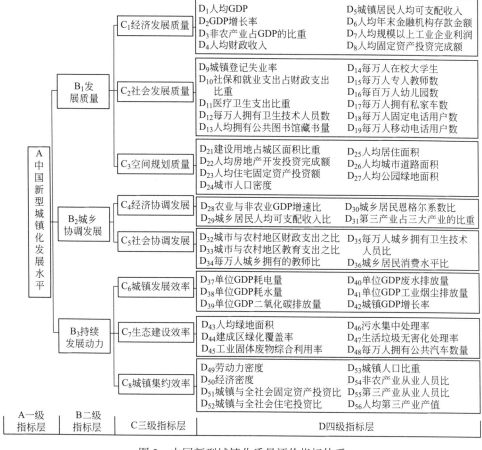

图 2　中国新型城镇化质量评价指标体系

选取 1998~2013 年共 16 年的 56 个四级指标的连续数据（数据来源：1998~2013 年的中国统计年鉴、中国城市年鉴、中国环境年鉴、中国财政年鉴、各省市区统计年鉴，以及各省市区国民经济和社会发展统计公报），通过采取多个模

型对 56 个四级指标模拟预测，

通过分析比较，最终针对每一个具体指标选取最佳模型进行 2030 年的情况预测，由于预测的数据量过大，涉及近 3 万个数据，这里略掉。依据预测数据，采用层次分析方法即可计算出 2030 年中国及 31 个省市区城镇化质量指数（σ）（表 3）。

从表 3 可以看出，2030 年城镇化质量指数最高的是上海（$\sigma = 0.6746$），最低的是西藏（$\sigma = 0.0067$）。全国城镇化质量指数为 0.4371，超过全国城镇化质量指数的仅有上海、天津、北京、江苏、浙江、广东、山东、福建、辽宁、重庆、内蒙古、湖南和湖北 8 省 4 市 1 区，其余 18 个省区均低于全国城镇化质量指数。说明全国近 2/3 的省区城镇化质量达不到全国平均水平。依据城镇化质量指数，可以粗略地把全国 31 个省市区划分为 4 类：①高质量（$\sigma > 0.5$）：上海、天津、北京、江苏、浙江、广东、山东和重庆，表明这类省市区城镇化率与社会经济发展相协调；②较高质量（$0.5 > \sigma > 0.3$）：辽宁、福建、内蒙古、湖南、湖北、河北、河南、海南、安徽和吉林，表明这类省区城镇化率与社会经济发展较为协调；③较低质量（$0.3 > \sigma > 0.2$）：四川、黑龙江、山西、江西、陕西和广西，表明这类省区城镇化率与社会经济发展较为不协调；④低质量（$\sigma < 0.2$）：云南、宁夏、新疆、甘肃、青海、贵州和西藏，表明这类省区城镇化率与社会经济发展不协调。

2030 年中国各省市区城镇化质量指数　　　　　　　　　表 3

区域	σ	区域	σ	区域	σ	区域	σ
北京	0.6746	上海	0.6788	湖北	0.4377	云南	0.1465
天津	0.6763	江苏	0.6273	湖南	0.4452	西藏	0.0067
河北	0.4315	浙江	0.6165	广东	0.6077	陕西	0.2242
山西	0.2279	安徽	0.3815	广西	0.2158	甘肃	0.0796
内蒙古	0.4525	福建	0.5713	海南	0.3856	青海	0.0719
辽宁	0.4769	江西	0.2261	重庆	0.4667	宁夏	0.1429
吉林	0.3419	山东	0.6046	四川	0.2558	新疆	0.1391
黑龙江	0.2463	河南	0.3925	贵州	0.0348	全国	0.4371

四、 2015~2030 年中国城镇化发展资金需求预测

新型城镇化的核心是人的城镇化，主要是农民工的市民化，资金需求包括农民工市民化所必需的教育、医疗、住房、社会保障和基础设施等资金。

一些学者或团体对中国新型城镇化发展未来所需资金进行了预测。2006 年以来，中国科学院、原建设部、中国发展研究基金会、国务院发展研究中心、中国社会科学院和国家开发银行 6 家机构测算过城镇化成本，农民工市民化的人均

成本从 2 万元到 13 万元不等。2030 年前中国还有 3.9 亿农民需要市民化，人均公共成本约 13.1 万元，仅市民化一项所需公共成本就高达 51 万亿元。如果加上基础设施建设等成本，所需资金更多。辜胜阻研究认为，未来 10 年近 4 亿城镇化人口，以人均 10 万元的固定资产投资标准计算，能够增加 40 万亿元的投资需求。石忆邵研究认为，到 2030 年城镇化建设需投入约 56 万亿元。迟福林研究认为，未来 10 年中国城镇化率年均提高 1.2 个百分点，新增城镇人口将达 4 亿左右，农民工市民化以人均 10 万元的固定资产投资计算，需要增加 40 万亿元的投资需求。财政部副部长王保安称，预计 2020 年城镇化率达到 60%，由此带来的投资需求约为 42 万亿元。据国家开发银行估算，未来 3 年中国城镇化投融资资金需求量将达 25 万亿元，平均每年需要 8 万多亿元投入，约占全年全国近 40 万亿元固定资产投资额的 20%。到 2020 年前中国需要至少 50 万亿人民币的新投资用于城市建设。中国城镇化率每提高 1 个百分点，需要追加近 6 万亿元的城镇固定资产投资。预计 2020 年中国城镇化率将达 60% 左右，城镇人口大约为 8.5 亿人，还需要增加约 38 万亿元左右的城镇固定资产投资。同时，由于目前按城镇人口统计的 2 亿多农民工及随迁家属未能享受城镇居民的基本公共服务，如果每人按照平均 5 万元的公共服务费用计算，还需支付 10 万亿元。这样，中国城镇化建设资金需求总量大约在 50 万亿元左右，平均每年需要 7 万多亿元，相当于 2012 年全国财政收入的 60%。

国家新型城镇化规划（2014～2020 年）指出，2020 年实现常住人口城镇化率达到 60% 左右，户籍人口城镇化率达到 45% 左右，使 1 亿左右农业转移人口和其他常住人口在城镇落户。根据权威机构及专家研究的结果，城镇化率每提高 1 个百分点，需要追加近 6 万亿元的城镇固定资产投资，城镇化率达到 60% 左右时，城镇化建设资金需求总量大约在 50 万亿元，按照保守折中的方法计算，每年至少需投入 8 万亿元。按照本文的预测，2023 年城镇化率将达到 60.40%，城镇化建设资金需投入 50 万亿元，后续按目前保守的每年投入 8 万亿元计算，到 2030 年城镇化率达到 70.12% 时，至少还要投入 56 万亿元。也就是说，2015～2030 年，中国城镇化建设资金至少需投入 105.38 万亿元，基本上相当于 2022 年全国 GDP 的总量（105.98 万亿元）。基于此，国家推进新型城镇化，必须从思想上、理论上、政策上、资金上、人才上做好战略准备。

权威机构及专家预测，到 2030 年将有约 4 亿农民市民化。事实上，在转入城镇的约 4 亿人口中，并非都是农民，还有一部分是城镇再生产人口。测算的结果是，2015～2030 年城镇将增加人口 38584.22 万人，其中农村转入城镇人口 31567.96 万人，城镇自身再生产人口 7016.26 万人。把这两种人口城镇化过程中所需成本按照统一标准对待（实际上国家层面、各省市区甚至各县级行政区都有差别，但追求的城镇化质量目标应该是相同的)。基于此，依据 2015～2030 年各省市区净增加的城镇人口数量，计算出到 2030 年全国城镇化率达到 70.12%时，各省市区人口变动及新型城镇化建设需要投入的资金（表4）。

2015～2030 年中国各省市区人口变化及新型城镇化建设需要的资金　　表 4

区域	2030 年总人口（万人）	2030 年城镇人口（万人）	2015～2030 年城镇自身再生产人口（万人）	2015～2030 年农村转入城镇人口（万人）	2015～2030 年城镇增加人口（万人）	2015～2030 年新型城镇化建设所需资金（万亿元）	2015～2030 年城镇化建设所需资金占全国的比例（%）	2015～2030 年 GDP 累计总量（万亿元）	2015～2030 年城镇化所需资金 GDP 累计总量的比例（%）
北京	2992.12	2975.96	198.10	923.25	1121.35	3.07	2.91	53.60	5.73
天津	1604.24	1582.42	105.34	446.25	551.59	1.51	1.43	31.50	4.79
河北	7500.32	4838.46	322.09	1477.44	1799.53	4.92	4.67	74.87	6.57
山西	4729.47	3276.10	218.10	1049.87	1267.97	3.46	3.28	35.46	9.76
内蒙古	2524.87	1896.43	126.25	489.21	615.46	1.69	1.60	48.65	3.47
辽宁	4388.53	3337.04	222.15	710.59	932.74	2.56	2.43	72.24	3.54
吉林	2800.62	1736.94	115.63	328.77	444.4	1.22	1.16	34.80	3.51
黑龙江	3760.28	2359.20	157.05	382.82	539.87	1.49	1.41	38.59	3.86
上海	3011.63	3008.32	200.26	937.24	1137.5	3.1	2.94	63.49	4.88
江苏	8170.34	7363.93	490.22	2209.68	2699.9	7.37	6.99	157.33	4.68
浙江	5946.81	5692.88	378.98	2089.71	2468.69	6.73	6.39	98.13	6.86
安徽	6059.40	3993.14	265.83	1112.78	1378.61	3.77	3.58	50.14	7.52
福建	4068.70	3637.01	242.11	1205.90	1448.01	3.95	3.75	56.57	6.98
江西	4680.76	3015.81	200.76	888.50	1089.26	2.98	2.83	38.10	7.82
山东	9799.01	7315.94	487.03	2079.85	2566.88	7.01	6.65	141.50	4.95
河南	9494.06	5635.67	375.16	1584.68	1959.84	5.36	5.09	83.78	6.40
湖北	5563.67	3781.07	251.72	909.88	1161.6	3.18	3.02	65.31	4.87
湖南	6415.51	4321.49	287.69	1206.37	1494.06	4.09	3.88	66.13	6.18
广东	14470.67	13901.97	925.45	5381.01	6306.46	17.17	16.29	164.42	10.44
广西	4853.91	3053.11	203.24	865.63	1068.87	2.92	2.77	38.92	7.50
海南	1066.60	766.46	51.03	255.15	306.18	0.83	0.79	10.39	7.99
重庆	2690.93	2235.89	148.85	601.95	750.8	2.05	1.95	34.14	6.00
四川	7785.76	4853.64	323.12	1289.88	1613	4.41	4.18	69.93	6.31
贵州	3701.60	1841.92	122.62	509.82	632.44	1.73	1.64	17.81	9.71
云南	5194.26	2842.30	189.24	923.60	1112.82	3.03	2.88	29.69	10.21
西藏	366.95	117.50	7.83	35.93	43.76	0.12	0.11	1.98	6.06
陕西	3844.83	2569.50	171.06	737.61	908.67	2.48	2.35	42.88	5.78
甘肃	2709.57	1310.89	87.27	368.20	455.47	1.24	1.18	16.16	7.67
青海	649.93	363.44	24.20	99.82	124.02	0.34	0.32	5.44	6.25
宁夏	783.91	496.53	33.05	156.82	189.87	0.52	0.49	7.26	7.16
新疆	2896.73	1275.14	84.88	309.75	394.63	1.08	1.02	21.44	5.04
全国	144526.00	101341.63	7016.26	31567.96	38584.22	105.38	100.00	1649.21	6.39

表4揭示了2030年人口空间分布状况，以及2015~2030年城镇再生产人口、农村转入城镇人口、需要城镇化的人口、新型城镇化建设所需资金、GDP累计总量等要素的空间分布格局。

2015~2030年，需要城镇化的人口超过3000万人的，只有广东，高达6306.46万人；2000~3000万人的是江苏、山东、浙江；1000~2000万人的是河南、河北、四川、湖南、福建、安徽、山西、湖北、上海、北京、云南、江西、广西；500~1000万人的是辽宁、陕西、重庆、贵州、内蒙古、天津、黑龙江；300~500万人的是甘肃、吉林、新疆、海南；100~300万人的是宁夏、青海；西藏最少，为43.76万人。

2015~2030年，农村转入城镇人口超过3000万人的，只有广东，高达5381.01万人；2000~3000万人的是江苏、山东、浙江；1000~2000万人的是河南、河北、四川、湖南、福建、安徽、山西；500~1000万人的是上海、云南、北京、湖北、江西、广西、陕西、辽宁、重庆、贵州；300~500万人的是内蒙古、天津、黑龙江、甘肃、吉林、新疆；100~300万人的是海南、宁夏、青海；西藏最少，为35.93万人。

2015~2030年，新型城镇化建设所需资金超过10万亿元的，只有广东，高达17.17万亿元；5~10万亿元的是江苏、山东、浙江、河南；4~5万亿元的是河北、四川、湖南；3~4万亿元的是福建、安徽、山西、湖北、上海、北京、云南；2~3万亿元的是江西、广西、辽宁、陕西、重庆；1~2万亿元的是贵州、内蒙古、天津、黑龙江、甘肃、吉林、新疆；1万亿元以下的是海南、宁夏、青海、西藏，其中西藏最少，为0.12万亿元。

2015~2030年，新型城镇化建设所需资金占全国的比例超过10%的，只有广东，高达16.29%；5%~10%的是江苏、山东、浙江、河南；4%~5%的是河北、四川；3%~4%的是湖南、福建、安徽、山西、湖北；2%~3%的是上海、北京、云南、江西、广西、辽宁、陕西；1%~2%的是重庆、贵州、内蒙古、天津、黑龙江、甘肃、吉林、新疆；1%以下的是海南、宁夏、青海、西藏，其中西藏最小，仅为0.11%。

2015~2030年，新型城镇化所需资金占GDP累计总量的比例超过10%的是广东和云南，分别为10.44%和10.21%；9%~10%的是山西和贵州；7%~9%的是海南、江西、甘肃、安徽、广西、宁夏；6%~7%的是福建、浙江、河北、河南、四川、青海、湖南、西藏、重庆；5%~6%的是陕西、北京、新疆；4%~5%的是山东、上海、湖北、天津、江苏；3%~4%的是黑龙江、辽宁、吉林、内蒙古，内蒙古最低，为3.47%。

综上所述，2015~2030年，由于全国各省市区人口、城镇化率、农村转入城镇人口、需要城镇化的人口、GDP 等要素在空间上的分异性，导致各省市区新型城镇化建设所需的资金在空间上也具有明显的分异性，无论这种分异性大小，但对于每个省市区而言都是十分巨大的。

目前，国家投入城镇化建设的资金非常有限，在全国城市公用设施建设固定资产投资中，2001~2013 年，各项投资累计量占总投资累计量的比例为，中央财政拨款占 1.71%、地方财政拨款占 27.59%、国内银行贷款占 34.72%、债券占 0.51%、外资 1.69%、自筹资金占 28.54%、其他资金占 5.24%，2013 年全国城市公用设施建设固定资产投资为 16349.8 亿元，其中中央财政拨款还不足 1.71%。国家推进新型城镇化建设，仅靠各省市区自身建设是不行的，有些省区单纯依靠自己很难推进新型城镇化，国家必须给予资金支持。今后 15 年是中国新型城镇化发展的黄金时期，国家应合理分配新型城镇化建设的投资力度，在对各省市区投资上，应根据客观情况区别对待。根据国家新型城镇化建设投资力度指数模型，进行定量描述：

$$\delta = 1 - \frac{GDP_{Iji} - M_{ci}}{P_i} \bigg/ \frac{GDP_{Ijn} - M_{cn}}{P_n} \tag{10}$$

式中：δ 为国家新型城镇化建设投资力度指数；GDP_{Iji} 为 2015~2030 年各省市区 GDP 累计总量；M_{ci} 为 2015~2030 年各省市区新型城镇化建设资金需求总量；P_i 为 2030 年各省市区人口总量；GDP_{Ijn} 为 2015~2030 年国家 GDP 累计总量；M_{cn} 为 2015~2030 年全国新型城镇化建设资金需求总量；P_n 为 2030 年全国人口总量。式（10）表明，δ 值越大，用于新型城镇化建设的资金就相对减少，需要加大资金支持力度，反之，则减小资金支持力度。利用表 4 数据，计算得到 δ（表 5）。

2015~2030 年中国各省市区国家新型城镇化建设投资力度指数　　　表 5

区域	σ	区域	σ	区域	σ	区域	σ
贵州	0.5933	安徽	0.2836	黑龙江	0.0764	山东	-0.2849
西藏	0.5255	青海	0.2654	广东	0.0474	浙江	-0.4388
云南	0.5195	河南	0.2267	陕西	0.0163	辽宁	-0.4864
甘肃	0.4845	四川	0.2122	全国	0.0000	北京	-0.5809
山西	0.3666	宁夏	0.1951	湖北	-0.0454	江苏	-0.7182
新疆	0.3420	海南	0.1609	重庆	-0.1164	内蒙古	-0.7412
广西	0.3057	河北	0.1269	吉林	-0.1225	天津	-0.7501
江西	0.2976	湖南	0.0947	福建	-0.2107	上海	-0.8772

根据表 5 数据，可把全国 31 个省市区国家新型城镇化建设投资力度由大到

小大致划分为 6 级，A 级最大，F 级最小。①A 级，$\delta > 0.4$，包括贵州、西藏、云南、甘肃 4 个省区；②B 级，$0.3 < \delta < 0.4$，包括山西、新疆、广西 3 个省区；③C 级，$0.1 < \delta < 0.3$，包括江西、安徽、青海、河南、四川、宁夏、海南、河北 8 个省区；④D 级，$0 < \delta < 0.1$，包括湖南、黑龙江、广东、陕西 4 个省；⑤E 级，$-0.5 < \delta < 0$，包括湖北、重庆、吉林、福建、山东、浙江、辽宁 7 个省市；⑥F 级，$\delta < -0.5$，包括北京、江苏、内蒙古、天津、上海 5 个省市区。

全国 31 个省市区国家新型城镇化建设投资力度的划分，不仅揭示了未来 15 年国家对各省市区新型城镇化建设投资力度的大小，而且也暗含并引导各省市区应该选择怎样的符合自己省市区情的新型城镇化建设投融资模式，为其走符合国情特别是符合自己区情的新型城镇化道路提供了科学依据。

五、结论与讨论

（1）2015~2030 年，中国人口增长到 14.45 亿，城镇化率达到 70.12%。权威机构和专家预测，2030 年左右中国人口负增长，人口的年龄结构、性别比、职业结构、城乡结构、空间分布结构等的格局将发生巨大变化，人口红利逐步消失，将承受人口总量最大的压力，成为中国人口发展的一个拐点，将成为制约中国从中等发达国家向发达国家迈进的一个重要因素。

从城镇化发展的国际经验看，城镇化率在 30%~70% 之间，是城镇化快速发展时期，城镇化率 70% 以后发展逐渐变缓。理论上，2030 年左右也是中国城镇化发展的一个拐点，此后的城镇化发展速度将会变缓。但数字上的 70% 未必可以代表真实的城镇化率，社会、经济、生态环境等诸多问题可能依然突出。要求在今后的发展中，从中央到地方各级政府高度重视城镇化与各种问题的协调发展。

（2）从中国城镇化率发展的时序分异规律看，2015~2030 年，城镇化率由 48.23% 增长到 70.12%。在这种背景下，一些专家学者提出到 2030 年，将有约 4 亿农村人口需要市民化。这种观点仅仅是按照城镇化率发展的时序分异规律提出来的，实际上城镇化率的提高，城镇人口的增长，并不是单纯地农村人口转化为城镇人口，还包括城镇人口自身的再生产。鉴于此，本文测算的结果是 2015~2030 年，城镇人口自身再生产 7016.26 万，需要城镇化的农村人口为 31567.96 万，2015~2030 城镇化发展的过程，实际上就是这两部分人口的增长过程。

因此，在未来的新型城镇化建设中，严格意义上讲，应该对这两部分人口进行城镇化成本核算，使新型城镇化建设的投资更加精细化。

（3）从 2015~2030 年中国城镇化率时—空分异预测来看，各省市区城镇化率发展的差异性很大，但都在增长，而且增长的幅度空间差异性很大。2030 年，城镇化率在 90% 以上的有 6 个省市区，在 80%～90% 的有 2 个省市区，在 70%～80% 的有 4 个省市区，在 60%～70% 的有 12 个省市区，在 50%～60% 的有 3 个省市区，在 40%～50% 的有 4 个省市区，西藏城镇化率最低仅为 32.02%。城镇化率增长幅度在 30% 以上的有 5 个省市区，在 20%～30% 的有 16 个省市区，在 10%～20% 的有 8 个省市区，在 10% 以下的是西藏和新疆。这种时空分异揭示了 2030 年城镇化率在 70% 以上的省市区，几乎都在东部沿海；城镇化率在 60% 以下的省市区，几乎都分布在西北内陆和边疆。城镇化率增长幅度在 30% 以上的省市区主要是发达省份，分布在东部经济带；增长幅度在 20% 以下的省区，主要在西部经济带。

2015～2030 年，中国东、中、西三大经济带的城镇化率及其增长幅度情况也是上述规律的具体反映。说明未来 15 年的时间里，中国人口的流动、新型城镇化的发展依然是东西走向的趋势，其实质仍然是以三大城市群聚集为主。

（4）由于全国各省市区的人口数量、自然条件、生态环境质量、历史文化环境、经济发展水平等因素不同，2015～2030 年各省市区城镇化质量的发展存在差异是各种环境要素发展规律的客观反映，是一种正常现象，重要的是如何认识这种差异性，如何缩小这种差异性，促使全国区域城镇化质量均衡发展。根据 2030 年 31 个省市区城镇化质量 4 种类型的划分，在今后的新型城镇化建设中，本文建议国家应采取的措施是：高质量省市，以自身投资建设为主；较高质量省区，给予一定的资金支持；较低质量省区，加大资金支持力度；低质量省区，重点给予资金支持。

（5）根据文中估算 2030 年中国新型城镇化建设资金至少需投入 105.38 万亿元，这是一个巨大的"天文数字"，国家乃至各省市区，建立何种投融资模式，值得深思研究。新型城镇化建设是全方位的，但最为重要的是城市公用设施建设，国家对此投入较少。目前中国城镇化建设的投融资模式存在许多弊端，主要表现在：政府居支配地位，融资以银行信贷为主，融资平台承担地方政府的融资责任。实践证明这种投融资模式不可持续。因此，在推进新型城镇化建设中，必须有一个符合中国国情的投融资模式，这是新型城镇化建设能否顺利进行的重要保证。

（6）推进新型城镇化涉及两个最基本、最关键的因素，即人和资金。发展以人为本的城镇化，资金需要合理投入。2015～2030 年，从中央到地方，对于各省市区新型城镇化建设，到底该如何投资？何时何地投资？投入多少资金适宜？资金从何处获取？必须对国（省、市、区）情进行深入调研，摸清家底，提供详细的科学依据，制定科学细致的区域新型城镇化建设投资方案。这是一项复杂的系统研究和实施工程，也是笔者下一步将要开展的研究。

（7）中国新型城镇化未来的发展一定要符合中国的基本国情，这种国情源自人口、资源、环境、经济、社会、文化发展极大的时空差异性，这种差异性的客观规律，是推进新型城镇化科学发展的基础与前提，认识不清和违背了这种客观规律，就会出现各种各样的问题，新型城镇化的质量和科学发展就难以保证。

（撰稿人：孙东琪，中国科学院地理科学与资源研究所助理研究员；陈明星，副研究员，中国科学院区域可持续发展分析与模拟重点实验室副主任、区域可持续发展模拟研究室副主任；陈玉福，中国科学院地理科学与资源研究所副研究员；叶尔肯·吾扎提，中国科学院地理科学与资源研究所助理研究员。）

注：摘自《地理学报》，2016（06）：1025-1044，参考文献见原文。

中国主要城市关联网络研究

导语：从全行业的资本支配视角，采用企业关联网络的总部一分支法，识别和解析中国主要城市关联网络的基本特征，包括层级、格局、方向和腹地维度。验证了城市关联网络是城市体系研究的重要方法，而企业关联网络则是城市关联网络的有效表征。城市体系研究不仅要关注地理上的邻近性，更要强调功能上的关联性；不仅要关注城市作为场所空间的邻近性，更要强调城市在流通空间中的关联性。城市关联网络的本项是城市之间的经济联系，而企业是城市关联网络的"作用者"，众多企业的区位策略界定了城市之间的关联网络。

一、引言

城市体系（urban system）始终是城市和区域研究的一个核心领域。城市体系研究可以分为两种传统，分别是基于城市规模的研究传统（scale-based tradition）和基于城市功能的研究传统（function-based tradition）。尽管基于规模和基于功能的世界城市体系可能部分重叠，但两种研究传统的因果逻辑显然不同，城市规模只是城市体系的表象，而城市功能则是城市体系的本质。

基于城市功能的城市体系研究又可以分为属性方法（attribute approach）和网络方法（network approach）。霍尔（P. Hall）的《世界城市》（The World Cities）被认为是基于属性方法的世界城市层级（world urban hierarchy）研究。1970年代以来的经济全球化进程导致世界经济格局发生显著变化，几乎所有城市都纳入了全球经济网络。在社会科学领域，一些学者的研究成果对于经济全球化背景下的世界城市体系研究产生了重要的理论影响，包括世界体系理论。新一轮的国际劳动分工和跨国公司成为经济全球化的作用者。世界城市体系和全球资本体系的关联性成为重要的研究视角，理论基础可以分为全球资本支配视角和全球资本服务视角，分别以弗里德曼（J. Friedmann）和萨森（S. Sassen）为代表人物。

1982年弗里德曼和沃尔夫（G. Wolff）提出世界城市形成（world city formation）为一个研究议题。1986年弗里德曼又提出了世界城市假说（the world city hypothesis）。城市作为全球资本的"支点"（basing points for global capital），既是跨国公司总部和金融机构的集聚地，也是全球交通和通信枢纽，因而在全球经济中具有支配地位（command and control posts）。

　　萨森认为，在经济全球化进程中，制造和装配环节的空间扩散更为需要管理和控制环节的空间集聚，跨国公司的全球化战略更为依赖外部化的专业服务，特别是金融和高端生产性服务。全球城市就是全球资本支配的服务中心，即为全球资本支配提供必要的专业服务，因而金融和高端生产性服务业是全球城市的关键产业。

　　尽管卡斯特尔（M. Castells）的网络社会理论（network society）和流通空间概念（space of flows）对于世界城市体系研究产生了重要影响，由于传统数据来源都是以国家和城市为统计单元的属性数据（attribute data），缺乏基于流通空间的城市之间关系数据（relational data），包括城市之间的资本、信息、人员和产品等流通，世界城市体系的网络研究未能取得显著进展，受到许多学者的质疑，被称为经验研究的"贫乏"（empirical deficiency）。

　　2000 年以来，以英国拉夫堡大学为基地的全球化和世界城市研究网络（Globalization and World Cities Research Network，GaWC）提出城市之间关系的关联网络模型（interlocking network model of inter-city relation），标志着世界城市体系的网络研究取得了突破性进展。2000 年以来世界城市体系的网络研究进展可以分为基于企业组织（corporate organization）和基于基础设施（infrastructure）的城市网络研究。基于基础设施的城市网络研究又可以分为交通关联方法和通信关联方法。

　　德鲁德（B. Durudder）认为，基于企业组织的分析方法是城市关联网络研究的主流学派。正如泰勒（P. Taylor）所指出的，城市关联网络的本质是城市之间的经济联系，企业是城市关联网络的作用者（agents）。众多企业的区位策略（location strategies）界定了城市关联网络（interlocking networks）。城市之间的企业关联网络作为间接表征（indirect measures），隐含了城市之间的资本、信息、人员和产品等经济流通。

　　在基于企业关联网络的世界城市体系研究中，一系列经验研究分别受到弗里德曼和萨森的理论影响，采用企业总部—分支机构形成的企业内部跨国网络（intra-firm transnational networks），连接所在城市形成世界城市体系。其中，奥尔德森（A. S. Alderson）和泰勒的研究成果是最为广泛引用的。依据弗里德曼的全球资本支配概念，奥尔德森等以财富 500（Fortune Global 500）的全行业（all industrial sectors）跨国公司总部—分支机构网络为表征，采用社会网络分析方法（social network analysis），识别和解析全球资本支配视角下的世界城市体系。依据萨森的全球资本服务概念，GaWC 的泰勒等以高端生产性服务业（advanced producer services）跨国公司总部—各级分支机构网络作为表征，采用企业关联网络分析方法，识别和解析全球资本服务视角下的世界城市体系。在经济全球化进程中，中国经济发展越来越纳入全球资本体系，中国城市体系和全球资本体系的关联网络获得广泛关注。与此同时，全国层面和地区层面的城市关联网络已经成为重要的研究领域。基于企业关联网络的城市体系研究包括全国和地区层面的研究，城市关联网络的地区比较研究。城市关联网络的时空演化趋势，城市关联网络的腹地划分。基于交通关联网络的城市体系研究包括全国层面的城市关联网络和地区层面的城市关联网络及其演化趋势。

综上所述，城市体系的研究进展可以归纳为：从基于城市规模的研究传统到基于城市功能的研究传统和从基于城市属性的分析方法到基于城市网络的分析方法（图1）。城市规模只是城市体系的表象，而城市功能则是城市体系的本质。在基于功能的城市体系研究中，属性方法强调城市体系的层级特征，而网络方法则注重城市体系的关联特征。在城市关联网络研究中，企业关联网络成为主流学派，而基础设施网络（城市之间的交通或信息网络）受到多种因素的影响，只是在一定程度上体现了城市之间的经济联系。基于企业关联网络的城市体系研究又可以分为全行业的资本支配视角和高端生产性服务业的资本服务视角，分别采用不同类型企业的内部关联网络（公司总部和分支机构在各个城市的分布格局），由此识别和解析城市体系。对照城市体系研究进展的谱系图解，本文基于城市功能的研究传统从全行业的资本支配视角，采用企业关联网络的总部—分支法，识别和解析中国主要城市关联网络的基本特征。

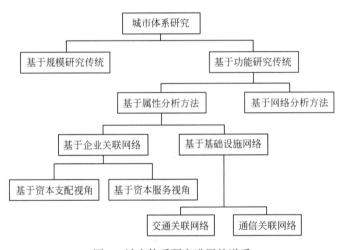

图 1 城市体系研究进展的谱系

二、研究思路

（一）城市清单

如表1所示，本研究涵盖40个主要城市，包括4个直辖市5个计划单列城市、27个省会城市和4个经济强市（2014年地区生产总值位于全国前20位的苏州、无锡、佛山、唐山），涉及国家第十三个五年规划纲要划示的各级城市群。

本研究涵盖的40个主要城市　　　　　　　　　　表1

城市群/城市圈		城市类型			
		直辖市	计划单列城市	省会城市	经济强市
世界级城市群	京津冀城市群	北京、天津		石家庄	唐山
	长三角城市群	上海	宁波	杭州、南京、合肥	苏州、无锡
	珠三角城市群		深圳	广州	佛山
区域性城市群	成渝城市群	重庆		成都	
	长江中游城市群			武汉、长沙、南昌	
	哈长城市群			哈尔滨、长春	
	辽中南城市群		大连	沈阳	
	山东半岛城市群		青岛	济南	
	海峡两岸城市群		厦门	福州	
	北部湾城市群			南宁、海口	
	中原城市群			郑州	
	滇中城市群			昆明	
	黔中城市群			贵阳	
	山西中部城市群			太原	
	关中平原城市群			西安	
	兰西城市群			兰州、西宁	
	宁夏沿黄城市群			银川	
	呼包鄂榆城市群			呼和浩特	
	天山背坡城市群			乌鲁木齐	
地方性城市圈	拉萨城市圈			拉萨	

（二）数据来源

本研究采用企业关联网络作为城市关联网络的间接表征，以2014年国家工商总局的注册企业数据库为基础，共计涉及近116400条企业区位数据。首先，运用access和excel软件，通过编写程序，将企业数据转译成为标准条目，包括企业名称和所在城市等；然后，通过关键词方式，搜索公司总部和分支机构的区位信息；最后，通过人工识别方式，增补程序搜索不能涵盖和匹配的企业信息。原始数据存在少量注销企业的冗余数据，占总样本数比例较低（约3%），不再做进一步甄别。

（三）分析方法

借鉴国际研究经验，基于企业区位数据，采用总部—分支法，分析城市之间关联网络，可以概括为三种关联、两个层面和两类数据。城市的外向关联（out-degree connectivity）指企业总部所在城市与企业分支机构所在城市的关联，表征城市的外向辐射能力，又称为网络实力（network power）；城市的内向关联（in-degree connectivity）指企业分支机构所在城市与企业总部所在城市的关联，表征城市的内向集聚能力，又称为网络声誉（network prestige）；城市的总关联（total connectivity）则是外向关联和内向关联之和。

无论是外向关联、内向关联还是总关联，都包括两个地域层面，分别是一个城市与另一城市的关联和一个城市与研究范围内所有其他城市的合计关联。同时，无论是外向关联、内向关联还是总关联也都涉及两类数据，分别是绝对关联值和相对关联度。为了便于比较分析，通常将研究范围内的最大绝对关联值定义为 100，各个城市的相对关联度以最大关联值的百分比进行标准化处理。

因此，城市关联网络包含三种关联，每种关联包含两个层面，每个层面包含两类数据。外向关联包括一个城市与另一城市的外向关联值和外向关联度、一个城市与所有其他城市的合计外向关联值和合计外向关联度；内向关联包括一个城市与另一城市的内向关联值和内向关联度、一个城市与所有其他城市的合计内向关联值和合计内向关联度；总关联包括一个城市与另一城市的总关联值和总关联度、一个城市与所有其他城市的合计总关联值和合计总关联度。

（四）研究内容

基于企业关联网络，对于中国 40 个主要城市关联网络的基本特征进行识别和解析，包括城市关联网络的层级（hierarchy）、格局（configuration）、方向（directionality）和腹地（hinterworld）维度。

三、城市关联网络的层级分析

（一）城市合计总关联度的层级分析

如表 2 所示，一个城市与研究范围内所有其他城市的合计总关联度排序呈现出显著的层级特征。北京和上海位于第一层级，深圳和广州位于第二层级，其他城市的合计总关联度依次递减，但难以划分明确的层级。城市的合计总关联度表明了一个城市在城市关联网络中的总体地位，与该城市的总体经济实力是显著相关的。无可争议地，北京和上海是国家首位中心城市，深圳和广州是国家次级中心城市。这与 4 个全球城市排行榜的中国上榜城市排名也是基本一致的（表3）。如同伦敦、纽约、东京和巴黎是全球四大城市，北京、上海、深圳和广州则是中国四大城市。

40 个主要城市的合计总关联度   表 2

城市	合计关联度	城市	合计关联度
北京	100	无锡	8
上海	98	郑州	8
深圳	59	合肥	7
广州	51	哈尔滨	6
成都	22	长沙	6
杭州	22	昆明	6
南京	19	石家庄	5
天津	19	南昌	5
苏州	18	长春	4
重庆	15	南宁	4
武汉	13	太原	4
青岛	13	海口	4
沈阳	12	贵阳	4
宁波	12	兰州	3
西安	10	乌鲁木齐	3
济南	10	呼和浩特	2
大连	10	唐山	2
佛山	9	西宁	1
厦门	9	银川	1
福州	9	拉萨	0

4 个全球城市排行榜的中国上榜城市的全球排名   表 3

	2016 年全球城市指数（125 个上榜城市）	2012 年全球城市竞争力指数（120 个上榜城市）	2015 年全球城市实力指数（40 个上榜城市）	2014 年机遇之城指数（30 个上榜城市）
第一层级	北京（9）	北京（39）	上海（17）	北京（19）
	上海（20）	上海（43）	北京（18）	上海（20）
第二层级	广州（71）	深圳（52）		
	深圳（83）	广州（64）		

续表

	2016 年全球城市指数 （125 个上榜城市）	2012 年全球城市竞争力指数 （120 个上榜城市）	2015 年全球城市实力指数 （40 个上榜城市）	2014 年机遇之城指数 （30 个上榜城市）
第三层级	南京（86）	天津（75）		
	天津（94）	大连（82）		
	成都（96）	成都（83）		
	武汉（107）	苏州（84）		
	大连（108）	重庆（87）		
	苏州（109）	青岛（91）		
	青岛（110）	杭州（93）		
	重庆（113）			
	西安（114）			
	杭州（115）			
	哈尔滨（117）			
	郑州（121）			
	沈阳（122）			
	东莞（124）			
	泉州（125）			

注：括号中数字为中国上榜城市的全球排名。

资料来源：根据 4 个全球城市排行榜整理。

（二）城市之间总关联度的层级分析

如表 4 所示，城市之间总关联度可以分为五个层级。国家首位中心城市之间形成 1 对关联（北京—上海）。位于第一层级的高关联度（总关联度为 100.0）；国家首位中心城市和国家次级中心城市之间、国家次级中心城市之间形成 5 对关联（北京—深圳、北京—广州、上海—深圳、上海—广州、深圳—广州）。位于第二层级的中高关联度（总关联度为 50.5~55.9）；第三层组的中关联度（总关联度为 10.0~36.3）包含 32 对城市关联，北京—其他城市和上海—其他城市占了绝大多数。其次是深圳—其他城市和广州—其他城市，再次是经济大省内部主要城市之间关联；第四层级的中低关联度（总关联度为 5.0~9.9）包含 45 对城市关联，国家中心城市—其他城市仍然占据绝对主导地位，其次是经济大省内部主要城市之间关联；第五层级的低关联度（总关联度为 0~4.9）包含 697 对城市关联，包括国家中心城市和经济实力较弱城市的关联、经济实力较强城市之间的跨省关联、经济实力较弱城市之间的关联。

各个层组的城市关联对数之和与总关联度之相及其占比　　　　表4

总关联度层级(总关联度区间)	城市关联对数之和		总关联度之和	
	数值	占比(%)	数值	占比(%)
第一层级(高关联度:100.0)	6	0.8	368.1	21.4
第二层级(中高关联度:50.5~55.9)				
第三层级(中关联度:10.0~36.3)	32	4.1	543.7	31.7
第四层级(中低关联度:5.0~9.9)	45	5.8	319.1	18.6
第五层级(低关联度:0~4.9)	697	89.3	485.9	28.3
合计	780	100.0	1716.8	10.0

需要强调的是，尽管前4个层级的合计城市关联对数之和仅占关联城市对数总和的10.7%。但总关联度之和却占40个城市总关联度总和的71.7%。相反，尽管第五层级的城市关联对数占关联城市对数总和的89.3%，但总关联度之初仅占40个城市总关联度总和的28.3%。可见，城市之间总关联度也呈现出显著的层级特征。

四、城市关联网络的格局分析

在城市关联网络的层级分析基础上，可以将40个主要城市之间关联网络归纳为4种格局类型。首先4个国家中心城市之间的6对关联位于第一和第二层级，形成多心关联格局。其次4个国家中心城市与36个其他城市之间的144对关联在第三和第四层级占据绝对主导地位，形成放射关联格局。再次，经济大省内部2个主要城市之间的7对关联位于第三和第四层级，包括原四川省的成都—重庆、江苏省的南京—苏州和苏州—无锡、浙江省的杭州—宁波、福建省的福州—厦门、山东省的济南—青岛、辽宁省的沈阳—大连，形成局部关联格局。最后，其他城市之间的623对关联位于第五层级，形成散布关联格局。

对于中国5大城市群（包括京津冀、长三角、珠三角、长江中游和成渝城市群）的研究发现，城市群层面上的城市之间关联网络也呈现类似格局。以长江中游城市群（包括湖北省、湖南省、江西省）的关联网络为例（图2），首先是地区主要中心城市（武汉、长沙、南昌）之间形成多心关联格局（图3）；其次是3个省会城市和省内其他城市之间形成放射关联格局、省会城市和省内主要城市之间形成局部关联格局（图4）。如湖北省在武汉—宜昌、湖南省的长沙—株洲、江西省的南昌—九江；再次是省内和跨省的其他城市之间形成散布关联格局（图5）。

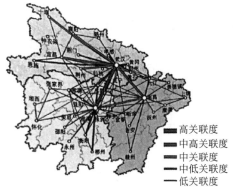

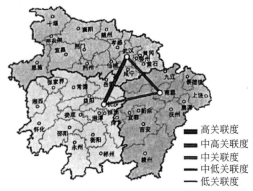

图2　长江中游城市群的关联网络示意

图3　长江中游城市群地区主次中心
城市之间多心关联格局

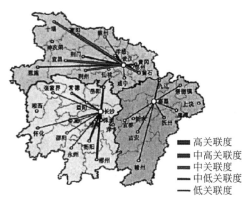

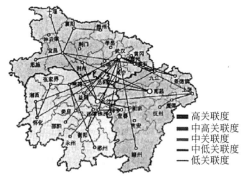

图4　长江中游城市群省会城市和省内其他
城市之间放射关联格局、省会城市和省内主
要城市之间局部关联格局

图5　长江中游城市群省内和跨省的
其他城市之间散布关联格局

五、城市关联网络的方向分析

奥尔德森等认为，城市关联网络不仅显示层级特征，而且具有方向特征，城市之间关联往往是不对称的。城市的外向关联是企业总部所在城市发至企业分支机构所在城市的关联，城市的内向关联是企业分支机构所在城市接收企业总部所在城市的关联。城市的合计总关联较高，表明其在城市关联网络中的影响较大；反之，则表明其在城市关联网络中的影响较小。城市的合计外向关联显著大于合计内向关联，显示其在城市关联网络中作为企业总部所在地的外向辐射作用，又称为城市的网络实力；城市的合计内向关联显著大于合计外向关联，显示其在城市关联网络中作为企业分支机构所在地的内向集聚作用，又称为城市的网络声誉。

（一）城市的总体关联方向

城市 i 的关联方向指数 $D_i =$（城市 i 的合计外向关联－城市 i 的合计内向关联）/（城市 i 的合计外向关联+城市 i 的合计内向关联）。D_i 趋向 0，表示合计外向关联和合计内向关联基本相等；D_i 趋向 1 表示合计外向关联显著大于合计内向关联；D_i 趋向-1，表示合计内向关联显著大于合计外向关联。

如表 5 所示，作为国家主次中心城市，北京、上海和深圳的关联方向指数显著大于 0，表明合计外向关联明显大于合计内向关联，这意味着企业总部所在地的外向辐射能力明显大于企业分支机构所在地的内向集聚能力，在全国层面的城市关联网络中处于主导地位。作为国家次级中心城市，广州的关联方向指数接近0，表明合计外向关联和合计内向关联基本相等。尽管无锡和厦门的关联方向指数略大于广州，天津和宁波的关联方向指数也接近广州，但无论是合计外向关联还是合计内向关联都明显低于广州，表明其在城市关联网络中的影响较小。其他城市的关联方向指数都是显著小于 0，表明企业分支机构所在地的内向集聚能力显著大于企业总部所在地的外向辐射能力，在全国层面的城市关联网络中处于从属地位。

40 个主要城市的合计外向关联和合计内向关联以及关联方向指数　　表 5

城市	合计外向关联	合计内向关联	关联方向指数
北京	796.0	294.3	0.460
上海	730.7	334.1	0.372
深圳	413.4	230.4	0.284
无锡	48.2	38.5	0.112
厦门	53.6	47.9	0.056
天津	100.9	102.8	−0.009
广州	269.3	284.5	−0.027
宁波	59.0	73.7	−0.035
福州	42.3	53.1	−0.113
大连	46.9	59.6	−0.120
海口	17.1	22.5	−0.136
佛山	38.3	65.3	−0.261

城市	合计外向关联	合计内向关联	关联方向指数
青岛	50.1	88.1	-0.275
南京	76.6	135.3	-0.277
重庆	57.6	102.1	-0.279
杭州	80.9	157.3	-0.321
哈尔滨	22.7	44.2	-0.321
武汉	48.4	95.7	-0.328
沈阳	41.9	90.7	-0.368
西安	33.9	78.1	-0.395
长春	14.2	34.8	-0.420
唐山	5.4	13.3	-0.422
郑州	23.5	58.8	-0.429
成都	65.8	178.5	-0.431
兰州	9.4	24.0	-0.437
济南	29.6	81.1	-0.465
南昌	12.9	36.7	-0.480
苏州	49.2	150.3	-0.507
合肥	19.5	59.6	-0.507
长沙	15.1	47.4	-0.517
西宁	3.6	11.5	-0.523
石家庄	17.0	55.3	-0.530
太原	9.9	33.6	-0.545
贵阳	8.7	30.7	-0.558
昆明	13.6	48.4	-0.561
拉萨	0.8	3.8	-0.652
乌鲁木齐	5.5	26.9	-0.660
银川	2.2	12.5	-0.694
呼和浩特	2.6	17.5	-0.741
南宁	5.3	38.7	-0.759

　　基于 40 个城市的合计外向关联和合计内向关联矩阵，可以分为 4 种城市类型（图 6）。其一，北京和上海的合计外向关联和合计内向关联都是最高的，而且合计外向关联显著大于合计内向关联；其二，深圳和广州的合计外向关联和合计内向关联都是很高的，深圳的合计外向关联显著大于合计内向关联，广州的合计外向关联

和合计内向关联基本持平；其三，成都、杭州、苏州、南京的合计内向关联较高，而且显著大于合计外向关联；其四，其他城市的合计外向关联和合计内向关联都是较低的。绝大部分城市的合计内向关联显著大于合计外向关联。当然，第三类型城市和第四类型城市之间的边界是相对模糊的。尽管天津归入第四类型城市，但其合计外向关联显著高于第二类型城市，而合计内向关联则显著低于第三类型城市，并且合计外向关联和合计内向关联基本持平，关联方向指数接近广州。

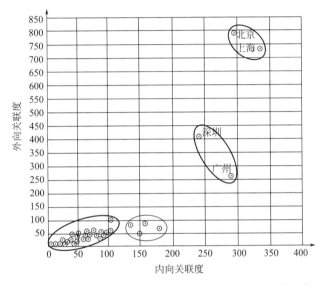

图6　40个主要城市的合计外向关联和合计内相关联矩阵

（二）城市之间的关联方向

研究显示，一个城市在城市关联网络中处于主导地位（合计外向关联显著大于合计内向关联）还是从属地位（合计内向关联显著大于合计外向关联）是尺度敏感的（scale-sensitive）。区域中心城市和省会城市在全国层面的城市关联网络中可能处于从属地位，但在所在区域层面和所在省域层面的城市关联网络中处于主导地位。无论在全国层面还是地区层面的城市关联网络中，两城之间外向关联和内向关联的比值也是各不相同的，取决于两者的相对经济实力。一个城市与另一城市的外向关联显著大于内向关联，意味着该城市在两城关联网络中处于主导地位；反之，则处于从属地位。当然，如果两城之间关联强度过小，则会出现随机现象。

在全国层面，成都和重庆的合计外向关联显著小于合计内向关联，合计外向关联度和合计内向关联度的比值分别为0.37和0.56，总体上处于从属地位；在成渝地区层面，成都和重庆的合计外向关联显著大于合计内向关联，合计外向关联度和合计内向关联度的比值分别为 1.56 和 1.35，而绵阳、德阳和宜宾的合计外向关联度和合计内向关联度的比值分别为 1.00、0.43 和 0.29，表明成都和重庆在成渝地区的主导地位（表6）。可见，成都和重庆发挥向外连接全国网络和向内辐射区域腹地的"两个扇面"作用（图7）。

成渝地区主要城市的合计外向关联度和合计内向关联度的比值 表6

城市	合计总关联度	合计外向关联度	合计内向关联度	合计外向关联度和合计内相关联度的比值
成都	100	61	39	1.56
重庆	61	35	26	1.35
绵阳	12	6	6	1.00
德阳	10	3	7	0.43
宜宾	9	2	7	0.29

如表7所示，成都与各个城市的外向关联和内向关联的比值也是各不相同的。成都与北京、上海、深圳和广州（国家主次中心城市）的外向关联和内向关联的比值分别为 0.12、0.12、0.14 和 0.24，明显处于从属地位。成都与南京（经济相对发达的省会城市）的外向关联和内向关联的比值为 0.38，表明成都在两城关联网络中处于从属地位；成都与昆明和贵阳（经济相对落后的省会城市）的外向关联和内向关联的比值分别为 2.05 和 2.91，表明成都在西南区域处于主导地位。

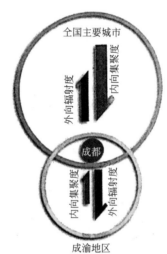

图7 成都发挥向外连接全国网络和向内辐射区域腹地的"两个扇面"作用

成都与其他主要城市的外向关联和内向关联的比值 表7

城市类型	城市(外相关联和内相关联的比值)
国家中心城市	北京(0.12)、上海(0.12)、深圳(0.14)、广州(0.24)
直辖市	重庆(1.13)、天津(0.19)
计划单列城市	青岛(0.40)、宁波(0.33)、厦门(0.21)
省会城市	昆明(2.05)、贵阳(2.91)、西安(0.68)、杭州(0.31)、南京(0.38)、武汉(0.41)、沈阳(1.00)、济南(0.50)、合肥(0.64)、郑州(0.33)、福州(0.23)
经济强市	苏州(0.91)、无锡(0.36)、佛山(0.56)

六、城市关联网络的腹地分析

研究表明，城市关联网络的腹地分布既呈现出基于地理邻近的区位特征，又显示了基于经济实力的层级特征，取决于地理邻近和经济实力之间的均衡关系。一方面，在经济实力相似的情况下，地理区位较为邻近，城市之间关联强度较大；反之，则关联强度较小。另一方面，在地理邻近相似的情况下，经济实力较高，城市之间关联强度较大；反之，则关联强度较小。例如，苏州和上海的空间距离显著小于苏州和北京的空间距离，因而苏州和上海的关联强度显著高于苏州和北京的关联强度；又如，尽管上海和苏州之间的空间距离显著小于上海和北京之间的空间距离，但北京的经济实力显著大于苏州，因而上海和北京之间的关联强度显著高于上海和苏州之间的关联强度。可见，城市之间的关联腹地是不对称的。尽管城市 A 是城市 B 的首位关联城市，但城市 B 未必是城市 A 的首位关联城市，可能城市 C 才是城市 A 的首位关联城市。如上所述，上海是苏州的首位关联城市，但苏州并不是上海的首位关联城市，北京才是上海的首位关联城市。基于城市之间关联强度，可以识别和解析城市关联网络的腹地分布（表8）。

40 个主要城市的前四位关联城市 表8

城市群/城市圈		主要城市	第一关联城市	第二关联城市	第三关联城市	第四关联城市
世界级城市群	京津冀	北京	上海	深圳	广州	天津
		天津	北京	上海	深圳	广州
		石家庄	北京	上海	天津	深圳
		唐山	北京	天津	上海	石家庄
	长三角	上海	北京	深圳	广州	苏州
		杭州	上海	北京	深圳	宁波
		南京	上海	北京	苏州	深圳
		苏州	上海	深圳	南京	北京
		宁波	上海	杭州	深圳	北京
		无锡	上海	苏州	北京	南京
		合肥	上海	北京	深圳	南京
	珠三角	深圳	上海	广州	北京	成都
		广州	深圳	上海	北京	佛山
		佛山	广州	深圳	北京、上海	杭州

续表

城市群/城市圈		主要城市	第一关联城市	第二关联城市	第三关联城市	第四关联城市
区域性城市群	成渝	成都	北京	重庆	上海	深圳
		重庆	成都	北京	上海	深圳
	长江中游	武汉	北京	上海	深圳	广州
		长沙	北京	广州	深圳	上海
		南昌	上海	北京	深圳	广州
	山东半岛	济南	北京	广州	深圳	上海
		青岛	上海	北京	深圳	广州
	海峡西岸	福州	上海	北京	济南	深圳
		厦门	上海	北京	厦门	深圳
	辽中南	沈阳	北京	上海	大连	深圳
		大连	北京	上海	沈阳	深圳、天津
	哈长	哈尔滨	北京	上海	沈阳	深圳、大连
		长春	北京	上海	沈阳	深圳
	北部湾	南宁	北京	广州	深圳	上海
		海口	北京	广州	深圳	上海
	滇中	昆明	北京	上海	成都	深圳
	黔中	贵阳	北京	上海	深圳	成都、重庆
	中原	郑州	北京	上海	深圳	广州
	关中平原	西安	北京	上海	深圳	广州
	山西中部	太原	北京	上海	深圳	广州、天津
	兰西	兰州	北京	上海	深圳	西安
		西宁	北京	兰州	上海	深圳
	呼包鄂榆	呼和浩特	北京	上海	广州	深圳
	宁夏沿黄	银川	北京	上海	西安	兰州
	天山北坡	乌鲁木齐	北京	上海	深圳	广州
地方性城市圈	拉萨	拉萨	北京	上海、深圳、成都、重庆	广州、武汉、兰州、西安	—

　　京津冀、长三角和珠三角作为世界级城市群，城市关联网络的腹地分布具有一定的相似性。其一，国家中心城市的第二关联城市都是另一国家中心城市，北京和上海互为第一关联城市，深圳的第二关联城市是上海，广州的第一关联城市是深圳。其二，北京和上海作为国家首位中心城市，既是所在城市群的所有其他城市的第一关联城市，也是其他城市群的绝大部分城市的第一或第二关联城市。

北京既是所在城市群的所有其他城市（天津、石家庄、唐山）的第一关联城市，也是其他城市群的22个城市的第二关联城市和8个城市的第二关联城市；上海既是所在城市群的所有其他城市（杭州、南京、合肥、苏州、宁波、无锡）的第一关联城市，也是其他城市群的6个城市的第一关联城市和19个城市的第二关联城市。可见，北京的关联腹地大于上海，而且形成明显的地域差异。其三，深圳和广州作为国家次级中心城市，既是所在城市群的其他城市的第一或第二关联城市，也是其他城市群的部分42市的第二关联城市。深圳既是所在城市群的其他城市（广州和佛山）的第一和第二关联城市，也是其他城市群的4个城市的第二关联城市；广州既是所在城市群的其他城市（佛山和深圳）的第一和第二关联城市，也是其他城市群的3个城市的第二关联城市。其四，京津冀、长三角和珠三角地区内部的关联网络较为发达。在京津冀地区，天津是北京的第四关联城市、石家庄的第三关联城市和唐山的第二关联城市，石家庄是唐山的第二关联城市；在长三角地区，苏州是上海的第四关联城市、南京的第三关联城市和无锡的第二关联城市，南京是苏州的第三关联城市、无锡和合肥的第四关联城市，杭州是宁波的第二关联城市，而宁波则是杭州的第四关联城市；在珠三角地区，佛山是广州的第四关联城市。

　　成渝、山东半岛、海峡西岸和辽中南城市群作为经济实力较强的双核省区（成渝地区是原四川省），城市群的两个核心城市之间形成较为紧密的关联网络，具有一定的相似性。在成渝地区，成都的第一和第二关联城市分别是北京和重庆，而重庆的第一和第二关联城市分别是成都和北京；在山东半岛地区济南和青岛的第一和第二关联城市都是国家中心城市（北京或上海），但这两个城市互为第三关联城市。同样，在辽中南地区，沈阳和大连的第一和第二关联城市都是国家中心城市（北京和上海），但这两个城市互为第三关联城市；在海峡西岸地区，福州和厦门的第一和第二关联城市都是国家中心城市（上海和北京），但福州是厦门的第二关联城市（与北京并列），厦门是福州的第三关联城市。

　　长江中游城市群是跨省区域，武汉、长沙和南昌的前四位关联城市都是国家中心城市，武汉和长沙互为第五关联城市，武汉和长沙分别是南昌的第六和第七关联城市，表明武汉、长沙和南昌之间关联网络已经基本形成。哈长、北部湾和兰西城市群作为经济实力较弱的跨省区域，城市关联网络的腹地分布具有一定的相似性。在哈长地区哈尔滨和长春的第一和第二关联城市都是国家中心城市（北京和上海），第三关联城市都是相邻辽中南城市群的核心城市沈阳，显示沈阳在东北三省的影响腹地，也表明哈尔滨和长春之间关联较弱，在北部湾地区，南宁和海口的前四位关联城市都是国家中心城市，海口只是南宁的第十关联城市（六城并列），南宁只是海口的第十一关联城市（两城并列），表明南宁和海口尚未形成紧密关联，因为海南省原是广东省的组成部分；在兰西地区，除了国家中心城市的显著影响，兰州是西宁的第二关联城市，而西宁则是兰州的第五关联城市，表明兰州和西宁之间关联网络基本形成，但兰州的地区影响显著大于西宁，形成主次结构的跨省区域。

山西中部城市群的太原、中原城市群的郑州、关中平原城市群的西安、呼包鄂榆城市群的呼和浩特、天山北坡城市群的乌鲁木齐的前四位关联城市都是国家中心城市，呈现出基于经济实力的层级特征；太原的第四关联城市还包括天津（与广州并列）。郑州、西安、呼和浩特和乌鲁木齐的第五关联城市分别为武汉、成都、天津和西安，表现了基于地理邻近的区位特征。

在滇中城市群、黔中城市群和拉萨城市圈，除了国家中心城市的显著影响，成都和重庆的影响也是十分明显的。成都是昆明的第三关联城市，成都和重庆都是贵阳的第四关联城市，成都和重庆还是拉萨的第二关联城市（与上海和深圳并列），表明成都和重庆在西南区域和西藏地区具有重要的影响力。同样，西安是银川的第三关联城市、兰州的第四关联城市和西宁的第五关联城市（与广州并列），兰州是西宁的第二关联城市和银川的第四关联城市，表明西安和兰州在西北区域具有一定的影响力。

七、结语

本文基于城市功能的研究传统，从全行业的资本支配视角，采用企业关联网络的总部—分支法，识别和解析中国 40 个主要城市关联网络的基本特征，包括层级、格局、方向和腹地维度。本文验证了城市关联网络是城市体系研究的重要方法，而企业关联网络则是城市关联网络的有效表征。城市体系研究不仅要关注地理上的邻近性（geographical proximity），更要强调功能上的关联性（functional connectivity）；不仅要关注城市作为场所空间（space of places）的邻近性，更要强调城市在流通空间（space of flows）中的关联性。城市关联网络的本质是城市之间的经济联系，而企业是城市关联网络的"作用者"，众多企业的区位策略界定了城市之间的关联网络。

无论是一个城市与其他所有城市的合计总关联度还是城市之间的总关联度，城市关联网络都呈现出显著的层级特征。一个城市的合计总关联度表明其在关联网络中的总体地位。北京和上海位于第一层级，深圳和广州位于第二层级，其他城市的合计总关联度依次递减，但难以划分明确的层级。

城市关联网络的格局特征可以归纳为四种类型。首先是 4 个国家中心城市之间的 6 对关联形成多心关联格局，其次是 4 个国家中心城市与 36 个其他城市之间的 144 对关联形成放射关联格局，再次是经济大省内部 2 个主要城市之间的 7 对关联形成局部关联格局，最后是其他城市之间的 623 对关联形成散布关联格局。研究还发现，城市群层面上的城市关联网络也呈现类似格局。

基于城市关联网络的方向特征，可以分为四种城市类型。其一，北京和上海的合计外向关联和合计内向关联都是最高的，而且合计外向关联显著大于合计内向关联；其二，深圳和广州的合计外向关联和合计内向关联都是很高的，深圳的合计外向关联显著大于合计内向关联，广州的合计外向关联和合计内向关联基本持平；其三，成都、杭州、苏州、南京的合计内向关联较高，而且显著大于合计外向关联；其四，其他城市的合计外向关联和合计内向关联都是较低的，绝大部分城市的合计内向关联显著大于合计外向关联。当然第三类型层面的城市关联网络中可能处于从属地位，但在所在区域层面和所在省域层面的城市关联网络中处于主导地位。

城市关联网络的腹地分布既呈现出基于地理邻近的区位特征，又显示了基于经济实力的层级特征，取决于地理邻近和经济实力之间的均衡关系。研究发现，城市关联网络的腹地和层级之间具有显著的相关性，北京和上海的关联腹地最大，而且形成明显的地域差异，其次是深圳和广州，其他城市的关联腹地依次递减。有些城市的影响腹地呈现出明显的区域特征，如沈阳在东北区域、成都和重庆在西南和西藏区域、西安和兰州在西北区域的影响腹地。需要指出的是，城市之间的关联腹地是不对称的，尽管城市 A 是城市 B 的首位关联城市，但城市 B 未必是城市 A 的首位关联城市，可能城市 C 才是城市 A 的首位关联城市。

限于篇幅，本文只是简要介绍了中国 40 个主要城市关联网络的基本特征，未来的研究拓展工作包括三个方面，其一是采用更为详尽的企业区位数据（如经济普查数据）进行城市关联网络的优化研究，其二是基于不同产业部类（如生产性服务业、制造业、生活性服务业等）进行城市关联网络的分类研究，其三是对于城市关联网络的演化趋势进行定期研究。

（撰稿人：唐子来，同济大学建筑与城市规划学院教授，博士生导师；李涛，复旦大学城市发展研究院和社会发展与公共政策学院博士后；李集，同济大学建筑与城市规划学院 博士研究生）

注：摘自《城市规划》，2017（01）：0028-39、82，参考文献见原文。

京津冀空间协同发展规划的创新思维

导语：从国际、现实和历史角度对京津冀协同发展作为国家战略进行多维度解读，并在总结当前空间发展突出问题基础上，提出按照"底线思维理本底，战略思维谋发展，创新思维促管控"来确定规划技术框架；在系统梳理京津冀空间规划的主要内容之后，总结当前转型时期的区域规划新范式。

一、京津冀协同发展作为国家战略的背景解析

（一）缘起

2014 年 2 月 26 日，习近平总书记在北京考察城市建设工作并召开京津冀三地领导座谈会，分别就北京市城市建设和京津冀协同发展提出五项要求和七点指示。对北京提出了"四个中心"定位和世界一流和谐宜居之都的建设总要求。就当前首都发展中的主要问题，习近平用"城市病"给予概括，并提出首都发展问题的解决必须立足区域协同发展。

他指出，"京津冀同属京畿重地，地缘相接、人缘相亲、地域一体、文化一脉、历史渊源深厚、交往半径相宜，完全能够相互融合、协同发展。要立足各自比较优势、立足现代产业分工要求，立足区域优势互补原则、立足合作共赢理念，围绕首都形成核心区功能优化、辐射区域协同发展、梯度层次合理的大首都城市群体系。"随后于 2014 年 10 月 17 日、2015 年 2 月 10 日、4 月 30 日等多次就京津冀协同发展给予批示，这是新中国历史上，党和国家最高领导人第一次就首都地区的发展给予如此多的具体指示。在 2014 年底的中央经济工作会议上，京津冀协同发展进一步被确定为与"一带一路"、长江经济带并列的三大国家区域战略之一。

（二）京津冀协同发展作为国家战略的背景解析

京津冀协同发展作为国家战略的提出，离不开国家经济社会发展的宏观背景。2014 年中央经济工作会议提出，"我国经济发展进入新常态，正从高速增长转向中高速增长，经济发展方式正从规模速度型粗放增长转向质量效率型集约增长，经济结构正从增量扩能为主转向调整存量、做优增量并存的深度调整，经济发展动力正从传统增长点转向新的增长点。"其中，"一带一路"是新时期中国

全面开放面向全球的大战略，长江经济带横亘东西部，是国家的经济重心所在，而京津冀作为一个特定的地域，其作为国家战略的意义何在呢？京津冀协同发展作为国家战略，可以从以下三个视角来理解。

从国际视角看，京津冀地区是我国实现大国崛起，担当国际责任的核心地区。2014 年我国的经济总量已位居世界第二，由此带来的全球性经济、政治与国际交往事务等管理职能应由中国的首都地区优先来承担。习近平 2010 年 8 月作为国家副主席在北京调研时指出，"要努力把北京打造成国际活动聚集之都、世界高端企业总部聚集之都、世界高端人才聚集之都、中国特色社会主义先进文化之都、和谐宜居之都。"国际性是"厚植开放"时代的中国要坚持的方向，是包括首都在内的中国核心城市的主要职能，亚洲基础设施投资银行总部选址北京便是例证。国际经验表明，大国首都的国际化是一个国家保持全球竞争力的重要途径，每一次全球性危机的突破，首都地区都发挥了重要作用。英国伦敦在过去 100 年的发展过程中，从工业城市逐步演变为国际金融中心、文化创意之都。始终处于国际城市的顶尖地位，对英国和欧洲地区影响巨大。日本东京为了应对 1970 年代的石油危机和 1980 年代末的经济泡沫，通过打造新的世界影响力副都心，建设成田机场、迪士尼等重大设施来提振经济，并继续发挥其在全球的国际影响力。德国柏林在东西德国统一后，重新被确定为首都，不仅具有统一的象征意义，更带动了整个德国的经济发展、文化发展，对大国政治地位的确定发挥了重要作用。

从现实视角看，京津冀地区是引导国家转型发展、创新发展和推进生态文明建设的核心地区。首先，中国经济的可持续发展，京津冀地区的作用不可替代。以京津冀为核心的环渤海地区经济总量占全国的 1/4 强，对我国整个北方地区的转型发展影响巨大。其次，转型发展、创新示范，京津冀地区具有优先性和紧迫性。首先，京津冀地区是国家创新能力最强的地区，是新常态下推动国家创新发展的新引擎。目前，国家重点院校占全国的 1/3，中国科学院和工程院院士占全国的比重超过 50%；国家重点实验室 88 家，占全国的 31.4%；国家工程技术研究中心 54 家，占全国的 38.3%；已初步建立起具有世界影响力的尖端制造业集聚区，如大飞机、大火箭、北斗导航、智能机器人、生物制药等；其次，京津冀地区是我国资源环境本底良好，但开发利用过度的地区，推进生态文明建设对于我国城镇化模式创新具有示范意义。全国有 7 个人口规模过亿的城镇密集地区，京津冀是其中之一，但其面临的资源环境问题首屈一指。第三，首都"首善之区"的特殊地位，对于探索社会、文化、公共服务等多方面的国家现代化治理体系意义重大。在以人为本的社会治理方面，首都能够提供更加公平、包容的服务，体现时代发展新风貌等方面，对我国特大城市发展具有突出的示范作用。

从历史视角看，京畿之地，国之重器，代表一个时代的核心精神与空间精粹。从秦汉以来的历史长河来看，国力强盛之时的首都规模空前；京畿地区范围广阔，是一个开放、包容和壮丽之地，体现大国的胸怀。我国古代都城选址皆以周边山水格局为依据，讲究"背山面水""择中而居"，北京城的中轴线北起燕山，向南指向大别山，是传承古今交替的历史轴线，蕴藏着古人对于都城选址的生态观与文化观。从时代发展要求来看，首都所在的京畿地区不仅应展示中华文化的精粹，更应体现出开放、包容与和谐的魄力。今天，京津冀不仅拥有"山海林田湖"多样一体的地理风貌，且京畿文化、燕文化、赵文化、津派文化、红色文化、草原游牧文化、民俗文化、御路文化、近代工业文化、现代科技文化、创意文化丰富多元，是体现东方文明、彰显时代风貌的核心区域之一。

因此，京津冀协同发展作为国家战略，既是解决首都当前发展中突出问题的需要，也是面向未来、提前谋划崛起的大国首都发挥国际性作用的需要。正如习近平总书记的"2.26"讲话所指出的："实现京津冀协同发展、创新驱动，是面向未来打造新的首都经济圈、推进区域发展体制机制创新的需要；是探索完善城市群布局和形态、为优化开发区域发展提供示范和样板的需要；是探索生态文明建设有效路径、促进人口经济资源环境相协调的需要；是实现京津冀优势互补、促进环渤海经济区发展、带动北方腹地发展的需要。"

二、京津冀协同发展中的突出问题分析

（一）北京人口与功能过度聚集，大城市病问题突出

2014 年北京市域总人口超过 2100 万人，中心城区的人口超过 1270 万人，各类服务与设施持续过度聚集，既有优质的公共服务资源、商务办公功能和重大区域性交通基础设施，也有大量纺织服装、木业家具等低端产业。据统计，北京市工业从业人员达到 155.7 万人，占全部从业人员的 14%；批发业从业人员达到 82.94 万人，占全部从业人员的 7.4%，两项比重均高于纽约、东京等世界城市。人口膨胀、非首都功能过度聚集，加剧了交通拥挤、环境恶化、城市运营成本大幅上升等大城市病。根据 2015 年高德地图的《2015 年度中国主要城市交通分析报告》显示高峰时段的拥堵延时指数为 2.06，全国最高。这些大城市病问题严重制约了国际交往、文化、科技创新等首都核心功能的进一步提升。根据科尔尼咨询公司发布的全球城市发展指数（Global City Index 2014），如图 1 所示，北京的经济影响力（金融商务）、国际门户等职能已处于世界主要城市前列，但围绕国际交往、文化、科技创新，为高端人群服务的宜居城市建设等方面的指标落后，与伦敦、纽约、东京、巴黎等四大世界城市相比依然差距明显。即首都在多

年的发展中，一方面多种功能聚集，另一方面核心职能与世界城市的差距却是显著的。

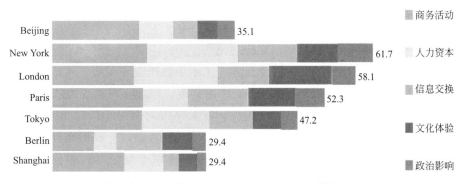

图1　全球城市发展指数（Global City Index 2014，科尔尼咨询公司）

（二）区域生态环境问题突出，水资源和大气环境堪忧

首先，京津冀地区水资源开发超载严重。区域水资源开发率达到84%～244%，地表径流量仅为新中国成立初的17%左右；地下水严重超采，区域内形成25个大型地下水"漏斗"。其次，水、大气环境污染不容乐观。区域内地表水V类、劣V类占比达到43%；区域大气污染严重、覆盖面广。以PM2.5为核心的区域性复合型大气污染趋于恶化，如2015年PM2.5重污染天数共42天，占全年总天数的12%，形成"燃煤废气—机动车尾气—工业废气"多种污染物共生局面。第三，城市周边生态质量大幅下降，城市宜居品质不高。大城市生态质量大幅下降，北京60km范围内的生态用地（林地）面积占比不足10%，远低于四大世界城市；北京第一道绿化隔离带的绿化开敞空间保留不到规划的11%。白洋淀作为华北最重要的淡水湖，其水面面积约366km²，较1950年代减少了1/3。

（三）城镇体系结构失衡，二级中心城市发育滞后

京津冀的区域二级中心城市数量明显偏少，100万人～500万人规模大城市3座，仅为长三角地区的1/4。在经济开放度、综合枢纽功能、城市商贸服务功能、区域创新能力等方面差距明显。特别是石家庄、唐山、邯郸等中心城市的产业结构长期"偏重"，资源型、重化类产业比重过高，区域性服务功能发展不足，中小城市集聚吸引力弱，大量非农就业人口沉淀在县以下的乡镇地区。县（市）城区聚集效能差，公共服务水平不高，人口增长缓慢。小城镇发展质量不高，部分平原和山区的小城镇人均公共服务水平指标大幅低于全国平均水平。河北省"县小县多"的行政区划格局严重阻碍了重大资源和设施的集中配置，是

造成中小城市发育不良的重要原因。城镇体系结构失衡的重要原因之一在于经济发展水平长期差距过大，尤其是 1992 年以后三地的经济发展差距持续扩大（陈红霞，李国平，2010）。

（四）城乡建设用地粗放，产出效益低

京津冀地区城镇与园区用地过度投放，土地集约利用率偏低。天津、河北人均城镇建设用地面积均高于 110m²，高于国家标准。广大农村地区集体建设用地分散低效扩张，工业仓储用地的无序增长，特大城市周边"小产权房"、各类产业用地无序蔓延。2012 年北京农村集体建设用地中的工业仓储用地达 370km²，占全市工业仓储用地的 55%；商服用地 116km²，占城市商服用地的 56%。从统计看，河北省地均二三产增加值仅为江浙地区的 60%~70%，河北省 9 个国家级开发区的地均产值仅为全国国家级开发区平均的 45%。

（五）创新与服务"断崖效应"显著，产城分离现象严重

北京是我国技术创新能力最强的地区，中关村及其周边地区集中了全国 40% 的研发经费，高新技术产业占全国的近 1/4。但北京对天津、河北的创新成果转化数量明显偏少，远不如北京向京津冀以外地区的转移规模：中关村科技成果的区域内转化比重不到 4%，且 30% 左右的成果转化与企业投资集中在北京 60km 范围地区，与此同时广大冀中南地区、张承山区与京津之间的产业关联薄弱。石家庄、唐山、邯郸等中心城市由于综合服务能力弱，创新人才缺乏，在承接京津的创新要素和投资方面存在明显的短板效应。2015 年上半年，天津、河北提出的承接首都非核心功能平台约 52 个，规划面积超过 1.6 万 km²，许多平台是远离既有城区的飞地型新区。产城分离现象突出，既不利于产业转型升级，也阻碍了城市功能的进一步提升。以天津滨海新区的于家堡、响螺湾及泰达 MSD 三大商务区为例，规划的商务办公楼宇达 800 万 m² 以上；根据世邦魏理仕数据统计，到 2014 年底三大商务区将有 480~540 万 m² 写字楼供应。但目前严重缺乏就业岗位支撑与综合服务配套，职住分离现象突出，建成写字楼的空置率普遍高于 40%。

（六）空间协同发展缺乏引导，区域管制机制严重缺位

跨省市的规划管制缺位，环首都地区的空间矛盾尤为突出，大量开发区、住宅区盲目规划、无序建设，导致区域生态廊道被占用，对首都的可持续发展和安全保障造成巨大压力。据统计，环首都各县（市、区）的各类规划拼合图面积超过 800km²，现状建成面积仅为 250km²。目前廊坊市燕郊地区的总人口约 70 万人，每天 20 万人长距离通勤于北京—燕郊之间；同时该区域大规模超采地下水的生态风险问题已十分突出。环渤海湾区过度填海围涂，面积超过 700km²，不仅土地利用效益低（实际开发建成面积不到围垦面积的 1/5）、产出效益低，且对整个湾区的生态环境造成不可逆转的破坏。

总之，京津冀协同发展中的问题是多方面的，本文涉及的主要是空间发展方面的。当然，产生问题原因非常复杂，也是历史的长期累积所致。分析京津冀协同发展中问题的深层次因素，主要有以下两点新认识。

一是过度的政府干预与放任的市场环境。一方面，多年来从中央到地方，大量优质公共服务资源（教育、医疗、文化）与重大设施（如奥运）、国家级政策在北京过度集中，造成北京与周边地区之间存在巨大的发展机遇落差，吸引了周边乃至全国大量人口向北京集中。如北京三级甲等以上医院 40% 的病人来自外地，仅看病一项北京每天的流动人口达 188 万人。另一方面，社会主义市场经济体制建立以来，市场监管不力，没有形成全域开放、公平的资源价格体系，监管体制缺位。特别是北京的土地、水、电等资源价格偏低，大量一般制造业、物流业等非首都功能在中心城区"井喷式"发展。与此同时，以环境为主的监管体制缺位，尤其是对不符合区域生态环境承载力的产业、功能缺乏监管，对农村地区的无序盲目发展缺乏合理引导。上述两方面原因的叠加效应，不仅造成北京的"大城市病"，也拉大了区域之间的差距，进而引发区域性生态退化危机。

二是从"京畿"到"京津冀"的历史包袱长期积累，管理体制问题突出。元、明时期，两朝沿用区域中央直辖管理体制，辖区内多府并存；清朝时期，直隶设省，采取督府并行管理体制，京畿地区的地方行政管理体系完全服从中央。但民国以后，京津区划从"小市"变为"大市"，不仅行政区划面积逐步扩大，行政等级也从附属河北变为平级，优势资源随着行政管理架构而高度集中；而河北省的省会在 1913～1968 年间多次摇摆，不仅影响其主要城市重大功能与设施的布局，也造成了资源配置的严重浪费。

三、京津冀空间协同发展规划的创新思维

（一）规划的认识论与方法论

京津冀地区的规划有其特殊性。在认识论上有三点需要把握：一是规划有很强的政策性，本次区域协同发展是自上而下推动的，规划需要全面落实中央关于京津冀协同发展的系列指示和具体要求，还要模范贯彻新时期国家全面发展的新要求，如"四个全面""五位一体"等，实现国家战略在京津冀地区的综合示范。二是规划要有很高的科学性，京津冀的核心地区作为一个典型的大都市地

区，发展要符合世界大都市区地区发展的一般规律，规划既需要参照世界大城市地区的发展经验，也要充分吸纳国内多年来对京津冀协同发展的科学研究成果，实现科学发展。三是规划要有显著的有效性，规划需要解决当前京津冀发展中的突出问题，也要提前构筑区域发展可持续的空间格局，实现区域高品质的永续发展。

在方法论上则需要集中在"一体化"的把握上。即一体化的本底认识、一体化的空间谋划和一体化的有效管理。一体化的本底认识是前提，涉及区域的自然、历史、人文等条件，是一切发展的基础；一体化的空间谋划是核心，涉及区域的职能体系和空间组织，以及生态、交通、产业、文化、公共服务、市政基础设施等支撑体系，缺一不可；一体化的有效管理是保障，涉及区域空间管理制度、城乡一体的体制机制等方面，这是实现区域治理创新的根本所在。

概括起来说，京津冀地区空间的协同发展在三条主线上展开：一是以综合承载力分析为基础，科学分析区域的人口、用地规模和空间布局，实现生态文明建设贯穿京津冀协同发展的全过程；二是以协同发展、创新驱动为原则，建立区域一体的功能体系与和谐宜居、结构合理的现代城镇体系，实现区域竞争力的整体提高；三是以提高区域空间品质为目标，在体制机制上创新，实现京津冀区域治理的现代化。即底线思维理本底，战略思维谋发展，创新思维促管控。规划研究的技术路线如图 2 所示。

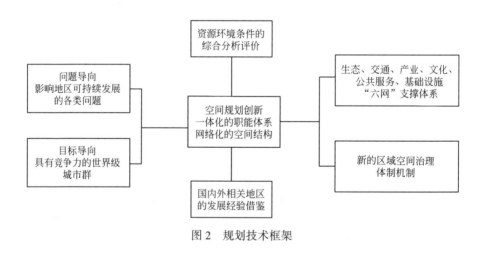

图 2　规划技术框架

（二）规划的主要技术内容

1. 以综合承载力分析为基础，实现生态文明建设贯穿发展的全过程

客观分析水资源条件，"以水定人"。京津冀水资源总体处于过载状态，呈现"三高三低"的显著特征：水资源开发利用率偏高（109%），人均水资源量

（240m³）偏低（全国 1/9）；农业用水比例偏高（63%），生态用水比例偏低（5%）；地下水供水比例偏高（68%），非常规水资源供水比例偏低（5%）。在节水的前提下，综合分析城镇生活用水、工业用水和生态补给用水后，确定京津冀地区 2020 年、2030 年的人口规模。

综合分析区域生态承载力"以地定城"。京津冀整体属于生态承载力紧约束地区，可供城镇新增开发建设的空间十分有限。地震活跃及地震断裂区有 14 处，影响面积 2367km²；地下水超采导致地面严重沉降地区约 2.53 万 km²，分布在北京通州、天津静海、河北衡水、沧州、廊坊等。此外，优质耕地面积占陆域总面积的 6.6%，属于不可建设用地。在通盘考虑地质限制因素、农田保护等政策因素，确定城镇发展的选址为有限的地域，用地规模为有限的数量。

客观分析大气环境容量，"以气定形"。京津冀地区常年主导风向是东风和南风，东部唐山地区的钢铁产业和冀中南地区大量的小散企业构成两条重污染叠加地带，太行山山前南风盛行时污染叠加效应突出，燕山山前东风盛行时污染叠加效应明显，而沿海地区大气扩散条件相对较好。因此，主动缩减污染物传输路径的工业规模和高架点源，是布局的重点。此外，根据国家气象局的分析，京津冀地区热岛的形成与城镇组织的方式相关（图 3），经过比较，有集中有分散是最佳组织方式（郑祚芳，2014）。

因此，综合来看，京津冀的水资源条件、生态承载力、环境容量形势是非常严峻的，整个区域不适宜大规模、高强度、外延式的开发。城镇建设和承接非首都功能需统筹考虑各类约束，切实加强存量空间利用，促进城镇发展绿色化，优化城镇空间布局，才能真正实现可持续发展。未来适合一定规模空间扩张的区域主要为太行山前的主要中心城市周边地区，唐山与秦皇岛滨海地区。

在上述分析的基础上，以区域生态安全格局为基础，确定城镇的开发边界。首先，结合京津冀的自然地理环境，构筑"一区三带、多廊多心"的生态安全格局（图 4）。"一区"为太行山—燕山山脉的生态安全屏障；"三带"分别为坝上高原生态防护带，渤海湾沿海生态保护带，京津保湿地生态过渡带；"多廊"分别为水系廊道和北京、天津、石家庄等城市生态绿楔；"多心"分别为区域内的重要生态湿地、水源涵养区等生态绿心。以此为背景，逐级落实划定北京、天津以及河北省各地市的城镇开发边界，引导城镇空间有序、高效拓展。同时按照"严控增量、盘活存量、优化结构"，控制城乡用地规模，进一步明确 2020 年、2030 年城镇建设用地和城乡建设用地的控制要求，提高土地的集约利用效率。

2. 以协同发展、创新驱动为原则，构建以首都为核心的世界级城市群

（1）构建全域覆盖、协同一体的功能体系。《京津冀协同发展规划纲要》已经对三地进行了定位。京津冀全域确定为"以首都为核心的世界级城市群，区域

79

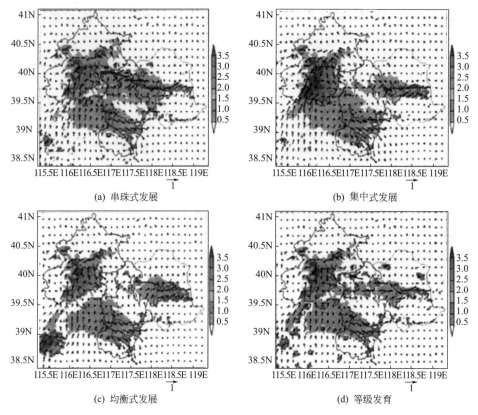

图 3　京津唐保地区城市拓展不同模型与热岛效应变化的关系

（图中深色实线为城市区域）（郑祚芳、苗世光、范水勇，2014）

整体协同发展改革引领区、全国创新驱动经济增长新引擎、生态修复环境改善示范区"；北京确定为"全国政治中心、文化中心、国际交往中心、科技创新中心"；天津为"全国先进制造研发基地、北方国际航运核心区、金融创新运营示范区、改革开放先行区"；河北为"全国现代商贸物流重要基地、产业转型升级试验区、新型城镇化与城乡统筹示范区、京津冀生态环境支撑区"。这些定位的具体内涵和其空间所指是需要具体化的，否则功能定位在空间上无法落地。所以，空间布局既要具体化三地定位的内涵和空间所指，更要按照世界级城镇群职能体系发展演变的一般规律来系统梳理与谋划。

　　京津冀功能体系在空间上的落位，更要贯彻区域一体化的原则。如建立"首都引领、多点支撑"的全球决策控制功能体系，"古都为核、多廊拓展"的文化旅游功能体系（图5），"京津带动、全域贯通"的科技创新功能体系（图6），"枢纽互动、双向开放"的国际贸易与门户功能体系，"津冀联动、节点聚集"的先进制造业产业集群体系。

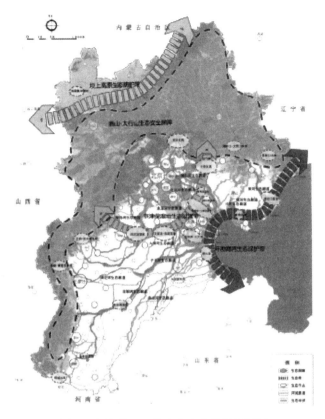

图4　京津冀地区的生态安全格局规划图

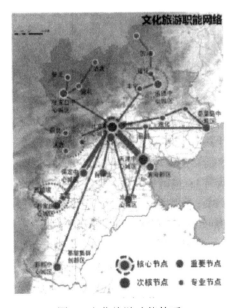

图5　文化旅游功能体系

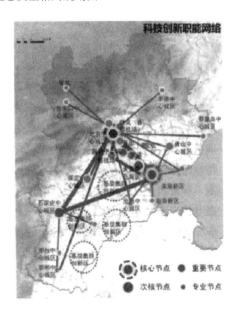

图6　科技创新功能体系

（2）建立"一核双城两翼多支点"城镇总体格局。京津冀空间格局既要实现首都功能的区域化，也要实现区域城镇发展整体水平的提高。规划提出"一核双城两翼多支点"城镇总体格局。"一核"为首都北京，"四个中心"的核心载体，是国际一流的宜居城市；"双城"为北京、天津，是世界级城市群面向全球竞争的中心城市，二者形成功能高度一体化的走廊发展地带；"两翼"为河北的石家庄、唐山，分别辐射冀中南和冀东地区，联动京广、京唐秦城镇走廊，建设成为具有一定区域辐射影响力的重要中心城市；"多支点"为保定、邯郸、张家口、承德、廊坊、秦皇岛、沧州、邢台、衡水等中心城市和一批专业节点城市、特色鲜明的中小城市，构成京津冀协同发展多层次空间基础。需要指出的是，石家庄既是河北省的省会，而且是整个冀中南地区的中心城市，重点培育石家庄"第三极"是空间组织的重点之一。突出其商贸物流、科技创新等功能是发展的重点。同时，提升天津滨海新区的区域生产组织功能和辐射渤海湾地区的综合中心功能，以及重点培育曹妃甸、渤海新区等沿海地带的综合产业平台功能，是培育区域发展新增长极的重要手段。重点扶持一批中等城市成为地方公共服务与就业中心，推动河北的霸州、定州等小城市向中等城市升级。培育张家口、崇礼等特色化、专业化的小城市。同时围绕城镇总体格局建立全域贯通的六大支撑网络，分别为显山露水、品质优良的生态网络，可持续发展的交通网络（轨道上的京津冀），产城融合、创新驱动的产业空间，京畿特色、多元活力的文化网络，设施均好、覆盖城乡的公共服务网络共建共享、协调集约的市政基础设施体系。

（3）以"多中心网络化"的方式率先建设京津冀核心地区。从世界级城市群空间发展的一般规律来看，围绕核心城市周边 100～300km 范围以内区域是功能高度一体化地区。考虑到京津两大城市的特殊性，结合交通、信息技术对城镇空间的影响，综合确定一体化发展区域包括：北京、天津、保定、唐山、廊坊、沧州、秦皇岛、张家口、承德等。区域面积 16.7 万 km²，目前总人口 8000 万人左右。首先，立足生态安全格局前提，构建高品质发展空间。基于生态安全格局，确定生态保护区、生态修复区、生态建设区三类生态功能建设地区，逐步引导区域生态环境恢复，建设一批国家公园或城市郊野公园。其次，结合非首都功能的疏解，引导区域职能一体化布局。按照世界级城市群职能一体化的要求（表1），分圈层、分版块引导功能合理疏解与布局（表2）。如首都核心圈（60km 以内）为首都职能、国际化职能的主要拓展区域；60～250km 为区域性职能扩张区域，主要为区域性中心城市、专业化中小城市和特色小城镇的成长地区（图7）；第三，以轨道交通为骨架，引导区域空间格局优化。形成以轨道交通为骨干的区域走廊发展模式，城际轨道覆盖 50 万以上城市和主要功能区（北京新机场等）；同时实现高端功能中心（北京 CBD、中关村、天津于家堡等）城际轨道可达，实现高端功能服务的区域化。

世界主要城市群地区的职能体系一览表   表1

	项目	英格兰东南部	大巴黎地区	日本东海道城市群	波士华城市群
全球决策控制	总部基地	++++	++++	+++++	+++++
	金融服务	+++++	++	++++	+++++
	高级生产服务	+++++	++	++	+++++
	政治决策	++++	+++	+++	+++++
	外交外事、国际组织	+++++	++++	+++	+++++
	国际会议展览	+++++	+++++	+++	++++
科技创新	创新金融服务	+++++	++	++++	++++
	知识创造(大学)	++++	+++	+++	+++++
	技术创新与转化	+++	++++	++++	+++++
	知识密集服务业	+++++	+++++	+++++	+++++
	创新公共服务	+++++	++++	++++	++++
国际贸易门户	航空枢纽	+++++	+++++	++++	+++
	航运枢纽	++++		+++	++
	综合物流	+++	++	++++	+++
	采购交易、综合贸易	+++++	+++	++++	+++++
	商业购物	+++++	+++++	++++	+++++
文化旅游	文化创造	+++++	+++++	+++++	+++++
	文化消费与交易	+++++	++++	++++	+++++
	文化展示与设施	++++	+++++	++++	+++
	创意传媒、时尚设计	+++++	+++++	+++++	+++++
	旅游休闲	+++++	+++++	++++	+++++
先进制造	尖端制造	+++++	+++	+++	+++
	关键零部件与材料	+++	+++	+++++	++
	先进装备与重化	+++	+++	+++++	++
	知识密集型制造	++++	++++	+++++	+++

京津冀的职能体系规划与工一览表　　　　　　表2

项目		北京市			天津市			河北省												跨界
		核心区	拓展区	新城	中心城区	滨海城区	新城	石家庄	唐山	保定	廊坊	沧州	张家口	承德	秦皇岛	邯郸	邢台	衡水	曹妃甸	新机场
全球决策控制	总部基地	++	++++	++	+++	+++	+	+++	++	+	++	++				+				++
	金融服务		++++	++	+++	++++	+	+++	+	+	++					+				
	商务服务	++++	++++	++	+++	+++	+	+++	++	+	+					+				+
	政治决策	++++	++	++	++	++	++	+							++					
	外交外事	++++	+++	++	+++	++	++	+					++	++	++					
	国际交流	++	++++	+++	+++	+++	+	+++	+	++	++		++	++	++	+				+++
全球科技创新	科技金融	++++	++++	++	+++	++++	++	+++	+	++	++		++			+				
	知识创新	++++	++	++	+++	+++	++	+++	+	++	+					+		+		++
	技术孵化	++++	++++	+++	+++	++++	++	+++	++	+++	+++	++		+		++	+	+	+	++
	知识服务	++++	++++	+++	+++	+++	+	+++	+	++	+				++	+				++
	公共服务	++++	++++	+++	+++	++	+	+++	+	+	+				+	+				+
全球贸易门户	航空枢纽	+++		++++	+++	++++		+++												+++++
	航运枢纽	++		++	+++	++++						++			+				++	
	批发物流			++	+++	+++	+	+++++	++	++	+++		+		+	++		++	++	
	采购交易	+++	++++	++	+++	+++	++	+++++	++	++	+++	++				++				+++
	商业购物	+++	++++	++	+++	+++	++	+++	+	++	++									
全球文化旅游	文化创意	++	++++	+++	+++	++++	+	++	++	++									++	
	文化交易	+++	++++	+++	+++	++++	+	++												
	文化展示	++++	+++	+++	+++++	++++	++	+++	+++	+++	+++	++	+++	+++	+++	+			+++	
	时尚设计	+++	+++	+++	+++	+++	+	++	+++	+++	++	++	+++	+++	+++				+++	
	旅游休闲	++++	+++	++	+++	+++		+++	+++	+++	+++	+++	+++	+++	+++				++	++
全球先进制造	尖端制造				+++	++++	+	+++	+++	+++	++	++		+	+	+			+++	++
	关键零件				+++	++++	+	+++	+++	+++	+++	++		+	+	++	++	++	+++	+
	先进制造				+++	++++		++++	+++	+++	+++	+++		+	++	+++	++	++	++++	+
	特色产业							++		+++				+			++	++		

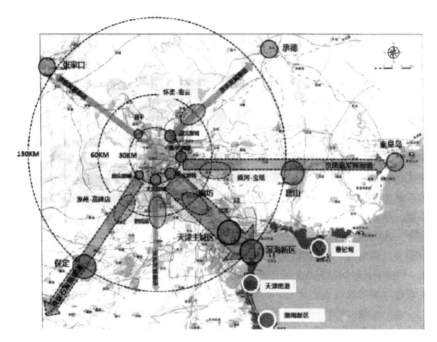

图7 京津冀核心地区空间结构示意

（4）建设围绕中心城市建设一批专业化小城镇，并建设田园乡村地区。城乡统筹发展是京津冀地区的短板。首先，要在大力治理污染的前提下，扶持特色小城镇发展。重点促进天津、河北省上百个小城镇的特色产业集群提升发展，如纺织服装、家具制造、金属制品、绿色食品等积极扶持一批特色文化旅游小城镇，如北京市的古北口镇，天津市的杨柳青镇，河北省的温塘镇等。促进一批商贸物流小城镇发展，如河北省的新城铺、口头镇、旧城镇。同时重点整治井陉、遵化、迁安等传统工矿型城镇，推动转型。其次，切实推进乡村污染治理，提升公共服务水平，推动各类资源集中利用。重点加强大城市周边地区的现代特色乡村建设，通过政策倒逼与功能置换，腾退工业与仓储用地，推进农村"工业大院"综合治理；提升城乡接合部规划建设和管理水平，推行社区化管理，加快城区基础设施和公共服务设施覆盖延伸。

3.以区域一体、城乡统筹为目标，实现京津冀区域治理创新示范

（1）强化三类重点管控，确保可持续发展底线，并强化自上而下的规划管理与监督检查机制。首先，确定城镇发展禁限建区：在生态红线基础上，划定禁止建设区、限制建设区，对开发建设行为实施分级管控。其次，重点管控跨界冲突地区。重点对环首都地区（通州一北三县、北京新机场周边地区）、渤海湾区、天津境内的北京及河北所属农场规划建设实施统筹管理。目前仅以首都第二

85

机场周边的各类开发区为例，其规划用地规模大大超出机场远景所需各类建设用地近三倍。第三，梳理政策扶持地区。集中扶贫连片区、张承生态涵养区、县镇治理试点地区。区域管控的重点是跨界冲突地区，如北京新机场周边地区、北京通州与廊坊北三县地区，这类地区需要由中央政府出面编制跨界区域一体化发展规划，联合划定城镇开发边界，共建环首都"生态绿环"，推动跨界重大交通设施贯通，围绕规划管理要完善包含中央、省市政府的规划建设管理机构。

（2）制定相关配套政策。首先，建立区域绿地的建设配套政策。制定针对区域绿地内集体所有土地流转（农地、林地）和利用（集体经营性建设用地）的特殊政策，试行开发权转移。其次，探索跨区域合作配套政策。在环首都地区率先建立统一的土地储备与调配协商机制；鼓励国家级开发区共建跨界合作园区。第三，试点县域农村地区转型发展配套政策。开展城乡用地总量控制与土地集约利用政策创新试点；在公共服务设施特许经营、低碳生态技术应用方面开展试点。第四，其他相关配套政策。在海绵城市、生态城市、地下综合管廊建设等方面给予支持。

（3）落实"京津冀空间一张蓝图"。通过规划指引推动三地分工协同发展。如在北京发展指引中重点突出建设国际一流和谐宜居之都的总目标。首先，按照控制增量、疏解存量、疏堵结合的原则，控制人口和用地规模。2020年中心城区人口规模控制在1100万人左右，2030年逐步控制在1000万左右。2020年全市城乡建设用地在现状基础上实现负增长，并严格控制在2700km² 以内。其次，积极调整中心城区功能，提升空间品质。引导北京郊区新城向区域新城升级，提升城市现代化治理水平。中心城区严格控制新增开发建设；利用存量空间创造混合功能发展与创新空间，保留创新人群创业的低成本空间。第三，继续加强生态修复与环境治理。修复与建设环北京三道绿化隔离带，建设六条绿楔，并保护城市通风廊道，实现环首都国家公园体系建设。第四，推动北京旧城的整体品质提升与活力重塑。严格按照法律法规和历史文化名城保护规划的控制要求，保护和恢复古城整体风貌，重塑东方古都独特魅力；优化提升代表国家形象的城市公共空间环境和国家精神文化纪念场所。旧城要按照"修补原肌理、修复原生态、修整旧城区、修缮古建筑"原则，在保护好胡同等历史文化街区整体风貌基础上加强人性化设计，营造精致和谐的氛围。第五，充分运用财政税收等政策手段，抑制中心城区的过度建设。如新增交通拥堵费、拥挤资源税等。

四、京津冀空间协同发展规划的范式探寻

（一）京津冀规划实践回顾与总结

1980年代开展的《京津唐国土规划纲要研究》编制工作是该区域协调发展

规划的开端，由当时国家建委下属国土局的试点规划（黎福贤，1985年）。规划提出了重视天津滨海地区工业开发，建设唐山新型工业基地的任务，但由于后来部委机构调整和地方行政区经济的阻碍，该规划始终未能出台❶。2004年11月，国家发展和改革委员会在《京津冀都市圈区域规划研究报告》基础上编制了《京津冀都市圈区域规划》，并上报国务院，但该规划也未出台。2008年由住房和城乡建设部联合京津冀三地编制的《京津冀城镇群协调发展规划（2008~2020年）》，更加注重对于区域整体发展的调控和协调，将更多的发展权交给市场去决定，2008年3月由住房和城乡建设部与"两市一省"政府联合发文颁布实施。但由于执行主体与实施机制缺位，该规划也没有发挥其应有作用。正是由于京津冀地区长期缺少上位的区域规划，使得北京、天津城市总体规划，河北省城镇体系规划未能找到区域层面的支撑；也由此导致三地规划长期处于"对接缺位"状态。一定程度上导致了各地争抢资源、恶性竞争局面。某种程度上讲，京津冀的协同发展难题是中国典型的区域规划难题，且在京津冀地区表现得尤为明显。

上述这些规划由于缺乏一个自上而下的执行主体，同时缺乏规划监管机制，使得规划不能有效协调京津冀三方的利益与诉求。为此，地区之间的协同机制一直在尝试。2004年的"廊坊共识"❷，实际上已经从完善体制机制，推进创新发展，促进区域协同要点上给出了明确方向，但也因没有一个监督、推动、协调"两市一省"的"权威结构"来落实而成为"空谈"；而自2000年以来，京津冀两两之间也在交通、旅游、人才、创新等方面签署过若干合作协议，但由于利益诉求的巨大差异，取得的成效不大。最能反映三地间缺乏沟通成效的事可以从河北省的区域发展战略的不确定性和摇摆中体会到。1980年代中期，河北省提出的"山海坝"和"环京津"的发展思路，到了1990年代中期调整为"环京津、环渤海"的区域战略。但其后10年左右里河北省这两大战略区域的发展并不理想，因此在"十一五"时期，河北省又提出了"一线两厢"的战略思路；但接着"十二五"初期河北省再次改变区域发展思路，提出了"环渤海、环首都"区域发展战略，而在最新公布的河北省新型城镇化规划中，河北省又有意弱化了环首都概念，在保留沿海发展带基础上，强化了石家庄、唐山作为京津冀南北两大增长极地位和作用。

---

❶ 纠结三十年：京津冀规划背后的京津之争。http//tj.house.sina.com.cn/news/2014-05-07/14152720671.shtml。
❷ 2004年由国家发展和改革委员会主持的京津冀地区经济发展战略研讨会在河北廊坊召开。会上京津冀三省市政府速成"廊坊共识"，明确了互惠互利、破除藩篱的合作共识。

（二）区域规划的理论与方法回顾

客观地讲，经典区域规划理论与方法依然对于今天的空间资源统筹、功能协同发展有着重要的借鉴意义。20 世纪初盖迪斯（Patrick bGeddes）在《演变中的城市》中阐述了城市发展的区域观，强调城市发展要同周围地区联系起来进行规划。盖迪斯认为城市功能是区域发展的映射，表现出与区域其他城市的密切联系。1950 年代以来，全球经济进入了一个高速发展时期，尤其是经济强国首都或经济中心城市发展尤为迅猛，由此特大城市及其周边区域的一体化发展成为了规划重心。这些特大城市地区也先后经历了工业化浪潮，工业化后期功能升级和发展危机，以及后工业化更新等历程，这些过程都伴随着城市与区域之间的强烈互动。特大城市地区、城镇群地区的经济社会发展过程反映了空间组织与空间形态有其客观发展的规律。P. 霍尔曾对欧洲的 8 个大城市地区的"多中心"做过系统分析（霍尔，2010），P. 克鲁格曼的新经济地理理论，使区域研究更注重缩短时空距离、提高经济密度和打破区域分割（克鲁格曼，2009）。全球范围的明显趋势是越来越多的大型城市化区域在形成，在其之内人口不断增长，城市与大都市区相互融合（萨斯基娅·萨森，2011）。因此，不论是理论上的城市发展区域观，还是大伦敦地区、大巴黎地区、美国东北部城市群、日本首都圈地区的规划实践均对我国的区域规划有借鉴意义。而随着城市群内主要中心城市的全球化影响力提升，区域多中心治理、城市多元竞争力和可持续发展能力等方面规划方法也越来越受到重视。如《危机挑战区域发展——纽约—新泽西—康涅狄格三州大都市区第三次区域规划》就十分注重经济、社会（公正）与环境三方价值目标的重建与重构，区域策略则归纳为区域中心、区域绿地、通达性、劳动力、管治五个方面的方略（罗伯特. D. 亚罗，等，2010）。

国内专家学者也积极探索京津冀协同发展的体制机制。自 2000 年以来，清华大学吴良镛教授及其团队持续跟踪京津冀地区的发展。2005 年由吴良镛先生主持的《京津冀城乡空间发展规划研究报告（一期报告）》中将首都与区域的融合发展提到重要高度。他提出"大北京"的概念，核心是引导"大北京"地区共同发挥国家文化、科技、金融等中心作用，解决大城市病问题，并促进区域整体发展。紧接着在第二期报告中，提出"一轴三带"的城乡空间格局，以绿色开放空间为分隔，采取"葡萄串"式空间布局，避免城镇连绵发展。2013 年的第三期报告是在深入分析了近几年来京津冀发展面临的突出问题，总结反思过去的研究成果，进而又提出了推进区域协同发展的"四网"策略，包括多中心的城镇网络，综合交通运输网络，区域生态安全网络和文化复兴网络。本期报告还提出了建设"畿辅新区""京津冀沿海经济区""张承国家级生态文明建设试验区"的行动构想，立足这三大协同区也提出了相对务实的协同发展机制。

（三）新时期的区域发展规划需要新的范式

自 20 世纪初规划学者探索区域规划范式以来，虽然全球社会经济格局、人口资源关系发生了深刻变化，但西方发达国家的理论经典依然能够描绘出城市群及大都市地区空间发展的客观规律，这是当前国内区域规划必须值得学习的方面。与此同时，中国传统的人居环境思想史也对于人（城市）与自然（区域）的和谐发展有着精妙的阐述。吴良镛先生在其人居环境科学思想方面提出了规划方法论，他认为"复杂系统应有限求解"，任何一个区域都是复杂的巨系统，其发展受到各种力量的作用，也受到许多不确定因素的左右，因此应在有限技术尺度下，有限时空维度下对重点问题进行破题。当然，面对时代发展的脚步，"互联网+""物联网+""虚拟现实"等技术层出不穷，传统的区域观从思想上也有新突破。因此，本着向经典学习（回归规划原理），向实践学习（实践检验标准），向未来学习（追求相对真理）的要求，重新建构符合中国实际情况的区域规划新范式。

作为国家战略的京津冀协同发展，有着我国城镇密集地区的典型特征与问题，概括起来包括：区域发展差异与差距显著，人口规模庞大且分布高度密集，空间资源开发与保护矛盾尖锐，行政区划等体制因素制约明显。解决京津冀的空间协同发展问题，对于探索我国城镇密集地区的规划转型具有十分重要的示范意义。京津冀空间协同规划的新范式包含如下三个方面。第一，立足深度协同的系统论，坚持"底线思维理本底，战略思维谋发展，创新思维促管控"的规划方法论，这是顶层设计的思路。这种顶层设计既兼顾了自上而下政府的有限公共干预，避免外部负效应；也兼顾了自下而上的政策试点突破，为解决区域差异化、多样化问题提供了方法。第二，明确了政府的有限公共干预内容，界定了政府与市场的边界，明确层级政府的事权。特别是京津冀空间协同规划坚持了"承载力、竞争力、管制力"的区域协同规划纲领，是政府公权的直接体现；同时明确不同地区政府，不同层级政府各自的权利清单、责任清单、负面清单。特别需要指出的是，京津冀是我国长期政府过度干预，又存在权责空间缺位的地区，解决机制矛盾就必须通过强制的自上而下管制力来推进协同，避免最差；但对于长期的协同发展则应是构筑新的协同发展规则，发挥市场的主导作用来推动协同。第三，京津冀空间协同规划体现了长远可持续发展目标与近期实际行动的有机结合。本次规划除了构筑符合区域整体利益和生态环境承载力的城镇体系、区域生态安全格局、城镇开发边界、"六大网络"等内容，也明确了三地的协同规划任务及近期行动计划，为规划目标在北京、天津总体规划和河北省城镇体系规划中的落地奠定了基础。

总起来说，国家经济发展进入了新常态，创新驱动发展成为全社会的共识。对于与社会经济发展紧密相关的城乡规划工作而言，理论与实践的创新是一个永无止境的课题。诚如吴良镛先生在人居科学院成立大会上引用王国维"学无新旧也，无中西也，无有用无用也"后提出，应追求合乎本时本土之学术"范式"（paradigm），创造中国特色人居意境。京津冀区域协同发展是一个具有典型意义的区域规划理论与实践案例，协同发展其实只是开了个头，更多的理论与实践的探索需要学界同仁长期的共同努力。

2014年12月26日，京津冀协同发展领导小组第四次会议决定由住房和城乡建设部牵头编制"京津冀城乡规划"（原名为"京津冀城镇体系规划"）。由中国城市规划设计研究院牵头，联合北京市城市规划设计院、天津市城市规划设计研究院、河北省城乡规划设计研究院共同承担，国内多家研究机构协助，是一项多专业、多机构共同参与的工作。住建部副部长陈大卫全程指导工作，城乡规划司孙安军司长等领导全程把控，本文根据该项工作的部分技术内容及作者本人的理论思考撰写。衷心感谢中国城市规划设计研究院绿色城市研究所副所长徐辉高级城市规划师对本文的贡献，感谢规划工作组全体同志的辛勤工作。

（撰稿人：王凯，博士，中国城市规划设计研究院副院长，教授级高级城市规划师，）

注：摘自《城市规划学刊》，2016（02）：50-59，参考文献见原文。

空间规划体系下城市总体规划
作用的再认识

导语：城市总体规划应起到兼顾长远战略与近期实施的引领性作用，兼顾资源保护与城乡发展的综合性作用，兼顾政府事权与多元主体的协同性作用，在城市层面的空间规划体系中占据主导地位。未来城市总体规划应不断保持规划理念的先进性，坚持以人为本、坚持量质并重、坚持差异发展、坚持多元动力。

空间规划是国家社会经济发展到一定阶段，为有效调控社会、经济、环境要素而采取的空间政策工具，是对空间用途的管制和安排。空间规划是现代国家政府进行空间治理的核心手段，是政府调控和引导空间资源配置的基础。党的十八届三中全会指出要"通过建立空间规划体系，划定生产、生活、生态空间开发管制界限，落实用途管制。"中央城镇化工作会议指出要"建立空间规划体系，推进规划体制改革，加快规划立法工作。"此后，中央分别在《生态文明体制改革总体方案》、《十八届五中全会公报》、《中共中央关于制定国民经济和社会发展第十三个五年规划的建议》中对构建空间规划体系提出了总体要求。它已成为中央的一项重点任务，也成为相关学界研究的热点。

城乡规划是涉及空间的全局性规划，而城市总体规划是其中最为重要的规划层次，是主导城市层面空间布局的最重要依据。在国家建构空间规划体系的背景下，城市总体规划能在城市层面承担什么作用？本文试图从引领性、综合性、协同性论述其作用，并从保持规划理念先进性的角度展望其改革方向。

一、兼顾长远战略与近期实施的引领性作用

中央城市工作会议提出，要切实发挥好城市规划的引领作用，这体现在城市总体规划能够兼顾长远战略和近期实施，从演绎和递归两个路径引领城市的发展方向。

（一）城市总体规划能够指导城市空间的长远战略

空间规划体系需要秉持"战略性思维"。面对城市这个复杂、开放的巨系统，空间规划需要为政府"谋划、策划、规划"，而并不仅仅是停留在制定"负

91

面清单"和"责任清单"。空间规划应放眼长远、找准方向，否则，"方向错误了，用力越多就偏离越远"。空间规划中的很多内容是百年大计，例如涉及资源环境类的保护，应做到"百年不变"；涉及基础设施类的安排，应做到适度超前布局，"先地下后地上"，保证规划建设的有序推进。

自21世纪初开始，城市总体规划已形成在前期开展空间发展战略研究的惯例，从目标导向和问题导向两个方面综合确定城市的发展思路，形成因地制宜、指导城市长远发展的施政方略。也正是由于这部分工作，使得城市总体规划能够有效指导城市空间的有序发展，真正为城市政府提供决策依据。城市总体规划一般将规划期限设定为20年，以便对重大设施布局作出较长远的预控和安排，同时也对远景进行展望和演绎，实现战略上的"长远指导近期"。

（二）城市总体规划能够指导城市空间的近期实施

空间规划体系同时应具有"实施性思维"。"一分部署，九分落实"，只有将规划长远目标转化为行动路线图，分步骤、分层级地落实，才能真正完成规划的使命，否则就是"空中楼阁、画饼充饥"。空间规划应与国民经济社会发展规划紧密衔接，与本届政府工作紧密结合。应在明确长远目标的前提下制定近期行动计划，列出近期建设重点项目库。

城市总体规划具备可实施性，体现在"时间上的细化"和"空间上的细化"。所谓"时间上的细化"，即通过编制近期建设规划，明确本届政府重点建设和改造的地区与项目；所谓"空间上的细化"，城乡规划已形成了一套较完整的法定规划体系，其法律效力主要通过强制性内容的"刚性传递"来逐步落实。即城市总体规划将强制性内容落实到城市详细规划，城市详细规划将强制性内容落实到规划许可当中，并最终落实到城市建设。无论"时间"还是"空间"上"细化"，都是基于长远目标的近期递归，而非漫无目的的"盲人摸象"。

二、兼顾资源保护与城乡发展的综合性作用

中国城市规划学会城市总体规划学委会指出：空间规划体系需要秉持"综合性思维"，这绝不仅仅是"保护要素"简单叠加的"生态底线思维"，更需要在此基础上的、以人的需求和城镇发展为核心的"社会公平思维"和"经济竞争思维"。

城市总体规划一贯坚持"综合性思维"，从多个角度看待和解决问题。首先，城市总体规划坚持生态资源本底优先，通过划定边界，确保自然和人文资源资产不受侵害；其次，城市总体规划将公共利益放在首要位置，通过自下而上的

公众参与实现社会公平；最后，城市总体规划也充分尊重市场经济规律，将土地经济学原理作为空间布局的重要依据，鼓励"优地优用、劣地少用"，提高土地使用效率。

从方案形成的过程来看，城市总体规划应在一个空间平台的基础上，协同资源保护和城乡建设两类行政部门，充分表达各自的空间诉求，推动"保护要素"和"发展要素"在空间平台上的多次博弈，通过多次博弈的规划过程实现空间上保护与发展间的均衡，按照科斯定理设定的条件实现资源配置的帕累托最优，从而有效避免单个部门"自上而下、一次博弈"的计划经济式空间安排导致的"盲目性"。

三、兼顾政府事权与多元主体的协同性作用

空间规划体系首先应明晰各层次空间规划中的各级政府、各政府部门事权，明确对应的权利和义务，在规划内容中予以清晰界定；同时，空间规划体系也需要协调政府、市场、社会三大主体的利益，使多元利益能够在空间安排上得以充分体现。

（一）明晰中央（省）与城市政府的事权

按照科斯的制度经济学理论，产权和交易成本是决定资源能否得到优化配置的两大因素。由于信息交易成本的原因，行政管理层级和各层次责权的制度设计与一个国家的规模直接相关。对于规模较小的国家，信息搜集和交易成本较低，能够较快地对基层信息和变化作出反应，制定较科学的资源配置安排；而对于规模较大的国家，信息的搜集和交易成本极大，很难真实地获取基层的准确信息和变化，结果就导致了大国计划经济时期的一个通病——"哭得响的孩子有奶吃"，最终容易导致稀缺资源的错配。制度上得到根本解决的办法唯有逐步放权，让地方政府作出"更接地气"的资源配置调控安排。

因此，作为一个人口和空间大国，我国行政管理的改革方向是：在中央（省）政府约束城市政府"时间与空间负外部性"的前提下，充分调动城市政府作为城市运营主体的积极性，一方面要在空间规划体系中强化城市层面空间规划的主导地位，另一方面要强化城市层面空间规划中本级政府事权的主导地位。

城市总体规划是上级政府审批、本级政府实施的规划，它可以既保证中央（省）政府的宏观、长远要求，又为城市政府的发展诉求留足空间。因此，可以通过城市总体规划厘清中央（省）与城市政府事权，推进我国政府治理体系的现代化。

（二）梳理城市政府与各垂管部门的事权

当前行政管理的突出问题是垂直管理普遍强化，体现在列入垂直管理的部门不断增加，未列入的也在上级主管部门的授意下加大了"统"的力度。某些部门的"中心辐射"意识加大，为地方的服务意识淡薄，这种不断放大权利、缩小责任的现象，被有的学者比喻为"尺蠖效应"。例如，有的部门把用地分配权抓在自己手里，但出现用地大量闲置、低效使用的情况后，却将责任都推给城市政府；有的部门把项目审批权抓在自己手里，但出现产能严重过剩后，也将责任推给城市政府。这些情况积聚在一起，会造成地方行政管理制度的碎片化，并必然导致城市空间的碎片化。为解决这些问题，应逐步向城市政府放权，强化行政权力的属地管理，即"条块结合、以块为主"，而且越到基层，越应强化"块块管理"的主导地位，这样的改革方向才与社会主义市场经济的运行机制相契合。

因此，只有城市政府组织，而非政府部门组织编制的规划，才能成为真正意义上的城市层面的空间规划；才能抛弃部门利益，将城市作为一个利益整体进行空间上的统筹协调，匹配"以块为主"的治理模式；才能与规划的实施主体相对应，做到"一级政府、一级规划、一级实施"。城市总体规划是城市政府的规划，而不是某个部门的规划。目前，各地已基本建立了城市政府层面的规划委员会制度，由城市主要领导亲自抓城市总体规划，有效避免了规划内容中过多的"部门色彩"，实现了"以块为主"的城市层面规划建设管理模式。

（三）协调政府、市场、社会三大主体的利益

我国治理改革的方向是中国共产党领导下的政府、市场、社会多元共治。应保障各方利益得到充分体现和表达，在公开、公正的平台上进行充分博弈，以实现最终利益的最优分配。应尊重各自的运行规律，保障政府、市场、社会在各自有效的领域发挥主导作用。

空间规划编制与实施过程中涉及政府、市场和社会三大治理主体。空间规划与治理的方法应从单一"自上而下"的政府管制转向"上下双向互动"的政府、市场、社会多方参与、共同治理。城市总体规划能够较好地明晰三大主体之间的责权关系，并将这些关系与规划内容相对应。

政府的空间责权：市场经济条件下，政府不应过多干预"市场有效"的领域（即可以依循市场经济规律正常发挥作用的建设行为）；但应在"市场失灵"的领域内履行其行政职责，即"公共资源管制"（制定负面清单）和"公共服务供给"（制定责任清单）。城市总体规划编制将这两类内容设定为强制性内容，并与政府责权相对应。

市场的空间责权：在"市场有效"的领域，应充分发挥市场在资源配置中的决定性作用。城市总体规划将弱化此部分内容，例如，对于商业服务业设施用地，规划不再细分到中类用地的布局；在"市场失灵"的领域，规划应对市场行为予以规制，设定负面清单。具体来说，对于有干扰、污染、危险的工业用地、物流仓储用地，城市总体规划要求其在空间布局、周边用地兼容性等方面作出严格限定。

社会的空间责权：空间规划应将公共利益作为首要目标，也就是说，城市建设的基本目标是为社会公众服务。为充分满足社会公众的诉求，应建立"自下而上"的工作步骤和研究方法。通俗地说，就是"从群众中来，到群众中去"。因此，空间规划不是闭门造车，不是简单的指标分配，而是对社会公众多元诉求的全面听取和充分协调。城市总体规划已逐步建立起全过程的公众参与机制，从多个角度听取各类公众的心声。应当认识到，公共利益概念的形成是以利益多元化为前提的，只有在利益不一致且政策制定是必需的情况下，公共利益才有存在的必要。城市规划建设中经常出现涉及局部、微观的"公共利益"问题，社会改革的趋势是让"小微"公共利益得到同等的尊重，即从"个体服从整体"到"兼顾个体与整体"。城市总体规划的编制采取"政府组织、专家领衔、部门合作、公众参与"的方式，既体现政府意图、兼顾部门诉求，又尊重科学规律、回应百姓关切，这样一套相对开放、成熟的规划编制机制是其他类型规划目前所欠缺的。空间规划的实质是对有限空间资源的权威性分配，其权威性来自于科学的方法、公平的原则、社会的认同和制度的安排。从制度设计看，城市总体规划可以保障各方的空间利益和诉求能在统一的空间平台上进行博弈和统筹。

综合上述分析，由于城市总体规划兼具引领性、综合性和协同性，它应当在城市层面的空间规划体系中占据主导地位，应作为城市政府保护和管理空间资源的重要手段，引导城市空间发展的战略纲领和法定蓝图，调控和统筹城市各项建设的重要平台。

四、保持规划理念的先进性，强化城市总体规划的主导地位

未来 15 年是我国社会经济发展的关键时期。2020 年，按照党中央确定的"两个百年"中国梦的第一个百年奋斗目标，我国将全面建成小康社会；2030年，我国的城镇化水平将基本趋于稳定，城镇空间格局和城市空间形态也将基本定型。

根据中国城市规划设计研究院《我国当前城市发展形势的判断和未来趋势的展望》（以下简称《趋势判断与展望》）课题的研究，2015～2030 年可以概括为

我国城镇化快速发展的中后阶段，这个阶段的城镇化速度较之前 20 年会有所下降，但总量仍会保持稳定增长。这个阶段的发展模式与前 37 年有着显著不同。体现在：发展方式从数量增长为重转向质量提升和结构优化为重；发展速度从高速转为中速，城际分化更加明显；发展动力从单纯依靠工业化转向更加多元和特色化。

因此，未来 15 年的空间规划体系理念与过去相比应发生根本性的变化。为强化城市总体规划的主导地位，应不断保持规划理念的先进性。

应当从过去偏重追求经济总量上的增长转向实现"五位一体"发展和质量提升；应将创新引领和服务拉动作为新一轮经济发展的主导力量；应将自然景观和人文资源作为提升城市魅力的核心资源，作为吸引高素质人才和企业进驻的核心动力；应从树立中华民族文化自信的高度，从人文关怀的视角，充分认识城市特色风貌保护与提升的重要性；应当让城市被每个市民所认同，成为诗意栖居的家园，成为容纳"大众创业、万众创新"的场所，成为每个市民的精神归属。

具体来说，城市总体规划理念应坚持以人为本、量质并重、差异发展和多元动力。

（一）坚持以人为本、弘扬人文精神

"新型城镇化的核心是人的城镇化"。人选择留在城市，不仅是为了生存，更是为了生活，直至实现"诗意地栖居"。中央提出建设生态文明，是由于过去的发展忽视生态环境、影响到人类社会的可持续发展，但并不是将"生态"凌驾于"人"之上，追求以"生态为本"。可以说，脱离了"人"这个认识主体，客观世界即使存在也无意义❶。

因此，人类文明存在与发展的核心是"以人为本"，建设生态文明是手段、而不是最终目标，其最终目的是实现基于人类可持续发展的人与自然和谐共存。应当坚持人民主体地位，将最广大人民根本利益作为发展的根本目的。

城市总体规划是真正以人的需求为基础，从人的视角出发，将"人的活动"作为主要研究对象，将"为人服务"的城市公共空间供给作为主要研究目标的空间规划。未来，城市总体规划应当更加尊重自然和文化，这是站在人的角度，将人与自然环境、历史文化看作一个"灵魂永续的生命共同体"。

今后，在编制城市总体规划时，还应同步开展总体城市设计，充分运用这一

---

❶ 马克思在《关于费尔巴哈的提纲》中提出："从前的一切唯物主义——包括费尔巴哈的唯物主义——的主要缺点是：对对象、现实、感性，只是从客体的或者直观的形式去理解，而不是把它们当作人的感性活动，当作实践去理解，不是从主体方面去理解。"

技术工具，从关注物质空间形象转向提供优质公共服务和人居环境，从围绕"生产"提供"场地"转向围绕"生活"塑造"场所"，从城市"吞噬"农村转向城乡共荣发展，这些思路，都是从人的基本需求出发的。

（二）坚持量质并重、走向精细管理

在"量和质并重"的发展阶段，一方面要坚持发展是第一要务：只有通过发展，才能解决既有矛盾。只有通过发展，才能实现模式的转型升级，推动社会进步。另一方面要坚持科学发展，应"破解发展难题，厚植发展优势，必须牢固树立并切实贯彻创新、协调、绿色、开放、共享的发展理念。""从实际出发，把握发展新特征，加大结构性改革力度，加快转变经济发展方式，实现更高质量、更有效率、更加公平、更可持续的发展。"

城市总体规划既不应延续过去以建设为主导，侵害自然与人文资源的扩张型模式；也不应简单照搬国外发达国家在城镇化后期的规划方式，过早框定城镇发展的永久边界（因自然资源紧约束而限制增长的城市除外）。

在"量和质并重"的发展阶段，城市总体规划关注的重点应走向更加精细化和科学化，体现在以下三个方面：

1. 从"指标管理"到"边界管理"

某些规划以用地的"指标管理"为核心，在保证总量指标不变的情况下，空间上"移位"缺乏规则限定，结果是空间形态分散，部分指标"上山下水"，"总账"做成了"假账"。城市总体规划在城市建设用地规模控制的基础上，还要划定基本生态控制线、永久性基本农田和城镇开发边界，划定"三区""四线"，形成各相关部门"空间管制条件"叠加的"用地条件图"，管住城市发展的底线，核心是"边界管理"。

从"指标管理"到"边界管理"，深度上有所不同，体现了国家治理能力的现代化与精细化，也顺应了我国城镇化进入中后期阶段、逐步从增量扩张转向存量盘活的趋势。

"指标管理"中，从中央到地方指标可以层层分解，技术上简单，这也是某些部门管理"简单有效"（事实上未必有效）的原因；"边界管理"中，从中央到地方，是从"模糊"到"清晰"的过程，技术上是有难度的。比如城市总体规划画的某些绿线其实是"模糊"的绿线，如果真拿绿线坐标进行精准管理，就会出现问题，但是这条"模糊"的绿线又必须存在，否则下位规划不落实这条线，刚性传递就"断链"了。

因此，城市总体规划的边界管理需要具备"适度弹性"，这句话貌似矛盾，但正是具有难度的"关键技术"。"太柔则靡，太刚则折"，应在简化、强化刚性内容的基础上，留有适度弹性空间，根据不同情况实施差异化深度的管理，"在变化中求不变"，确保其保护的"宗旨"而非"形式"在下位规划中得以落实。

2. 从"增长管理"到"形态管理"

美国规划学界经过 30 多年的研究和实践，得出以下结论："城市增长不可控，城市形态可塑。"

所谓"城市增长不可控"，就是说，城市空间上的增长是一种市场行为，它追寻的是社会经济发展的意愿，城市政府既不可能"拔苗助长"，也不能"削足适履"，在这个领域，城市政府应适当"放权"，依照市场自发的需求进行空间安排。

所谓"城市形态可塑"，就是说：在同样规模的前提下，不同的城市空间结构和形态在城市运营效率上会有很大差别。城市政府可以规划并引导设施投资向正确的方向发展，最终形成人地和谐、职住平衡、运营高效的城市。在这个领域，政府应当有所作为，引导市场走向秩序。

这种关系，正如天下雨，降雨量是人不可控的，"降雨量管理"不可实现。但是雨落到地面以后如何调蓄利用、引入江河湖海，是人可控的，就是所谓"雨洪管理"可实现。以此类比，对于空间的发展与管控，应当逐步从过去简单的"增长管理"，过渡到"形态管理"。

从学科的理论积累来看，城乡规划一直关注城市空间结构和形态，已形成了从宏观区域到微观单元、从用地布局到设施配套的较为完整的理论体系。未来，在城市总体规划的编制中，应更多地关注城市空间结构，而非城市用地规模，实现从"增长管理"到"形态管理"的转变。

3. 从"平面管理"到"立体管理"

一方面，从用地效率上看，"平面管理"认为一块土地上的用途只能是唯一的、非此即彼的，这在农耕文明和工业文明时期确实是普遍情况。但是到了后工业文明时期，城市活力的源泉就在于各类功能的高度集聚和混合，建筑技术的进步也使得纵向的功能混合成为可能。因此，未来的城市总体规划应走向"立体管理"，综合考虑地上、地下各类功能的混合使用。

另一方面，从空间形态上看，随着城镇发展逐步从增量扩张转向存量盘活，"平面管理"已无法满足精细化管理的需要。未来，城市总体规划应要求提出城市建设高度、强度分区和控制基准指标，同时划定城市设计重点控制区，明确设计目标与总体控制要求。

（三）坚持差异发展、实现分类指导

根据《趋势判断与展望》课题研究，未来我国的城镇化速度大致分为两个阶段：2020 年前保持中高速，年均提高 0.9~1.2 个百分点；2020~2030 年间将降至中速，年均增长 0.5~0.8 个百分点；2030 年将基本稳定在 65%~70% 之间。城镇化速度的减缓将导致建设用地增速的减缓；同时，城镇化速度也将出现明显的区际分化：发达地区和城镇化水平相对成熟的城市，以及前期土地扩张相对偏快的，已经和即将进入以存量优化为主的阶段，未来的主导发展模式将是"精明调整"；处于工业化中期的城市，以及前期土地扩张与人口增长相对协调的，仍将有一定时期和一定程度的规模扩张，未来的主导发展模式将是"精明增长"；处于经济衰退和资源枯竭地区的城市，人口甚至可能出现负增长，导致部分城市功能萎缩和部分城市地区空心化，未来的主导发展模式将是"精明收缩"。因此，城镇化不能搞"指标分解"，发展不能搞"任务摊派"，必须充分尊重发展条件的差异性，实现城镇化发展的分类指导。不能不分背景、不分场合地照搬发达国家的各类发展经验，不能简单在全国范围内制定"整齐划一"的空间政策。

根据城市所处的不同发展阶段，城市总体规划会采用差异的规划方法和工作路径：

1. "理想蓝图型"规划

对处于快速发展初期的城市，城市总体规划采用"理想蓝图型"的规划方法，重点对于增量地区规划合理的空间结构，这个阶段的规划师应更多具备形态美学思维和经济学思维。

2. "决策咨询型"规划

对于处于快速发展中后期的城市，城市总体规划采用"决策咨询型"的规划方法，针对城市发展面临的重点问题，有的放矢地提出解决策略。同时充分尊重既有物权人的意见，通过协作参与，渐进地修补和完善城市空间。这个阶段的规划师应更多具备战略思维和社会学思维。

3. "资源管理型"规划

对处于发展稳定期的城市，城市总体规划采用"资源管理型"的规划方法，重点划定需严格保护、不可建设的地区，制定负面清单。这个阶段的规划师应更多具备底线思维和生态学思维。

（四）坚持多元动力、体现因地制宜

城镇化发展的初期，经济发展简单依靠工业化带动，城市采取成本最低的"追随战略"，结果是国家提出鼓励哪个产业，或者市场发现哪个产业的利润大，所有的城市都跟风发展这个产业，产能立刻从稀缺变成过剩。这种均质化发展模式，导致城市间产业结构雷同，恶性竞争激烈。城市形态和风貌也是如此，文化上追求"大洋怪"，导致城市传统特色消亡，风貌缺乏内涵、千篇一律。

随着城市发展步入工业化后期或后工业化时期，"在地性"发展，亦即依托自身资源禀赋寻求特色化、专业化的发展路径，已成为城市在区域网络中得以生存和发展的"立市之本"，因此，对于城市自身特色的挖掘和深刻理解已成为空间规划的关键环节。城市总体规划应当强调"因地制宜"，按照自己特殊的区位条件、资源禀赋、经济基础和发展阶段制定差异化的城市发展道路。城市总体规划的编制从来没有固定的套路、没有可复制的方法，必须针对特定城市对症下药，才能寻找到这个城市特有的"灵魂"。

城市发展步入后工业化时期的另一个特征是，城市的发展驱动力将从工业化特征的要素与投资驱动，转向后工业化特征的创新与财富驱动。应当通过规划评估，从多方了解不同空间使用者的空间诉求，实现"城市空间"的供给侧改革，将新的"空间产品"诉求落实到规划用地布局，真正提供与时俱进、符合未来发展需要的"空间产品"，满足广大人民群众日益增长的精神和物质生活的需求。

五、总结

我国空间规划体系的建构势在必行，它是实现依法治国、提高行政效率、推进生态文明、建设美丽中国的需要。空间规划体系应牢记城镇化的根本目标，尊重城市发展规律，把城市工作当做系统工程来抓。

城市总体规划应起到兼顾长远战略与近期实施的引领性作用，兼顾资源保护与城乡发展的综合性作用，兼顾政府事权与多元主体的协同性作用，在城市层面的空间规划体系中占据主导地位。

未来 15 年是我国社会经济发展的关键时期，将步入城镇化快速发展的中后阶段。城市总体规划应不断保持规划理念的先进性，坚持以人为本、弘扬人文精神；坚持量质并重、走向精细管理；坚持差异发展、实现分类指导；坚持多元动力、体现因地制宜。

（撰稿人：杨保军，中国城市规划设计研究院院长，中国城市规划学会常务理事，中国城市规划学会城市总体规划学术委员会主任委员，教授级高级城市规划师；张菁，中国城市规划设计研究院总工室主任、副总规划师，中国城市规划学会城市总体规划学术委员会副主任委员，教授级高级城市规划师；董珂，中国城市规划设计研究院绿色城市研究所所长，中国城市规划学会城市总体规划学术委员会秘书处成员，教授级高级城市规划师。）

注：摘自《城市规划》，2016（03）03：09-14，参考文献见原文。

基于经济危机与新自由主义视角审视下的"十三五"时期中国城市发展和规划变革思考

导语： 2008 年以来，针对全球周期性经济危机和国内经济过热等形势，中国政府进行了一系列理论和实践尝试，影响了城市规划长期的变革方向和"十三五"近期的规划工作重点。文章在归纳不同国家和地区应对经济危机的新自由主义模式的基础上，对中国城市规划的变革方向提出建议：首先，城市政策和规划需尊重与遵循城市发展（包括当前的判断）的多元交织和复杂性客观规律。其次，长远来看，应正确处理好市场调节与城市规划等政府干预的"最优和平衡"矛盾统一关系；近期来看，"十三五"是中国城市经济发展的重要调整期和机遇期，城市规划变革和城市政策应注重三个"侧"回归，即"回归东部地区""回归城市中心区""回归特大城市和地区"。

2008 年以来，全球开始经历新一轮大规模经济危机❶，各国围绕中央—地方、政府—市场等探索减缓和适应性变革的对策，新自由主义、后新自由主义主导的城市规划再次引发关注。为应对全球周期性经济危机和国内的经济过热，中国政府也进行了理论和实践的诸多尝试。党的"十八大"的召开、国家新型城镇化规划的颁布、城市工作会议的召开，都预示着未来城市规划的变革方向；2015 年"关于《中共中央关于制定国民经济和社会发展第十三个五年规划的建议》说明"强调了"四个全面"战略布局和"五位一体"总体布局以及"创新、协调、绿色、开放、共享"的发展理念，为"十三五"近期城乡规划的工作重点定调。因此，本文研究内容包括：①在应对经济危机方面，新自由主义城市规划思潮和政策在不同国家及地区的模式与实践；②2008 年以来中国城市发展应对经济危机的实践和理论变化；③远期和近期（"十三五"时期）中国城市规划的变革思考。

---

❶ 详见樊纲所著《中国正在经历一场经济危机》一文，网址为 http：//mt. sohu. com/20150824/n419616381. shtml。

一、经济危机、新自由主义与国外城市规划的思潮和实践模式

2008 年以来的全球经济危机，一方面促进了经济学领域研究的"萧条经济学的回归"，另一方面也挑战了西方世界盛行的新自由主义经济体制和规划思想，各个国家和地区开始反思新自由主义的合理性，并探索新的经济模式和政府干预（包括城市规划等）思路。

（一）新自由主义的城市规划变迁

新自由主义（Neo-Liberalism）的理论和思潮直接影响了世界，包括中国的城市发展和城市规划。新自由主义认为任何形式的规划都是对于市场机制的干预，任何问题都有一个市场解决方式，政府失误要比市场失误更严重，这也是新自由主义反规划最根本的出发点。但强调市场导向的新自由主义，与作为政府空间调控手段和公共政策的城市规划，两者并非绝对对立。主流理论将新自由主义城市和规划概括为：新自由主义城市体现了充分市场导向和自我调节的市场重构；新自由主义规划确实存在。由于新自由主义政策在经济上推行私有化，在政治上推行减少国家干预、开放市场，对城市规划产生了不可磨灭的影响，导致以下现象的出现：①市管制同盟出现。多种利益集团在规划中博弈，其实力甚至能与政府抗衡。但更多时候，开发商仍选择与政府结盟，以便更容易获得开发权。②城市经营强化。减少政府干预，将公共资源市场化运作，以取得更好的收益。由于开发商单纯追求经济效益，存在损害社会效益的潜在可能。③个体化推行和强势化发展。在新自由主义的影响下，国家大力推行土地私有化，明确产权界限，给个体更大自由，并追求个人利益最大化，相应的福利减少。"公平"让位"效率"、"先富"集团控制资本的状态，使规划倾向于代表强势集团的利益。

新自由主义的发展导致 20 世纪 60 年代以来城市规划的深刻变化，主要经历了三个阶段：

（1）20 世纪 60 年代~70 年代早期，属于由高度福特主义主导的凯恩斯主义城市规划。城市规划聚焦于中央或者国家主导的空间规划体系，规范限定性地进行城市土地利用规划。规划师所扮演的角色更倾向于"带有魔法能力、充满想象力的问题解决者和控制者"。这种带有短期眼光的设计导向的叙述性规划缺少控制发展的实际能力和社会经济控制工具。

（2）20 世纪 70 年代后期~80 年代，城市规划思潮开始向后凯恩斯主义过渡，新自由主义出现。城市规划改革的深刻动力源于全球化、信息化和快速发展

的后福特主义的产生与生活组织模式的变化，国家空间重新调节、城市和区域重构，促使城市规划的聚焦范围也发生变化——放松严格规范以帮助市场自由发挥功能；灵活的中期规划替代长期的最终状态规划；规划实践的重点转移到项目和土地利用规程上；规划师的角色除了作为特定技能的提供者，开始变得多元化。规划师一方面感知到城市是一个社会经济的构筑物，另一方面由于自身具有的工具能力有限，无法应对新的土地和城市项目需求。

（3）20世纪90年代以后，转变为后福特主义和新自由主义交织的城市规划。企业家模式管治体系开始成为城市和区域发展的关键模式，表现为新自由主义规划的常态化、规划组织新自由化（规划权利的地方分权和破碎化）、规划师的角色更加分化（矛盾性和多元性增强，有些规划师在社会公正的意识形态和资本主义城市发展的现实之间挣扎，有些则沦落为城市土地和房地产增加竞争力的代理人）。城市规划面临多元挑战，表现为由缺乏集中的综合性规划和决策力量、破碎化的公共政策机构、PPP机构和准公共品机构等带来规划行动的不协调甚至混乱（图1）。

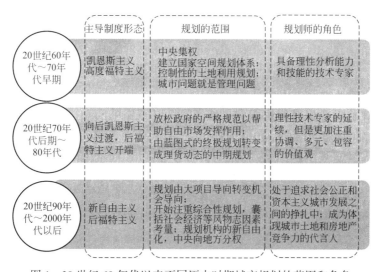

图1 20世纪60年代以来不同历史时期城市规划的范围和角色

（二）经济危机、新自由主义与国际城乡规划"适应和减缓"模式

在全球性的经济危机"适应和减缓"（Adaptation and Mitigation）应对方面，各国城市采取的措施不尽相同，有的城市与企业合作，有的实施紧缩政策，有的则继续走新自由主义的道路。从中央—地方关系、政府—市场关系、经济刺激—财政紧缩方式等诸多维度看，可归纳为如下三种模式。

1. 中央紧缩主义、地方主义加强的新自由主义英国模式

面对经济危机，英国采取紧缩主义策略，中央政府削减政府开支，特别是福利部门方面的开支，城市政策围绕着创造"有进取心的公民"（AspirationalCitizens）制定，以建立一个新的城市文化，减少市民的福利依赖，激发市民更多的企业家精神和创业精神。地方政府因此处于一种财政削减与大规模投资之间的矛盾状态，为保持城市的竞争力，产生了"争取资金注入"的地方主义：地方战略伙伴关系、地区协议（Local Area Agreements）与街区复兴战略相结合；跨区域协议鼓励跨区域的地方政权的合作；区域发展机构（Regional Development Agencies）的治理模式被次区域的本地企业合作方式（Local Enterprise Partnerships）代替。地方城市 60% 的财政资金来自于中央政府，越是贫穷的城市受中央财政削减的影响越大。地方城市政府既要削减公共开支，又要保持当地市场的活力。例如，利物浦的政府资金主要由中央提供，受中央紧缩政策影响巨大，社会福利与公益活动大幅度减少❶；而布里斯通市场发达，财政自主性高，因此抵抗危机的能力更强。共同点是贫困人群受紧缩政策影响最大，反映了应对危机的政策往往会造成社会两极分化加剧，贫富差距拉大。

2. 市场主导、政府弱管制的新自由主义德国法兰克福模式

2008 年前，德国并没有像美国等国家那样受到经济危机的严重影响，因此新自由主义化倾向继续加强，财政限制并没有显著增加。2008 年后，由于在经济危机中没有受到太大影响，新自由主义在法兰克福的统治地位和合理性得到加强。政党间形成了新自由主义的共识，即逐利是天性，政府的职责是维持市场发挥主导作用。但这种强调自由市场和竞争的政策侵犯了穷人与中产阶级的利益，反抗声音不断增多（诸如侵略新自由主义、实用新自由主义、批判新自由主义、社会凯恩斯主义及右翼保守道德主义等多元声音），草根阶层开始组织抗议活动，形成反对力量，将可能挑战新自由主义的统治，未来的城市政策将更多地考虑社会公平问题❷。

---

❶ 利物浦市对公共服务供给体系进行改革，出售一些公共服务项目，将其外包或进行公私合作；继续重视青少年心理健康服务、父母看护服务等，但减少了相关资金支持；对成年人服务进行了重新审议和评估；在教育方面取消了学校补助，但还是继续保留了 26 个城市儿童中心；降低了公园绿地等公共品的维护费用。

❷ 在新自由主义背景下，城市的发展既要考虑为当地居民提供足够的集体消费（社会公共福利设施）来保证城市的使用价值，又要在竞争下进行开发建设项目以保证市场上的地位，即城市的交换价值。新自由主义都市政策虽然激起了一些城市草根阶级的反对运动，但是这些运动比较破碎化，不成系统，只能算作是针对某些特定项目或政策的反应性应答，新自由主义的城市开发项目因为不同利益群体的不同诉求比较分裂，难以激起广泛的集体反对行动，所以近期基本不能令社会结构产生根本改变。

3. 政府—市场社会关系主导的瑞典马尔默"第三条道路"模式

瑞典的马尔默市曾是世界上最大的造船地，在很长一段时间内工业项目主导了城市发展。经济危机爆发后，Hyllie 等城市开发项目促进了城市财富的创造和社会文化的复兴，促进城市发展转向私营经济带动和知识—信息驱动的模式。其中，经济与国家政府的关系开始具体到房地产开发商与城市政府的关系，并在城市层面讨论经济危机的处理方法。2008 年后，城市政府进行土地降价，推出救市计划，继续开展建设项目来保持市场活力；而开发商则与政府合作，大量建设廉租房（容易获得贷款），保证资金链不断。长期来看，一些学者担心如此的举措会产生严重的社会和环境问题，导致片区贫富差距拉大——私人公司与政府的合作破坏了自由市场的规则，政府选择的是关系最好的公司，而非是能提供最满意服务的公司。在此背景下，开发商为了牟利，一般会尽量节省开支，导致建设质量降低，如在保障房社区建设更少的停车位、更小的住宅等。

马尔默案例打破了凯恩斯主义与新自由主义的二元论局限性，认为在解决经济危机的过程中国家政府不一定是主体（Subject），也非客体（Thing），而可以是社会关系（Social Relation）的参与者，并试图从社会关系的新角度看待地方政府与城市规划。

二、 2008 年以来中国城市发展应对经济危机的实践

（一） 2008 年经济危机前中国城市发展和规划背景

学者关于当前中国城市发展和规划状态的形成及趋势等的判断众说纷纭，有"经济周期说"，也有"结构调整说"。其实这两种说法都彼此互为因果，只不过前者更加强调中国城市发展和经济发展的全球性整体环境，而后者则更加关注中国本身城市和经济发展的政治—经济逻辑。2008 年前，中国经济高度融入美国主导的世界经济大循环，国内经济的结构性矛盾加剧，主导中国城市化发展的"高投资+高负债＝高增长"模式逐渐形成。樊纲等人认为，中国现在面临的问题在很大程度上是过去十年中两次经济过热的后遗症。

第一次经济过热便发生在 2004~2007 年，这一次经济过热从根本上是由国际市场—美国市场的过热、出口的大增等市场因素推动的。为顺应这种全球趋势和国内的以经济建设为中心的政策基调，中国在 2008 年之前的城市规划以物质形体规划为主导，功能区建设、基础设施建设如火如荼，但由于市场经济体系还很不健全，城市规划建设的模式由政府包揽的色彩浓厚，政府对于土地产权的监管力度还远远不够，城市规划可控性也相对刚性和简单，一旦投资项目和经济形势发生变化，规划就难以适应，缺乏弹性和复杂性考虑。

（二） 2008 年后新常态下的城市发展和规划变化

2008 年后，为应对经济危机，中国政府采取了鲜明的应对措施：①通过城镇化刺激内需。与国外其他国家地区一样，凯恩斯主义经济刺激计划是政府的重要措施。2008 年中央新增的 1200 亿元资金主要用于保障性安居工程、农村民生工程和农村基础设施建设、铁路公路和机场建设、科教文卫等社会事业发展、节能减排和生态建设工程投资以及扶持自主创新和产业结构调整。②在稳定汇率的条件下，提高出口退税率以刺激出口。③农村建设。经济危机不可避免地影响了城市的就业岗位的增长数量和速度，农村成为剩余劳动力和失业农民工的"蓄水池"。

2008 年后，中国的经济刺激计划导致了第二轮的经济过热，产能过剩、债务危机的情况更为严重。虽然 2010 年中国政府退出了宽松政策（同年 4 月份通过严厉行政手段实行房地产调控限购），但是产能过剩、债务危机的问题仍然紧迫。中国发展的新常态成为城市规划变革的重要理念标杆。新常态下城市更新与治理、规划师的角色、大数据时代的城市规划研究得以创新和突破，规划开始更多关注"供给侧"改革（图 2）、多规融合、存量规划、社区参与及 PPP 等新内容。

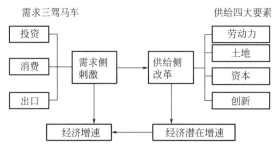

图 2 "需求侧"三驾马车与"供给侧"四大要素

三、中国远期及"十三五"期间的城市发展和规划变革思考

城市是现代社会人口和经济的主要载体，城市规划作为政府调控城市空间资源、指导城乡发展与建设、维护社会公平、保障公共安全和公众利益的重要公共政策，必须与时俱进，主动转型与变革，及时调整，以适应新常态的新要求：①遵循城市发展多元交织和复杂性的客观规律；②长远来讲，正确处理好城市规划中政府干预经济的基本原理和市场自我调整城市发展的矛盾统一关系（"五大统筹"即反映了这一关系）；③"十三五"时期是中国城市经济发展的重要调整期

和机遇期，近期城市规划变革和城市政策可注重三个"侧"回归，即"回归东部地区""回归城市中心区""回归特大城市和地区"。

（一）遵循城市发展（包括当前的判断）的多元交织和复杂性客观规律

1. 工业化、城市化、全球化、信息化及市场化交织在一起，深刻影响中国的城市发展

中国的城镇化进程伴随着市场化、全球化、法治化和信息化，不是一个独立的过程，由此决定了中国的城市规划变革是一项无先例可参考的系统工程，但同时，又不得不依据中国经济和社会转型的特征以及面临的实际问题，有针对性地进行变革，因地制宜、因时制宜、因事制宜。

2. 积极认识城市的本质和客观规律

在经济危机漩涡中，城市被认为是危机的中心，也是发展的中心，"危""机"共存、相互转化，带来制度革新。城市是人类最伟大的发明，城市在促进经济专门化、鼓励社会互动、传播知识和思想以及创造经济增长等方面发挥了关键作用。在这一过程中，基础设施、建筑物和空间形态布局仅仅是一种手段与工具，而不是主导力量。城市放大了人类的力量，高密度、近距离地让人们面对面地聚在一起，使学习更加深入和彻底；城市也提供了合作的可能，人们愿意忍受城市里的高房价，正是为了与各行各业的精英人才生活在一起。

新中国成立以来，中国城市政策经历了曲折波动。例如，城市化的逻辑是人群的集中，向有规模报酬递增的地方，即向大城市集中，虽然 2000 年后国家战略开始高度重视大城市和城市群，但仍存在对城市本质认识不足和"规划失灵"的问题。又如，由于城市化战略的偏差，2014 年前后大房产商开始到四、五线城市拿地，致使小城镇住房过剩问题加剧。

（二）"最优和平衡"：正确处理好市场调节与城市规划等政府干预的矛盾统一关系

1. 城市发展的市场调节和城市规划政府干预

在市场经济中，集聚经济和规模经济、范围经济的机制发挥使得城市具有自组织的作用。城市及其体系在演化过程中形成了一套有效利用社会资源和自然资源的循环方式。因此，在新自由主义城市规划学者的眼中，私有化、去管制等尤为重要。但城市要产生合理的自组织结构，最重要的是要具有构筑自组织结构的条件和环境。现实中，信息不对称、公共品问题、外部性和不完全竞争使自由市场的作用不能积极发挥，出现所谓的"市场失灵"问题，如污染、噪声、公共品缺乏、拥堵及垄断经营等。在这种情况下，城市规划等政府干预尤为重要。但政府干

预仅仅起辅助作用，需要进一步界定哪些市场无能为力，要由政府去做，如公平界限、公共品界限、伦理界限、生态界限、城市防灾界限及城市风貌保护界限等。

2. 城市经济学原理和城市规划学原理在实践中的矛盾统一

在上述情况下，制定有效的城市和规划政策越发具有挑战性。如能将更强大的经济理论贯穿于政策设计和实施过程中，城市规划政策将会被不断改善：通过对城市的有限资源（土地、劳动力、资本）进行最优分配和组合，实现社会福利的最大化；通过解决市场失效问题，减少城市交易成本（与城市病相关），实现城市集聚效益的最大化；通过合理和科学地进行政府与市场（经济杠杆和价格规律）的分工，实现社会经济发展目标的协同发展。

一般来说，经济学家重视市场力量，规划师重视市场缺陷，两者之间应该互通有无。规划师可以从经济学家的模型构建（最优追求）优势方面获得营养。运用微观经济学原理，可以很直接地从利润或者效应最大化行为过渡到土地价值资本化（杜能圈等），过渡到空间均衡性（阿隆索模型），过渡到土地竞租模型。可以直接将理论联系到土地税收、规划政策走向、可支付性住房政策、TOD 开发模式融资轨道建设等。经济学家往往对城市规划师所面临的复杂现实环境重视不够，并且对公平性、可持续的认识也不如城市规划师充分。经济学家所构思出来的"最佳策略"往往被认为过于简单，而城市规划师考虑现实环境和多目标性，其策略也许是次优方案。不管是最佳策略还是次优方案，其目的都是为了能够在复杂多变的城市环境中制定现实的、有效的城市政策。因此，城市规划在应对"市场失灵"（城市规划的重要理论基础）等方面有大作为：动态优化、不确定性下的规划、沟通式规划及战略不确定性应对等。归纳起来，市场关注空间政策的"最优"趋向和方案制定；而城市规划则更加关注现实世界中的"平衡"（社会公平、生态环境可持续性、经济效率等）。面对各种问题背后的微观经济学基础，促进创新性的和有效的规划政策的制定是"最优策略"的首要一步——"优化"的重要思维。而面对复杂现实环境，以及规划师所持有的公平和可持续发展等基本原则，现实政策肯定会选择"次优策略"。在这种思路下，城市规划方式需从"效率性规划"（Efficient Planning）向"有效性规划"过程（Effect Planning）的非物质规划（Soft Plans）转变，其中叙事方式（Narrative Approach），诸如公私合作、公共参与等可以激发城市对策讨论，并获得新的视角和优化方案与路径。

3. 从不健全的市场经济到未来完善市场配置资源：中国城市规划的长期变革方向

党的"十八大"确定了市场资源配置起决定作用的理念，利用市场机制提高资源配置效率，达到帕累托优化目标；但毕竟中国市场还很不健全，因此城市规划还需要维持一定的范围和作用。随着市场化的不断深入，中国城市规划长期的变革方向不仅要弥补市场失效，还要强化与城市经营❶的协同性。毕竟相对而言，规划着眼于长远利益，城市经营着眼于眼前利益。中国的城镇化速率越来越快，发展动力越来越大，因此对城市治理的精细化水平、科学化水平要求就越来越苛刻，以保障城市规划的强可控性。反过来，由于市场经济的不健全和处于转型期的限定，城市规划等也会出现"失效"，诸如对公共利益的冷漠、忽视少数人或弱势群体的利益、官僚作风和管制滞后等。因此，城市规划的重点应该放在克服"市场失效"上。凡是"市场失效"的那些领域，都是城市规划要关注的重点。市场机制能发挥作用的，企业能有效处理的，政府都不必去关注，也不必发挥调节功能。

（三）"十三五"期间中国城市规划和政策焦点的战略思考

1.清醒认识当前中国城市规划面临的周期性衰退和结构性调整问题

经济发展及生产生活模式、城市体系和城市形态、城市治理体系都受制于技术创新与变革，有一定的周期性规律（图3）。每一轮的经济周期本身还有亚周期：在50~55年的康德拉季耶夫长波之中，镶嵌着两个20年左右的库兹涅兹城市和基础设施建设亚周期，分别是后萧条库兹涅兹周期和后滞涨库兹涅兹周期（图4）。在2008年后，全球各个国家往往都是采取凯恩斯主义的经济刺激计划，希望通过基础设施投资、城市建设投资的刺激来拉动出口和内需，也就是通常所说的需求导向的政策趋向，中国进行4万亿元的投资实际上就是受这一逻辑的影响。当宏观固定资产投资产出的边际收益急剧递减后，大规模投资适得其反，可能进一步激化问题，于是开始转向供给导向或"供给侧"的政策制定（降税、去管制、去库存等）。

中国城市政策在很大程度上既受制于全球周期性的衰退客观规律，又担负结构性调整的近期压力。第二次经济过热使得产能过剩叠加严重，2011年中国开始退出刺激政策，至今仅实行了4年，调整远远未结束。2020年前，即"十三五"期间，重要的任务之一便是继续进行结构性调整。而任何的决策都是"权衡"的结果，"供给侧"的政策在未来5年期间必然会影响某些城市发展，进而影响某些群体，如农民工、城市弱势和低收入群体、"劣币"行业结合企业（优胜劣汰更多发生在经济低迷、萧条和调整期）。

---

❶ 在新自由主义影响下，政府开始像经营企业一样经营城市，政府不仅认知到城市土地作为商品的属性，还利用城市土地开发过程建立起财富转移机制，进而获得不同利益团体的政治支持，"经营好城市，以城市土地为杠杆（以土地批租增加城市收入，或降低地价吸引投资）来产生经济效益，将有助于提高城市的竞争力"。

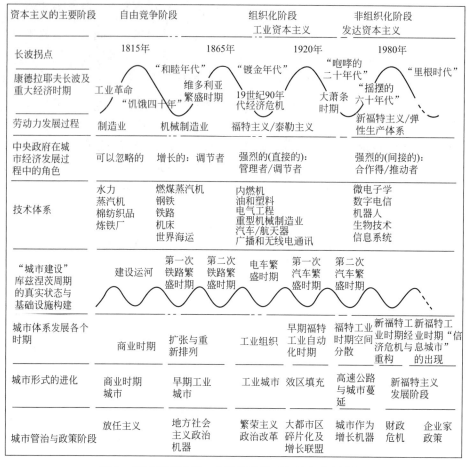

图3　美国经济周期、政治经济关系与城市发展特征

2. 三个"侧"回归："回归东部地区""回归城市中心""回归特大城市和地区"

需求学派和供给学派是所有经济政策的重要理论出发点，但现实中的所有经济政策和城市政策都不能二元对立。新自由主义浓厚的"供给侧"导向目的在于从整体上解决当前的结构性调整问题，顺应库兹涅兹周期后1/4的客观形势。但在"十三五"期间，"供给侧"导向的规划政策绝不应该是全部，中国要主动迎接下一轮的全球科技创新挑战，取得下一轮经济周期的主动权，避免陷入中等收入陷阱❶。因此，在某些时机、地区、环节，城市规划和城市政策甚至要强化

---

❶　党的"十八大"以来，"关于《中共中央关于制定国民经济和社会发展第十三个五年规划的建议》的说明"指出："十三五"规划作为中国经济发展进入新常态后的第一个五年规划，必须适应新常态、把握新常态、引领新常态。新常态下，中国经济发展表现出速度变化、结构优化、动力转换三大特点，增长速度要从高速转向中高速，发展方式要从规模速度型转向质量效率型，经济结构调整要从增量扩能为主转向调整存量、做优增量并举，发展动力要从主要依靠资源和低成本劳动力等要素投入转向创新驱动。

"需求侧"的类凯恩斯新自由主义战略。

（1）"回归东部地区"城市发展政策。中国的东部地区是自然条件、社会经济条件最佳的地区，聚集了最成熟的巨型城市地区，拥有最便利的交通条件。从《中国城市统计年鉴》数据看，2008~2013年，中国固定资产投资的边际收益率整体轨迹波动明显，但东部地区的投资投入产出最稳定（表1）。2008年后，以4万亿元为代表的固定资产投资在全国层面相对布局均质，高铁建设等基础设施投资在东中西和东北地区都相对快速发展，由于集聚经济和规模经济的作用，实际上持续的投资边际收益率在东部等地区普遍较高且稳定不足为奇。"十三五"期间，融资难、去库存需要投资等政策更进一步向东部地区倾斜，适度加强非均衡区域政策。

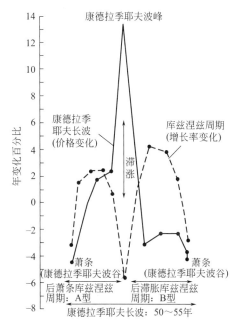

图4　经济周期的不同阶段划分

2008~2013年固定资产投资和地区生产总值增长的弹性系数　　　表1

	2008年	2009年	2010年	2011年	2012年	2013年
合计	1.32	2.73	1.27	0.41	1.78	1.88
东部地区	1.14	2.42	1.21	0.33	1.79	1.79
中部地区	1.44	3.20	1.38	0.34	1.78	2.43
西部地区	1.34	2.49	1.22	0.65	1.45	1.48
东北地区	1.54	3.13	1.19	0.28	2.26	1.73

资料来源：2008~2014年《中国城市统计年鉴》。

（2）"回归城市中心区"发展政策。在经济危机发生之后，由于固定资产投资的全国层面和市域层面呈现相对"撒芝麻"式的分布，加上"小城市、小城镇"的房地产等政策取向，2007~2011年，中国地级市的市辖区GDP总值占地级市GDP的比重呈现显著的下降趋势；同样道理，受集聚经济、经济过热后的效益问题以及规模经济等影响，2011年以来这一比重开始显著上升（表2）。城市化经济主导的中心城区在应对外在冲击、促进经济增长的创新驱动转型等方面，比地方化经济相对突出的外围县市、小城镇更具有能力。在经济危机后，伦敦等国际城市更加注重对中央活力区（CAZ）的塑造；另外，由于面临低经济成长、高失业率与高社会安全支出的困境，荷兰逐渐转向新自由主义，政府更多引入市场友好的政策，更加强调市场的自由竞争，其中阿姆斯特丹在 2011 年制定的《2040 年结构远景规划》（Structure Vision 2040）中将发展的希望寄托到投入产出率高的地域（所谓的"特权城市空间"）：内城核心区、河岸区、南翼—机场区，并注重对大都市景观的打造。

2007~2013 年市辖区占城市的地区生产总值的比重变化　　　　　表 2

年份	全市地区生产总值（万元）	市辖区地区生产总值（万元）	市辖区占城市的比重（%）
2007 年	2 699 937 320	1 559 389 131	57. 756
2008 年	3 218 529 753	1 845 204 093	57. 331
2009 年	3 595 738 917	2 061 994 123	57. 345
2010 年	4 284 649 307	2 439 864 533	56. 944
2011 年	5 151 274 789	2 930 255 301	56. 884
2012 年	5 699 128 080	3 243 007 223	56. 904
2013 年	6 247 452 392	3 598 817 659	57. 605

资料来源：2008~2014 年《中国城市统计年鉴》。

（3）"回归特大城市和地区"发展政策。特大城市地区在集聚经济作用下，无论是在成本节省还是在效率提高，乃至在产品—服务生产以及在创意思想生产等方面，都有着其他规模类型城市不可替代的优势。也正是如此，特大城市地区的发展在各个领域得到高度关注。随着交通技术、信息技术的发展，曾有学者提出"距离的消失"（Distance Dies）和特大城市地区的逐步解体假说，但客观上，纽约、伦敦、东京等典型的特大型世界城市仍在集聚人口和经济活动，其中枢地位进一步强化，尤其在创新和思想生产、控制和命令等方面更加明显，"距离即死亡"（Distance is Death）、"密度、距离、分割"（Density，Distance，Division）等成为新经济增长理论的重要理念。巨型城市和地区无论是从经济绩效还是从要素吸引、经济控制等方面，都占绝对主导地位，而且这种"掌控"的地位在中国还在不断强化。

从 2008 年以来不同规模城市的投资边际收益分析看（表3），城市的规模越大，其投资回报率越高，在未来促进创新等方面，特大城市和以其为中心的巨型城市地区最有可用武之地。特大城市和地区在新自由主义的实现中扮演了重要的角色，未来非生产性资本的积累、高端服务业的发展、创新经济的推动也必然更依赖这些城市的市场潜力。在这种情况下，北京、上海、广州、深圳等城市可能

112

面临更严峻的人口规模增长、经济活动集聚以及由此带来的区域差异、阶层差异与其他外部性引发的交通、环境、生态等负面问题。因此，一方面，需要培育其他的经济中心城市成为新的增长极（如成都、重庆、武汉、南京等沿江城市，天津、青岛、宁波、大连等沿海城市，西安、郑州、哈尔滨、沈阳、济南、乌鲁木齐等省会城市）；另一方面，需要以巨型城市为中心构建系统性的巨型城市地区或"Global Regions"，可构建"3+1"的中国巨型城市地区框架体系："3"即长三角、珠三角和京津冀3个沿海核心巨型城市地区；"1"即"成渝地区"。在此基础上，进行中国城镇化的战略性空间安排，形成以港口门户城市和省会城市为双核心的沿海四大次级巨型城市地区，以武汉和郑州等省会城市为中心的沿长江、沿黄河"双子共轭"次区域，以及以省会城市为核心的西南、西北、东北沿边次区域。

2008~2013 年不同规模城市固定资产投资和地区生产总值增长的弹性系数　表3

	2008 年	2009 年	2010 年	2011 年	2012 年	2013 年
城市合计	1.61	0.73	1.33	3.65	0.97	0.85
750 万人口规模以上	2.32	1.19	2.16	4.44	1.94	1.61
400 万人口规模以上	1.69	0.94	1.34	3.06	0.95	0.97
200 万人口规模以上	1.55	0.68	1.24	4.24	0.87	0.76
100 万人口规模	1.44	0.54	1.21	4.22	0.85	0.63
100 万人口规模以下	1.24	0.41	1.01	2.09	0.75	0.66

资料来源：2008~2014 年《中国城市统计年鉴》、2010 年第六次人口普查数据。

四、结语

在过去 30 多年的快速经济发展过程中，中国城市和城市规划从计划经济、内向发展主导的模式向社会主义市场经济不断健全、全球化开放模式转向，城市化落后于工业化的问题基本解决，城市成为国民经济的主要载体，它为要素集聚、经济和产业的发展提供了空间，人民的生活水平和生活质量得以提升。但这一期间也孕育着转型过程中所伴生的各种社会经济和环境问题，如城市和区域空间资源配置的不尽合理，区域差异、城乡差异和城市中的阶层差异不断强化，城市和区域发展中的负外部性和基本公共服务设施不均等。30 年里，为适应快速的经济和城市化需求，中国的城市规划得以快速变革，体现在规划内容、规划程序、规划的制度环境和制度安排等方方面面。"十三五"期间从一定意义上讲，是一个承前启后的关键五年，受政府—市场的作用、中央—地方的关系等政治和经济体制变化的影响，中国的城市发展和城市规划将进一步变革。期间，中国的城市政策和规划变革一方面需要继续聚焦于应对当前的经济危机，另一方面需要面向下一个经济和城市发展周期的战略趋势要求：①避免进入中等收入陷阱；②积极紧跟乃至引领下一轮的技术变革和经济周期。因此，在市场化、全球化等不断深化的趋势下，城市政策和城市规划一方面要强化解决市场不健全和市场失灵双重问题的能力，另一方面还要在遵循市场规律的前提下，围绕关键的科技创新和经济发展的要求，提升城市的空间品质和城市化质量，促进发展模式转型和存量空间潜力挖掘，更加重视东部巨型城市地区、中西部特大城市和城市中心区的发展。

（本文是在清华大学研究生课程《城市地理学》、本科生课程《城市规划经济学》教学过程中逐步酝酿而形成的，得到汪越、张乃冰、周辰、薛昊天、张引、陈恺、侯姝彧、向鹏天和杨烁等同学在资料整理方面的大力支持，特表示感谢！）

（撰稿人：于涛方，清华大学建筑学院副教授。）

注：摘自《规划师》，2016（03）：05-12，参考文献见原文。

"人居三"、《新城市议程》及其
对我国的启示

导语："人居三"大会总结了全球人居环境领域 20 年来的成就，是对《2030 年可持续发展议程》的重要落实与支撑。《新城市议程》提出通过良好的社会治理结构、优良的规划设计和有效的财政支撑，最大程度发挥城镇化的积极作用，应对气候变化、社会分异等全球性挑战。《新城市议程》倡导社会包容、规划良好、环境永续、经济繁荣的新的城市范式，对全球的城市与区域规划工作提出新的挑战。

联合国第三次住房与可持续城镇化大会（以下简称"人居三"）于 2016 年 10 月 17 日~20 日在厄瓜多尔首都基多市召开，这是联合国近年在人居环境发展领域规模最大、规格最高的全球会议。根据联合国人居署事后提供的信息，来自全球 167 个国家的 3 万多人参加了这个会议，时任联合国秘书长潘基文、人居署执行主任荣安·克洛斯等高级官员，联合国成员国国家元首、政府部长、业界领袖、学术精英等参加了会议。会议的重要成果之一，是包括 175 条条款的《新城市议程》。这份政策性文件对城市规划、建设和管理方式进行了反思，提出了城市转型发展的具体行动纲领。

一、"人居三"的两大源头

"人居三"是根据联合国大会 66/207 号决议的决定召开的。作为 2015 年联合国可持续发展峰会之后的首个全球峰会，本次大会的主要目的是应对当今世界人居环境领域所面临的一系列挑战，尤其是快速城镇化所带来的一系列新情况、新问题。而这些问题的解决，不能靠某一个国家或国际机构，必须通过"人居三"这样的大会，确保联合国成员国、国际机构、地方政府、私营部门以及民间组织携起手来，同时确保联合国可持续发展峰会所通过的可持续发展目标（SDGs）得到有效实施。本次会议有两个方面的重要源头：

（一）自"人居一"以来的人居大会传统

人居大会起始于 1976 年"人居一"大会在加拿大温哥华召开，当年世界的城镇化水平为 37.9%，总体上讲处于城镇化刚刚开始快速增长的门槛上，虽然人们已经注意到人口快速进入城镇，以及医疗卫生水平提高带来了城市人口自然增长率提高，但国际社会对于城镇化问题并没有给予足够的重视。那次会议的重要产出包括：承认人类住区和城镇化是全球性的议题，必须各国共同应对，会议发布了《温哥华行动计划》和《温哥华宣言》，向各国政府提出了 64 条推荐意见，并促成了联合国人类居住中心（United Nations Center for Human Settlements—UNCHS Habitat）也就是后来的人居署的创立。

20 年后的 1996 年，"人居二"在土耳其伊斯坦布尔召开，当年全球城镇化水平为 45.1%，本次会议提出了"人人享有合适的住房"（Adequate shelter for all）的目标，讨论了"全球城镇化进程中可持续的人居发展"，会议的主要成果是《人居议程：目标、原则、承诺及全球行动规划》，241 条条款系统阐述了住房与城市可持续发展的问题，作为全球的行动规划。本次大会达成了对于城市及城镇化的新认知，即城市是全球发展的重要引擎，城镇化对于全球而言是一个重要机遇，为了应对城镇化等全球发展的需求，呼吁加强地方政府的作用，并且承认公众参与的积极作用。

2011 年 12 月 22 日 66 届联大第 91 次全体会议通过了 66/207 号决议，回顾了"人居二"以来全球人居环境建平领域的平展决定按照 20 年同期在 2016 年召开"人居三"，以重振对可持续城市化的全球承诺，侧重执行《人居议程》、《关于新千年中的城市和其他人类住区的宣言》和相关国际商定发展目标，以及在其他主要联和国会议和首脑会议成果基础上制订的《新城市议程》（New Urban Agenda）。

（二）自 2012 年以来的"城市思维"传统

从"人居一"承认城镇化是一个"全球议题"到"人居二"意识到城镇化是一个"全球机遇"，城镇化的话题变得越来越重要。伴随着世界城镇化的进程加快，而且城镇化主要发生在发展中国家，加之全球气候变化的威胁，经过多年广泛深入的讨论，联合国及其成员国达成一致看法：城镇化是一个发展的"内生动力"（endogenous source），是一把破解当今诸多共同挑战，尤其是社会融合和实现公平的钥匙。

这一变化的拐点是 2012 年召开的联合国可持续发展大会（"里约+20"峰会）。大会的主要成果是《我们期望的未来》，这是对世界环境与发展委员会 20 世纪 80 年代发布的《我们共同的未来》的延续和回应。《我们共同的未来》首次提出了"可持续发展"的概念。而《我们期望的未来》则在可持续发展的基础上，提出了城市思维（think urban）的概念，提出精心规划和管理的城市，将有效地促进经济、社会和环境领域的可持续发展。

基于"可持续发展能否成功，取决于人们怎样管理和引导城镇化"的理念，城镇化、城市发展以及城市规划等逐渐进入联合国及各成员国的核心话题，并且提出了多元综合的城市发展目标：可持续、繁荣、公平、公正、平等和安全，"可持续发展"由此进一步聚焦于"城市可持续发展"（sustainable urban development），并且在此基础上提出了从无序蔓延的城市向紧凑城市转变，从空间分割的城市向空间融合的城市转变，从拥堵的城市向联通的城市转变的目标。

至此，城镇化从一种城市发展过程，变为了对应对气候变化等全球性挑战、实现全球可持续发展具有至关重要作用的因素，而要实现城镇化的健康发展，又取决于城市的规划和管理水平，城市规划因此进入核心话题。另一方面，现有的城市发展模式存在诸多问题，必须加以转变，而这种转变的诉求，也呼应了联合国及其人居署近年来的种种积极努力，其中有两个重要的会议对于"人居三"具有重要意义。

首先是于 2015 年 4 月 17 日~23 日在肯尼亚内罗毕召开的联合国人居署第 25 届理事会会议，会议上通过了《城市与区域规划国际准则》（International Guidelines on Urban and Territorial Planning，IG-UTP，以下简称《国际准则》），这个《国际准则》是联合国颁布的第一个关于城市规划的技术准则，它系统总结了世界各国包括我国在城市与区域规划领域所取得的经验教训。从城市政策与治理、面向可持续发展的规划、城市与区域规划的要素、规划的实施与监督等几个方面，系统阐述了国家和地方政府、民间组织和专业团体在规划领域的职责。《国际准则》采用了"原理+职责"的方式，包括了 6 个领域的 12 条原理和 114 条职责（表1），此外，准则还包括了世界各国的 26 个典型案例。

《城市与区域规划国际准则》的基本结构　　　　　　　　表1

领域		原理	职责			
			国家层面	地方政府	民间组织	专业团体
城市政策与治理		决策过程、治理范式	7 项	9 项	5 项	5 项
面向可持续发展的城市与区域规划	规划 vs. 社会	公平和谐、战略投资	5 项	12 项		
	规划 vs. 经济	催化剂、决策机制	5 项	8 项		
	规划 vs. 环境	空间框架、安全水平	5 项	11 项		
城市与区域规划的要素		多维时空、愿景方案	6 项	6 项	2 项	5 项
规划的实施、监督		制度化、持续不断	9 项	8 项	2 项	4 项
合计		12 条	37 项	54 项	9 项	14 项

联合国人居署制定这份《国际准则》的目的在于为世界各国提供一个全球

性的框架，以改善政策、规划和设计，实现更紧凑、社会更包容、更融合以及更为联通的城市与区域，促进城市的可持续发展，提高城市、区域和国家应对气候变化的能力。

事实上，这个《国际准则》的价值不仅在于为成员国提供技术指引，还在于为"人居三"的筹备特别是《新城市议程》的起草提供了重要的思路，奠定了技术基础。

另一个重要的会议是 2015 年 9 月 25 日~27 日在纽约联合国总部召开的联合国大会第 70 届会议，在本次会议上 193 个联合国成员国正式通过 2015 年后发展议程《变革我们的世界——2030 年可持续发展议程》（Transforming Our World：The 2030 Agenda for Sustainable Development），提出了全新的、系统的全球可持续发展目标，包括 17 个可持续发展目标（SDGs）以及 169 个相关具体目标，发出了"行动起来，变革我们的世界"的呼吁，成为联合国成立 70 周年之际最重要的政治宣言。

作为一份全球可持续发展的重要政策文件，SDGs 包括了一个关于人居环境发展的专门章节，即"目标：建设包容、安全、有抵御灾害能力和可持续的城市和人类住区"，并且细分为 10 个子目标。它不仅界定了"城市和人类住区"建设涉及的基本范畴包括住房、交通运输、公众参与、遗产保护、安全防灾、环境质量、公共空间等，而且界定了实现人居环境可持续发展的基本手段或路径，即国家和区域层面的规划、城市和住区层面的政策与规划、财政与技术援助。与此同时，目标 11 以及 SDGs 总体上反映出来的一些基本价值观，也对《新城市议程》的起草起到至关重要的作用，比如包容、公平、关注弱势群体、合作等。

二、"人居三"及其主要成果概述

（一）"人居三"大会的筹备过程

除了上述两大传统外，"人居三"的筹备过程，核心就是《新城市议程》的起草过程，也是各方交流情况、梳理思路、达成共识的过程。根据联合国大会 67/216 号决议"人居三"作为落实 SDGs 最重要的二次会议，会议的目标主要包括：

（1）确保不断更新城市可持续发展的政治承诺；

（2）对 1996 年《人居议程》的实现情况进行评估；

（3）应对贫困，识别并应对新的和未来可能出现的挑战。

同时，希望借此次会议通过《新城市议程》，达成如下共识：

（1）城镇化的话题涉及人居环境各个层次，需要通过国家与地方政策应对其挑战；

(2) 要把公平问题与发展议程相结合；

(3) 推动城市规划和城市有规划地扩展；

(4) 衡量可持续的城镇化对于实现 SDGs 的作用；

(5) 加强制度建设，确保《新城市议程》的有效实施。

为此，"人居三"的筹备工作重点围绕以下 6 个领域展开，而每个领域又包含若干话题：

（1）社会融合与公平：包括包容性城市、更安全的城市、城市文化与遗产、移民与难民等话题；

（2）城市制度：包括城市条例与法规、城市治理、城市财政等话题；

（3）空间发展：包括城市规划与设计、城市土地、城乡联系、公共空间等话题；

（4）城市经济：包括地方经济发展、生活、非正规部分等话题；

（5）城市生态环境：包括城市韧性、城市生态系统与资源管理、气候变化、危机管理等话题；

（6）城市住房与基本服务：包括基础设施与基本服务设施、交通与机动化住房、智慧城市、非正规住宅等话题。

并且明确提出，要最大效果地发挥城镇化的积极作用，取决于三个方面的因素：法律法规、规划设计和财政支撑。

为了更有效地筹备本次会议，联合国专门组成了大会筹备委员会，委员会由联合国各下属机构和有关国际组织等组成。筹备工作的重点是"知识"与"政策"两大板块（图1）。在"知识"板块，主要依赖于各成员国提交的《住房与

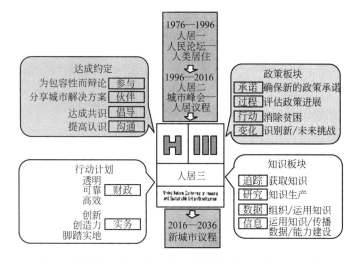

图1 联合国40年来的三次人居会议和"人居三"概念

城市可持续发展国家报告》，由联合国经社理事会和人居署编写的《区域报告》，由"人居三"筹委会秘书处组织专家编写的《全球报告》以及由"人居三"筹委会协调联合国各机构撰写的 22 份《专题报告》。

在"政策"板块，筹委会专门成立了 10 个政策小组，旨在集合高水平的智慧，收集分析研究的最新进展；挖掘优秀的案例和可资吸取的教训；就城市可持续发展特定领域制定独立的政策建议，作为《新城市议程》文本的原始素材（图 2）。

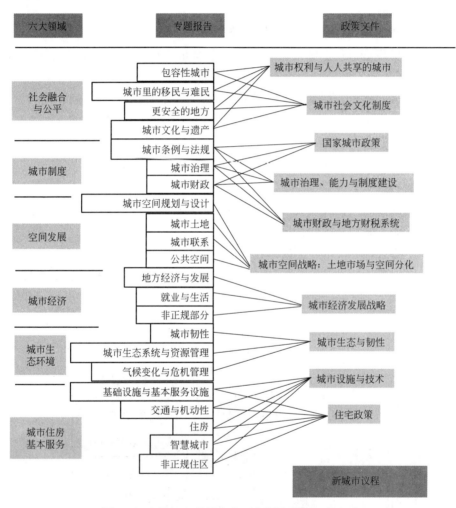

图 2　"人居三"的筹备和《新城市议程》的起草

10 个政策小组分别是：①城市权利与人人共享的城市；②城市社会文化制度；③国家城市政策；④城市治理、能力与制度建设；⑤城市财政与地方财税系统；⑥城市空间战略：土地市场与空间分化；⑦城市经济发展战略；⑧城市生态与韧性；⑨城市设施与技术；⑩住宅政策。这些政策小组的工作领域分别与前述的 6 个领域和 22 份《专题报告》相对应。

筹委会分别在 2014 年 9 月、2015 年 4 月和 2016 年 7 月召开了三次筹备大会，其间召开了一系列专题会议、地区会议，并于 2016 年 5 月 6 日在第一次非正式磋商后，形成了《新城市议程》的初始文本（Zero Draft）。历经三次大的修改和很多次小调整，于 2016 年 9 月 7 日~9 日在纽约联合国总部进行了最后一次磋商会，对所有政治和技术细节达成共识，形成了提交基多"人居三"大会通过的草案文本。

值得一提的是，"人居三"大会的筹备，本身不仅是为了筹备会议，而且是一个统一思路、协调利益、达成共识、扩大影响的过程，是一个完全开放的过程，联合国作为一个多边合作的国际平台，并不具有多少强制执行力，尤其是针对城市发展这类和平议题，重要的不是联合国或其成员国做出了什么决定、达成了哪些共识，而在于采取了哪些具体行动。所以，联合国鼓励并且创造一切可能，让所有利益相关方积极参与筹备工作，充分表达自己的意愿，促成相互理解与包容，从而能够事先达成会议成果，而会议本身更多的是宣传和扩散成果，研究成果的实施问题以及程序性的安排，这些是值得我们借鉴和学习的。

（二）"人居三"大会的主要活动

"人居三"是一个开放的平台，除了联合国组织的官方活动作为"人居三"的核心内容外，任何经过"人居三"认证的机构均可以向筹委会提出申请。经筹委会批准后，在会议期间举办相关活动。

1. 会议主办方联合国组织的官方活动

这是"人居三"的核心活动，主要围绕会议核心议题。为进一步达成共识，促成会议顺利通过并在会后实施《新城市议程》做努力，包括以下几种类型：

（1）全体大会，共举办 78 次，其中包括开幕式和闭幕式。由国家元首或代表、国际组织代表等参加，除必须由全体大会审议通过的事项外，主要是各国政府陈述自己的主张和立场。

（2）高端圆桌会议，共有 6 个，基本对应筹备阶段的 6 大领域。主题分别是：城市包容与繁荣、生态与气候变化及灾害韧性城市、合适与可支付的住房、综合战略规划与管理、各级各方共同实施新城市议程、城市可持续发展的财政问题。由各国元首、政府部长、国际和国家组织的代表参加，目的在于就 6 大领域交换意见，促成共识。

（3）界别（利益相关方）圆桌会议，共有 13 个，所谓界别包括议会、科研人员、社会组织、贸易联盟、专业人士、草根阶层、基金会、媒体、老年人、残疾人、农民、儿童与青年、妇女等，这类会议充分体现了联合国作为多边国际平台的地位，由不同界别的代表陈述自己的特定诉求，推动相互理解、相互支持。

（4）对话，共有10个，对应筹备阶段的10个政策小组和10份政策报告，主题分别是：城市权利与人人拥有的城市、城市社会文化结构、国家城市政策、城市治理与能力提升和体制建设、城市财政与地方财务制度、城市生态与韧性、城市经济发展战略、城市空间战略与土地市场和空间分异、城市服务设施与技术、住房政策。对话由筹备阶段的各政策小组负责组织，邀请各国政府国际组织、地方政府和专家学者等参加，目的在于向参会者介绍《新城市议程》相关领域的政策主张，促进《新城市议程》的实施。

（5）特别论坛，共有22个，对应筹备阶段的22个专题报告，主题分别是：住房、城市基础设施与基本服务（含能源）、城市财政、城市韧性、城市和空间的规划与设计、城市法律法规、城市与气候变化和灾害风险管理、非正规住区城市治理、交通运输与机动化、地方经济发展、移民与难民、智慧城市、公共空间、包容性城市、城乡联系、城市土地、更安全的城市、非正规部门、城市文化遗产、城市生态系统与资源管理、就业与民生，这类会议的主要目的在于帮助各成员国和相关组织机构识别问题，寻求城市转型发展的路径。

此外，还有联合国大家庭、城市舞台、"人居三"村、世界市长大会，以及"人居三"展览等官方活动。

2. 各类合作伙伴举办的相关活动

由参会者按照会议的核心话题，利用主办方提供的场地、参会者资源而组织的交流、宣传、推广活动。主要包括：

（1）周边会议（简称"边会"）共有212个，主办方有成员国政府、国际组织、地方政府、大学、社会团体、企业等，旨在围绕大会主题展开讨论与交流，如国际规划师学会（ISOCARP）举办了"Smart Cities in the NUA"会议；

（2）互动活动，共有101场，主办方有成员国政府、国际组织、地方政府、大学、社会团体、企业等，旨在通过交流建立联系与合作，如武汉市土地利用和城市空间规划研究中心举办了"Improving Urban Public Space Program in China"会议；

（3）城市图书馆，共有36场，主要用于发布联合国机构及其相关合作伙伴最新出版的图书，如同济大学举办了（Urbanization in China：Since 1978）首发式；

（4）培训活动，共有18场；

（5）城市未来论坛，共有25个。

（三）"人居三"的主要成果——《新城市议程》

作为"人居三"最重要的政治遗产，《新城市议程》是一份175条、26万字的文献，内容非常丰富。文件的总体结构分为两大部分，即基多宣言和基多实施计划（图3）。全部175条中，宣言仅占22条，其余153条都是讲实施问题。这种总体框架结构一方面是联合国近年来发布的政治文件的通用格式，即既有宣示立场和价值观的宣言，又有具体实施宣言的措施。另一方面可以看到，文件的重点在于实施，从一开始起草阶段就把实施作为重心加以考虑，而且按照可持续发展理念的三个基本维度（社会、经济和环境）展开，至于说"有效实施"章节的三大实施措施，则是联合国人居署在组织专家多年调查研究各国的实践之后得出的结论：能否实现健康城镇化，最大程度地发挥城镇化的积极作用，取决于良好的社会治理结构、优良的规划设计和有效的财政支撑。

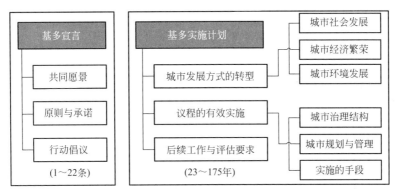

图3 《新城市议程》框架结构示意

通观《新城市议程》，联合国及其成员国把城市问题放在当今全球面临的共同挑战（如气候变化、社会分化、快速城镇化）的大框架之下，从推动城市转型发展入手，把联合国多年倡导的包容、可持续、合作融入应对挑战的行动中，把城镇化作为解决诸多问题的一把积极的钥匙看待，从系统的角度，提出解决问题的思路，即：从社会、经济和环境这三个可持续发展的基本维度切入，通过政府、企业和社会的合作与互动，采用立法、体制机制以及金融等杠杆，从国家政策到规划与设计、规划实施全过程，进行创新与协同，推动健康城镇化和城市可持续发展。

具体讲，可以将《新城市议程》的特点概括为6个方面：

第一，从城市要素向城市系统的迈进。以往"人居三"联合国讨论城市问题时，主要是基于要素层面，比如基础设施、住房、医疗、教育等等，《新城市议程》第一次系统地讨论城市话题，把城市化和城市发展作为一个系统问题来看待,不仅注重城市要素之间的关联性,而且把城市问题放到很多国际大话题的背景里,比如消除贫困、包容性增长、应对经济萎缩等等,提供了一个解决城市问题的系统方案,这应该说是国际社会对于城市系统性特征的确认。

第二,从技术逻辑向政治承诺的转变。《国际准则》是一个关于城市规划建设管理的技术文件,是提供给世界各国参考的专业路径,是"人居三"和《新城市议程》的技术基础,而后者则是世界各国共同的政治承诺,是一个行动纲领。一方面继承了《国际准则》的基本逻辑,在技术内涵上两者基本一致,另一方面,它把贯彻SDGs作为基本目的,两者相互补充、相互支撑,成为当今全球重要的政治纲领。

第三,从某单一领域向联合国大家庭的跨越。以往对于城市问题的关注,基本局限在联合国人居署、世界银行、开发计划署等国际机构,而"人居三"的筹备工作,从一开始就调动了诸多国际组织和机构的资源。《新城市议程》的问世,是联合国大家庭、各成员国、相关国际组织、专业团体、非政府机构合作的结晶,在联合国诸多机构中,不仅覆盖了人居署、世界银行、开发计划署等传统机构,也包括了经社理事会、环境署、粮食署、世界卫生组织、国际民用航空组织、国际电信联盟、国际劳工组织、世界气象组织、联合国粮农组织、联合国教科文组织等联合国机构,还有欧盟、77国集团、小岛屿国家联盟等国际集团,以及类似于世界城市和地方政府联盟(UCLG)、合作伙伴联盟(GAP)、国际规划师学会(ISOCARP)这样的国际组织,具有非常广泛的代表性。由此可见,可持续城镇化已经成为国际社会普遍关注的话题。

第四,从被动应对向主动解决的突破。由于缺少对城镇化发展的认识,特别是对快速城镇化可能带来的积极作用以及负面效应缺乏系统认知,联合国对于城镇化重视不够,或者偏向从负面考察,将其视为挑战。而"人居三"明确表达了城镇化是挑战和机遇,更是解决问题的钥匙,是一个前所未有的、非常积极应对全球快速城镇化挑战的心态。

第五,从单一价值向多元合作的重大突破。从笔者参与起草文件、参与磋商的过程来看,能深切体会到,《新城市议程》的问世,是各利益相关方相互尊重、相互妥协的产物,特别是以欧盟、美国为代表的发达国家和以77国集团加中国为代表的发展中国家,发挥了关键作用,因此,最终的政策文件充分反映了处于不同发展阶段、采用不同政治经济制度的不同国家的差异化的需求,可以说"人居三"是全球治理领域的重要进展。

第六,我国参与国际重大问题的解决。我国在维护国际基本秩序、支持联合国这个多边合作平台等方面发挥着越来越大的作用,特别是在国际减贫、减排等重要领域,以及像《巴黎协定》这样的重要国际协议方面。本次"人居三"筹备和《新城市议程》的起草，我国不仅像其他国家一样提供了国别人居状况报告，而且派出专家直接参与了文件的研制和起草，中国城市规划学会还担任了第六政策小组的双组长之一。更重要的是，中国自改革开放以来，特别是 21 世纪以来，积极推动健康城镇化，充分利用城镇化的红利，保持经济快速增长和人居环境持续改善，中国的经验成为国际社会重要的参考。

三、《新城市议程》的贡献及若干启示

作为"人居三"重要的政治遗产，《新城市议程》无疑会成为一份人居环境领域重要的里程碑式文献，它系统总结了联合国机构和世界各国的经验教训，也凝练了全球众多专家的真知灼见。基于这两年多的参与，笔者认为《新城市议程》最为突出的亮点有以下几个方面，对于我国的城市规划建设管理具有借鉴意义。

（一）城市发展应该把包容性放在核心位置

《新城市议程》第 11 条明确无误地提出了"我们的共同愿景是人人共享城市（Cities for all）"，并对此作了进一步补充和解释，"即人人平等使用和享有城市和人类住区，我们力求促进包容性，并确保今世后代的所有居民，不受任何歧视，都能居住和建设公正、安全、健康、便利、负担得起、有韧性和可持续的城市和人类住区，以促进繁荣，改善所有人的生活质量"。与此同时，可以注意到，《新城市议程》的基多宣言就是冠以"为所有人建设可持续城市和人类住区"。在其他很多条目中，也可以看到类似的表述。据统计，"for all"的表述出现了 30 次，可见"人人享有"的概念属于《新城市议程》最核心的理念。

通读《新城市议程》，所谓"人人享有"的概念，其实质就是包容的理念。其中，有几点值得注意：一是强调的是"每一个人（个体）均享有"，而不仅仅是"（集合概念上的）人们共同享有"，也就是说，是针对人的个体需求而言，而不只是抽象的概念，正如第 12 条所说的"所有居民都享有平等的权利和机会"。二是这些"人"不局限于现在的或当代的人，也包括未来的、新增加的人，而这就是可持续发展很重要的核心理念："当代人的发展不应该损害下一代的需求"。三是权利的平等，不存在任何形式的歧视，无论背景如何，本地居民，还是外来移民，甚至是难民，都享有平等的权利，也就是所谓"平等与非歧视原则"。四是这种对于人的关注集中表现为"以人为中心"（people centered）的理念，并且将其列入"人权和基本自由"的范畴。五是这种理念不局限于"享有"，也包括责任，即"建设"（produce）人居环境的责任。

另一方面，这一"人人享有"的理念并非《新城市议程》首创，而是出现在诸多联合国政治文件中，比如最新的《变革我们的世界——2030 年可持续发展议程》和较早的《人居宣言》中。事实上，这一表述可以追溯到 71 年前联合国问世时的理想，《联合国宪章》第一章第一条"联合国的宗旨"就明确采用了类似表述。当然，考虑到一些拉美国家，包括"人居三"东道主厄瓜多尔等长期以来采用了含义相近而字面不同的表述，即"城市权"（right to the city），《新城市议程》在起草和政府间磋商时，经过反复、激烈的辩论，各方最终达成妥协，同样承认这一表述的价值。这可以认为是联合国多边平台在城市话题上一种多元价值的重要体现。

城市权的概念最早由法国哲学家列斐伏尔（Henri Lefebvre）在 20 世纪 60 年代中期提出。《世界城市权宪章》将城市权定义为基于可持续性民主、公平和社会公正原则的"城市的公平用益权"并且强调这是一种城市居民，特别是弱势和边缘群体的集体权利（collective right）。美国地理学家晗维（David W. Harvey）认为，城市权的概念远超过个体意义上使用城市资源的自由，它是一种人们改变城市以达到自我改造的权利，这种改变不可避免地涉及重塑城镇化进程的集体力量（collective power），因而它是一种集体的权利而非个体的选择，因此他把城市权视作人权的重要组成部分。

联合国人居署、世界银行、联合国教科文组织曾经大量使用城市权的概念，举办各类活动，也出版了不少著作。与"人人享有"的理念相比较，两者总体上是一致的，都强调城市作为一种公平享有的资源，突出了对于城市发展中的弱势群体的关注。但是在实现的路径上有所不同，城市权更加强调集体的意识，具有较强的自上而下的色彩，而"人人享有"则更多地从个体出发，是一种自下而上的价值体现。

我国在过去几十年的发展中，着眼于总体水平的提高，强调了"发展权"（right to development）是人权的核心内容，在减贫等领域取得了举世瞩目的成就，但是，这种总体最优的战略也存在着对于城市贫困、农村和边远地区贫困以及极端贫困的关注不足的问题，成为城乡社会发展中的一个瓶颈。一方面应突出发展权作为我们赞成《新城市议程》的底线之一，另一方面也要尊重国际社会公认的"人人享有"的理念，以推动我国城镇化进程中的社会公平，更加关注弱势群体，不再是简单地在容忍或驱赶之间进行选择，而是真正尊重农民工、城中村与棚户区住户、城市贫困阶层等城市弱势群体的权益和选择，从政府与社会责任的角度考虑他们的需求，提供教育、医疗、水、电等基本公共服务，实现精准扶贫。进一步讲，这也提醒我们思考，在城市规划领域，政府的职责应该更多地参与到利益调整、对底线进行把控上，而不一定是直接对资源进行配置，相应地规划也应该在聚焦空间的同时，更多地关注社会问题。从追求效率和秩序，转变到对公平的追求，"包容性"渐成政府及其规划建设管理工作无法回避甚至必须遵循的基本价值，应该"坚持共享发展理念，使人民群众在共建共享中有更多获得感"。

（二）城市转型发展是可持续发展成功的关键

作为基多宣言的核心承诺，第 15 条明确提出"转变城市范式"（an urban paradigm shift）这一目标，包括要转变"城市的规划、融资、开发、治理和管理方式"，重新界定政府的角色。国家政府要发挥引领作用（leading role），地方政府和社会组织以及其他各方要协同努力；要遵循可持续、以人为中心和综合协调的基本原则，并且实现四个方面的调整：强化城市政策的制定与实施、加强城市治理、强化规划设计的作用，强化财政保障。

而基多实施计划则更加详细地重点阐述了城市发展方式的转型，以实现城市可持续发展，包括从社会角度，要实现社会包容和消灭贫困；从经济角度，要促进经济繁荣与机会均等；从环境角度，要提高可持续性和城市发展的弹性。在讨论这些方面的转型时，每部分一般都包括了转型的总体目标、转型所涉及的城市发展因素（公共空间、住房、能源、交通等）。其中不乏很多精彩的内容，比如，强调政府在城市发展中的主要职责在于向所有人提供均等的社会服务、基本服务；倡导城市文化发展和尊重多样性；将平等作为人性化城市和人居环境的关键要素；强调应该人人享有体面的工作，认为通过全面综合的手段（integrated policies/approaches），可以提供良好的城市形态、城市基础设施和建筑设计，折射出"规划设计就是生产力"的判断。

那么，通过城市发展转型，联合国希望达成什么样的新城市范式呢？概括起来，包括以下九个方面：

（1）社会包容。城市能为所有阶层、不同年龄群体的人们提供空间，满足他们参与社会和文化表达的需求，消除一切物质空间的分异和排斥。

（2）规划合理。城市必须经过精心规划，必须是步行友好、公交友好的，学校、商店处于步行距离或自行车距离以内，写字楼与住处之间有公交连接，公共空间散布于学校、住宅和工作场所附近。

（3）永续再生。城市应该是高能效、低排放的，再生能源利用率不断提高，城市能补充其消费的各类资源，统筹利用水、土地和能源，并与城市的腹地和周边农业的支撑条件相协调。

（4）经济繁荣。城市应该充满活力，经济包容，鼓励发展地方经济，小企业和大公司各得其所，简化许可和其他行政程序，提供一站式服务，政府的政策与战略中充分肯定非正规经济的作用和地位。

（5）特色鲜明。城市应该具有独特的个性和场所感，充分认识文化对于实现人的尊严以及可持续发展的关键作用，激发所有市民释放创新潜力，强化城市与其周边腹地的联系。

（6）安定安全。城市应该提供安全的环境，居民不分昼夜都可以毫无恐惧地使用街道、公园和公共交通，居民、社区和公务员沟通频繁，意见一致。

（7）卫生健康。城市的公园绿地应该是和平与稳定的天堂、本地动植物和生物多样性的港湾，供水、垃圾收集、能源、公共交通等公共服务机构都能很好地满足城市居民的需求，建立健全的公共卫生与环境卫生指标体系。

（8）成本合理。城市必须是可负担的、公平的，土地、基础设施、住房和基本服务设施的规划必须充分考虑低收入人群的需求，公共服务设施要与社区同步规划建设，并且仔细考虑妇女、青年和弱势人群的需求。

（9）区域统筹。城市必须统筹各种部门政策与行动，包括产业、交通、生物多样性、能源、水和废弃物，融合在当地的综合方案中，尊重权力下放的原则，居民能够积极参与大都市区域的决策过程，确保区域资源配置战略合理、公平公正。

总之，针对世界不少国家当前普遍存在的诸多城市问题，如国家城市政策不健全、部门政策不协调、与地方发展目标不一致、基础设施和基本公共服务不足、规划缺乏长远观念、贫民窟与非正规住区公共服务严重短缺、城市蔓延发展、自然和人为灾害频发、城乡割裂、生态环境恶化、房地产投机、金融信贷危机、政府服务低效、城市丧失特色、文化遗产和生物多样性遭受破坏、公众参与不够、缺乏有效的实施与融资机制，等等，联合国提出，我们需要的城市必须社会包容、规划良好、环境永续、经济繁荣（socially inclusive well-planned regenerative and resilient and prosperous）（图4）。

显而易见，转型发展是当今世界城镇化、城市发展领域的基调，人们在反思过去两百年来城镇化的进程、先发国家经济发展模式和生活方式以及近年来以发展中国家为主体的快速城镇化。受世界资源与市场格局的制约，我国的快速城镇化显然无法继续发达国家走过的路子，城市转型发展是一种自觉的选择。总体而言，我国的做法得到很多国际同行的支持，也得到77国集团大量伙伴国以及部分发达国家的认同。以联合国推荐的新城市范式为参照，我们的各个领域都在积极推进之中，有些领域取得的进展无论是规模上还是深入程度上，都令国际同行惊讶。

然而，也应该清醒地看到，如何把转型发展的全球责任，转化为一城一地的自觉行动，我们其实差距还很大，尤其是在地方决策者和普通民众中，转型发展

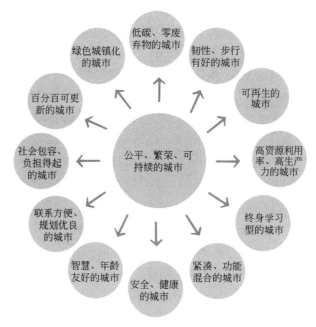

图 4　联合国推荐的新城市范式

的理念远不及一些发达国家普及。应该意识到，在一个全球化的世界里，资本、人才等要素具有前所未有的流动性，国家或城市之间的竞争，既有优势、峰值的相互竞争，也有劣势、谷底的逼出效应。一方面我们应该在经济发展、低碳生产等领域继续领跑世界，另一方面也应该在社会包容、文化建设、人文关怀等领域补齐短板。

（三）城市应该回归社会体的本质特征

人们已经习惯地认为，城市是一定区域的政治、经济和文化中心。对于发展中国家而言，尤其把城市经济职能作为核心看待。"人居三"的各项政策文件显示，城市的本质是一个社会体，也就是说，社会功能是城市的首要也是最根本的功能。无论是从愿景、目标、承诺来说，还是讨论新的城市范式，或者研究城市发展如何转型，"人居三"都把社会因素放在首位。

这一方面是由于可持续发展的内涵从本质上首先强调社会领域的可持续，而不是物质环境或技术领域，另一方面与联合国对于社会发展的重视分不开。SDGs 所包含的 17 个目标领域中，前 5 个都属于社会领域：在全世界消除一切形式的贫困，消除饥饿，实现粮食安全，改善营养状况和促进可持续农业；确保健康的生活方式，促进各年龄段人群的福祉；确保包容和公平的优质教育，让全民终身享有学习机会；实现性别平等，增强所有妇女和女童的权能。

改变以往强调城市是政治和经济中心的习惯，这种从社会维度看待城市的视角十分重要，城市不仅是政治、经济、文化中心，城市首先是人的集合，是由人组成的社会形态。城镇化的本质不仅在于城市数量的增长、城市规模的扩大、城市 GDP 的增长，关键在于人口由农业、农村转化为城市的社会过程。这也就是"以人为中心"的理念的具体体现，人因此回归城市主体，而不再是神、统治者或资本作为城市主体。人与人之间的社会关系成为城市发展关注的核心，居民对于城市事务的参与性、对于城市的归属感和拥有感，是城市最核心的价值所在。这可以认为是附于城市本质的回归，这种认识对于从事城市工作或城市规划工作的专业人士而言，是十分具有参考价值和启发性的。

基于这种逻辑，各级政府的工作重心应该发生变化，把社会包容、消除贫困放在核心位置，强调以人为中心和保护弱势群体的原则，一个不能少（leave no one behind），城市工作的重点在人，不在物，政府的职责主要在于向所有人提供均等的社会服务和基本服务，包括向所有人提供适合的、可负担的住宅，推行混合居住以促进社会融合，为所有人提供基础设施（能源、水、交通、医疗卫生、教育、信息等）以及产权保障。而且在这一逻辑之下，规划的职能也有所调整，首先在于对社会发展的重视，联合国提出"城市与区域规划的首要目标，是保障社会各界恰当的生活水平和工作条件确保城市发展的成本、机会和收益得到公平分配，特别是要提高社会包容性和社会和谐"，"城市与区域规划是一项对未来的战略投资，它为改善生活质量，尊重文化遗产和文化多样性，承认不同群体差异化的需要提供必需的前提条件"。

从这一方面来看，我国的城市工作的确还有一些需要改善的地方。比如，各级政府的工作重点仍然是坚守经济发展超越一切的逻辑，要在经济、社会与环境之间达成平衡，依然是一个十分艰巨的挑战，经济强、社会与环境弱的现象普遍存在，相比之下，人们的环境意识已有很大提高，而社会建设的理念则远没有得到重视，各种社会矛盾的累积已经到了一定的程度。我们强调了城镇化对于经济发展的积极意义，但对于城镇化发展中的就业问题并没有给予足够的重视，即便讨论了就业话题，也是高端制造业、创意产业、领军人才等高大上的话题，远没有达到《新城市议程》倡导的"人人享有体面的工作"的目标，制度性和理念层面的歧视并没有消除。我国的城市规划工作总体上仍然是一种促进增长的规划，这与联合国倡导的城市与区域规划首先应该关注"社会包容性和社会和谐"相距甚远。如果说改革开放初期，国家采用差异化战略，规划工作重点在于经济建设是一种合乎逻辑的必然选择，那么在我国经济总量位居世界第二、全面小康指日可待的今天，必须做到"发展必须是遵循经济规律的科学发展，必须是遵循自然规律的可持续发展，必须是遵循社会规律的包容性发展"，规划工作也应该做相应调整，把社会建设提上议事日程，城市规划建设管理的目的不只在于修了多少马路、盖了多少房子，还要记得住乡愁，城市建设应该成为文化自信的组成部分，否则是难以满足时代的期许的。

（四）必须进一步强调"规划"不可替代的重要作用

这不仅体现在《新城市议程》中以最大的篇幅阐述规划问题，花了33条的超长篇幅，对于规划的作用、规划的要素等进行了全面系统的论述。而且把规划的重要性蕴含在《新城市议程》的总体框架和逻辑中；不仅仅是针对物质空间的建设，而且是社会、经济和环境诸多领域的发展；不仅是针对单一城市或居民点，而且是提出了所谓"规划良好的城镇化"（well planned urbanization）的概念。所有这些说明，国际社会在面临气候变化和经济下滑的趋势时，不愿意任由快速城镇化像脱缰野马一样驰骋，而是充分承认政府的作用，希望借助"规划"的手段，对于城镇化、城市发展进行必要的干预与引领。

《新城市议程》对于"规划"的定义，其实并不是局限于"城市规划"的层面。《新城市议程》第93条确认了《国际准则》的重要地位，也肯定了"城市与区域规划"（urban and territorial planning）的界定，包括了跨（国）境层面的规划、国家层面的规划、城市区域和大都市层面的规划、城市层面的规划以及社区层面的规划；也包括了市域战略规划、总体规划、社区规划、土地利用规划等不同的规划类型。由此可见，在国际语境下，所谓的城市与区域规划，覆盖了从跨境规划（如美加边境）直至住区规划的层面，其空间面积可能从几万、几十万平方公里到几十公顷的范围，处于空间序列的不同尺度。随着空间尺度的变化，工作重点与深度可能有所差别，规划的形式或类型也许不同，但是，规划的核心内容有着共性的特征和本质属性，更重要的是它们有着类似的理论假设和方法。

有一点很明确，国际社会对于规划的理解，早已超越了终极目标或静态愿景的阶段，规划不只是一张蓝图，所谓的延续性和灵活性是一个硬币的两面。规划是一个综合的决策过程，一个运用多种政策与技术手段，通过复杂的政治与行政程序，实现多元目标的社会过程。因此，虽然不同层面的规划都是对空间资源的配置、引领或控制，但通过一系列不断的选择、逐步趋向最优，"综合解决利益冲突的参与式决策过程"才是其主要特征，政治属性才是规划的本质特征。与此同时，在讨论城市与区域规划时，无论是"人居三"、《新城市议程》还是《国际准则》，都非常强调国家城市政策（national urban policy）的重要作用，并且把它和城市与区域规划结合在一起加以研究，作为城市治理的主要内容。《国际准则》将规划作为城市治理新范式的核心要素，认为其能够促进地方民主、参与度、包容性、透明度以及问责制。这对我们重新认识城市规划及相关规划的功能、定位，如何从空间治理的角度研究规划之间的关系，是很有参考价值的。伴随着我国不断下放城市规划建设管理领域的立法权和行政审批权，如何参照国际经验，更好地发挥国家城市政策和地方政府的作用，应该成为完善我国当今空间治理体系的一个切入点。

当然，强调规划的重要性，并不意味着《新城市议程》对于规划的现状感到满意。事实上，推动规划转型是其重要内容之一，提出要对城市是如何规划与设计的进行重新评估（第5条）。对于规划的能力和规划师的知识水平表达了明显的担忧。相比之下，我国的规划工作面临着更多的挑战，比如，作为一种目标不断优选的过程，如何保障规划目标的可行性和底线意识，不仅仅是技术可行，还包括政治正确和经济可持续。正如《国际准则》中提到的，制定和实施规划离不开政治远见、合理的法律和制度框架、有效的城市管理、良好的协作、凝聚共识的技巧。相比之下，我们在诸多领域还有待完善，特别是规划如何体现政治远见，而不只是诠释行政官员的任期目标，真正把城市发展的长远目标，转化为社会契约的法治权威、制度安排的法制权威和中国梦的政治权威，规划工作还远没有走向成熟。规划不应该只是政治家的政治抱负，也不完全是规划师的技术理想，寻求最大公约数才是规划的基本逻辑，应该把社会接受程度作为衡量规划优劣的重要依据。作为规划师个体，如何更好地掌握社会动员的能力，调动社会资源，像《新城市议程》建议的那样，通过政府部门之间、不同政府层级之间、政府与民众之间的合作（partnership），达成共同愿景，我们还缺乏知识基础与技能训练。

（五）城市发展应该以公共空间作为首要因素

通览《新城市议程》和"人居三"的各项活动，可以发现，公共空间是一个十分活跃的因素。《新城市议程》有4个条款11次论及公共空间，筹备期间有专门的政策文件，会议期间举办了专门的特别论坛，可见对于公共空间的重视。其实，联合国大家庭对于公共空间的重视并不是本次会议才提出来的。《国际准则》中就对于公共空间给予了特别的重视，"公共空间是创造城市价值的主要因素之一，应特别关注公共空间的设计，包括提供合理的街道模式、道路连接性，以及开放空间的配置"，并且在不同层面的规划以及不同层级的政府职责中，列出了提供优质公共空间的要求。SDGs中甚至将公共空间列为2030年全球可持续发展重要的目标，在目标11的第7个小目标中明确提出："到2030年，为民众特别是妇女儿童老人和残疾人，普遍提供安全包容与便利的绿色空间和公共空间"。可见，在联合国大家庭的视野里，公共空间不只是规划的一个要素，也是城市可持续发展的核心要素，还是实现全球可持续发展战略目标的重要因素。

公共空间之所以被摆到如此之高的地位，源于公共空间所具有的作用。联合国人居署执行主任克洛斯先生曾经提出，"公共空间是众所公认的城镇有别于混乱无序、缺乏规划的居民点的首要因素（first element）。对于界定城市的文化、社会、经济和政治功能具有重要的作用"。《公共空间宪章》将公共空间形容为"民主的竞技场"，是每一位市民对自己日常生活方式及生活环境认知的载体，是创造与维系城市归属感与拥有感的空间，因而，城市公共空间是一系列"连续的、相互衔接的、全面综合的系统"（a continuous, articulated and integrated system）。所谓的公共空间，根本属性并不是产权，而是在于主要功能，这些空间可能属于公共所有，也可能产权上属于私人业主，但是，只要它是为公众服务的，就被归入公共空间的范畴，因此，《新城市议程》将公共空间定义为"包括街道、步道、自行车道、广场、滨水区、花园、公园等"在内的多功能地区，它们能够促进社会互动与融合，提高健康与福祉，推动经济交流与繁荣，鼓励不同文化的表达与对话。联合国人居署 2015 年出版的《全球公共空间工具包》一书则提出公共空间是城市文明的象征、公共利益的代表、经济繁荣的引擎和伟大城市的摇篮，能够提高环境可持续性和公共交通的效率，能够改善公共健康和公共安全，有助于倡导社会包容与平等兼顾妇女和老人的需求有助于公民参与公共事务。

基于这些研究，"人居三"将公共空间拓展为三大类型：广场、公园等传统意义上的公共空间；提供教育医疗等公共服务的设施/空间；能源、水等公共基础设施，将这些要素作为政府工作的重点领域，也因此成为规划的首要因素，甚至提出"公共空间引领"（public-space led approach）的概念。为了满足城市未来的发展，城市有规划地拓展其空间时，应该采用公共空间引领开发建设的方式，这样有利于提高街道网络的效率，提供充足的公共空间，促进土地混合使用和社会融合，保证合理的开发建设密度，防止土地分类使用走向极端。

我们传统上进行规划时，强调的往往是土地、交通和住房，这些的确都是最基本的城市要素，但面对缺乏活力与魅力、基础设施不足或失调、交通拥堵、环境恶化、文化遗产遭受破坏、城市缺乏特色等等情况，有两点值得我们深思：一是究竟哪些资源应该由市场配置？基于计划经济思维的规划体系强调对土地资源的全面管控，规划作为政府干预的手段似乎管得越多、越严，越能体现规划的权威性。其实，如果从行政职能与责任两个方面来考察，片面地强化行政职能，容易导致过多干扰市场，甚至导致市场失灵，比如，大量投放产业用地，导致产业用地效率低下，缺乏必要的城市生活支撑，因而不得不补上产城融合的课。而从政府责任的角度考察，过多地关注赢利性的资源配置，往往导致应该承担的非营利职能缺位，这种缺位或者是在制度设计层面的，或者是在公共资源使用层面的，结果均表现为城市发展中公共物品的供给不足。二是规划管控的重点，或路径究竟有哪些？如果说应该让市场在土地资源配置领域更好地发挥作用，政府就必须回归规则制定者、公共物品提供者的角色。联合国等国际语境下首先强调的规划要素是公共空间，然后是作为发展底线的安全，然后才是土地、住房、交通、基础设施、文化遗产、食品安全和营养等。我国习惯于包办一切式的思维习惯，对于所有城市要素进行全面的布置，在计划经济时期是一套行之有效的资源配置方式；实行市场化改革后，企业的利益驱动、城市政府的企业化行为，不可避免地导致规划的趋利倾向，对于非营利性的公共空间缺乏足够的重视，比如，从规划编制到规划实施，从建设程序到公共投资，城市公共空间某种程度上是处于配套或辅助地位。

伴随着改革进一步深化，市场经济体制逐步完善，政府与市场的界限应该更为清晰，市场对于资源配置的决定性作用也将进一步深入土地资源领域，政府责任的界定也将更加明确，城市工作关注的焦点，应该从 GDP 增量转向民生需求，尤其是转向提供公共物品。从这个角度来说，规划对于土地、交通和住房的重点关注，可能会逐步让位于对基础设施、公共服务设施和公共空间的关注，也就是说，公共空间导向的规划设计应该是我国规划改革的取向，应该构建一套全新的规划思维，以生态环境和历史文化为本底与约束，以社会发展为重点，以公共空间为引领，更多的政府责任清单和企业负面清单思维，更多的协商与共识理念。

总之"人居三"是人居环境领域最为重要的事件之一，其影响将是深远的。诚然，联合国作为一个国际政治多边协调平台，寄希望它能有多少学术产出是不公平，也是不现实的，它的价值主要在于推动国际政治领域吸收学术研究的成果，将其运用于世界各国的实践中，解决全球的共性问题。从这个角度来说，"人居三"和《新城市议程》取得了空前的成功。

（撰稿人：石楠，中国城市规划学会副理事长兼秘书长，国际规划师学会副主席，中国城市规划设计研究院教授级高级城市规划师）

注：摘自《城市规划》，2017（01）：09-21，参考文献见原文。

技术篇

城市规划学新理性主义思想初探

——复杂自适应系统（CAS）视角

导语：现代城市规划学的内核是由经典物理学为核心的传统理性主义构建的。但进入 20 世纪 80 年代以后，在诸多现实的城市问题挑战下，以该方法论为基础的城市规划学遭受空前的责难而支离破碎。以"复杂自适应系统理论（CAS）"为内核的新理性主义，有效克服传统理性主义忽视构成系统的个体的主动性、适应性、学习积累性、集体决策、与周边环境共生、占领生态位、自发隐秩序和"连接总和"等决定性因素。从而展示出，新理性主义不仅能包容传统理性主义的合理内核，又能吸收后现代主义的某些养分，初步构建了连续性与非连续性并存、确定性与非确定性并存、可分性与不可分性并存、预见性和不可预见性并存等的新理论框架。由此可见，只要遵循新理性主义给出的轨迹，现代城市规划学就有希望走出"理性"遭到毁灭的歧路。

城市规划学发展过程中有一个长期被规划师们忽视的问题——即对城市所固有的复杂性的研究。在现代城市规划学诞生的一个多世纪中，学者们普遍受到传统理性主义思潮的影响，崇拜经典物理学所取得的巨大成就，不惜将活生生的城市肌体定义为"居住的机器"，从而陶醉于从缤纷多样的城市细节中寻找作为本质规定的统一性，追求繁杂现象之中蕴含的简单性。然而，这貌似科学的思维模式，却造就了众多城市的功能性缺陷，引发了后人难以纠正的众多城市病……规划师们常常感到迷惑：在应用工程学领域有着巨大解释能力的经典物理学及其派生的功能主义，居然在现实的城市问题面前体无完肤。因而，不少研究者将注意力转向"后现代主义"——遵循萨特的足迹对一切传统的学科概念都进行解构、抛弃，这不仅不能解决任何城市的现实问题，而且，也使不少年轻的城市规划师陷入了"无能为力、迷惑痛苦"的泥潭。❶

其实，传统理性主义的缺陷在于忽视这样一类常识：任何生命有机体自身及

---

❶ 简单地说，后现代主义是一种以批判、怀疑和摧毁现代文明的科学理性标准为目标，强调所有文化和思想平等自由地并存发展、对现代文化加以批判和解构的文化运动，多元性、差异性是后现代主义一再强调的主旋律。

其演化规律都不能通过其构成要素的简单相加来正确理解，以经典物理学的方法仅仅对城市构成的层次和要素进行功能性剖析是无效的，而必须以不可分割的整体观、相互联系的有机观、每个要素的能动观等方面来重现城市的复杂性。这就是一种范式的转换——新理性主义的提出。

如果将以现代物理学为核心，包括"系统论"、"信息论"、"控制论"等研究无机复杂系统方法论称之于旧理性主义（功能主义）的话，那么从"耗散结构""突变论"和"协同论"等进化而来，能对有机复杂系统开展研究的复杂自适应系统（Complex Adaptive System，简称 CAS）就可称之为新理性主义的重要支柱。

复杂自适应系统理论是 1994 年圣菲研究所成立 10 周年时，由该所创始人之一霍兰教授正式提出的，该理论与传统理性主义的重大区别之一就是：把系统中的成员称之为具有适应性的主体（adaptive agent）。所谓具有适应性就是指它们能够与其他主体进行相互作用。主体在这种持续不断地相互作用过程中，持续"学习"或"积累经验"，并根据学到的经验与知识改变自身的结构与行为方式，从而主导系统的演变进化。霍兰在其名著《隐秩序》一书序言中提醒旧理性主义者："由适应性产生的复杂性极大地阻碍了我们去解决当今世界存在的一些重大问题。"

那么，是不是复杂的事物就具有复杂自适应系统特征呢？不是。例如，现代大型客机的构造很复杂，由上百万个零部件所构成，但飞机仅是一个复杂的组合体，而不是一个自适应体系，因为把飞机的所有零部件拆开后，再组装起来其功能没有改变，仍然还是一架飞机；但是，蛋黄虽小却是一个复杂自适应系统，一旦切开分解成个体以后，再拼装起来就不再是原来那个有生命力的可以孵成小鸡的蛋黄了。简单地说，能分解拼装的就是简单系统或者是复杂组合体，不能拼装的就是复杂的自适应系统。城市就是这样，如果把城市里边的人全请出去，留下一个空城就是一个简单系统，城市有了市民及其带来的生活、生产、生态系统之后就成了复杂系统。这也佐证了霍兰的著名论断"适应性造就复杂性"，城市是为了人及其群体间相互作用而成长进化的。这恰恰成为功能主义规划为什么遭遇困境的主要原因。

一、城市作为复杂自适应系统的基本特征

城市作为人类与众多其他有机系统共生的复杂自适应系统（CAS），具有该系统的一般特征。

（一）市民能够通过处理信息从经验中提取有关客观世界的规律性的内容

新理性主义认为，城市的大脑——政府部门、甚至每个成员都可以借助大数据、物联网和地理信息系统（GIS）等新技术，比以往的决策者更能从周边环境和历史经验中提取有用的信息和决策模式，并将它们作为制订城市自身发展战略、城市规划和公共政策的参照或依据。诺贝尔物理学奖获得者、复杂科学的开拓者之一盖尔曼（Murray Gell-Mann）教授在谈到复杂适应系统的共同特征时说：CAS系统的适应过程是系统获取环境及自身与环境之间相互作用的信息，总结所获信息的规律性，并把这些规律提炼成一种"图式"或模型，最后以此为基础在实际行动中采取相应行动的过程。在每种情形中，都存在着不同的互相竞争的图式，而系统在实际过程中将所采取行动而产生的结果反馈回来，将影响那些图式之间的竞争。例如，公众从"汶川大地震"中了解学习了许多抗震防灾的经验教训，包括建筑的抗震标准、逃生地和避难场所的设置、柔性连接的供水系统，等等，并以此对城市未来的规划建设提出要求，从而形成城市各构成要素的自适应能力。对于CAS系统来说，这就是所谓的"系统的选择保存原理"，即系统构型不同的突变体具有不同的对环境的适应性。而且这种选择的过程能使一些不适应环境的系统突变体、可能性与替代方案被排除，这与适者生存、不适者淘汰的原理是一致的。这对于生命大分子来说，是自我复制（进化）机制；对于一般生物物种来说，被称之为遗传机制；而对于城市系统来说，则是通过其发展战略、城市规划、文化资本、产业结构、历史文化习俗的传承创新与政治体制和管理制度等"城市结构基因"的优化来实现的。

这些发展战略、规划、政策的实践活动中的反馈不仅能改进和深化决策者和市民对外部世界及自身发展的规律性认识，从而改善规划决策和行为方式。而且城市规划过程本身就是规划编制、实施、修改、再实施的动态反馈过程。这样一来，城市就具有能动性，城市发展轨迹就能够主动地适应环境，成为人类和自然界共同创造的最具能动性的系统。

（二）市民的集体决策往往是结合外部环境的变化和城市自身的发展目标而进行的

这一过程是通过探索研究、掌握生存发展之道，并力求在城市间和城乡间的互动过程中实现进化的。生物学上也存在集体决策，如一个池塘里面有一群小鱼，这群鱼始终会聚在一起，对外来的掠夺者进行有效的回避，对浮游生物集体地捕猎，每一个成员的一小点聪明本能汇聚起来就形成了"大智慧"。市民的集体决策在日本的城市体现得很充分，该国许多城市都处在地震断裂带上，那里的市民从长期实践中获得的抗震减灾经验十分丰富。市民在地震第一波到的时候就可以根据"口口相传的经验性常识"判断出震源，以及多长时间以后会出现比较强的震动，甚至可推测出本次地震会不会对房子产生破坏性影响，等等。市民们对怎么进行地震避灾物资储备、怎样减少灾害损失等了如指掌，从而大大减少了地震发生时的损失。另外一个例子是在城市交通中推行实时交通拥堵信息传播，使每个驾车出行者动态地了解交通拥堵状况，从而在时间和空间上能主动避开这些时段和路段，结果，这些个体的"自适应"行为导致城市整体交通状况的改善。正因为城市是由这些学习型和可适应性的市民组成的，城市本质上就具有了"学习"与"适应"的能力。

（三）城市与周边的社会及自然环境具有共生、共同进化的关系

城市是社会、自然环境的具体展现和浓缩，城市与周边的环境密不可分，并且后者是城市本身健全与存续发展的基础，是可持续发展的主要依托。每一个城市均与其周边城市以及整体社会自然环境是相互依存的。过去我们对这种依存关系理解不深，特别是在功能主义盛行的时候，以为城市规划可以主观地调控一切或单向度地改造自然，因此经常会犯下大的错误。其中一个著名的错误就是20世纪中叶以来美国发生的城市蔓延，城市蔓延摧毁了城市周边许多生态系统，使得城市人均能耗和污染排放要比紧凑式的欧洲城市居民高出许多倍。因此，区域和城市发展必须适应城市与农村、城市与城市、城市与环境都具有"共生"的关系这一客观规律。而优化这种"共生"关系，必须充分结合"从上而下"的决策控制与"从下而上"的分散协调机制，从而达到强势"物种"城市的发展（特别是超大城市）尽可能少地干扰周边中小城市、农村和生态环境。后一种城市规划管理模式的成效来源于市民和基层组织——因为只有这些构成城市的最基础的元素是有意识、有目的、能积极活动的主体。正是他们之间及与城市其他元素的交互作用形成了城市的活力和发展动力。

（四）城市作为一种"组织"成长的关键在于其所占的"生态位"

城市作为一种自适应的复杂组织，其生存发展之道在于不断地深化为最能发挥其功能的形态以及找到最佳的"生态位"。例如，法国地中海南部的尼斯、格拉斯、戛纳、索菲亚等城市就组成了一个功能互补和谐共荣的群体：尼斯是国际著名的旅游城市；戛纳是国际著名的电影城；格拉斯是著名的香水城市，目前世界上85%的香水的原料都产自该地，有许多电影都在那里拍，其建筑、街道、格局保持与两百年前一样；索菲亚—昂蒂波利实际上是一个现代化的高科技新城区，松散分布的高科技企业、现代建筑隐藏在绿树丛中，完善的生活配套区景色优美宜人。在那里，每个城市都找到了它自身的生态定位、产业定位、城市形象定位和城

市发展定位，城市群的持续发展依靠各成员城镇的互补协调。找到城市这种定位并且持续地做出改进非常重要，这是每一个城市的梦想，也是城市的全体市民、城市规划工作者必须要考虑的问题。那些拒绝进化、拒绝与周边城市、周边环境变迁相适应的城市都已经成了历史文化遗迹。自组织的复杂系统都有记忆，这种记忆承载着一个城市的市民和城市作为一种组织与大自然奋斗的历史智慧，这对于现代历史文化名城保护与利用和对后来的城市建设具有非常重要的指导作用。

再如，地处秘鲁山区的马丘比丘是古印加帝国一个著名的城市，大概八百年前被废弃了。这个城市建立在海拔近3000m的高原上，因为缺水，它所有的水系统修建得非常精致，雨水利用比现代城市还要高效。我们从中可以得到启示：千年以前人类就发展了非常精细的雨水灌溉系统，把城市的雨水和生活污水收集起来，然后灌溉周边的梯田。可见，自组织（自然生长发育）的城市比它组织（上级政府为开发油田、矿山而设立的）的城市更具生命力。这也是为什么城市能成为人类文明史中唯一能长时期生存并持续发展的人造物的原因之一。

（五）城市的运行发展遵循"自发的隐秩序"

在传统理性主义那里（城市）系统中单独个体的行为活动与秩序是由指挥中枢发布的指令决定的，因而它是明显的、可意识到的。而在新理性主义者看来，城市作为多中心或无中心复杂系统，秩序是由无数个体相互作用的关系中无意识地自发实现的。因而被称之为"隐秩序"。霍兰在《隐秩序》开篇中就提出城市存在的"自发隐秩序"。"……形形色色的纽约人每天消耗着大量的各种食品，全然不必担心供应可能会断档。并非只有纽约人这样生活着，巴黎、德里、上海、东京的居民也都是如此。真是不可思议，他们都认为这是理所当然 的。但是，这些城市既没有一个什么中央计划委员会之类的机构来安排和解决购买与配售的问题，也没有保持大量的储备来发挥缓冲作用，以便对付市场波动。如果日常货物的运输被切断的话，这些城市的食品维持不了一两个星期。日复一日，年复一年，这些城市是如何在过剩和短缺之间，巧妙地避免了具有破坏性的波动的呢……我们再一次提出前面的问题：是什么使得城市能够在灾害不断而且缺乏中央规划的情况下保持协调运行？"任何一个CAS系统成长发展的过程中（不是指退化）一般都遵循其结构功能、行为性状等方面的多样性、自发性的增加，这就是所谓的"适应性造就复杂性"，CAS系统在适应生存环境的过程中在结构与功能上会变得日益复杂，其运行的秩序也就会越隐蔽。对生态系统的观测也表明：系统的多样性越高，结构越复杂，其中包含适应环境变化的概率也就越大，从而越能对抗环境的干扰和捕捉发展之机遇。这就说明了为什么城市规模越小，就必须在产业结构和服务功能方面越"专精"、讲究"核心竞争力"，并争取其他城市功能组合互补，才能健康发展。而日后发展成为大城市之后，其产业结构服务功能会自然趋向多元化，决定其发展的秩序与动力结构也会越发隐蔽，因而必须更系统地强调"综合竞争力"。

（六）城市的本质是"连接"的总和

如果将城市看成是一张复杂的网络，每一个节点可看成一个个主体，每个节点都与别的节点（甚至别的城市）发生"连接"。尤其是个人的手机成为智能的"连接终端"。自媒体爆炸性扩张的今天，错综复杂的连接呈几何级数式增长，有强的连接，也有弱的连接；有直接的连接（基于血缘关系、家庭关系、同事关系等），也有间接的连接（朋友圈、老同学、老战友等）；有链条很长的连接，也有链条很短的连接，从而构成千丝万缕的复杂关系。正如马克思说过："人的本质不是单个人所固有的抽象物，在其现实性上，它是一切社会关系的总和"。城市正是这样一种由各种连接构成的社会关系总和，故被称之为"文化的容器"。城市规划、建设、管理的目标也必须"以人为本"。城市的形象和内在精神的塑造也体现为市民的归属感、自豪感等方面。每当城市遭受灾害，或外敌侵袭的危难时刻，城市内节点的各种连接会产生"突变"、要么齐心协力、同仇敌忾，产生很强的凝聚力和整体战斗力；要么谣言四起、人心涣散，诱发混乱、瘫痪的失控局面。

从任何自然生育进化而成的生态系统来看，相同物种和不同物种之间发生着极为繁复的连接，以至于它们之间发生着"共生""协同"和"竞合"等多种关系。正因为它们之间存在着复杂的连接，其生产、消费、降解等三大必需的功能是呈现处处、时时平衡的，而且物种多样性越好、连接交流越频繁，系统的自稳定性就越高。但在传统理性主义者眼中，与自然界共生的城市被改造成简单连接的人工化和功能区块化；废弃物处理被设计成长距离搬运、流水线处理、中心化控制；能源供应系统也被统一规划为集中式布局和外部强硬输入……而恢复城市的生态特征，其实就是将人工式简单连接变为模仿自然的复杂连接：例如土地混合使用、分布式能源、分布式水处理、分布式垃圾处理，等等。

二、新理性主义：从传统思维的缺陷中进化

以新理性主义的视角来分析现代城市就可以得出一系列与传统观点有明显区别的新"图景"。

（一）从单一连续性转向连续性与非连续性并存

传统的功能主义考虑问题是单一的、连续的，认为城市的发展是连续的，历

史的演进是无跳跃性的，系统是沿着平滑的曲线变化的，即整个变化过程没有断裂，相应的方程是简练对称的。在这种指导思想下，城市规划中经常会出现同心圆式的环线交通路网和摊大饼式的城市发展模式，而错过跳出原有空间发展路径有机疏散式建立卫星城、建设多组团田园式城市的机会，由此形成了城市中心交通拥堵日益严重、热岛效应加剧、环境恶化、人居环境退化、老城衰败、郊区蔓延等一系列问题。与传统的功能主义不同的是，新理性主义认为在城市快速变化的过程中，既要关注连续性，同时还要关注非连续性。一个城市的发展速度、发展形态、发展规模达到某个临界状态时，即人口达到一定规模，或者房价达到一定水平，或者人口增加速度达到一定程度时，必须要跳出老城建设新城，要用非线性思维考虑城市的规划。另外，城市系统本身由多个主体构成，主体之间相互作用，主体自身没有独立生存的可能，主体间通过集聚相互作用而自动生成具有高度协调性和适应性的有机整体。而主体间相互作用是非线性的，不是平等的或者是指向一个方向的，所以复杂系统与简单系统的运行结果会截然不同。复杂系统可以是由几个简单元素拼凑而成，但是由于简单主体之间的作用是非线性的，所导致的结果会完全出乎意料，即会出现涌现（Emergence），从而生成非常复杂的大尺度的变化。

著名科学家凯文·凯利就指出："蜂群就是一个较好的例子，蜂群中没有一只蜜蜂在控制蜂群，但是它有一只看不见的手，一只从大量愚钝的成员中涌现出来的手，控制着整个群体。它的神奇之处还在于，量变引起质变。要想从单个虫子的机体过渡到集群机体，只需要增加虫子的数量，使大量的虫子聚集在一起，使它们能相互交流。等到某一阶段，当复杂度达到某一程度时，'集群'的特征就会从'虫子'中涌现出来。"

城市作为CAS，其涌现的特征和标识有以下三点：首先，涌现是CAS的一种整体模式、行为或动态结构；其次，涌现是一个自组织的层次跃迁过程；再次，涌现具有非迭代模拟的不可推导性或迭代模拟的可推导性，即不能根据其组成部分及其相互关系的行为规律、加上初始条件进行演绎地推导；最后，涌现具有宏观层次解释的自主性和不可还原性。

从我国城市规划历史来看，改革开放初期，小平同志在华南"画一个圈"，在短短十几年时间内，深圳从一个小渔村变成了500万人口的大城市。但是如果当时他在渤海湾"画一个圈"，估计到现在也难以出现与深圳同样的结果，这是因为条件和环境都不允许。深圳的成功是因为有香港的存在，且当时香港正处在资本、产业扩散的阶段，也就是香港城市本身正处在临界点，恰好那时小平同志做出了建设深圳特区的决策，香港的人才、资金得以迅速大规模地转移到深圳，促使小渔村迅速蜕变成一个大城市。因此，同样一个决策，在不同的地点和条件、不同的自组织状态下，其呈现的结果是不一样的。也就是说，深圳的土地资源、地理位置、香港的产业特征、改革开放的政策等看起来平淡无奇的事物，在某个历史的时空点上，却能蕴育出一场空前的大涌现。

（二）从注重确定性转向确定性与非确定性并存

传统的理论认为，机械决定论和其他多种形式的决定论是规划学的唯一证明，目前的规划学原理基本上就是遵循着这些理论的。在实践方面，勒·柯布西耶（Le Corbusier）的"光辉城"展示的摩天大楼再加大片绿地，整个构造非常清晰、简洁和宏伟，空间视觉呈现出高度对称的技术美，这对决策者产生了巨大而持久的影响，到现在都难以消除，而且还有加剧的趋向，其结果是无数历史文化街区和城市的文脉被无情地摧毁，有着悠久传统的城市变成了无法记忆的陌生地。

将 CAS 用于化学反应研究的科学家索夫曼感悟道："任何事物聚集成群都会与原有有所不同：聚合体越多，由一个聚合体触发另一个聚合体这样的相互作用就越有可能会呈指数级增长。在某个点上，不断增加的多样性和聚合体数量就会达到一个临界值，从而使系统中到一定数量的聚合体瞬间形成一个自发的环，一个自生成、自支持、自转化的化学网络。只要有能量流入，这个网络就会处于活跃状态，此环就不会垮掉。"

霍兰也指出"受约束生成机制"，他揭示："低层次的系统行动主体之间通过局域作用向全局作用的转换、行动主体之间的相互适应性、进化产生出一种整体的模式，即一个新的层次，表现为一种涌现性质。这些新层次又可以作为'积木'通过相互汇聚、受约束生成更新的模式，即更高一层的新系统和新性质，由此层层涌现，不仅产生了具有层级的系统，而且表现出进化涌现的新颖性：新事物、新组织层出不穷。"

这些涌现的不可推导性和难以预测性主要源于系统的复杂性，即 CAS 是基于微观层次大量非线性因果相互作用和语境相关性（Context-dependent）复杂关系的总和。

新理性主义认为城市的发展充满着随机性和偶然性。伦敦举办 2012 年奥运会就是一个生动的例子。2006 年初，伦敦市长在会见我国的一个代表团时，兴高采烈地谈到 2012 年的奥运会；而 2008 年金融危机之后，同样的他会见另一个代表团时，却说奥运会如果不在伦敦办就好了，因为在金融危机下，奥运会已经成了伦敦沉重的负担。由此可见，城市的发展具有很大的随机性和偶然性。

普里高津认为，我们已经进入了一个"确定性腐朽"的时代，必须表述把自然和创造性都囊括在内的新的自然法则，这种法则不再是基于确定性，而是基于偶然性。有人提出，当前的经济环境下"不确定性"是唯一可确定的因素，即便是诺贝尔经济学奖获得者也没有能够预测到此次经济大危机的来临。但是，普里高津等人这一观点有些绝对，就城市规划来说，应该要强调确定性与非确定性共存，因为作为 CAS 系统之一的城市实际上是一种严格受到地形地貌、资源环境、经济能力等方面约束的自适应复杂系统。例如对需近期建设的区域和约束性极强的资源保护性地区，确定性的规划办法并没有过时。

（三）从突出城市的可分性转向可分性与不可分性并存

传统规划理论强调事物的可分割性、还原论和构成论，从而容易导致对复杂的城市组织进化发展进行错误的简单化处理。例如，传统规划理论认为城市的每一个部分都是可分割的、可还原的和可构成的，所以在被功能主义占据头脑的城市规划工作者看来，城市只是一座放大的居住机器，城市所有的元素都可以拆装和改变。在功能分区的倡导下，许多事关百姓日常生活的商业设施被远远地隔离在居住区之外。城市生活区、工作区的分离使得很多开发区、CBD 在夜间成为"鬼城"，或成为无业游民聚集的场所，并引发了严重的交通问题。许多决策者包括规划师并不了解有机更新的内涵，城市在历史上积累的不可再生的文化遗产资源在他们眼里都变成了可"无机"推倒重来的垃圾，导致许多历史街区、自然斑痕（如森林、湿地、河流湖泊等）和城市文脉有机的构成被破坏殆尽。

新理性主义认为，自然界没有简单的事物，只有被人简化的事物。城市规划学是围绕着城市的人来展开的，城市规划无论从一切细节的设计还是从城市风貌结构的整体方面都要尊重一般市民的需求和代际公平，决不能被某些利益集团所绑架。譬如一些城市取消或压缩自行车道与人行道、盲目拓宽机动车道、取消电动自行车出行，等等，其结果不仅明显弱化了交通的多样性，而且加重了交通拥堵，还造成空气污染、绿化破坏、原有街区风貌和活力被摧毁。因此，城市规划工作者永远不要使自己的观念被功能主义封闭起来，要及时修正那些"习以为常"的错误思维，要在被分割的东西之间重建联系，因为很多事物之间天然具有看不见的联系。应该学会多角度思考，要考虑到城市内部所有事物的特殊性、地点、时间，永远不要忘记"起整合作用的整体"。因为由简单的单体组成的城市系统实际上会生成极其复杂的发展模式。

彼得·圣吉在《第五项修炼》中说："某种新的事情正在发生，而它必然与我们都有关——只是因为我们都属于那个不可分割的整体。"《第五项修炼》

是针对管理学的缺陷而展开论述的，该书提出我们应该推翻原来的功能主义式的管理，从而走向自适应、自学习的体系，并且不要忘记整体的功能，这对于将城市看成"组织"并促使其有序健康发展的城市规划学变革来说也是有启示意义的。

（四）从严格的可预见性转向可预见性与不可预见性并存

传统的城市规划学理论以可预见性来否定城市发展的突变与生成性，而不考虑随机性和偶然性。不少城市管理者认为：城市规划的蓝图一旦完成就成了法律，甚至声称能管"一百年"，这种时间上的刚性其实是违背科学的。城市作为典型 CAS 系统应动态地适应各种内外的干扰和机遇。但现实上，传统城市规划对随机性和偶然性的忽视，再加上从规划、开发和管理方便出发而形成的纯而又纯的城市功能分区，肢解了城市空间的有机构成，造成了城市空间结构的不合理和巨大的浪费，直接影响了城市整体的功能发挥和可持续的发展效益。其实，从空间上来看，城市的财富以及对未来的适应性就隐藏在合理的空间结构之中。城市空间资源极为有限和宝贵，该资源不仅应在各种服务功能间合理分配，而且还要体现不同收入人群和交通方式之间的合理配置。更重要的是要在可知的现实需要与不可知的防灾和发展机遇之间合理分配。

新理性主义一方面承认未来是不可知的，即未来不在历史的延长线上，未来只是一系列不连续的事件。只有承认和适应这种不可预见性，城市才有机会在 21 世纪获得成功。如果编制的规划和发展战略不能捕捉这些偶然的机遇和回避适应不可预料的灾难，那么城市的发展就会遇到真正的难题。

从另一方面看，CAS 理论在认识论上坚持涌现现象是可认识和可解释的，即混沌的另一面是其生成的必然性和稳定性，在特定条件和意义上具有一定程度的可推导性和可预测性。正因为如此，复杂现象中的某些区域也能被准确地预测到，即存在"局部的可预测性"。换句话说，不可预测性在整个系统中的分布并不是统一的，绝大多数时间、范围内的大多数 CAS 演变路径也许都难以被预测，但其中一小部分是可以进行短期预测的。正如 CAS 专家戴维·拜端比曾经在 1993 年 3 月刊发的《发现》杂志上用一种常见的现象来说明寻找可预测性范围的过程："看看市场中的混沌，就像看着波涛汹涌、浪花四溅的河流，它充满了狂野的、翻滚着的波涛，还有那些不可预料的、不断盘旋着的漩涡。但是，突然之间，在河流的某个部分，你认出一道熟悉的涡流，在这之后的五至十秒内，你就知道了河流这个部分中的水流方向。"

当然，CAS 理论坚持客观世界是多元涌现的观点，即认为世界上 CAS 是具有多元层次结构的和涌现进化的。显然这种观念与传统理性主义所熟悉的还原论世界观是不相容的。

以上四个方面的"并存"说明：正在经历快速变化的城市，其发展路径并不都是必然的和有规律可循的。影响发展的偶然性事件并不是"没有被发现"的必然性。连续性、确定性、可分性和可预见性等主宰传统城市规划学的概念，只有在城市发展处于平衡态（城市化前期或后城市化阶段）时才是"绝对"正确的。除此之外，在城市化高速期，或信息化、全球化、民主化、市场化等深刻影响人类社会进程的转型期，固守传统的概念就会导致错误的规划决策。在此时（即城市系统远离平衡态时），非连续性、不确定性、不可分性和不可预见性将起主导作用。

作为自适应系统（CAS）越远离平衡态，演化过程的分叉就会越多，确定性与非确定性的运行轨迹交替变化越快，甚至出现混沌现象。而且，城市在远离平衡态的分叉临界点上，任何内外部的事件（偶然性）都会对城市的未来形态和组织结构产生难以预测的变化（巨涨落）。新理性主义与传统功能主义一个根本性的区别在于：前者承认任何理论与学说都有自己的边界条件。正如前面所述，现代物理学中相对论和量子力学的发现就对经典力学作出了有效性限制，找出了其适用的范围边界。在这种意义上说，新理性主义本质上是包容传统城市规划学的功能主义，并不是抛弃它，只是对其适用范围作出限制。但在后现代主义那儿，一切概念都被解构、抛弃，年轻的城市规划者就变成"失去的"一代了。

三、小结：传统理性主义、后现代主义和新理性主义的异同

理性主义是西方文艺复兴之后的最大遗产，也是"现代性""科学""实证主义"以及一切功能主义空间规划的核心。正因为如此，著名规划学家、普林斯顿大学教授弗里德曼（Friedman）总结道："原则上说，所有的规划都是理性的，规划即以理性对非理性的掌控。理性主义思想贯穿于现代城市理论与方法论的始终。"但随着城市规划实践的不断深入，将经典物理学及工具理性思想作为自身内核的传统理性主义日益捉襟见肘。尽管后现代主义思潮优势也给自己戴上"价值理性范式"或"沟通理性范式"等理性桂冠，但这些逻辑上杂乱无章、提法上难以自圆其说、又缺乏内在坚固理论内核的思想，已经与韦伯所定义的"人类历史是一种不断理性化、祛魅的过程"的理性主义，相距日益遥远。而本文提出的新理性主义是对传统理性主义和后现代主义的超越和包容，表1展示了这三种主义的异同。

表 1　各类管理模式的特点及弊端

	传统理性主义	后现代主义	新理性主义
1	形式(显性秩序、封闭的)	反形式(杂乱、开放的)	结构/混沌并存呈现"隐秩序"
2	目的性明确	随机的、目的性不明确	目的性/随机性并存
3	被设计为主	强调偶发因素为主	自适应为主、他组织/自组织并存
4	等级制	无政府状态	有限智慧政府
5	艺术或工程对象/完成的作品	过程/表演/机缘	共生、共同进化
6	创造/极权/综合	破坏/结构/对立	协同/重构/包容
7	精英决定	个体自由发挥	精英与个体协同
8	距离	参与	从上而下与从下而上结合
9	确定性	不确定性	确定性/不确定性并存
10	可分性、还原性	不可分	可分性/不可分性并存
11	可预见性	不可预见性	可预见性/不可预见性并存
12	单一连续性	非连续性	连续性/非连续性并存
13	规划范围受限主题明确	规划范围发散无所不包	规划范围适中

简言之，在传统理性主义者眼里，城市可简化为一系列"秩序"，在这些秩序中的人明显被忽视了；而在后现代主义者眼里，城市是由各种"自由人"构成的，而秩序则被视而不见了；只有在新理性主义者那儿，城市中的显秩序与市民及其组成的团体活动所形成的"隐秩序"都被列为研究对象，这样一来，城市的复杂性及其演化规律才有可能被揭示。

（撰稿人：仇保兴，个人简介参见序言部分。）

注：摘自《城市发展研究》，2017（01）：01-08，参考文献见原文。

新常态下城市规划的新空间

导语：基于对新常态下城镇化与城市发展方式转型的影响分析，提出新常态下的转型期正是城市规划行业凤凰涅槃的关键阶段，城市规划面临着包括存量空间规划作为新重点、绿色生态规划作为新类型、行动规划作为新领域、乡村规划作为新天地以及"互联网+"作为新课题等一系列的机遇与挑战，城市规划行业如能积极应对变化，当可在中国城镇化后半程继续发挥重要作用。

一、引言：正向看待新常态下的行业转变

"十三五"时期，中国经济发展的显著特征是进入新常态。这是中国经济向形态更高级、分工更优化、结构更合理的阶段演进的必经过程。在新常态下，中国经济增长速度从高速转向中高速，发展方式从规模速度型转向质量效率型，经济结构调整从增量扩能为主转向调整存量、做优增量并举，发展动力从主要依靠资源和低成本劳动力等要素转向创新驱动❶。而与之相伴的，是过去以外延扩张为主要特征的城市发展模式和通过土地出让获取城市建设资金的传统路径难以为继。在房地产"去库存"和严控新增建设用地增长的宏观政策背景下，伴随着市场开发量和城市建设量的双双下降，传统的以增量空间规划为重心的城市规划任务量呈现缩减态势，有学者认为，城市规划行业已经从"过热的夏天"进入了"寒冷的冬季"。

但笔者却认为，新常态下的转型期正是中国城市规划行业凤凰涅槃的关键阶段，城市规划大有可为。

首先，城市发展模式的转型需要城市规划的科学引导和有力支撑。中国经济发展方式的转型将有力推动城市发展方式的转型。相较于拉美、非洲、南亚次大陆等发展中国家，中国的城镇化成就巨大，不仅相对顺利地实现了世界上最大人口规模的城镇化，还有力推动了经济社会的发展，显著提升了全社会的总体居住水平，城市基础设施供应也从严重不足到适度超前；而相较于西方发达国家，虽然目前中国城市的功能品质内涵和规划建设管理精细度不够，但与欧美业已固化的城市相比，中国大多数的城市仍有着更多的发展机会和弹性空间——既有已建

---

❶ 2016 年 1 月 18 日习近平在省部级主要领导干部学习研讨班上的讲话。

成区存量的优化和更新，又有业已拉开框架的新区亟待完善功能。在城镇化中后期，更需要发挥规划在城市发展中的战略引领和刚性控制作用❶，着力解决好城镇化前半程出现的城市交通、环境、社区公共服务、常住人口市民化等城市问题，在"补齐短板"的基础上，转型升级。

其次，城市规划对于中国特色城镇化模式的形成至关重要。不同于欧美工业化背景下的城镇化，中国的城镇化是在信息化时代、"互联网+"背景下、基于全球经济网络发展的另一种模式的城镇化，这决定了中国无法也不应复制西方模式，必须走中国特色的城镇化道路。面对经济转型、环境约束、城市升级和网络社会发展等变化，要创新规划理念，改进规划方法，把以人为本、尊重自然、传承历史、绿色低碳、智慧生态等理念融入城市规划全过程，增强规划的前瞻性、严肃性和连续性❷，着力提升城市环境质量、人民生活质量和城市竞争力，探索形成中国特色的城镇化发展路径和模式，进而使之成为网络时代国际城镇化发展的新范式。

第三，新常态为中国城市规划行业的凤凰涅槃提供了重要的历史机遇。近二三十年来，中国城市规划行业快速增长，规模迅速扩张，从业者和机构水平良莠不齐、鱼龙混杂，客观上需要通过行业重构，实现优胜劣汰。但规划市场的火爆使得从业者难以安静思考、认真研究学科的发展问题，而新常态带来的转变，以及多学科的竞争性介入，迫使城市规划从业者必须冷静理性思考行业和学科的未来。

二、新常态给城市规划带来了更为广阔的新空间

新常态带来的不仅是变化和挑战，也是发展和创新的机遇，需要我们转换理念，拓展思路，顺势而为，在更广的天地里寻求发展的新空间。

（一）存量空间：城市规划的新重点

当前，中国存量空间更新的规划需求在稳步上升，甚至有学者提出，存量空间的再开发利用是承载城市经济社会转型的巨大"金矿"。中国城市大量存在的空间更新需求包括：

（1）以产业结构升级为导向的工业仓储用地再利用。伴随着经济方式的转型和产业结构的调整，城市中大量存在的工业仓储等低效用地面临着再利用和二次开发。国务院《全国老工业基地调整改造规划（2013～2022年）》提出，到2022年将以"城区的老工业区搬迁改造为重点"，完成全国27个省（区、市）

❶ 《中共中央国务院关于进一步加强城市规划建设管理工作的若干意见》，2016年2月6日。
❷ 同①。

120 个老工业城市老工业区的调整改造工作。通过改造利用老厂区和仓储用地，使"城市内部空间布局得到优化，基础设施得到改善，服务功能明显提升"，是城市规划面临的重要任务之一。

（2）以改善困难人群居住环境为目标的棚户区、城中村改造。近年来国家密集出台相关政策，大力推进城市棚户区和城中村改造，以尽快解决群众住房困难。2016 年提交全国人大审议的政府工作报告，再次重申要通过"三个一亿人"推进以人为核心的城镇化，到 2020 年要"完成约 1 亿人口的城镇棚户区和城中村改造"。棚户区和城中村改造，既需要政策支持、行政推动，也需要城市规划的引导和控制，要在居住专项规划的基础上深化实施方案，做出兼顾科学性和可操作性的规划安排。

（3）以以人为本为出发点的老旧小区功能和环境改善。随着城市的发展进步，一大批建设时间较早的老旧小区环境差、标准低、配套少的问题日益突出，亟待完善设施、改善环境、增加宜居性。同时，随着中国人口结构老龄化程度的加深，老旧小区的适老化改造要求也愈加迫切。如 2014 年江苏省出台的《加快发展养老服务业，改善养老服务体系的实施意见》明确要求："在制定城市总体规划、控制性详细规划时，必须按照人均用地不少于 $0.2m^2$ 的标准，分区分级规划配置养老服务社会设施。"这一标准比国家的要求整整多出了 1 倍，反映出老旧小区改善需求的快速提升。

（4）以历史保护和文化创意产业培育为主题的历史地段保护性更新。2016 年 2 月党中央国务院下发的《关于进一步加强城市规划建设管理工作的若干意见》明确要求："加强文化遗产保护传承和合理利用，保护古遗址、古建筑、近现代历史建筑，更好地延续历史文脉，展现城市风貌。用 5 年左右时间，完成所有城市历史文化街区划定和历史建筑确定工作。"历史空间当代利用与文化创意产业发展的有机结合，是国际城市发展的潮流，但其前提是科学合理的保护规划的引导控制，要在遵从保护规划对历史信息原真性等相关要求的基础上，培育和发展当代的活化功能和相容使用。

（5）以高铁和地铁等建设为契机的枢纽和站点空间的开发利用。截至 2015 年底，中国高速铁路里程已经超过 1.9 万 km，占世界 60%以上，已经开通高铁的城市达 296 个。"十三五"期间，全国高铁里程将达到 3 万 km，覆盖 80%以上的大城市。与之相应的是城市地铁等轨道交通的快速增长。目前全国已有 25 座城市 112 条轨道交通线路开通运营，合计总里程达到 3287km，有车站 2255 座，线路形式包含地铁、轻轨、有轨电车、磁悬浮和 APM 等❶。高铁、地铁等轨道交

---

❶ 2015 年中国轨道交通大事记，《中国轨道交通》2016 年第 1 期。

通的快速发展，不仅带来城际、市内交通方式和人们出行方式的变革，也在推动着城市空间组织和运行模式的重构。轨道交通站点，尤其是枢纽站点正成为新的人流、物流集聚地，进而成为带动周边地区发展的新动力。这些变化，迫切需要城市规划的及时回应，对交通方式变革带来的城市空间重组加以积极引导。

以上列举的各类存量空间再利用规划尚未囊括所有的社会需求。在看到存量空间规划巨大潜力的同时，也要认识到，相较于传统的增量空间规划，存量空间的规划复杂得多，需要规划师有更强的地域场所意识，要在深入调查地区现状的基础上提出因地制宜的解决方案。在功能上，首先要立足改善地区的公共服务，本着"缺什么、补什么"的原则，在增加百姓需要的绿地、停车场、社区服务等内容的基础上，发展、完善和提升既有建成区的城市功能；在空间上，要在保护历史遗产、保存场所记忆、尊重周边环境的前提下创新塑造，努力使每一个项目都能成为联结周边、织补环境、提升空间品质的机会；在工作上，要更加深入细致地研究、规划、设计，综合考虑基地和周边、地上和地下、保护和创造等多个要素，努力实现"空间立体性、平面协调性、风貌整体性、文化延续性"的统一❶。

（二）绿色生态：城市规划的新类型

绿色、生态、低碳、能源资源节约和循环利用等一系列概念，既是当下社会的热词，也是未来城市的发展潮流。正因如此，许多以绿色生态为旗帜的规划类型纷纷涌现，各种相关学科积极进入、拓展领地。相较而言，城市规划行业虽有不少关注，但更加积极系统的应对——把绿色生态类规划作为城市规划新类型的努力尚远远不够。

事实上，能源、水资源等的节约和循环利用与城市规划密切相关。国际生态城市建设者协会主席理查德·瑞吉斯特认为，生态城市的建设要遵循人与自然相平衡的原则。他指出："通过就近出行实现可达性是生态城市的交通模式，紧凑性和对自然开放性是生态城市的建筑风格。"

近年来，绿色生态类规划的需求正快速上升。2016 年国家发改委、住房和城乡建设部（以下简称"住建部"）共同下发《城市适应气候变化行动方案》，明确要求将适应气候变化纳入城市群规划和城市规划。从实施的角度，建设项目的节能要求、绿色建筑的比例、水资源的循环利用率等也需要通过城市规划"一书两证"予以落实，因此，能源工程师、环境学者等的努力亟需城市规划的支撑和整合。

---

❶ 2015 年 12 月习近平在中央城市工作会议上的讲话。

（1）绿色生态城区规划。2015 年 4 月，党中央国务院下发了《关于加快推进生态文明建设的意见》，明确要求大力推进绿色城镇化，强化城镇化过程中的节能理念，大力发展绿色建筑和低碳、便捷的交通体系，推进绿色生态城区建设。相应地，国家开展了低碳城（镇）的试点工作，广东深圳国际低碳城、山东青岛中德生态园、江苏镇江官塘低碳新城、江苏无锡中瑞低碳生态城等 8 个生态新城被列为首批试点。各地亦积极实践，以江苏为例，2015 年《江苏省绿色建筑发展条例》颁布实施，它以地方立法形式明确在全省全面推进绿色建筑，并要求各地"组织编制本行政区域绿色建筑、能源综合利用、水资源综合利用、固体废弃物综合利用、绿色交通等专项规划"，将专项规划的相关要求纳入控制性详细规划。截止 2015 年底，江苏省省级及以上绿色建筑和生态集成示范区已达 58 个。未来，随着国家生态文明战略的深入推进，绿色生态类规划的社会需求还将进一步拓展。

（2）海绵城市规划。2013 年 12 月中央城镇化工作会议明确提出"提升城市排水系统时要优先考虑把有限的雨水留下来，优先考虑更多利用自然力量排水，建设自然存积、自然渗透、自然净化的海绵城市"；2014 年 10 月住建部印发《海绵城市建设技术指南》；2015 年 10 月国务院办公厅下发了《关于推进海绵城市建设的指导意见》，要求全国全面开展海绵城市试点建设；2016 年 3 月住建部下发海绵城市专项规划编制暂行规定，要求"各地抓紧编制海绵城市专项规划，于 2016 年 10 月底前完成设市城市海绵城市专项规划草案，按程序报批"。

住建部规定明确指出："海绵城市专项规划是建设海绵城市的重要依据，是城市规划的重要组成部分"，它可与城市总体规划同步编制，也可单独编制，其规划范围原则上应与城市规划区一致，同时兼顾雨水汇水区和山、水、林、田、湖等自然生态要素的完整性。规定还明确要求将自然生态空间格局和雨水年径流总量纳入城市总体规划，要提出海绵城市建设分区指引，并将建设控制要求分解落实到排水分区和控制性详细规划单元。由此可见，科学引导海绵城市的建设已成为当前城市规划行业一项十分重要的任务。

（3）黑臭河道整治和滨水空间规划。2015 年 国务院印发了《水污染防治行动计划》，明确要求"到 2020 年，我国地级及以上城市建成区黑臭水体均控制在 10% 以内；到 2030 年，城市建成区黑臭水体总体得到消除"。据环保部、住建部近日公布的首批排查数据，全国地级及以上城市有黑臭水体 1861 个。

黑臭河道等水体的整治不仅涉及给排水等专项规划，还涉及滨水空间的规划设计，需要通过科学的规划和景观设计，统筹城市水环境整治和滨水空间的品质提升，在改善水质的同时增强滨水空间的可达性，完善配套服务功能，提升滨水空间的吸引力。

需要指出的是，上述绿色生态类规划在传统城市规划所关注的空间形态、功能布局、开发强度、设施配置等的基础上，增加了对于气候、环境、土地、能源与水资源节约循环利用的考量，或者更加准确地讲，需要在规划空间形态、功能布局、开发强度、设施配置等的同时，同步考虑环境保护、土地集约利用、能源和水资源节约循环利用的需要，并最终体现在规划设计方案中，这相应要求规划设计人员和能源、气候、环境、市政工程、给排水等专业人员的密切合作。

（三）行动规划：城市规划的新领域

在过去的二三十年里，法定城市规划体系的完善，包括城市总体规划、控制性详细规划、修建性详细规划等的编制，是行业的中心任务，而随着城市规划体系的逐步完善和对城市规划认识的不断深入，非法定规划的社会需求也日益上升。行动规划，既是规划师实现人居环境改善理想的现实途径，也是推动地方政府理性行政和科学决策的重要手段，是政府行政与规划实施的重要契合点，需要引起行业的高度关注。以江苏城乡规划建设领域为例，近年来仅省级层面制订的重要行动规划包括：《江苏省"十二五"美好城乡建设行动规划》《江苏省"十三五"美丽宜居城乡建设行动规划》《江苏省村庄环境整治行动规划》《江苏省城市环境综合整治"931"行动规划》《江苏省城市黑臭水体整治行动方案》《江苏省村庄生活污水治理行动方案》等。

与城市规划密切相关的行动规划往往针对空间问题，但规范和引导的重点是政府决策和行动理性。因此，行动规划更加强调解决问题的针对性、行动目标的战略性、规划方案的综合性、规划实施的可操作性，以及多元社会主体和公众的全过程参与性。以《江苏省村庄环境整治行动规划》为例，其主要内容如下：

（1）合理确定规划目标：在"十二五"期间对全省所有自然村实施环境整治行动，普遍改善全省村庄环境，强调行动的普惠性。

（2）科学厘定行动内容：通过对全省 13 个省辖市 283 个自然村的样本村庄调查和农民意愿调查，"自下而上"和"自上而下"相结合确定整治内容，依据镇村布局规划的分类和引导，明确一般自然村通过"三整治一保障"达到"环境整洁村"标准，规划发展村庄通过"六整治六提升"同步建设"康居村庄"和"美丽村庄"。

（3）循序渐进推进与实施：明确起步阶段从干道沿线的不同类型示范村庄做起，以便于地区间的相互学习借鉴，也便于农民通过直观感受增加认同感和支持度；在地域上，鼓励条件具备的村庄和地区先行推进。根据规划时序，2013年苏南地区如期完成村庄整治工作，苏中、苏北地区村庄也分别于2014、2015年全面完成环境整治任务。

（4）建立健全行动机制：为推动实施，规划建议将村庄环境整治达标率纳入全省"全面建设小康社会指标体系"考核评价；建议建立三类鼓励机制，引导社会资源投入、农民投工投劳和村民参与；建议省政府建立工作推进机制，将行动任务作为地方政府责任状目标项目，动态检查、年度考核；建议设立财政专项资金，并整合相关涉农资金的集中使用。

由于有行动规划的科学引导，江苏省村庄环境整治行动取得了积极显著的成效，在5年左右的时间里，实现了全省近20万个自然村人居环境的普遍改善，乡村特色和乡土风貌得到彰显，农民生活家园品质得到提升，并促进了各类资源向乡村的流动，因此得到了农民群众由衷的拥护。在江苏2012年公共服务满意度民意调查中，村庄环境整治满意率位居第一，达到87.3%。

（四）乡村空间：城乡规划的新天地

作为以农耕文明为文化根基的国度，中国城市问题的解决必须基于城乡统筹发展。党的十八大提出了建设"美丽中国"的发展目标，中央明确要求"把工业和农业、城市和乡村作为一个整体统筹谋划，促进城乡在规划布局、要素配置、产业发展、公共服务、生态保护等方面相互融合和共同发展"❶。2015年11月住建部下发《关于改革创新、全面有效推进乡村规划工作的指导意见》，要求通过改革创新，大幅提高乡村规划的易编性和实用性，力争到2020年全国所有县（市）要完成县（市）域乡村建设规划编制或修编，实现乡村规划基本覆盖，结束农村无规划、乱建设局面。

如何按照国家部署，积极推进城乡统筹发展，规划建设"美丽乡村"是当代规划工作者的历史责任，也是新常态下城市规划的广阔天地。从江苏乡村规划建设的实践看，三种类型的乡村规划存在广泛的社会需求：

（1）市县域层面的镇村布局规划。随着城镇化的推进和农村人口的减少，一部分村庄的消失不可避免，乡村需要在人口"精明收缩"的前提下实现综合发展，因此需要通过城乡规划的合理引导，在实现改善乡村公共服务的同时，不浪费公共资源的投入。为回答这一问题，江苏明确以镇村布局规划为抓手，引导乡村建设和城乡基础设施、公共服务设施配置。镇村布局规划采用"村级酝酿、乡镇统筹、县市汇总、省厅备案"的工作程序，融合"自下而上"和"自上而下"双方面的意见，将全省近19万个自然村庄分为"重点村""特色村"和"一般村"。村庄规模较大、发展较好的重点村，以康居乡村为目标，加强公共设施配置；历史资源丰富和田园风光优美的特色村，以美丽乡村为目标，突出传

---

❶ 2015年4月30日习近平在中央政治局集体学习时的讲话。

统村落保护和乡村特色彰显；其他一般自然村，通过村庄环境整治，达到环境整洁村标准。通过上述差别化的规划政策引导，实现公共资源投放 有目标、服务设施配套有对象、乡村建设有侧重 的统筹发展目标。

（2）乡域层面的总体规划。乡村的发展和演变是一个长期过程，因此对乡村地区人口和空间 的引导控制必须尊重其发展规律。在分析研究乡村人口和发展要素动态变化的基础上，要通过乡村总体规划来引导地区发展，分区域确定乡村产业发展重点；引导乡村聚落空间的优化，对城乡建设进行引导控制；确定地区发展层面的基础设施、公共设施，以及跨村域的基础设施和公共设施配置要求，完善乡村公共设施配置，促进城乡基本公共服务均等化。

（3）村域层面的村庄规划。村庄是村民生产生活的基本场所，是一个相对完整的人居系统，故而村庄规划是"麻雀虽小、五脏俱全"。村庄规划往往同时包括村域规划和村庄建设规划。村域规划，要在研究分析村域发展要求和村民意愿的基础上，通过对村域用地布局和配套设施的引导，有效控制村庄建设用地的无序增长，合理配套建设农村基础设施与公共服务设施，改善农村的生产生活条件。村庄建设规划则是按照村域规划的总体安排，着重解决村庄基础设施和公共设施的"落地"问题，以及对农民建房等建设行为的具体引导。

令人欣喜的是，近年来乡村规划已得到业内的高度重视。但需要指出的是，乡村作为和城市不同的人居环境类型，需要差别化的规划对策和设计方法，城乡发展一体化恰恰需要城乡环境和空间特色差别化的互补支撑。同时，每一个村庄都是不同地区的先民在丰富多元的自然山水中适居的智慧结晶，乡村规划要尽可能立足于在村庄原有形态上改善居民生产生活条件，不能通过复制城市规划的方法实现乡村规划的全覆盖，而村民自治的乡村社会治理模式也决定了规划必须充分尊重村民和村民委员会的意见，更精心仔细地采用参与式的规划方法。

（五）互联网+：城市规划的新课题

诺贝尔经济学奖获得者斯蒂格利茨早在 2000 年就提出"中国的城市化与美国的高科技发展将是影响 21 世纪人类社会发展进程的两件大事"，这一论断现在看来仍有指导意义。中国城镇化无疑应是与高科技有机结合的智慧型城镇化，其中，以互联网、物联网等技术集成运用为核心的智慧城市建设为未来城市发展提供了一种全新模式，也对城市功能组织方式、基础设施建设、运行维护管理产生了巨大影响。2012 年住建部颁布了《国家智慧城市（区、镇）试点指标体系》。2014 年住建部会同科技部联合下发了开展国家智慧城市试点的通知，明确要求申报国家智慧城市试点必须编制智慧城市发展规划纲要。试点领域包括城市公共信息平台及典型应用、智慧社区（园区）、城市网格化管理服务、"多规融合"

平台、城镇排水防涝、地下管线安全等。目前全国已有 290 个国家智慧城市试点，在智慧社区（园区）、交通、基础设施等方面进行了智慧化的规划设计。

事实上，以互联网为代表的信息技术革命已经渗透到当今社会的各个角落，改变着人们的生产、生活、思维和行动方式。中国互联网的规模仅次于美国，居世界第二位，而移动互联网的发展已经超越美国。与此同时，中国也成为全球最大的电子商务市场，网上购物增速与规模都正在成为经济的新亮点❶。网络的快速发展，不仅推动着经济和社会组织方式的变革，也在重塑着城乡关系和城市网络。如"淘宝村"的涌现，使过去交通不便、信息不畅的边远乡村借助于网络，开启了经济发展和农民增收的快车道。因此，在"互联网+"的背景下，智慧城市规划不仅仅是一种规划类型，更是一种规划思维，需要作为城市规划的崭新命题认真学习、追踪研究。

随着移动智能终端的普及和大数据技术的快速发展，大数据的规划运用正成为当前城市规划领域的热门话题。大数据不仅可以推动城市规划内容更加科学精准，还能够较为便捷地帮助实现对城市规划实施过程的动态追踪，推动城市规划从静态蓝图式向动态过程式的转变。要综合运用大数据技术，提高城市规划学科的水平，通过大数据运用，实现"多规融合"、城乡规划全过程评估、智慧规划选址、城市增长模型研究、综合交通虚拟仿真技术应用和城乡规划市民互动参与等。总之，城乡规划工作者不仅需要深入研究"互联网+"带来的城乡变化，也需要有效综合运用现代技术手段，不断增强城乡规划学科的科学性。

三、结语：积极应对新常态下的发展变化

在中国过去二三十年的快速城镇化进程中，以增量空间规划为主要内容的城市规划发挥了重要作用，城市规划学科也随之快速扩张。随着形势的发展变化，经济新常态倒逼城市发展方式的转型，也相应要求城市规划的改革创新。城市规划唯有通过改革创新，才能在中国城镇化的后半程依然发挥重要作用。基于上述思考，本文分别讨论了城市规划的新重点、新类型、新领域、新天地、新课题等，旨在抛砖引玉，引发更多的同行讨论，共同推动城市规划作用的继续有效发挥。

新常态催生新空间、新需求、新机遇，但也挑战着规划师的知识储备和能力

---

❶ 淘宝和天猫 2013 年 11 月 11 日单日实现消费 350 亿元，成为全球关注的焦点。彭博新闻社以"中国网络购买力露出真相"为题进行了报道，2014 年 5 月 29 日，《参考消息》刊文称"网售成中国经济今年亮点"。2015 年"双十一"阿里宣布天猫"双十一"交易金额达到 912 亿元人民币。

结构。我们需要潜下心来，学习学习再学习，不断拓展自己的知识面，不断增强自己的研判力，不断加深对经济社会变迁的认识和对城市发展规律的理解。我们需要沉下身去，深入城乡基层调查研究，以人民群众的需要为根本出发点精心规划以人为核心的城市。我们需要不断增强社会沟通能力，学会和群众有效沟通，了解民之关切、民之所需。我们也需要学会和决策者沟通，提升"向权力讲述真理"的水平，努力推动公共决策更加科学理性。我们还要不断增强城市规划团队的合作能力，通过与多学科的精诚合作，共同应对技术变化迅捷、社会需求多元的当代城市发展需要。当然，我们还要始终保有规划的理想精神，无论社会如何变迁，正是城市规划的理想精神，驱使我们不断向前，致力推动城市向更加美好的方向发展。

（撰稿人：周岚，博士，江苏省住房和城乡建设厅厅长，研究员级高级城市规划师；崔曙平，博士，江苏省城市发展研究所副所长，高级工程师。）

注：摘自《城市规划》，2016（04）：09-14，参考文献见原文。

探索建立面向新型城镇化的
国土空间分类体系

导语：本文首先回顾并解读了我国不同时期、不同部门的国土空间分类标准，然后结合新时期城镇化的发展要求，对优化国土空间开发格局的关键问题进行了深入思考。在此基础上，提出了以"1套体系（国土空间分类体系）、2类管控（建设和非建设空间管控）、5类分工（城市建设空间、城镇建设空间、乡村建设空间、其他建设空间、非建设空间）、4类空间（生产空间、生活空间、生态空间、保障空间）、多种功能用途"为核心内容的国土空间分类方案，并以北京市和山东桓台县为例进行了试验，以期为新形势下国土空间的规划、建设与管理提供参考。

一、引言

1978~2014年，我国城镇化率从17.9%提升到54.8%❶，城镇化快速发展的同时，生态环境恶化、国土空间利用无序等问题也日益凸显。为此，国家明确提出要走新型城镇化道路，推进以人为核心的城镇化，全面提升城镇化质量。国土空间是城镇化的载体与利用对象，围绕国土空间合理利用、推动生态文明建设，国家提出一系列的新要求。中共"十八大"报告、中央城镇化工作会议、中央城市工作会议都提出"促进（实现）生产空间集约高效、生活空间宜居适度、生态空间山清水秀"；中央城镇化工作会议、《国家新型城镇化规划（2014~2020年）》等提出划定生态保护红线、城市开发边界及永久基本农田；《生态文明体制改革总体方案》提出"构建以空间规划为基础、以用途管制为主要手段的国土空间开发保护制度，形成全国统一、相互衔接、分级管理的空间规划体系"。要达成上述要求，厘清国土空间开发秩序是关键。因此，探索建立一个相对统一的国土空间分类体系，将成为理顺国土空间开发建设秩序的基础。

分类是根据事物的特点进行归类❷，国土空间分类则是根据不同国土空间利用的特点与目的进行归类。分析已有的各种国土空间分类标准及相关研究，分类目的是区分不同分类思路的关键；而围绕我国历版用地分类标准的讨论，多集中在对

---

❶ 数据来源：《中国统计年鉴2015》。

❷ 释义源自《辞海》。

农用地、工业用地、物流用地、旅游用地等地类进行进一步细分，总体思路比较接近；部分研究则通过总结英国、日本、澳大利亚以及中国香港、中国台湾等地经验，提出我国国土空间分类应加强可持续发展、弹性控制、混合用地、生态保护、政策管控等方面的意图表达，或是结合我国当前面临的生态环境退化、资源枯竭等问题，建议对用地分类的总体思路进行修正，但尚未进一步提出具体方案。

为此，本文将在系统分析我国已有国土空间分类标准的基础上，思考面向新型城镇化的国土空间合理利用逻辑及相应空间分类应该发挥的功能作用，提出相应的国土空间分类方案，并以北京市和山东桓台县为例进行实证研究。

二、我国不同时期各部门国土空间分类分析

改革开放以来，我国日益加强与国土空间利用相关的规划和管理工作，相继出台了十多项国土空间分类标准，这些分类标准的制定部门、制定背景、分类依据、关注重点等方面均有所差异（表1），使我国的国土空间分类体系呈现如下主要特征。

我国主要国土空间分类标准　　　　　　　　　　　表1

部门		时间	分类名称	制定背景	分类依据	主要应用领域	关注重点		
							区域	非建设用地	建设用地
国土部门	土地调查	1984年	《土地利用现状调查技术规程》中的"土地利用现状分类"	土地管理工作刚起步，亟需摸清家底	功能覆盖	第一次全国土地详查和土地变更调查	○	●	○
		1989年	《城镇地籍调查规程》中的"城镇土地分类"	按照《土地管理法》要求开展土地登记	功能覆盖	城镇地籍调查和城镇变更地籍调查	○	○	●
		2001年	《全国土地分类（试行）》	加强农用地、建设用地、未利用地用途管制，城乡地政需要统一管理	功能覆盖	土地变更调查	○	●	●
		2002年	《全国土地分类》（过渡期间适用）	城乡统一调查难以一步到位	功能覆盖	土地变更调查	○	●	●
		2007年	《土地利用现状分类》GB/T 21010—2007	城乡一体化进程加快要求城乡土地统一分类，同时各部门分类和统计口径需要统一	功能覆盖	第二次全国土地调查和土地变更调查	○	●	●
		1997年	《县级土地利用总体规划编制规程》中的"土地规划用途分类"	为土地利用总体规划提供依据	功能覆盖	土地利用总体规划	○	●	○

部门		时间	分类名称	制定背景	分类依据	主要应用领域	关注重点		
							区域	非建设用地	建设用地
部门	土地规划	2010年	《市县乡级土地利用总体规划编制规程》中的"土地规划用途分类"	为土地利用总体规划提供依据	功能覆盖	土地利用总体规划	○	●	○
		1990年	《城市用地分类与规划建设用地标准》GB/J 137—90中的"城市用地分类"	为城市规划提供依据	功能覆盖	设市城市的总体规划	○	○	●
	住建城乡规划	1993年	《村镇规划标准》GB 50188—93中的"村镇用地分类"	为村镇规划提供依据	功能覆盖	村庄、集镇、县政府驻地以外的建制镇规划	○	○	●
		2007年	《镇规划标准》GB 50188—2007中的"镇用地分类"	为与《城乡规划法》提出的城乡规划体系一致,单独制定镇与村的规划标准	功能覆盖	县政府驻地以外的镇规划和乡规划	○	○	●
		2011年	《城市用地分类与规划建设用地标准》GB 50137—2011中的"城乡用地分类"和"城市建设用地分类"	城乡统筹规划管理进程加快,公益性用地与市场化用地差异凸显	功能覆盖	城市、县政府驻地镇和其他具备条件镇的总体规划和控制性详细规划	○	○	●
			《国务院关于编制全国主体功能区规划的意见》中的四类政策区	落实2006年中央经济工作会议要求,促进区域科学协调发展	用地政策	全国和省级主体功能区规划	●	○	○
			《全国生态环境保护纲要》中的生态分区	生态环境保护受到重视	用地政策	生态功能区划	●	○	○

注:●表示关注重点,○表示非关注重点。

(一)分类形式:多种标准并行,部门特色突出

我国空间规划体系呈现多元化状态,据不完全统计,经法律授权编制的规划至少有83种,其中涉及国土空间全域且有法理或政策基础的有土地利用总体规划、城乡规划、主体功能区规划和生态功能区划,分别由国土部门、住建部门、发改部门和环保部门主持编制。这些部门从各自工作需求出发,均制定了相应的

国土空间分类标准，但不同分类的关注重点却存在较大差异。

国土部门的土地利用总体规划旨在保护耕地与基本农田、控制建设用地，分类更注重非建设用地的细分。2010 年市县乡三级"土地利用总体规划编制规程"中的"土地规划用途分类"包括耕地、园地、林地、牧草地、其他农用地、城乡建设用地、交通水利用地、其他建设用地、水域和自然保留地 10 个一级类。尽管有 7 类用地属于非建设用地，但实际规划编制和实施管理关注的重点在于耕地和建设用地，尤其是建设用地中的城乡建设用地。

住建部门的城乡规划关注城镇内部用地功能与布局的引导与调控，对建设用地的划分更为细致。2011 年版《城市用地分类与规划建设用地标准》虽然统筹考虑了城乡用地，并专门制定了"城乡用地分类"，但仅粗略地将非建设用地分为水域、农林用地和其他非建设用地 3 类，而城市建设用地分类则延续以往标准的细分做法，包括居住用地、公共管理与公共服务用地、商业服务业设施用地、工业用地、物流仓储用地、道路与交通设施用地、公用设施用地、绿地与广场用地 8 个大类。

此外，发改部门的主体功能区规划意在为区域空间开发方向提供指引，而环保部门的生态功能区划则是为物质空间环境建设提供生态底图，其空间分类往往从区域出发作出大尺度划分。

（二）分类思想：反映不同阶段的国土空间管理需求随着社会经济发展与规划管理需求的变化，我国国土空间分类的思路也不断发展。最具代表性的当属国土部门的土地调查分类和住建部门的规划用地分类的演变过程

改革开放后，我国土地管理工作刚刚起步，亟需摸清家底，因此 1984 年全国农业区划委员会制定了第一版"土地利用现状分类"，将国土空间分为耕地、园地、林地、牧草地、居民点及工矿用地、交通用地、水域和未利用土地 8 大类，以便对我国土地利用情况进行概略调查；随着土地管理工作的深入，为掌握更为细致的用地情况并开展土地登记，1989 年出台了"城镇土地分类"，自此城乡各形成了一套用地调查分类标准。进入 21 世纪后，为适应城乡一体化发展要求以及城乡地政统一管理的需要，2001 年制定了城乡统一划分的《全国土地分类（试行）》，但由于相关准备工作和配套制度的不足，这一标准并未得到全面执行，直至 2007 年国家标准《土地利用现状分类》出台后，城乡用地统一调查才逐步得以落实。

城乡规划分类标准的演变同样如此。1990 年制定的城市用地分类标准，将城市用地划分为居住用地、公共设施用地、工业用地、仓储用地、对外交通用地、道路广场用地、市政公用设施用地、绿地、特殊用地、水域和其他用地 10

个大类，体现了计划经济年代政府统一控制用地、统一开发利用的思想。但伴随社会主义市场经济体制的确立以及城镇土地有偿使用制度的全面推行，很多传统由政府单一投资建设的用地类型面临公益性和经营性的分异，其中公共设施用地尤为明显。因而，2011年住建部门在综合考虑城乡统筹发展、公益性用地和市场化用地分异等需求的基础上，对原用地分类标准进行了修订，明确提出覆盖行政区全域、按照建设用地和非建设用地系列设置的城乡用地分类，将公共管理与公共服务设施用地、商业服务业设施用地等具有不同政策导向的用地类型予以区别设置。

（三）分类依据：功能覆盖为主，逐渐关注用地政策和空间形态

总结国内外各类国土空间分类方式，基于不同的分类依据，大致可分为用地功能分类、政策区分类和空间形态分类三种。用地功能分类以用地性质作为划分标准，一般划分为居住、工业、商业、公共设施、绿地、交通设施等用途类别；政策区分类是以政策目标为标准划分空间，以对经济、社会、功能、形态等进行多方面控制；空间形态分类强调对不同开发情形下空间景观的控制，通常分为城市地区、乡村地区、高层建筑、低密度开发、开阔地等。

我国国土空间分类标准虽然繁多，但多数依据的是用地功能覆盖状况，如国土部门和住建部门的各版用地分类都是如此。究其因，用地功能是开发控制的核心内容，依此划分空间是最直观的空间分类方式。但是，多年的实践经验表明，仅考虑用地功能的国土空间分类，无法完全实现对国土空间资源的综合管控，政策区分类和空间形态分类也逐渐得到关注。如：主体功能区规划和生态功能区划便主要依据政策意图划分空间，前者将国土空间划分为优化开发、重点开发、限制开发和禁止开发四类区域，后者则根据生态评价划分若干生态功能区，且不同分区对应不同的空间利用政策。近些年，城乡规划实行的禁止建设区、限制建设区、适宜建设区划分，土地利用总体规划采取的允许建设区、有条件建设区、限制建设区、禁止建设区等管制分区，也都体现了政策区分类和空间形态分类相结合的发展趋势。

三、面向新型城镇化的国土空间分类功能作用思考

走新型城镇化道路不仅对国土空间开发格局优化提出了新要求，也为全面反思国土空间分类的功能作用，尤其是其政策意图提供了一个契机。新型城镇化要求走以人为本、集约、智能、绿色、低碳的发展道路，中共中央十八届五中全会进一步提出"创新、协调、绿色、开放、共享"五大发展理念。结合我

国新型城镇化和生态文明建设的总体要求，国土空间分类应该依次发挥几点功能作用。

（一）合理管控国土开发强度：强化国土空间用途管制，优化国土空间开发秩序

国土开发强度代表一个地区建设用地占国土空间的比重[1]。城镇化的快速推进，带来了建设用地的迅速扩张，部分地区国土开发强度过大、建设用地低效利用现象突出，这一趋势必须遏制。全国第二次土地调查结果显示，2009 年全国建设用地总面积 3500 万 hm^2，相比 1996 年一次调查时的 2918 万 hm^2 增加了 582 万 hm^2，年均增长了 44.8 万 hm^2，国土开发强度从 3.0% 上升到 3.7%[2]，其中作为重要粮食生产基地的中部地区建设用地增长速度更呈现出上扬态势，由 2002~2005 年的 1.3% 提升到了 2005~2008 年的 1.4%，建设用地的快速和无序扩张已逐渐威胁到我国的粮食和生态安全。

控制国土开发强度、有效管控新增建设用地规模是国家意志的重要体现。1998 年修订后的《土地管理法》实行土地用途管制，将土地用途划分为农用地、建设用地和未利用地，严格限制农用地转为建设用地、控制建设用地总量；2004 年，《国务院关于深化改革严格土地管理的决定》进一步提出："明确土地管理的权力和责任。调控新增建设用地总量的权力和责任在中央，盘活存量建设用地的权力和利益在地方"；中共十八大报告、十八届三中全会等也都提出要控制国土开发强度，强化国土空间用途管制；《生态文明体制改革总体方案》针对健全国土空间用途管制制度，要求"将开发强度指标分解到各县级行政区，作为约束性指标，控制建设用地总量"。

各类空间规划长期关注和把控的重点在于建设用地与非建设用地。城乡规划采用"三区四线"（禁止建设区、限制建设区、适宜建设区；蓝线、绿线、黄线、紫线）来对建设用地进行管控；土地利用规划提出"三界四区"（规模边界、扩展边界、禁建边界；允许建设区、有条件建设区、限制建设区、禁止建设区）的建设用地空间管制体系；主体功能区规划提出的"优化开发区域、重点开发区域、限制开发区域、禁止开发区域"同样也旨在管控不同地区的国土开发强度；而生态功能区划则是通过"底图划定"的方式对国土空间开发建设进行限制。

因此，优化国土空间开发秩序是形成合理国土空间利用格局的基础和前提，处理好建设空间与非建设空间之间的关系也是国土空间分类应体现的关键诉求和

---

[1] 引自《全国主体功能区规划》，2010 年。
[2] 数据来源：第二次全国土地调查。

根本出发点。

（二）差别化利用城镇村空间：尊重城市发展规律，有序统筹城乡空间利用

推动城乡一体化发展是新型城镇化的关键内容，但城乡一体化发展不代表城乡采取无差别、均一化的空间利用模式。相反，不论历史，还是未来，城市、城镇、乡村的建设、土地利用、空间管理特征明显有别。城市发展有其自身规律，一个地区的发展离不开当地的自然禀赋、产业基础、民俗乡情等实际情况，也离不开全国或区域城镇化的大格局。正如中央城市工作会议所提出的，"各城市要结合资源禀赋和区位优势，明确主导产业和特色产业，强化大中小城市和小城镇协作协同，形成横向错位发展、纵向分工协作的发展格局"。新型城镇化要求尊重城市发展规律、有序推进城市发展，决定了不同城市、城镇、乡村的空间利用目标是各异的。同样，相比于城市和城镇，乡村更应当找准自身定位，注重乡土特色及民俗文化的保存，"要让居民望得见山，看得见水，记得住乡愁"，现实中，城市、城镇和乡村的建设用地利用情况差异显著，尤其是农村居民点建设用地规模过大、效率低的问题较为突出。基于不同的发展目标与现状特征，同时考虑到我国城乡有别的土地所有制架构，城市、城镇和乡村为实现城乡一体化发展目标，所采取的规划、建设与治理方式都将存有差别。

因此，面向新型城镇化的国土空间分类体系应在有效管控国土开发强度的前提下，有序统筹城乡空间利用，差别化地利用城市、城镇和乡村空间，使其各尽其能、合理有序。

（三）优化国土空间开发格局：压生产空间、保生活空间、优生态空间，合理化布局结构

推进新型城镇化，亟需调整和优化"三生"空间结构。根据《中国城市建设统计年鉴》，2012年我国城市建成区中居住用地占比为31.3%，工业用地占比为19.1%，而伦敦、纽约、东京等国际大都市的工业用地占比一般不超过10%，居住用地占比则较高，如东京2006年居住用地占城市建设用地比重达58.2%❶。可见，我国当前生产空间比重过大，而生活、生态空间明显不足。

优化"三生"空间结构布局，首先需明确各类空间的内涵。就土地功能而言，生产、生活和生态功能是三项基本功能，但相互间存在大量重叠与交叉，因此"三生"空间应以其主导功能作为区分，其中生产空间指土地作为生产要素

---

❶ 数据来源：石忆邵、彭志宏、陈永鉴、等，编著.国际大都市建设用地规模与结构比较研究［M］.北京：中国建筑工业出版社，2010。

来获取产品与服务、以提供经济产出为主要功能的空间，生活空间指为人类的基本生存和发展提供承载、以满足安居需求为主要功能的空间，生态空间指发挥人地关系调节作用、以提供生态系统服务为主要功能的空间。此外，道路交通、行政机关等设施空间，将为"三生"空间的有序运行提供着支撑与保障，属于保障空间，作用显著且独立存在。

根据以上功能划分，可以发现生产活动、生活行为、生态保育、保障支撑等各类空间均存在于不同类型的地域单元中，换言之，城市、城镇与乡村中均含有生产、生活、生态、保障等不同功能的空间。因此，在城镇村地域划分的基础上进一步划分各类主导性的功能空间。

（四）有效管理各类开发行为：衔接建设管理和资源保护需求，构建不同用途的空间分类

国土空间的开发利用必然体现到具体的建设活动和资源保护行为中。在我国，依据用途进行管理是传统的做法。《土地管理法》要求实行土地用途管制，中共十八届三中全会提出实行统一国土空间用途管制的全面深化改革要求。因此，以具体用地性质和功能为基础细化各类空间分类，既是业已存在的管理模式基础，也是未来深化改革的要求。

与此同时，中共十八届三中全会提出要"处理好政府与市场的关系"，中央城镇化工作会议进一步强调"使市场在资源配置中起决定性作用，更好地发挥政府在建设基础设施、提供公共服务等方面的职能"。国土空间利用应该体现政府主体和市场主体的不同责任，按照空间支撑的服务产品属性差异，区分以政府提供为主体的公共产品、以市场提供为主体的非公共产品，如：前者包括道路、公园、医疗、教育等设施空间和生态空间，后者包括工业用地、商业用地等。

（五）促进多规衔接协同：适应"多规合一"发展趋势，构建合理空间规划体系

当前我国多部门空间规划并行，在空间分类上也都遵循各自的体系，给多规衔接协调带来阻碍。以国土部门的土地规划分类和住建部门城乡规划的城乡用地分类为例，尽管标准制定时已考虑了二间的对接关系，但仍存在一些问题，如：部分地类名称类似但含义互为包含，最为突出的是土地规划分类中的城乡建设用地和城乡规划用地分类中的城乡居民点建设用地，前者包括城镇用地、农村居民点用地、采矿用地和其他独立建设用地，而后者仅包括城市、镇、乡和村庄建设用地；部分地类名称类似但含义互有交叉，如土地规划分类中的特殊用地强调空间上落在城乡建设用地范围之外，而城乡用地分类中的特殊用地则未提及这一要求，且不包括殡葬、宗教、涉外等用地；此外，还存在一些对应地类缺失的现象（表2）。

分类标准的不统一和不协调对国土空间的科学利用与有效管理是一大障碍，但鉴于我国各部门国土空间管理的侧重点不同，大部分规划也具备相应的法理依据，因此，面向新型城镇化的国土空间分类应尽量协调各分类标准，以创造一个可供各方对话的语境和平台，为促进"多规合一"提供基础。

土地规划分类与城乡用地分类差异分析　　　　表2

	土地规划分类		城乡用地分类		内涵差异
	名称	内　涵	名称	内　涵	
名称类似含义互为包含	城乡建设用地	指城镇、农村区域已建造建筑物、构筑物的土地。包括城镇用地、农村居民点用地、采矿用地、其他独立建设用地	城乡居民点建设用地	指城市、镇、乡、村庄建设用地。包括城市建设用地、镇建设用地、乡建设用地、村庄建设用地	土规分类内涵大于城规分类
	采矿用地	指独立于居民点之外的采矿、采石、采砂(沙)场、砖瓦窑等地面生产用地及尾矿堆放地(不含盐田)	采矿用地	采矿、采石、采沙、盐田、砖瓦窑等地面生产用地及尾矿堆放地	土规分类内涵小于城规分类
	水域	指农用地和建设用地以外的土地。包括河流水面、湖泊水面、滩涂	水域	河流、湖泊、水库、坑塘、沟渠、滩涂、冰川及永久积雪。包括自然水域、水库、坑塘沟渠	土规分类内涵小于城规分类
名称类似含义互有交叉	特殊用地	指城乡建设用地范围之外的、用于军事设施、涉外、宗教、监教、殡葬等的土地	特殊用地	特殊性质的用地。包括军事用地、安保用地	城规分类内涵未强调城乡建设用地范围之外，土规分类内涵包括殡葬、宗教、涉外等用地
对应地类缺失	其他独立建设用地	指采矿地以外，对气候、环境、建设有特殊要求及其他不宜在居民点内配置的各类建筑用地	区域公用设施用地	为区域服务的公用设施用地，包括区域性能源设施、水工设施、通信设施、广播电视设施、殡葬设施、环卫设施、排水设施等用地	相当于土规分类中其他独立用地、水工筑用地、特殊用地中的部分用地
					相当于城规分类中城乡居民点建设用地、区域公用设施用地中的部分用地

四、面向新型城镇化的国土空间分类体系构建

（一）国土空间分类原则

构建面向新型城镇化的国土空间分类体系，首先明确以下三条原则：（1）分类范围：国土空间全域覆盖，不重不漏；（2）分类目标：综合考虑新型城镇化背景下国土空间利用与管控的多重问题与需求；（3）分类层级：采用多级分类体系，高层级的类别设置将反映相对重要的国土空间管控意图，以形成合理的国土空间开发秩序。

（二）国土空间分类方案

基于上述分析与思考，形成国土空间分类方案如下（图1，表3）：

分类体系包括2个一级类、5个二级类、16个三级类和24个四级类。其中一级类关注"建与非建"，以是否建设作为划分标准，突出国土开发强度控制。二级类突出"城市—镇—乡村"差异，科学推进城乡统筹发展，其中其他建设空间是指除城市、镇、村等集中建设区域外的建设空间，以区域性设施、独立工矿为主。在城市—镇—乡村的分级基础上，实际应用时，各地可结合具体情况将镇与城市或乡村合并，从而形成"城镇、乡村"或者"城市、村镇"等不同体系。三级类在城镇乡各层级的国土开发强度均得到有效控制的基础上，促进"三生"空间结构调整，逐渐形成以人为本的空间利用结构。四级类细化功能分区，进一步按工业、商服业、居住、公共服务、交通设施等空间用途进行细分，既衔接建设管理和资源保护的需求，也对接当前的各种用地分类标准。在实际应用中，可以将四级类中水域生态空间和陆域生态空间直接代替三级类的自然生态空间。

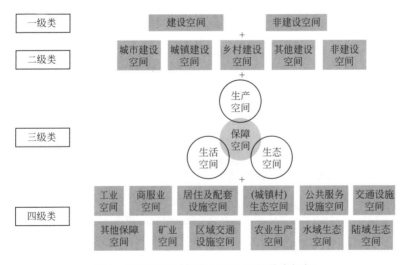

图1　面向新型城镇化的国土空间分类框架

新型城镇化背景下的国土空间分类与现行主要分类标准对照衔接　　　表3

国土空间分类				与现行主要用地分类标准对照衔接			
一级类	二级类	三级类	四级类	土地利用现状分类（2007）	土地规划分类（2010）	土地规划城乡用地分类与城市建设用地分类(2011)	镇规划分类（2007）
建设空间	城市建设空间	生产空间	工业空间	061 工业用地、063 仓储用地	城镇用地	M 工业用地、W 物流仓储用地	
			商服业空间	05 商服用地、082 新闻出版用地		B 商业服务业设施用地	
		生活空间	居住及配套设施空间	07 住宅用地		R 居住用地	
		生态空间	生态空间	087 公园与绿地、111 河流水面、116 内陆滩涂、117 沟渠		G1 公园绿地、G2 防护绿地	
		保障空间	公共服务设施空间	081 机关团体用地、083 科教用地、084 医卫慈善用地、085 文体娱乐用地、086 公共设施用地		A1 行政办公用地、A2 文化设施用地、A3 教育科研用地、A4 体育用地、A5 医疗卫生用地、A6 社会福利院设施用地、U 公用设施用地、G3 广场用地	
			交通设施空间	103 街巷用地，101 铁路用地（客货运站）、102 公路和地(长途客货运站)		S 道路与交通设施用地	
			其他保障空间	088 风景名胜设施用地、09 特殊用地、118 水工建筑用地、121 空闲地		A7 文物古迹用地、A8 外事用地、A9 宗教设施用地、H4 特殊用地	
	城镇建设空间	生产空间	工业空间	061 工业用地，063 仓储用地		H12 镇建设用地	
			商服业空间	05 商服用地、082 新闻出版用地			
		生活空间	居住及配套设施空间	07 住宅用地			
		生态空间	生态空间	087 公园与绿地、111 河流水面、116 内陆滩涂、117 沟渠			

续表

国土空间分类				与现行主要用地分类标准对照衔接			
一级类	二级类	三级类	四级类	土地利用现状分类（2007）	土地规划分类（2010）	土地规划城乡用地分类与城市建设用地分类(2011)	镇规划分类（2007）
建设空间	城镇建设空间	保障空间	公共服务设施空间、	081 机关团体用地、083 科教用地、084 医卫慈善用地、085 文体娱乐用地、086 公共设施用地	城镇用地	H12 镇建设用地	
			交通设施空间	103 街巷用地，101 铁路用地（客货运站）、102 公路用地（长途客货运站）			
			其他保障空间	088 风景名胜设施用地、09 特殊用地、118 水工建筑用地、121 空闲地			
	乡村建设空间	生产空间	工业空间	203 村庄	农村居民点用地	H13 乡建设用地、H14 村庄建设用地	
		生活空间	居住及配套设施空间				
		生态空间保障空间	生态空间交通设施空间				
	其他建设空间	生产空间	矿业空间	204 采矿用地	采矿用地、盐田	H5 采矿用地	
		保障空间	区域交通设施空间	101 铁路用地（除客货运站）、102 公路用地（除长途客货运站）、105 机场用地、106 港口码头用地、107 管道运输用地	铁路用地、公路用地、民用机场用地、港口码头用地、管道运输用地	H2 区域交通设施用地	
			其他保障空间	118 水工建筑用地、205 风景名胜及特殊用地	水工建筑用地、风景名胜设施用地、特殊用地、其他独立建设用地	H3 区域公用设施用地、H4 特殊用地、H9 其他建设用地	

国土空间分类				与现行主要用地分类标准对照衔接			
一级类	二级类	三级类	四级类	土地利用现状分类（2007）	土地规划分类（2010）	土地规划城乡用地分类与城市建设用地分类(2011)	镇规划分类（2007）
非建设空间	非建设空间	农业生产空间	农业生产空间	01 耕地、02 园地、104 农村道路、114 坑塘水面、117 沟渠、122 设施农田地、123 田坎	耕地、园地、其他农用地	E13 坑塘沟渠、E2 农林用地（除林地、牧草地）	E2 农林用地（除林地）
		自然生态空间	水域生态空间	111 河流水面、112 湖泊不面、113 水库水面、115 沿海滩涂、116 内陆滩涂、119 冰川及永久积雪	水库水面、水域	E11 自然水域、E12 水库	E1 水域
			陆域生态空间	03 林地、04 草地、124 盐碱地、125 沼泽地、126 沙地、127 裸地	林地、牧草地、自然保留地	E2 农林用地（林地、牧草地）、E9 其他非建设用地	E2 农林用地（林地）、E3 牧草地和养殖用地、E4 保护区、E6 利用地

此外，围绕促进新型城镇化发展构建的国土空间分类并非是一个孤立的分类体系，而是尽量与现有的各部门国土空间分类做到有机衔接。《土地利用现状分类》（2007）、土地规划分类（2010）、《城市用地分类与规划建设用地标准》（2011）中的城乡用地分类与城市建设用地分类以及《镇规划标准》（2007）的用地分类等现行主要用地分类标准，都可以进行对接转换（表3）。

五、国土空间分类体系试验应用——以北京市和山东桓台县为例

上述面向新型城镇化的国土空间分类体系一方面可用于分析土地利用现状，发现各类空间的结构特征与变化情况，同时也可用于解读规划，比对不同部门规划方案的差异与工作重点。下面以北京市和山东桓台县为例，分别对实际土地利用情况和不同部门的规划方案进行解读和分析。

（一）北京市各类空间规模与变化特征

2001 年、2006 年、2010 年，北京市全域建设空间规模分别为 2710km²、

3034km² 和 3281km²，国土开发强度分别为 16.5%、18.5% 和 20.0%。就建设空间增长趋势来看，2001~2010 年扩张速度始终较快，其中 2001~2006 年年均增量为 65km²，2006~2010 年年均增量也达到 62km²。各区县的开发建设情况与各自的主体功能定位较为匹配，通州、大兴、顺义等城市发展新区国土开发强度稳定提升，怀柔、平谷、密云、门头沟等生态涵养发展区开发建设控制较为有力。就绝对量而言，建设空间增量主要集中在大兴区和通州区，分别为 101km² 和 90km²，二者同属城市发展新区，是北京未来重要的城市发展依托空间，此外朝阳区建设空间增量也较大，为 73km²。具体到"三生"空间来看，农业生产空间和自然生态空间分别约占全市总面积的四分之一和二分之一，2001~2006 年间，农业生产空间规模出现明显下降，占比从 28% 下降至 25%，自然生态空间规模出现上升，占比从 55% 上升至 57%，这一方面与建设空间的扩张有关，同时也受当时大规模的绿隔建设政策影响。2006~2010 年，农业生产空间规模基本保持稳定，自然生态空间规模则渐渐回落至 2001 年的水平。建设空间内部的生产、生活和保障空间呈现"三分"格局，就 2010 年城市和城镇总体来看，生产、生活、生态和保障空间分别占比 33%、30%、6% 和 31%；城市和城镇区分来看，二者的生活空间占比相当，但城市的生态空间和保障空间比例更高，生产空间比例更低，此外，无论是城市还是城镇建设空间，生态空间比例都仍待提升（图 2，图 3）。

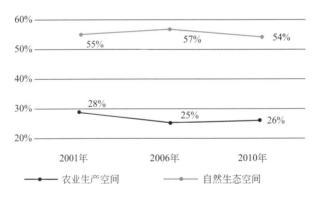

图 2　2001~2010 年北京市农业生产和自然生态空间变化

资料来源：北京市土地利用变更调查

（二）山东桓台县"两规"方案比较

采用本文构建的国土空间分类体系分析桓台县土地利用总体规划（以下简称"土规"）和城乡总体规划（以下简称"城规"）发现：就一级类来看，"两规"的建设和非建设空间规模差别不大，国土开发强度相当，但土规建设空间形

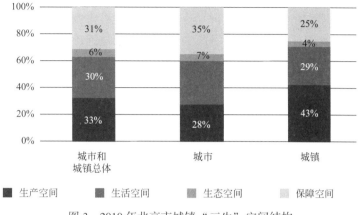

图 3 2010 年北京市城镇"三生"空间结构
资料来源：北京市城镇地籍调查

态在耕地的影响下更为碎片化，城规则更为注重规划建设空间的形态完整，"两规"布局不一致的空间占 18%。就二级类来看，"两规"布局不一致的空间占 24%，其中土规的城镇建设空间、乡村建设空间和其他建设空间规模分别为 53.1km²、43.1km² 和 29.2km²，城规分别为 107.4km²、12.8km² 和 1.3km²，可见尽管城规为县域全覆盖的城乡统筹规划，但重点仍然是城镇，对农村居民点和区域性设施的用地需求关注较少。就三级类来看，在非建设空间规模大体相当的前提下，土规的农业生产空间和自然生态空间分别为 338.9km² 和 44.9km²，而城规分别为 311.9km² 和 75.7km²，可见土规注重耕地保护，而城规关注大范围的生态空间营造，且"两规"布局不一致的空间高达 37%。

六、结语

国土空间的分类管控对新型城镇化进程中促进国土空间合理利用至关重要，而科学合理的国土空间分类体系则是有效实行国土空间分类管控的基础。结合我国当前新型城镇化的发展需求，以厘清国土空间开发秩序为出发点，本文探索性地提出具有强化建设空间管控，突出城市、镇、乡村地域差异，关注生产、生活、生态及保障空间合理利用，重视体制机制改革等特征的国土空间分类体系，方案特色可概括为 1 套体系（国土空间分类体系）、2 类管控（建设和非建设空间管控）、5 类分工（城市建设空间、城镇建设空间、乡村建设空间、其他建设空间、非建设空间）、4 类空间（生产空间、生活空间、生态空间、保障空间）多种功能用途，此外，该分类方案可根据需要进行城镇和乡村、城市和村镇等多种类型的体系重构。同时以北京市和山东桓台县为例进行了实际应用，分别展示了国土空间分类体系在用地现状分析和不同规划解读对比方面的作用。在此基础上，今后的工作需进一步关注与之相配套的空间利用与评价标准的研究，以更好地指导各类国土空间的配置、使用及管理。

（撰稿人：林坚，北京大学城市与环境学院教授，城市与区域规划系主任；柳巧云，北京大学城市与环境学院硕士，中国城市规划设计研究院助理工程师；李婧怡，北京大学城市与环境学院硕士。）

注：摘自《城市发展研究》，2016（04）：51-60，参考文献见原文。

从龙头到平台

——新时期城乡规划角色转型

导语：经济新常态与新型城镇化的要求、城乡治理模式的转变、信息技术的进步在城乡规划行业面前展现了一个充满变革与机遇的新时代。规划行业经历的理念转变、需求转变、工具转变将我们引导向一个全新的发展方向——由土地财政主导时期的"龙头"逐渐转向服务平台和协同平台。作为平台的规划呈现出契合"互联网+"时代的新特征——互联互通、共享共治、众筹众包，通过规划云平台可以实现数据汇集、智慧汇集、动力汇集、空间资源汇集。

当前，经济社会方面的变革正在深刻影响着规划发展。过去二十年中，城乡规划作为城市建设的"龙头"，与土地财政、城镇化进程共同助推了增长奇迹；而伴随着经济新常态的到来，大多数城市的发展也从快速生长期进入稳定成熟期，从规模扩张转向内涵集约。经济新常态和新型城镇化的要求促使规划由描绘宏大愿景，逐渐转变到贯彻以人为本、城乡统筹等新理念，着力解决资源约束、环境污染、城乡差距、"大城市病"等问题的道路上来。与此同时，城乡治理改革成为全面深化改革的重要抓手。无论从国家要求还是民众期望来看，城乡规划及其实施都面临由自上而下的模式向"上下结合"的模式转变，由政府单一管理向多元城市治理转变。

另一方面，自20世纪70年代以来，信息技术革命成为引领全球经济社会发展的新动力。信息技术革命带动的社会变革体现出以下三个特征：微小元素的资源集成效应；互动与共享的生产生活方式；信息与技术的扁平化传播和易扩展性。相比其他传统行业，信息技术带给城乡规划的影响尤为显著，"以人为本"的规划必须要研究人的新型活动、移动和交流方式。在多重变革交织的时代背景下，城乡规划行业已进入探索和转型的关键时期。

一、顶层架构——全方位的规划理念转变

（一）从经济增长主导到以人为本的价值取向

在传统城镇化模式下，"发展"往往被片面地等同于GDP至上的经济增长（杨保军，2014）。在这种发展情境下，"重物轻人""只看数据不看人"等理念并不鲜见（杨伟民，2015）。这一时期的空间规划以土地使用为核心，在不少规

划中，人仅仅被看作劳动力资源，而其各种需求被视为城镇空间扩张所需要负担的成本。从"十五"计划的核心理念"发展是硬道理"，到"十三五"规划将"促进人的全面发展"作为核心理念，可以看到对"人"的关注有了巨大的提升。规划的本源正在回归到"以人为本"上来，重点关注如何用规划手段满足人的需求，创造优美人居环境，实现公平正义，促进包容与共享。城市规划对于城市经济增长的贡献方式应从直接推动土地增值，转变为真正依靠提高城市品质来促进城市的持久繁荣（张京祥，2013）。

（二）从物质空间规划到经济社会空间综合规划

传统的城市规划以物质空间规划为主导、以用地布局安排为重点、以终极蓝图描绘为方向，难以应对日益复杂多变的城市问题以及满足可持续发展的需求（席广亮，2015）。在以人为本的核心价值下，迫切需要将居民的公共服务、人居环境、权益保障、精神需求等问题与空间同步解决。因此，"多规合一"成为我国空间规划体系改革的重点方向。与物质空间规划重形态、重设计相比，经济社会空间综合规划要求以尊重城市发展规律为基础，更加系统和理性地研究城市科学，更加贴近人的真实需求。同一时期，新技术的发展也正好为我们提供了更多研究个体空间行为和社会运行特征的工具。因此，未来要逐步建立以空间功能为核心，基于社会发展要求的协同式空间规划体系，"形成对城乡社会的群体性空间规律、空间需求与偏好的全面研究，落实以人为本的城乡规划"（王兴平，2014）。

（三）从技术工具到发挥公共政策属性和治理作用

张庭伟（2013）认为，"规划工作具有明显的政策性，而城市规划又特别具有空间性的特点。"过去规划的空间性得到了充分的体现，但政策性有所不足。随着十八大以来国家治理体系的提出，在一个空间化的平台上实施公共政策将成为规划的新立足点。治理理念强化了政府宏观调控和提供公共产品的职责，城乡规划作为政府职能的重要组成部分，其管控边界也必须相应地向公共系统收缩，政策和制度设计将成为政府管控城市发展最重要的手段（杨保军，2014）。未来要进一步让规划由偏重蓝图绘制转向利益协调，规划单位从规划编制上升到社会工作，在利用协作平台的基础上求得利益协调的最大公约数，推动多元治理体系的建设。

二、内外结合——多角度的行业实践转变

（一）外部——需求转变

1. 从增量粗放扩张到存量微小更新

2014 年住建部和国土部共同确定了 14 个城市的城市开发边界划定试点工作，并计划在全国推广，以遏制城市无序扩张、促进城市集约发展。北京、上海的新一轮总体规划均提出减量发展，实现"负增长"。可以预见，未来城市扩张的需求将进一步消减，应对存量、规划好存量成为必然的选择。在旧城更新中倡导的微循环理念正在越来越多地付诸实践，设计师们也在从大尺度的规划设计转向微胡同、微杂院、微公园的实践探索。不少专家提出与以往的"大规划"相比，如今规划进入了转型与改革的"微时代""小时代"。这一时代要求规划由长远空间构想走向微处理、微更新，由粗放描述走向精细刻画，由大包大揽走向沟通协作。

2. 从公众有限参与到公众全面参与

随着社会进步，我们看到城乡居民对宜居环境、民生保障、公民权利等问题的重视前所未有，其影响就是整个城乡规划过程都不能脱离公众参与而存在。孙施文（2015）认为："公众参与的环节一定要前置，但现在由于将公众参与过程置于规划行为的相对靠后的阶段，往往就会使矛盾聚集到规划工作的后期，利益双方的矛盾冲突也会更激烈，这也是当下许多建设项目建设过程中产生社会矛盾的重要原因之一。"公众家园意识的觉醒催化了从"后参与"到"同参与"、从"粗参与"到"精参与"、从"浅参与"到"深参与"、从"来参与"到"自参与"、从"不参与"到"被参与"（借助大数据获取统计信息而无需个体配合）的渴求。虽然公共参与一直是规划的法定环节，但在公众参与意愿崛起壮大、参与技术手段走向成熟的今天，公众参与才真正进入规划的核心内容。

3. 从滞后反应到实时响应

从自然科学的视角观察，必须保证预设或回馈信息及时、可靠，才能做出具体有效的调控。近二三十年的信息技术革命为人类在反馈控制能力的提升上提供了更为有力的工具（尹稚，2015）。传统城市规划编制过程中所使用的资料和数据在时效性上往往存在以年为单位的滞后，导致规划在实施过程中难以与发展现实相吻合，规划的权威性和可操作性难以保证（叶宇，2014）。当前各种城市问题不断涌现并通过新媒体等传播工具进行扁平式、裂变式传播，极易引发社会关注，有时甚至引起恐慌。滞后的规划已无法提供给市民足够的安全感。因此，规划必须应用新技术手段获取海量动态数据，开展实时分析，建立反馈调整机制。这也是由蓝图规划向过程规划转变的重要体现。

（二）内部——工具转变

1. 从少量、有限源、粗略数据到海量、多源、精准数据

传统城市规划的定量分析依赖于统计年鉴、调查问卷和既有研究等，数据类

型较少，更新速度较慢，主要集中在宏观概述而缺失细节，当需要获取某一特定数据时往往需要自身投入大量人力成本或沟通成本。大数据时代的到来为城市规划创新提供了强大的数据支撑。开放的地理数据（包括公众通过众包行为上传的轨迹数据、道路数据、建筑物模型数据等）、开放和半开放的社交网络数据、开放政府数据、开放科研数据等都成为传统规划数据获取渠道的优质替代者，并带来了传统渠道无法获得的新数据（茅明睿，2015）。规划工作者能够看到更全景、更清晰、更细微的城市全貌展现，并低成本地开展城市研究，最终更智慧地规划和管理城市。王鹏（2015）提出，"大数据是技术，更是方法论。它使我们在物质空间之上，终于具有了研究城市中的'人'的工具。"

2. 从模式化的人工分析到不断进化的智能分析

大数据与规划结合的核心问题是如何从规模巨大、种类繁多、生成快速的数据集中挖掘价值，这是传统规划分析方法所难以回答的。目前已经形成多种以定量研究为主要内核的规划支持系统和分析平台，为规划提供了更智能的分析方法。以控制性详细规划的编制为例，当前多是依照城市密度分区划定基准容积率，再按照道路、地铁、地块大小和用地性质等相关影响因素求算结果。这一方式在市场经济条件下过于死板，容易导致规划修编常态化。而基于海量的数字化基础案例及其实施评价，可以依照以往编制及实施经验为规划师提供更好的决策辅助（叶宇等，2014）。

3. 从高成本、低效率、信息不对称的沟通到低成本、高效率、信息透明的沟通

传统的公众参与是在极其有限的时间里、在相对固定的场所内开展的，比如规划公示、展览、调查、听证会、座谈会等，这些方式具有高成本、低效率、信息传递不畅、参与率低、环节后置等缺点。基于信息传播技术进步，社交网络、即时信息、新媒体和自媒体平台等为规划公众参与的改善带来了新机遇。公众参与的入口转移到了公众自己的移动通信终端设备和社交网络窗口；参与形式扩展为主动参与和被动参与（如 GPS 轨迹、带位置信息的微博等）的结合；传播渠道摆脱了对传统媒体和公告栏等实体展示空间的依赖；参与力量也得到了极大的激励和提升，形成了自组织的兴趣团体、沙龙、志愿者联盟等。规划公众参与由自上而下的模式变成由公众自发形成的、贯穿全过程的、自下而上的行为，扫除了规划师与其根本服务对象之间的长期沟通障碍。

三、创新应对——从龙头到平台的角色转型

"大规划"时代的规划在城乡发展过程中贡献了举足轻重的"龙头"作

用，而应对"微时代"的规划则应该是一种"云规划"。这种规划更趋向于一个云平台，提供集合的技术服务与交互式体验，提供互动与共享的多专业协同，提供规划师与政府、市场及社会的沟通协作平台（图1）。这个平台应该拥有契合"互联网+"的时代特征——互联互通、共享共治、众筹众包，其内容也应该突破传统的规划，实现数据汇集、智慧汇集、动力汇集、空间资源汇集的作用。

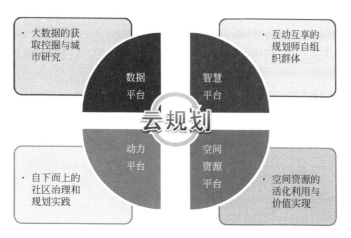

图1　云规划概念结构示意

（一）数据平台——庞大数据的采集挖掘与原创众筹

1. 数据集成平台

规划云平台的作用首先体现在行业内外数据信息的汇集与联合上。在多源社会数据的智能获取与规划应用方面，云平台旨在实现对互联网上的开放和半开放数据资源进行探索、分类和整理，以生产与传统空间数据相互补充的新空间数据。这些数据在实践中已经成了开展诸多规划和研究项目的重要数据支撑。例如，多个城市开展了利用公交刷卡记录研究城市通勤出行、职住均衡关系的相关工作，又如利用位置微博和签到信息研究城市功能混合程度等。

在开放数据时代，信息垄断已经逐渐被打破，但各种数据之间的隔阂仍然是城市研究中的重大制约。数据集成平台的重要作用就是实现微小元素的集成，促成数据共享，使不同行业间的数据从互不相通到协同联动。在这一平台上，不同行业数据可以成为不同的模块，平台为其提供互动机制，支持规划师以及其他行业的工作者进行综合分析。对规划行业而言，搭建数据集成平台既为积累人本主义规划实践的数据条件，也是改变现有工作方式的技术基础，同时将成为规划促进多行业相互交流的重要贡献。

2. 数据众筹平台

通过数据集成平台可以对数据进行整理，而主动产生数据的能力也同样重要。有些信息是规划者、管理者没有掌握，而公众却可以提供的，由此带来了数据众筹的概念。2015 年武汉市推出"众规"试验项目之一的主城区停车场规划之"发现您身边的停车场"（图 2）。该项目旨在选择武汉三镇主城范围内的剩余零碎土地进行停车场规划建设。由于这些空间占地小、量多、分散，仅靠规划设计人员去现场踏勘发现是不够的，因此需要发动广大市民的力量一起寻找选点，再通过规划师去甄别用地权属、规划用途等信息进行综合确定。该项目在线运营三个月左右，共收集到市民提供备选点近 100 个，经论证后可用选址点约占 60%。

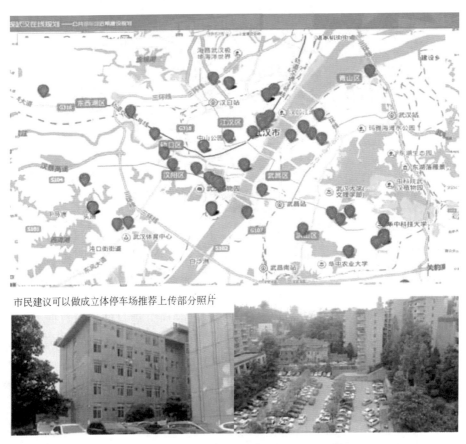

市民建议可以做成立体停车场推荐上传部分照片

图 2 "发现您身边的停车场"项目在线互动界面

北京市也基于云平台开展了多项数据众筹活动。其中"积水地图"对北京中心城进行了"洪涝风险模拟"，获得 211 个潜在易积水点，并基于网站和微信公众号开发了"积水地图",面向公众获取雨后积水情况反馈。公众可以使用手机对积水深度进行选择,并拍照上传。反馈信息将用于评估防洪排涝规划实施效果。"扎针地图"则源自 2014 年北京国际设计周城市界面展中的活动,邀请公众用红蓝两色图钉对步行环境进行评价,共获得的扎针点 1560 个,经过数据空间化,形成步行环境评价的初步结果(图 3)。在评估环节,抓取了 1 万多张街景照片,对扎针点步行环境进行精细化评估。后续结合与 NGO 志愿者的合作,对扎针数据库进行动态更新。数据结果作为"北京市步行和自行车交通系统规划"的参考依据。

图 3 扎针地图互动现场及数字化显示

可以看到,数据众筹平台展现了新时代规划在主动设计和产出原创数据方面的能力,实现了将个体认知集成变为规划可用的信息。

（二）智慧平台——互动共享的意见表达与自组织群体

1. 意见汇聚平台

与数据众筹不同的是，意见汇聚平台旨在鼓励广大公众和专业人才亲身参与规划，贡献智慧。上海 2040 总体规划编制工作中开展了"畅想 2040 众创众规——我来看、我来写、我来画"活动，针对总规编制中的核心问题向社会公开征求意见，邀请市民利用易于操作的界面描绘心中的蓝图。武汉东湖绿道规划综合公众建言、问卷调查、在线规划等形式，征集到 1600 多项公众提出的在线规划方案，进行空间相似度分析，得出拟合方案。许多公众在绿道线路走向的基础上，还对停车场、绿道入口、驿站等提出了自己的设想。在这些实践中，规划师更多的是承担发起者、组织者、流程设计者、意见汇总者的角色，从而跳出了传统的工作领域，成了为城市发展汇集各方智慧，募集解决方案，凝聚社会共识的中坚力量。

2. 专业研究平台

微博、微信、网络论坛、虚拟社区等正成为规划师之间智慧汇集与分享的平台。在这些平台上具有专业知识背景的规划师自发组成团队，开展专业研究，成为传统规划职业单位以外的重要补充，也将规划的内涵由项目主导推向更广泛的人文关注与城市研究。

例如北京城市实验室（Beijing City Lab，简称 BCL）就是一个以北京城市研究为目的的虚拟研究社区（图 4）。它是一个开放性的松散研究者集合体，汇集了来自于规划学会、多家设计院的规划师和国内外多家院校的城市研究者、地理学者、经济学人、建筑师和公共政策研究者。BCL 专注于运用跨学科方法量化城市发展动态，为更好的城市规划与管理提供可靠依据。这个虚拟社区已逐渐成为广大海内外学者了解中国城市研究的重要平台，目前已有累计近百位学者和学生加入并成为会员。

另一个开放性的学术交流平台例子是以微信公众号为主要传播媒介的"城市数据团"。其两位创始人都非常年轻，创建初衷是"用数据解释生活，拉近大众和城市数据之间的距离。"其团队成员平均年龄 30 岁，涵盖交通、环境、城市规划、经济学等多个专业。他们并非专业机构，大多数人是作为业余爱好来参与创作，却自组织形成了有序的分工——有人专注数据的抓取和"清洗"，有人专门做数据分析，有专人负责技术逻辑、文学加工。其多篇文章阅读量超过 10 万，形成了裂变式的传播效果。

自组织专业研究平台的不断涌现，是规划行业新活力的体现，长远来看他们对城市发展、对社会公众产生的影响是不可估量的。

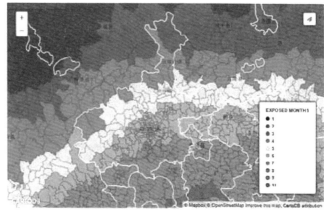

图 4　北京城市实验室（BCL）网站界面

（三）动力平台——自下而上的治理实践与传播推介

1. 众包协作平台

作为平台的规划最重要的作用之一就是将多种动力集成为规划实施的推动力。在网络化的社会里人人都是"传感器"，人人都可以成为数据源和动力源，人人也都可以是规划师。我们可以在此基础之上发展特定的规划工作志愿者和粉丝，开展针对数据监测、民意调查、社区营造等规划工作的众包行动，让公众参与变成一种普遍的、自觉的行动，让大家在参与过程中分享成果。近两年我们在许多国内外规划实践案例中已经看到了"规划众包"的趋势。从艺术家、学者参与的新乡村运动到建筑师、策展人推动的城市旧区更新，规划实施正在践行从政府单一管理到多元城市治理的转变。

北京大栅栏更新计划是具有代表性的"规划众包"项目之一。该项目成立了一个开放的多元主体共同参与的工作平台——大栅栏跨界中心，作为政府与市场的对接平台（图 5）。在这个平台上，依托北京国际设计周"大栅栏新街景"

设计之旅活动，推出大栅栏领航员试点计划，通过邀请、征集建筑师、设计师、艺术家、在地居民及商家的方式，尝试解决在历史文化街区有机更新改造过程中的一系列公众难题，形成实践试点，通过示范激活，以点带面，给大栅栏及内部社区带来直接积极的改变，推进本地居民及商家参与地区共建。目前，通过连续五年的北京国际设计周活动宣传和展示，已有十余个设计群体进入到长期的胡同保护工作中。

图 5　大栅栏更新计划官方网站界面

北京长辛店老镇复兴计划既是一次"规划众包"的尝试，也是对老镇棚户区改造难点问题的探索。复兴计划包括共愿、共建、共享三个阶段行动。共愿阶段通过系列活动让居民、商家、政府对老镇的问题和资源有共同的认知，形成共同愿景；引入专家、社会公众的智慧，对老镇的改造方式达成共识。共建阶段是让居民、商家等内部力量和社会资本、政府等外部力量共同建设老镇的阶段，如试点改造行动、艺术活化行动等。共享阶段是通过行动和制度设计让多元主体分享成果，共同维护老镇的环境的阶段，如社区公约行动等。以"共同愿景"为例，在此阶段开展了三项行动：通过长兴店老镇复兴计划研讨会，搭建了专家、文创企业、设计单位、相关政府部门的联系；通过 DI 众设计行动，以众筹众包方式招募 9 个设计团队进行公益性设计，进一步凝聚了各方对改造方式的共识；通过"声影乡愁——长辛店老镇微纪录片创作比赛"，激发了社会公众的广泛关注，增强了社区的凝聚力。这些行动成为老镇复兴计划的一个良好开端。

深圳"城市梦工厂"及其种子计划也颇有新意。"城市梦工厂"是以深圳特区建设发展集团为指导单位，由深圳市城市规划设计研究院与腾讯、华为、

ADU、浪尖集团、深业集团、深能环保七家机构联合发起的专注城市公共产品与公共服务的共同创新平台。"种子计划"是"城市梦工厂"平台推出的孵化器，面向全社会征集聚焦城市公共产品与公共服务的创新项目和创业团队，由以上七家发起机构联合孵化。"城市梦工厂"将创业者引入城市公共服务领域，开放深圳本土国企集群和民企集群的核心资源，为城市发展孵化创新项目、挖掘优秀人才，从立意到运作机制都跳出了传统规划的模式。

2. 宣传动员平台

在网络化社会里，人人都可以成为动力源和分享者。规划的窗口建设变得尤为重要：知识教育推介、点燃"众包"热情、引导传播接力、提升交互体验……"得道者多助"，规划需要更积极地宣传动员，为自己赢得源源不断的动力和助力。

上海2040总体规划在这方面作出了很大努力，其公众参与贯穿规划的全过程：第一，成立了公众参与咨询团，15位成员包括城市规划专业领域以及社会各行各业的代表，咨询团参与了10多次汇报并形成意见书。第二，搭建新媒体平台，开通了"全心全意"的微信公众号，以及名为"悟·空"的手机APP，这些平台成为上海公众参与的新渠道，还为市民提供城市现状图、影像图等空间信息查询的服务功能。第三，组织公众参与活动，包括邀请公众代表参与一系列的战略研讨会、组织城市规划公众讲坛以及"规划百题"的知识普及活动、结合传统和新兴平台开展社会调查、组织上海2040共同规划设计竞赛等。这些工作为规划的推进带来了多源持续的动力。

（四）共享平台——空间资源的活化载体与价值实现

1. 空间活化平台

在经济新常态环境下，城市一味扩大范围、只关注物质空间建设的发展模式不可持续，城市现有资源得到重视，许多因供应过剩而闲置、利用率低的空间又回到了人们的视野。共享经济的普及为这类空间带来了发展机遇，在滴滴、摩拜等共享交通工具，以及Airbnb、ELSEWHERE、联合办公等共享房屋有了广泛受众的今天，人们越来越接受弱化"占有权"，强调"使用权"。但与普通共享经济平台主体的独立诉求不同，待活化空间的供需双方诉求互补、依赖彼此而生，存在共生关系。"共生城市"资源共享平台应运而生，规划工作者对城市中零散的待活化空间资源以及广大社群活动策划组织进行摸底调研，建立详细资源库，基于用户的需求标签进行在线匹配，为供需双方提供资源对接和信用管理的公益服务，帮助失去活力的城市空间重新成为满足市民休闲社交需求的场所，进而为城市存量空间活化、城市品质提升发挥作用。

2015 年，北京市规划院的规划师借助自发创立的微信公众号"旧城吃喝玩乐地图"，发起了关于北京老菜市场去留的讨论，不但引发了规划圈内外的热烈讨论，更获得主流媒体的多方报道。在 2015 年北京国际设计周期间，规划师团队在即将关闭的北京大栅栏天陶菜市场举办了一场名为"菜本味"的创意市集，践行老菜市场创新改造的可能性。

在得到大栅栏社区和大栅栏投资集团的支持后，规划师作为活动组织者和活动媒介，联合菜市场的菜贩、当地社区的居民、艺术家、绿色市集策划人、知名西餐厅等参与者群策群力，将蔬菜水果设计成有趣的饰品、将蔬菜水果摆放成为设计感的展位、将蔬菜水果变为代表健康生活的鲜榨汁，通过"菜好吃""菜好看""菜好玩""菜好听""菜好学"等形式，让即将走向死亡的天陶菜市场重新焕发活力。"菜本味"市集的成功举办让菜市场的管理者看到了传统市场空间的利用新方向，最终决定收回关闭菜市场的决定，保留菜市场以挖掘旧空间的新潜力。

2. 价值实现平台

当前，城市中的某些商业地产处于其生命周期的下行阶段，零售业和餐饮业的客流大幅降低，商业空间陆续倒闭空置。空间的空置不仅没有收益，对于经营者而言也是巨大的形象损失。共生城市平台的出现帮助这些闲置的资源实现了价值：例如，商场门口的市集为固定的商业空间带来了人流和消费，直接有利于实体商业空间的餐饮业态，并进而为零售业态带来客流；咖啡厅提供沙龙空间也是出于客流考量。另一方面，对于社区、公共部门、国有资产管理者为产权主体的空间，有品质的社群活动将为社区带来活力，提升社区竞争力，提升资产价值，在为社区居民提供服务的同时，也能满足相关管理者的政绩需要。因此，共生城市强调的更多是城市空间的功能混合利用，这种共生关系有别于其他诉求单一的共享经济模式，在帮助空间实现价值的同时也为参与其中的相关方带来综合收益。

四、总结展望——云规划的未来

云规划的演进，正是规划转型过程中从技术理性到价值理性的回归。云规划并不仅仅是停留在技术层面的概念，技术只是基础，价值才是核心，实现话语权与实施动力机制的转变是云规划的价值所在。

云规划平台，一方面在规划技术上实现大数据汇集与专业协同，以支持智慧城市的建设；另一方面在规划方式上实现公众参与的全社会化与全过程化，让更多的自下而上的微动力在这个平台上得以汇聚，让未能充分发挥价值的空间资源得到挖潜利用，以实现社会转型中公共治理模式的改革和相关参与方的共赢。

云规划平台，同时也是自上而下与自下而上的联系平台，各方面各层次动力的汇集平台，在这里规划成果非建设部门的一家独享，而是可以广泛推广和应用，规划实施变成全社会的共同行动。云规划平台，在规划研究、编制、实施过程中推动着协商民主应对转型社会的挑战，推动政府与社会进行关系调整，由政府垄断和管理，变为多元主体协同治理，进而推动城乡治理体系的创新与和谐社会的建设。

（撰稿人：施卫良，北京市城市规划设计研究院院长；茅明睿，北京市城市规划设计研究院规划信息中心副主任；伍毅敏，北京市城市规划设计研究院规划研究室工程师。）

城乡规划编制中的"三生空间"划定思考

导语：从理解生产、生活和生态空间这"三生空间"的概念来源，发展目标为出发点，分析了"三生空间"概念下其对象具有的空间尺度的差异性、空间功能的复合性、空间范围的动态性及空间用地的异质性等特征。以城乡规划用地分类为基础，分别从城乡全域、城镇区域、乡村区域探讨了不同空间区域视角下的生产、生活、生态空间的对象内容。进而结合城乡规划体系提出了分别依托城乡总体规划、城市（镇）总体规划、控制性详细规划、村规划来划定"三生空间"的工作重点和技术路径。

一、引言

"三生空间"是指"生产空间、生活空间和生态空间"的简称。"三生空间"一词在学术界和行业内尚无专门的概念解释，其涵盖的3个内容词汇也均是较为通俗和宽泛的3个概念，综合人们通俗的理解和学术界的相关解释，基本上能够作出以下概括："生活空间是人们日常生活活动所使用的空间，为人们的生活提供必要的空间条件；生产空间具有专门化特征，是人们从事生产活动在一定区域内形成特定的功能区；生态空间是具有生态防护功能，对于维护区域生态环境健康具有重要作用，能够提供生态产品和生态服务的地域空间"。

然而，2012年12月8日党的十八大报告在阐述生态文明建设，优化国土空间开发格局中提出"促进生产空间集约高效、生活空间宜居适度、生态空间山清水秀"，第一次以政治家的视角从战略的高度、用通俗易懂的语言总结出了生产、生活、生态空间的发展要义。一年后的11月12日十八届三中全会通过了《中共中央关于全面深化改革若干重大问题的决定》，又一次在加快生态文明制度建设，健全自然资源资产产权制度和用途管制制度中提出"建立空间规划体系，划定生产、生活、生态空间开发管制界限"。2013年12月12日，中央城镇化工作会议在北京召开，在会议提出的推进城镇化的主要任务中，再一次提出"提高城镇建设用地利用效率……按照促进生产空间集约高效、生活空间宜居适度、生态空间山青水秀的总体要求，形成生产、生活、生态空间的合理结构"。

从这些中央文件和会议精神可以看出，划定生产、生活、生态"三生空间"是当下推动生态文明建设，优化国土空间开发的重要内容，"三生空间"在空间上的要义是以发展目标为导向的，即"生产空间应达到集约高效，生活空间应满足宜居适度，生态空间要实现山青水秀。"城乡规划作为国土空间资源规划的一项重要内容，其"加强城乡规划管理，协调城乡空间布局，改善人居环境，促进城乡经济社会全面协调可持续发展"的主导内核，与上述中央文件精神亦是一致的。在今后的城乡规划工作中，科学划定生产、生活、生态空间，将是时代发展的需要，是空间规划统筹不可回避的内容。因此，在本文中笔者尝试从城乡规划编制视角出发，将"三生空间"划定纳入城乡规划编制体系，在不同对象的城乡规划编制过程中实现"三生空间"划定。

二、"三生空间"的对象特征

参照中央文件对"三生空间"以主导功能发展目标为导向的高度总结，结合城乡规划要具体落实到空间用地的工作视角，笔者认为，生产、生活、生态"三生空间"是通过用地的主导功能来确定其空间划分的，具有空间尺度差异性、功能复合性、范围动态性等特征，在不同的空间尺度和区域功能视角下其划定是不同的，也是无法进行一次性绝对的空间划定的。

（一）空间尺度的差异性

不同的城乡规划空间尺度层级下"三生空间"的主要内容对象有差异。在宏观区域城乡空间尺度和区域城镇体系规划视角下，每一个城市、镇都可以被视为一处点状集中的生产或生活空间，其间广大的乡村和自然区域都可被视为生态空间（图1）。而在中观城市空间尺度下，工业用地集中的区域可以被归为生产空间，居住用地集中的区域就是生活空间，城市边缘的生态绿地、城市中的公园绿地则被视为生态空间。再进一步到微观的城市街区，每一个地块甚至每一座建筑都能在"三生空间"中找到各自的对象定义，比如街头小公园属于生态空间，街边的住宅楼所在地块是生活空间，如果地块中有一栋楼是个小型加工厂，那这栋楼就是生产空间（图2）。

（二）空间功能的复合性

"三生空间"中三类空间的功能性质在多数情况下是多元复合的，生产、生活、生态代表的只是其所在空间的主导功能。例如通常将城市中的工业园区视为生产空间，但园区中的宿舍楼则是生活空间，街头公园则是生态空间；风景名胜区是明显的生态空间，但其中的酒店等服务设施却属于生活空间。这种空间功能的复合性特征还表现为"三生空间"在不同空间尺度层级的嵌套性，即上一空

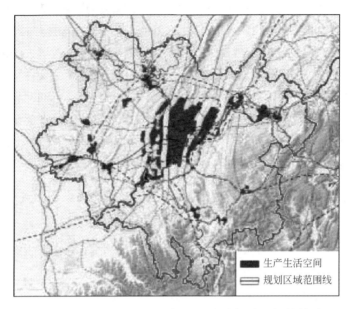

图 1 区域城乡空间中的生产生活空间同生态空间的关系

图 2 街区中的"三生空间"示意

间尺度层级中的单一对象内涵会在下一空间尺度层级中包含多种对象内涵。如宏观尺度的区域城乡范围内，每一个城镇都可以是一个点状的生活空间；而在中观城镇空间层级中，这个城镇空间就可能包括工业区、住宅区、公园等多种功能属性的空间。

同时，由于区域立场视角的不同，同一用地空间也可能具有多种的空间属性。从城市规划的视角来看，城市外围的农田果林是城市的生态空间；但从乡村视角来看，这些农林用地则是生产空间。

（三）空间范围的动态性

"三生空间"概念具有高度的概括性，在抽象的空间模型中这三类空间是可以将任何一个对象空间完全填充，且无缝衔接的。而这三类空间又不是一成不变的，会随着城乡的发展而发生相应的变化。如果在一个固定的空间范围中来看，这三类空间就会呈现出一种此消彼长的空间关系（图3）。例如由于城市的拓展，城市外围原来的生态空间就会转变为生产或生活空间；又如旧城更新"退二进三"则可能带来生产空间向生活空间的转变。

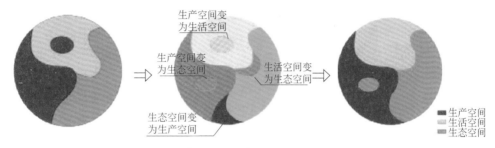

图3 "三生空间"动态性变化示意（由左至右可视为一个变化过程）

（四）空间用地的异质性

在不同的区域空间范围内，生产、生活、生态空间所包含的用地内容是不同的。在城市区域，生产空间主要是指具有工业、物流仓储、公用设施、商务、教育科研办公等用地；生活空间主要是指具有居住及生活服务设施等用地；生态空间主要是指公园、自然保护区及其他非城镇建设用地等；而在农村区域，生产空间主要是指农业生产所涉及的农林用地；生活空间主要是指农村居民点用地；生态空间则是自然保护区、生态林地及其他非建设区域等。

三、"三生空间"的空间用地对象

城乡规划是一种落实到空间用地上的空间管控手段，用地性质分类是城乡规划的核心内容。参考当前《城市用地分类与规划建设用地标准》GB 50137—2011确定的用地分类，研究按照空间层级和规划区域相结合的方式，尝试性地提出在面对不同空间规划层级和空间规划对象时"三生空间"分别对应的用地内容。

（一）城乡全域

在城乡全域空间层面的规划中，"三生空间"中的生态空间划定相对容易，生产和生活空间呈现出明显的复合性特征，存在较多的融合与交叉，难以清晰地剥离划定。因此，在区域城乡规划中"三生空间"划定的重点应是生态空间的划定；也可以理解为将生产和生活空间视为一个整体，从生态空间中划定出来（图4）。

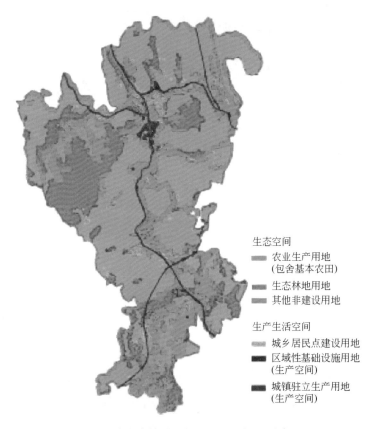

图 4　城乡全域层面的"三生空间"示意

结合城乡用地分类来看，生活空间主要是城乡居民点建设用地（H1）以及其他建设用地（H9）❶中的一部分。生态空间主要是非建设用地（E）。生产空间包括：城乡居民点建设用地（H1）中的一部分，其他建设用地（H9）中排除

---

❶ H9 中的生活用地主要包括风景名胜区、森林公园等景区的服务设施用地。

生活空间的那一部分，以及区域交通设施用地（H2），区域公用设施用地（H3），采矿用地（H5）等。

上述空间的对应分类是更侧重于以城镇为核心的视角，若从城乡一体化的视角出发充分考虑农业生产区域，则农林用地（E2）中的农业生产用地，水库（E12）、坑塘沟渠（E13）中的生产灌溉用水库、沟渠亦可归为生产空间（表1）。

"三生空间"对应的城乡用地分类　　　　　　　　　　　　　表1

空间类型	对应的用地类型
生产空间	H1,H9,H2,H3,H5(考虑农业生产时 E2,E12 视为生产空间)
生活空间	H1,H9
生态空间	E

（二）城镇区域

在城镇空间的规划中，"三生空间"划定主要是在规划区范围内，依托用地类型可以初步确定生产、生活、生态空间的对象划分（图5，表2）。

图5　城镇空间层面的"三生空间"示意

"三生空间"对应的城市建设用地分类　　　　　　　　　　　　表 2

空间类型	对应的用地类型代码及名称		
	大类	中类(小类)	用地名称
生产空间	B		商业服务业用地
		B2	商务用地
		B4	公用设施营业网点用地
		B9	其他服务设施用地
	A		公共管理与公共服务用地
		A3	仅科研用地
	M		工业用地
	W		物流仓储用地
	S		道路与交通设施用地
	U		公用设施用地
生活空间	R		居住用地
	A		公共管理与公共服务用地
	B		商业服务业用地
		B1	商业用地
		B2	商务用地
		B3	娱乐康体用地
		B9	其他服务设施用地
	S		道路与交通设施用地
		S1	仅生活性次支路
		S4(S42)	仅生活性社会停车场用地
	G		绿地与广场用地
		G3	广场用地
生态空间	G		绿地与广场用地
		G1	公园绿地
		G2	防护绿地

（三）乡村区域

乡村区域的"三生空间"划定中，农业生产用地应被视作生产空间。生产空间包括：农业生产用地、区域基础设施及公用设施、乡镇企业用地等。生活空间包括：村民住宅用地、公共服务设施用地、商业设施用地。生态空间包括：自然保护区、风景名胜区、生态林地和防护林地等。参考村庄规划用地分类，可以初步对乡村区域的生产、生活、生态空间对象做以下界定（表3）。

"三生空间"对应的村庄规划用地分类　　　　　　　表3

空间类型	对应的用地类型代码及名称		
	大类	中类（小类）	用地类型名称
生产空间	V		村庄建设用地
		V1	村民住宅用地
		V2	村庄公共服务用地
		V3（V31）	部分村庄商业服务业设施用地
		V4（V41、V42）	生活性的村庄道路用地和村庄交通设施用地
		V9	村庄其他建设用地
生产空间	V		村庄建设用地
		V3（V32）	主要是村庄生产仓储用地
		V4	村庄基础设施用地
		V9	村庄其他建设用地
	N		非村庄建设用地
		N1	对外交通设施用地
		N2	国有建设用地
	E		非建设用地
		E1（E12、E13）	水域（人工水库、坑塘沟渠）
		E2	用于农业生产的农林用地
生态空间	E		非建设用地
		E1（E11）	自然水域
		E2（E23）	非农业生产的农林用地
		E9	其他非建设用地

四、"三生空间"划定的技术路径

从"三生空间"的对象特征和内容来看，城乡规划编制中的"三生空间"划定不是一次规划就能实现的，而是需要依托规划体系中不同层级的空间规划，层层落实。划定后也不是就此确定，需要根据城乡发展态势进行评估和调整，动态完善。

（一）城乡规划

1. 工作重点
以城乡总体规划（全域空间规划）为基础，以各类专业专项规划的区域性规划为参照，形成城乡全域的生产、生活、生态空间格局性空间关系。结合城乡用地类型和对象内容，以生产和生活空间划定为主，重点确定城镇居民点规模与布局，集中工业用地需求与布局，区域性重大交通基础设施及公用设施用地布局。

2. 技术路径

城乡规划中划定"三生空间"，一方面是要为社会经济的发展和城乡发展提供科学的空间用地保证；另一方面则是要保护生态环境底线，为城乡发展明确所必需的生态资源保障。这就要求城乡规划必须遵循国民经济和社会发展规划的发展要求，与土地利用总体规划❶，生态红线保护规划❷等相关国土空间规划相协调，兼顾保护与发展，综合统筹布局，以"城镇发展空间有保障且结构合理、不可替代生态空间不触动、基本农田总量不减少、生态林地不破坏、保证基础设施互联互通"为原则，保证"三生空间"划定的科学性与可操作性。

（二）城镇规划

1. 城市（镇）总体规划

（1）工作重点

在城市（镇）总体规划中，根据经济社会发展规划，确定城市经济社会发展目标、产业发展及职能方向，结合各城镇发展模式、确定城镇性质、预测城镇人口规模和城镇生产生活空间的规模；并根据城镇活动规律，确定生产、生活空间布局模式；结合现状用地态势、外部设施条件、自然环境等，进行城镇建设用地选择与布局、重要设施布局，确定城镇生活空间和生产空间的初步范围。同时要注重多规协调，如分析土地利用总体规划中确定的基本农田（特别是永久基本农田）的规模与初步范围；研究生态红线规划确定的生态林地、自然保护区等不可替代生态空间的基本规模和基本生态红线的初步范围。

（2）技术路径遵循"城镇用地布局合理与空间结构完整、保证城镇建设用地规模，不可替代生态空间不触动、基本农田总量、生态林地总量不减少"的原则结合各相关空间规划进行规划期限协调、规模协调和用地边界协调。规划期限协调：协调城乡规划编制体系中的规划期限与各部门相关规划中的规划期限，适当增补（或删减）形成一套一致的可相互对应的规划期限。例如，建议国民经济与社会发展规划在 5 年计划基础上增加编制 20 年的发展中长期计划；城乡规划制订年度建设计划；土地利用总体规划规划年限由当前 15 年调整为 20 年。最

❶ 主要是协调基本农田，城乡建设用地。
❷ 主要是协调生态功能区、生态敏感区、脆弱区、禁止开发区。

终形成从年度计划到 5 年近期规划，再到 20 年中远期规划的一套相关规划一致遵循的规划年限体系。

规划规模协调：根据城镇发展及社会经济发展诉求形成城乡建设用地的初步规模和边界，协调规划期限内城镇建设用地规模与土地利用总体规划的建设用地规模达成一致。初步规模边界应完整落实国民经济和社会发展规划确定的重点发展区域和重点建设项目，优先考虑城市（镇）规划的功能布局和空间完整性，同时保证城镇发展规模与边界在一个合理的空间范围内，不会对不可替代生态空间造成影响；基本农田规模以及农业生产用地空间的基本需求亦不受损害。

规划边界协调：主要是协调不同规划中的相互矛盾和重叠区域，在初步规模边界的基础上进行边界协调，形成最终的城镇生产、生活、生态空间用地边界。协调时，不仅要考虑城市建设需求，还要考虑非建设用地的系统性和完整性。

2. 控制性详细规划

（1）工作重点

在控制性详细规划阶段，"三生空间"划定应结合控规编制同步展开，将生产、生活、生态空间分别对应的用地空间和类型通过控规法定程序予以落实，将"三生空间"的划定明确到城镇规划中的各个具体地块。通过用地选择细化、用地性质及类型细化、明确保护控制范围等，对"三生空间"的具体空间用地进行细化。

（2）技术路径

遵循上位规划（城镇总规、分区规划）明确控规编制区域的功能定位，主要功能用地类型和空间布局。分析控规编制区域的用地区位、用地范围（规模），进行空间用地选择，将区域内各类用地地块的规模、边界细化到地块，落实地块用地性质。以保证城市功能完善合理、协调城市生产生活相互关系、科学梳理用地和交通关系组织、分析区域内建设和保护的空间关系为指导原则，进行具体的用地布局和基础设施、公共服务设施在相应地块内的落实，并分析明确每个地块的保护强度要求。

（三）乡村规划

1. 工作重点

以村规划为工作基础，结合村规划编制同步展开，以各类实施建设规划为支撑，统筹协调涉及空间边界的内容，形成乡村区域的生产、生活、生态空间结构性布局，分析各自对象的基本空间范围，最终确定适度合理的乡村集中生产、生活空间❶，保障农业生产空间和乡村生态空间，并通过乡村集中居民点建设规划

---

❶ 从易于操作性和实时性的角度来说，乡村生活空间划定的重点应是集中居民点的空间划定。

的编制，对乡村生活空间进行细化落实。

2. 技术路径

首先，在村规划编制前期，通过分析研究初步确定集中居民点规模与布局、乡镇企业需要的产业用地空间与规模。其次，结合各专业专项规划中有关乡村区域"三生空间"划定的关键内容，以村规划为工作平台，将其综合纳入、统筹布局。再次，以"乡村建设空间和农业生产空间有保障、不可替代生态空间不触动、基本农田总量不减少、保证基础设施互联互通"为原则对空间用地关系进行综合协调，确定乡村生产空间、生活空间、生态空间的基本格局与空间划定。

五、"三生空间"划定的工作协调机制思考

在城乡规划中若要科学、有效地开展"三生空间"划定，必须同国土、环保等部门主导的相关空间规划相协同。因此，城乡规划有必要联合其他相关部门，形成"三生空间"划定的工作协调机制。

一是建立统筹领导机构。依托市政府层面或者市（区县）规划委员会成立工作办公室，在各部门管理架构、管理方式、管理对象不变的前提下，统筹组织各相关部门进行空间划定的协调工作。

二是组成技术协调机构。在统筹工作办公室下设立技术协调小组，负责"三生空间"划定过程中的具体技术协调工作，以城乡规划为主体搭建协同工作平台。协调小组人员分为常设人员和一般人员，常设人员由规划、国土、发展改革、环保等部门抽调，一般人员可根据工作情况需要由其他相关主管部门抽调。技术协调小组主要负责协调工作平台构建及运行中的技术矛盾，比较协调不同规划中的相互矛盾和重叠区域。

三是建立共同的技术基础。首先在对象类型、空间尺度等方面形成对"三生空间"划定的基本共识，构建相互沟通、协调统一的技术语言体系；其次是整理各部门的工具手段和相应的技术内容，充实完善现有的规划工具，建立可以相互协同的技术手册，为管理手段的配合使用提供条件。此外，在形成共同技术体系的基础上，还可以综合各部门的规划管理信息技术平台，建立一个以"三生空间"划定为出发点，进而包含更多内容的"多规合一"综合信息技术平台。

四是建立规划审查与实施的部门协调综合反馈机制。围绕"三生空间"划定，建议各相关部门涉及城乡空间的规划内容都应经城乡规划部门审查；或者所有涉及的空间规划内容都应有城乡规划部门参与。反之，城乡规划主管部门组织编制的城乡空间规划也需要其他部门的参与或审查反馈，并基于此建立长效的联

系反馈机制。

六、结语

生产空间、生活空间和生态空间这"三生空间"构成了完整的城乡人居环境，是城乡空间发展的基础。城乡规划作为优化城乡空间布局的重要手段，具有法定地位、成熟的管理制度和雄厚的技术体系等重要的基础条件，理应在"三生空间"的划分中发挥积极的主体作用。

因此，在未来城乡规划的学科研究和工作开展中，有必要进一步深入研究"三生空间"划定的科学方法，形成城乡规划新的参与国土空间资源规划的体系工具，针对未来规划的每一处空间对象确定合理的生产、生活、生态的空间结构。进而服务于提高国家空间治理能力，加快生态文明建设和新型城镇化建设，形成节约资源和保护环境的城乡空间格局，从而实现我国城乡空间的可持续发展。

（感谢《三大基本空间划定研究》项目组蒋伟、刘胜洪、黄合等同志对本文的支持。）

（撰稿人：扈万泰，博士，重庆大学建筑城规学院教授，博士生导师；王力国，重庆大学建筑城规学院博士研究生；舒沐晖，博士，重庆市规划研究中心副总工程师，教授级高级工程师。）

注：摘自《城市规划》，2016（05）：21-26，参考文献见原文。

城市开发边界"六步走"划定方法

导语：文章基于对既有理论和国内实践的梳理，结合新的发展形势对开发边界提出新的理解与认识，提出其将成为"新常态"下实现城市空间资源集中、集约、高效发展的有效手段。结合南京目前作为住建、国土两部试点所开展的城市开发边界划定工作，提出"理思路—定底线—理需求—定规模—定形态—建机制"的"六步走"边界划定方法，以促进城市转型发展。

随着国家对空间规划深化改革探索的日益加强，"多规合一"上升为国家战略。2013 年 12 月，中央城镇化工作会议提出城市规划由扩张型逐步向限制城市边界、优化空间结构的规划转变，要划定特大城市的开发边界，限制城市无序蔓延和低效扩张。《国家新型城镇化规划（2014~2020 年）》明确指出要合理控制城镇开发边界，提高国土空间利用效率。划定城市开发边界成为落实党中央新型城镇化政策的重要举措。2014 年 7 月，住建部、国土部共同组织召开划定城市开发边界试点启动会，要求北京、上海和厦门等 14 个城市作为试点开展开发边界划定工作。试点城市以东部沿海城市为主，偏重于三大城市群的核心城市、500 万人口以上的特大城市和目前正在开展总规修编的城市。

一、既有研究概述

（一）起源

此前学界一直将开发边界称为"城市增长边界"，普遍认为这一理念是在 1944 年的大伦敦规划期间产生的。该规划通过划定都市绿带（Metropolitan Green Belt）控制城市的发展容量，这就是城市增长边界的雏形。20 世纪 50 年代起，城市增长边界在美国兴起并形成特定概念，用于遏制日趋严重的郊区化趋势。特别是 20 世纪 70 年代波特兰大都市区（Portland）城市增长边界的划定，因其对城市发展产生显著影响成为规划界的著名案例。到 20 世纪末，全美已经有超过 100 个地区实施了这项政策，成为城市增长边界实践最普遍的国家。继美国之后，加拿大、日本等国也陆续开展了城市增长边界划定的实践。

总体而言，城市增长边界已经成为国外城市规划中非常流行的工具。

（二）国内实践与探讨

我国对增长边界的研究始于 21 世纪。虽然没有严格定义"城市增长边界"，但现有的很多控制边界已经部分起到了城市增长边界的作用。例如，北京 2006 年编制的《北京市限建区规划（2006~2020）》将限建区定义为对城市及村庄建设用地、建设项目有限制性的地区，明确了禁止开发的区域。深圳在国内最早划定了基本生态控制线，其是根据联合国建设标准——"城市绿地覆盖率达到 50%、居民人均绿地面积 90m²"划定的基本生态控制线。目前，深圳已划定陆域基本生态控制线范围 974km²，占全市面积的 50%。这些区域成为维护城市基本生态安全的底线，可以认为是对城市增长边界的初期探索。

2005 年颁布的《城市规划编制办法》要求在城市规划中划定限建区和适建区，并明确指出在城市总体规划纲要及中心城区规划中要研究"空间增长边界"。2009 年国土资源部提出加强对城乡建设用地的空间管制，划定"三界四区"❶，目的也是防止城市无限蔓延，保护生态环境和基本农田。

（三）小结

国内外关于开发边界的理论研究很多，在实际划定过程中的差异也较大，但对其特点已经形成几种认识：①将城市开发边界当作去除自然空间或郊野地带的区域界线（即"反规划线"）；②将城市开发边界作为满足未来扩展需求而预留的空间，是随发展不断调整的"弹性"边界；③将城市增长边界理解为规划期内城镇规划建设用地的边界。因此，城市开发边界兼具引导城市未来空间拓展、控制城市无序蔓延的双重作用。

二、划定"开发边界"的意义与作用

（一）强化城市总体规划对空间的引导，促进城市集中、集聚、高效发展

针对下位规划突破上位规划，以及分散建设、零星开发等问题，在全市划定开发边界将进一步强化和巩固城市总体规划的地位及作用，严格禁止超出规划和违反规划的建设行为，促进建设向边界内集聚，降低基础设施投入成本、提高基

---

❶ "三界四区"即城乡建设用地规模边界、城乡建设用地扩展边界、禁止建设用地边界，以及允许建设区、有条件建设区、限制建设区和禁止建设区。

础设施使用效率。

（二）强化土地利用总体规划对规模的控制，促进城市由"增量"向"减量"模式转型

开发边界虽然是一条地理界线，但其实更是一条"意识边界"。针对现状与规划指标倒挂的现实，边界的划定将控制城镇规模、特别是严控新增建设用地规模，促使地方转变发展思路、减少对土地出让的依赖，进一步促进结构调整、产业转型。

（三）强化资源环境保护，严控"不开发"底线

开发边界的最大意义不是"开发"，而是"保护"。边界不仅是要划定城市未来的建设范围，更是要划定生态保护空间、农业生产空间等"不开发"的范围，以达到保护资源环境、保障生态和粮食安全的目标。

三、城市开发边界的划定探索——"六步走"的边界划定方法

基于对城市开发边界的理解及划定边界城市的基础条件，笔者提出"理思路—定底线—理需求—定规模—定形态—建机制"的"六步走"方法来开展具体的开发边界划定工作。

（一）理思路

通过理论研究，厘清城市开发边界的概念和划定边界的意义，并明确工作开展的主要思路（图1）。在工作组织上，由规划、国土两局牵头，以"国土定规模、规划定空间"为分工原则，遵循"市、区联动"，即两局划定初步边界后向各区征求意见，最终形成协调方案。在技术路线上，充分考虑主要部门空间管控的要求，明确保护的"底线"；从需求和供给两个角度出发，以国土规划的供给规模为约束，调整空间发展需求以将其控制在合理规模内，使"两规"分别从"图"和"数"上进行衔接，实现对城市发展的有效引导。

（二）定底线

综合相关部门的保护要求，包括环保部门的生态红线、国土部门的基本农田及规划部门的基本生态控制线，将这些区域界定为"刚性管控区"，即在城市开

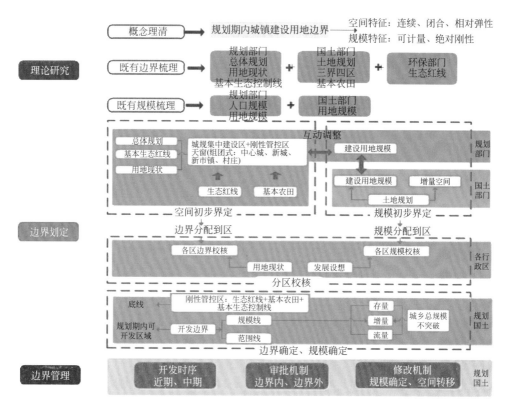

图1 城市开发边界划定的工作思路框架图

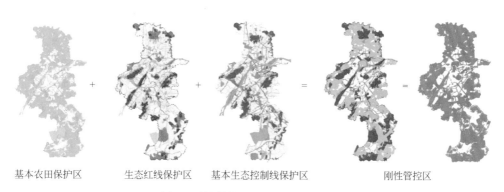

基本农田保护区　　生态红线保护区　　基本生态控制线保护区　　　　刚性管控区

图2 刚性管控区各要素叠加示意图

发进程中作为强制保护的禁止建设区域（图2，表1）。刚性管控区内可兼容对生态环境、农业生产安全影响较小的水利农工、区域性基础设施和线状交通设施等必要的建设，但不允许其他城市开发建设行为。

刚性管控区组成要素统计一览　　　　　　　　　　　　表 1

全市刚性管控区	组成要素面积(km²)	占全市用地比例(%)
基本农田	2278	35
生态红线	1551	24
基本生态控制线	2004	30
合计	4600	70

注：三类保护区域在空间分布上存在重叠，"合计"值为扣减掉重叠空间之后的面积。

（三）理需求

以城市总体规划为主要依据，并参考各区社会经济和人口用地等发展预测，明确城市未来空间发展的主要需求，结合城乡建设用地现状情况，划定建设用地包络线。

依据城市总体规划，在确保边界相对连续、封闭、完整的基础上，参照城镇间楔形绿地、隔离绿地和大型基础设施廊道等切分城镇组团，初步划定2020年城市规划建设用地包络线（图3）。同理展望远景，初步划定远景城市规划建设用地包络线（图4），将这两条包络线作为城市开发边界的基础（图5）。

图 3　2020 年建设用地包络线分布图　　　　图 4　远景建设用地包络线分布图

参考建设用地现状、土地利用规划和审批信息等相关资料，复核修正局部地区线形。具体划线原则如表2所示。

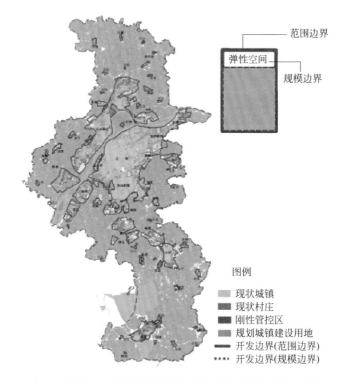

图5 规划2020年城市开发边界构成示意及空间分布图

边界划定原则   表2

类　　型		是否划入 开发边界	是否计入 开发规模	备注
总规集中建设区以内	规划用地	√	√	
	现状用地	√	√	
总规集中建设区以外	规划用地			
	重点民生类项目	大于1km²的划入	√	如江南、江北环保产业园控规超总规
	一般城镇用地	×	×	
	现状用地			
	重点民生类项目	大于1km²的划入	√	如市级保障房等
	一般城镇用地	×	√	撤并的街镇,按现状划边
	区域基础设施	大于1km²的划入	×	
	村庄	×	√	如大型机场、港口等
刚性管控区(基本农田、生态红线、基本生态控制线)				

注:√表示计入或划入,×表示不计入或不划入。

(四)定规模

该阶段以土地利用总体规划为主要依据,确定全市城乡建设用地规模,并进一步分析测算存量、增量和流量等具体指标。

从国土的用地分类看，国土的地类主要包括建设用地、农用地和其他。如南京市全市的现状城乡建设规模已经超出土地利用规划2020年的规划规模，所以未来的城乡总规模已不可能再通过农用地核减实现增长，即现状已经不能突破。那么城市发展，或者说城镇建设用地的扩张，只能在城乡总量不变的前提下通过村庄用地的流转来实现。以现状全市城乡建设用地总量1420km^{2}为阈值，综合土地利用总体规划和村庄布点规划，确定至2020年保留村庄用地约260km^2，由此反推得到城镇建设的最大规模约为1160km^2，其中852km^{2}是存量城镇建设用地，208km^{2}是要通过增减挂钩、村庄流转带来的"城镇增量空间"。

（五）定形态

依据规模测算，在城市规划确定的空间结构基础上，综合各相关部门意见，明确近期用地拓展方向，修正建设用地包络线形成城市开发边界。

"减量"过程遵循以下原则：①优先减去近期发展意向不明确的用地需求；②优先减去明显超出实际可能的用地需求；③优先减去位于国土限制建设区和禁止建设区的用地需求；④保障城市重点建设地区和重点建设项目，形成与国土规模相适应的边界。

同时，笔者认为在规模一定的情况下还应充分考虑空间发展的不确定性，为发展留有选择和变化的余地。所以，笔者提出以远景包络线作为另外一条城市开发边界，即由反映规模数据的规模线和反映空间范围的范围线共同组成开发边界，两条线之间的地区作为弹性空间。

其中，规模线是符合土地利用总体规划指标约束要求、现时可建设区域的空间界线。它的划定应在现状基础上，根据规模测算，进一步明确城市未来的拓展空间，其所圈定的建设用地规模应与国土部门的限定规模相符。规模线兼具规模刚性、空间弹性，可以定期评估调整，在保证规模不变的情况下，允许与弹性空间进行有条件的位移、置换等，在图纸中以虚线表达。范围线是城市发展空间意向/需求的体现。它的划定应在规模线的基础上，综合考虑空间变化的各种可能，圈定具有空间发展需求的地域空间。范围线具有空间刚性，在规划期内不得随意调整修改，在图纸中以实线表达。弹性空间是指由于建设时序、用地指标等限制，现时无法建设、但允许调整后进行使用的地域空间的界线。弹性空间的使用必须保持规划期内建设用地总规模指标的动态平衡。

（六）建机制

城市开发边界重在管理，应从管控要求、制度保障和评估调整等各个方面建立完善的、综合的政策工具，发挥阻止城市蔓延的作用。

1. 分区管控

首先应以开发边界为界，针对不同分区实施不同的管控措施：①刚性管控区内原则上应禁止城市建设行为，对于其中已有的现状建设，应视实际情况，采取限制发展或逐步清退等方式进行处理。②规模线以内是既符合城市规划和经济产业发展规划的布局要求，又能满足土地利用规划用地指标控制要求的区域，在此范围内的城市建设行为宜集中高效开展。③弹性空间是规模线与范围线之间的区域，应实行弹性管理。确有建设需求的，在保证规模线内用地总量不变的前提下，可以灵活采取用地指标"调进调出""用一补一"等政策，合理开发使用。④范围线是城市建设空间的边界，城市建设行为不应突破此线。该范围内的现状村庄应视实际情况逐步转换用地性质，现状一般耕地、园地和林地等也可以视情况逐步调出至范围线以外。

2. 边界的调整评估

城市开发边界作为城市总体规划、土地利用总体规划的重要组成部分和强制性要求，应与"两规"同步编制、同步评估、同步修改。在"两规"的实施期限内，原则上不得对城市开发边界进行更改。

3. 制度保障

城市开发边界作为多规协调机制下的控制线之一，应作为各类经济发展规划、城市规划、土地利用规划的编制依据和强制性内容在"多规"中落实，指导城市建设项目的选址、建设用地的收储与出让、现状建设用地的更新等与城市建设及发展相关的各种审批行为。

四、思考与总结

首先，划定开发边界的根本目的是促进城市转型。边界本身虽是一条物理边界，但其实质更是一条意识边界，旨在适应"新常态"，促使地方政府转变发展观念，从增量规划向存量规划、减量规划转变。对于仍处于增长阶段，有较大发展动力和需求的城市，如何"减量"是一个问题。在增加供给无望的情况下，可以主动"减"需求，通过存量用地的流转和改造保障城市发展。

其次，划定开发边界也是"多规合一"工作的重要组成部分。划定过程中，"两规"已经从地类、规模测算等方面尝试对接，实际上为"多规合一"奠定了一定的工作基础。笔者认为，开发边界其实是"多规合一"早期的一种成果形式。对于暂未完成"多规合一"的城市而言，开发边界确是一条客观存在的物理边界，它所圈定的范围代表"两规"认可的允许建设空间。但当完成

"多规合一"、实现"一张蓝图"管理之后，这条物理边界就可由明确的图斑来替代。

（撰稿人：沈洁，高级规划师，南京市城市规划编制研究中心副总规划师；林小虎，规划师，南京市城市规划编制研究中心主任工程师；郑晓华，研究员级高级规划师，南京市城市规划编制研究中心主任；叶斌，研究员级高级规划师，南京市规划局局长、党组书记；周一鸣，研究员级高级规划师，南京市规划局副局长。）

注：摘自《规划师》，2016（11）：45-60，参考文献见原文。

灰色用地

——一种协调蔓延萎缩边缘区近远期土地弹性利用的规划方法

导语： 首先对萎缩型边缘区进行定义阐述，剖析国内萎缩型边缘区土地低效利用的深层次原因。通过国内外土地利用开发理念，明确土地资源再利用发展的模式与方法。继而研究了主动考虑发展过程的"灰色用地"规划模式，并首次提出产业"由附转主、由短为长"更新为参考标准的土地转换模式，引入短期型产业用地与长期性产业用地，提高"灰色用地"在萎缩型边缘区规划中的操作性，为我国萎缩型边缘区土地集约发展提供了一种新思路。

一、引言

改革开放以来，随着城市化进程的快速发展，城市在空间上快速扩张，城市行政区交界地区——萎缩型边缘区作为城市建设用地与集体土地的交接地带，一直以来，都是受到城市辐射最集中、延续城市经济最有优势、最具潜力、同时也是最具有活力和最具有不确定性的地区，同时萎缩型边缘区也是城市转移产业和乡镇企业的双重集聚地和城市产业结构优化调整及经济发展方式与模式升级转变的突破口。

然而萎缩型边缘区在发展中出现了一系列因边缘区土地资源浪费而导致的各种城市社会矛盾和城市经济不可持续发展问题。当前在中国现有的城乡二元分管体制下萎缩型边缘区不可避免地成为城市管理的真空地带和重叠地带，萎缩型边缘区产业的盲目发展与用地混乱以及对经济指标的盲目追求给后续经济发展带来了隐患，重数量轻质量、重规模轻效率、重投资轻规划的无序发展都是引发问题的关键原因。

本文对边缘区进行了分类与定义，并研析国内外相关发展模式，在参考和借鉴其成熟的发展经验的基础上，针对其中萎缩型边缘区提出了适合我国国情的动态弹性规划方法——灰色用地规划方法，并首次提出产业"由附转主、由短为长"更新为参考标准的土地转换模式，完善"灰色用地"规划方法可实施性，最后通过"灰色用地"在 S 市高新区内萎缩型边缘区的规划布局探索中，引入短期性产业用地与长期性产业用地，提高"灰色用地"规划方法在萎缩型边缘区规划中的可操作性，为我国萎缩型边缘区土地集约发展提供了一条新思路，期望可以促进萎缩型边缘区的集约发展，遏制土地资源的浪费。

二、萎缩型边缘区概念及问题

（一）边缘区新分类方法

边缘区问题是城市发展到快速城市化阶段所面临的亟待解决的问题。边缘区是依托城市发展产生的一种不连续的地域实体，是由乡村形态下的社会、经济、文化等要素向城市形态激烈转换的地带，是城市化发展中最为敏感、最复杂、受城市辐射影响最为激烈的地区之一，其具有极强的过渡性、混杂性和动态性。

狭义的边缘区界定将边缘区定义于城市外围，与乡村的交界处，是一种物理范畴上的范围界定，但随着城市社会、经济的发展，这种狭义的界定概念在面对解决当代城市化过程中所出现的各种新问题的局限性越发的明显，已经不能准确认知当代城市边缘区的客观状态。

在此情形下，2012 年杨忠伟、徐勇发表的《基于多元利益的当代苏州市边缘区空间结构演化》中提出了一种新的边缘区界定概念，补充完善了传统边缘区界定的局限性。文章提出，城市边缘区的界定不应简单地以城市行政区划和土地利用规划为基础，而应该在现有的城市土地利用基础上，结合社会、人口、产业的特征进行包涵物理范畴、经济范畴、社会范畴等综合因素上的广义分类界定，所以边缘区的界定不应仅仅定位于城市建成区的外围，城市内部也存在大量的边缘区，应参照土地性质、人口构成、产业分布、社会形态、聚落特征、景观风貌、空间元素、形态边界、地域演化等元素，进行边缘区划分，文章将边缘区划分为三类：

（1）主要存在城市外围并仍在不断扩展的新增型边缘区；

（2）主要存在城市内部城市建成区与区交界处，成块状、带状形态出现，不断缩小的萎缩型边缘区；

（3）存在城市建成区内部，以点状散布于街区中，逐渐消失的消失型边缘区。

（二）萎缩型边缘区的界定

萎缩型边缘区，是相邻城市建成区的城市建设用地在空间上向外不断扩展，从而在接壤处形成未转换为城市建设用地的集体土地性质的连续区域，随着城市建设用地的开发建设、城市板块的延伸，挤压而成的夹缝地带的集体土地会不断的被城市建设用地蚕食，该区域逐渐萎缩。

萎缩型边缘区区位优越，受到城市发展辐射影响较大，乡村元素逐渐退化，在集体土地上发展形成了城市与乡村元素相融合并共存的特殊形态的地域，笔者将萎缩型边缘区定义为："存在于城市范围内各不同城市建成区的交界处，乡村元素逐步弱化，且被不断扩张的城市建设用地挤压蚕食的成块状或带状的连续的集体土地，其地域面积不断萎缩，但不会短期消亡。"

（三）萎缩型边缘区土地利用不可持续问题

萎缩型边缘区在发展过程中产业盲目发展与用地混乱给后续经济发展带来了隐患，土地资源的粗放利用和低效使用配置都是引发各种城市发展问题的关键。导致萎缩型边缘区土地发展不可持续问题主要有以下原因。第一，萎缩型边缘区处于城市建成区交接地带，缺少切实可行的实施规划，任由边缘区内的基层组织自由发展，而这种早年无序规划的自由发展直接诱发了土地资源的浪费，同时基层政府或组织由于执行能力较弱，资源有限的情况下也无法保障萎缩型边缘区的后续发展，加重了土地资源的浪费。第二，早年投机开发商看中萎缩型边缘区优越的区位和土地升值空间，大量囤地并待价而沽，这些土地基本闲置未开发，造成很大的土地浪费。虽然 2012 年颁布《闲置土地处理办法》，但现如今中国各个城市的各级政府在现行的土地经济发展模式下，并没有起到抑制边缘区土地粗放低效利用的效果。第三，工业用地出让期限过长。国务院 1990 年颁布的《中华人民共和国城镇国有土地使用权出让和转让暂行条例》第 12 条规定：工业用地土地使用权出让的最高年限为 50 年。从萎缩型边缘区工业用地来看，最早期的投资企业获得了最优质的土地资源，但经多年发展产业落后，生产效率低，却不愿外迁；新的投资产业先进，生产效率高，却没有合适的土地容纳。我国现行的土地使用权最高出让年限过长，地方政府基本都按最高年限进行土地出让，一定程度上制约了城市的经济结构的优化升级和土地流转。

（四）新常态对萎缩型边缘区的发展要求

我国城市发展已逐步从粗放型、扩张型向精细型、集约型转型，在这种新常态下，需要城市规划创新，需要加强城市设计，强调规划的操作性和动态性，重视过程而非最终蓝图。新常态下城市规划的目标也由粗放增长向内涵增长转变，而土地资源作为城市发展的重要要素，对城市发展起到了至关重要的作用，以土地利用方式转变，倒逼发展转型是目前城市规划过程中有效的操作方法。如 2015 年 4 月上海市政府颁布实施《上海市城市更新实施办法》，并提出"土地开发全生命周期管理"政策：以土地合同为平台，对土地开发和运营的全周期进行管理。并与"城市更新"相结合，逐步把"房产开发商"转变为"城市运营商"，以实现"以土地利用方式转变，倒逼城市发展转型"。

萎缩型边缘区作为城市各行政区在城市发展中的衔接地带，对城市可持续发展起到至关重要的作用，新常态下萎缩型边缘区的土地利用和规划布局应做到集约、高效，增强萎缩型边缘区土地利用规划与城市规划的统一性、操作性和动态性，以市场经济发展为基准，注重萎缩型边缘区的发展过程的合理性和可持续性，从而促进城市的发展转型，提高土地利用效率。

三、国内外土地开发相关经验

（一）德国鲁尔——强调产业与土地更新过程

19 世纪鲁尔工业区是德国最重要的工业区之一。"二战"后，在全球信息技术产业革命的冲击下，鲁尔区传统工业逐渐衰败，原有的产业结构的弊端日益凸显，区域经济结构老化。因此产业转型和土地再开发成为鲁尔区的重要工作任务。

鲁尔区产业结构转型土地再开发的重要转折点是埃姆歇园国际建筑展（IBA）机构的设立。该机构对鲁尔地区的生态系统、公共空间、工业文化等方面进行整治改造的更新计划。德国鲁尔工业区的土地再利用以渐进式改良为主，强调更新转变的过程而非最终的理想目标。通过改变土地利用方式促进第二产业向第三产业逐渐转化，带动地区的产业升级和转型，在这种模式下，鲁尔区产业结构由单一的工业向二、三产业相结合的综合性产业发展，粗放发展的工业用地也向集约高效转化。

（二）深圳上步——产业转型带动土地再开发

华强北商业区其前身是一个典型的工业街区上步工业区。20 世纪 90 年代初，是华南地区最大的电子产品交易的集散地。随着社会经济大环境的改变，第三产业开始陆续迁入，并通过租赁工业厂房并改造成商业物业，至今华强北已成为深圳最为繁华的商业区。华强北经过土地利用转型和城市更新改造，逐步演变为以商业为主的多功能街区。

1998 年深圳市政府对华强北进行土地再开发是华强北产业结构转型土地再开发的重要转折点，对原工业用地内的厂房进行改建，并完善绿地景观系统，人行步道、公共空间、休闲设施等公建和配套设施等。鼓励各商家参与土地再开发过程并出台允许商家在整体改造方案基础上进行建筑内部和立面装修改造等政策。深圳华强北路商业区土地功能的转换实际上是遵循市场经济规律的演变，是符合社会自然发展的结果。从初始的电子工业区过渡到电子产品交易市场再到最终的城市综合商圈，整个过程完全顺从市场经济规律，没有追求规划的终极结果，注重地区发展的动态弹性过程，是华强北发展模式成功的重要因素之一。

（三）伦敦道克兰码头——政府成立第三方一体式开发运营模式

19世纪末，伦敦道克兰码头区曾是当时全球最大的港务综合区之一。"二战"以后，伦敦道克兰码头区逐渐衰退。1980年英国议会批准签署了《伦敦道克兰开发公司（范围和机构）令》，成立城市开发公司对道克兰码头区进行土地再开发。

伦敦道克兰码头区采取以市场为导向，鼓励私人投资的开发策略。开发过程由LDDC全权代理，负责征用土地、整修土地等工作，统一规划后将划分好的地块竞标出售给开发商，让开发商自由经营但不做具体限制，由下而上自然演化道克兰地区的城市景观和布局。同时LDDC在每个项目开发之前向政府提交价值评估报告，报告涉及开发公司的业绩评估、使用地块性质、资金预算、预计产值及可提供的就业岗位等指标。这种价值评估可以有效避免城市发展中社会资源分配不公，减少不同性质用地之间不相容的现象，减少用地利用过程中产生的拥挤、污染等问题带来的损失。至今伦敦道克兰码头区已成为伦敦最具活力的综合区之一。

德国鲁尔工业区、深圳上步工业区和伦敦道克兰码头区都经历了从起步到兴盛再到衰落，并通过土地再开发策略再次繁荣的过程。通过保护并改造旧建筑等方法实现了地区产业的转型升级，提高了土地利用的集约性和高效性，并节约了大量拆迁和重建成本。鲁尔区工业区、上步工业区和伦敦道克兰码头区的土地再开发都是遵循市场的动态发展规律，并为追寻规划的终极蓝图而注重转型发展的动态过程。这些宝贵的实践经验为我们在萎缩型边缘区土地高效利用与土地可持续发展上提供了极高的参考价值。

四、引入一种动态弹性规划方法——"灰色用地"规划方法

鲁尔区工业区、上步工业区和伦敦道克兰码头区的土地再开发案例给我们提供了关于城市土地再开发的操作方法，这些案例启示我们需要探索出能够超前考虑城市用地的发展策略，以确保城市整体利益为前提，最大程度上有效避免地区的衰落。将城市的二次开发和土地再利用与社会经济进步有效衔接，减少对城市资源与土地资源的浪费。

（一）灰色用地的概念

2007年，中国城市规划设计研究院在修编《苏州工业园区分区规划

（2007～2020）》时，为了落实城市集约高效发展需求，协调城市近期建设与远期发展目标之间的关系，控制城市具有潜在价值的资源，加强规划的可操作性，在苏州工业园区（苏州东部新城）分区规划中首次提到了城市"灰色用地"的概念。

在苏州工业园区（苏州东部新城）分区规划中提出的灰色用地的概念是一种狭义的概念，主要应用于工业用地的退二进三，而在城市的发展过程中，灰色用地作为一种弹性用地，是土地转化过程中的一种过渡用地形式。当土地性质不能适应城市发展所需时，便可将用地转换为社会发展所需的土地性质。因此，在特定因素条件下城市范围内非污染无危险的各类用地均有规划为"灰色用地"的可能。

所以"灰色用地"概念界定是"某些发展环境不成熟，未来发展方向不确定的地块或地带，土地性质具有极强的可变性，土地利用结构极其不稳定，无法按照传统总体规划将土地利用规划一步到位，将其赋予可以置换用地性质的功能，当地区产业经济发展到一定阶段，地块原有土地性质不能适应城市发展需求时再将该地块性质置换为所需的用地类型。"

（二）灰色用地对萎缩型边缘区的适用性研究

"灰色用地"规划方法是以原有土地利用规划为基础，针对用地性质不明确的用地，应对未来外部环境发生改变时对用地性质转变的需求。城市总体规划在未来城市发展和空间布局控制中所暴露出的局限性，使城市发展决策者很难准确界定城市在未来准确的结构形态及用地的明确定性，灰色用地的引入，可以有效减少政府应对产业发展方向变化时的被动；减少规划修编的频率；同时还可以起到土地置换缓冲作用，有利于企业空间位置的置换转移，确保土地利用的高效。

萎缩型边缘区内相互交错不同性质的用地，在城市化进程中受到城市强烈经济辐射及人为干扰，其用地性质的多样性以及利用方式的可变性和土地利用结构的不稳定性，都远超其他城市建成区域。萎缩型边缘区具有以下几个特点满足适用"灰色用地"规划方法的要求：（1）城市建成区交界地带，人员流动性强，具有较强的地区活力，内部土地性质复杂具有较强的不确定性。（2）萎缩型边缘区内发展环境复杂多变，终极蓝图式的规划目标难以一步实现。"灰色用地"的弹性操作可以缓解开发各个阶段中的城市矛盾，激发城市活力，有效避免已征用土地难以出让形成闲置土地而造成的土地资源浪费，提高规划的可操作性。（3）区位交通条件较好。萎缩型边缘区内一般都具有连接相邻城市建成区的交通性道路，这使其用地性质具有较大的可变性，将萎缩型边缘区规划为"灰色用地",可适应交通设施调整或土地快速增值带来的变化。

（三）灰色用地对萎缩型边缘区的应用性研究

1. 规划的动态性

萎缩型边缘区是城市混杂多变的地区之一，未来发展的不确定性，使其无法按照总体规划将土地利用规划一步落实到位，灰色用地规划方法将规划远期目标分成若干次阶段性过程规划，连续的阶段性规划相叠加完成整个远期土地利用规划目标完整过程。萎缩型边缘区至少需要进行两轮规划，某些外部因素复杂的地段甚至需要多次规划，灰色用地的规划编制是一个连续的、相互关系紧密的动态过程。

在萎缩型边缘区第一次规划中，需要依据地块的基本情况进行定位，合理布局土地利用规划、用地性质及功能，并超前考虑与后续规划的衔接。具体工作有：（1）规划整治路网、河网等，充分考虑后续规划的布局需求，使路网、河网系统化；（2）超前考虑建筑在后续规划中的使用和改造问题；（3）根据当地产业发展规划定位于调整，科学设置第一次规划的用地性质；（4）基础设施应为后续规划预留充分的扩容空间；（5）第一次土地利用规划应为后续土地规划预留合理的弹性空间。且第一次规划应选择一些土地产权明晰，开发周期短，其上项目的产权尽量控制为国有。开发周期短能够保证"灰色用地"的动态性和灵活性，产权明晰则便于"灰色用地"在后续规划中转换性质和功能，同时保障各方利益。

萎缩型边缘区后续规划主要工作是对前一次规划中存量用地的再开发，以第一次规划为基础，结合新的外部环境和发展需求对用地功能做出合理调整。其主要工作为：（1）对上次规划中的路网、河网系统等进行梳理整合，以适应新的用地功能的需要；（2）对不符合发展要求的用地进行使用功能及用地性质的转换，如"退二进三"、"推三优三"等；（3）对已有建筑科学评估，保留再利用价值高的建筑；（4）对上一次规划中预留的弹性用地进行功能布局，考虑与周边用地的衔接问题；（5）基础设施尽量利用保留上一次规划中所开发设施，根据实际情况进行扩容以避免不必要的浪费（图1）。

2. 土地资源的高效可持续利用

城市土地利用规划与城市产业结构密切相关，反映了城市产业结构的空间布局。对于城市来讲，土地资源是重要的发展载体，萎缩型边缘区土地资源高效可持续利用是调整经济结构和促进城市经济转型的重要举措。用地功能的合理转换可以淘汰低效部分用地，弥补部分城市发展建设用地缺口，重新组织新的生产方式或转变经营模式，如2015年4月上海市政府颁布实施《上海市城市更新实施

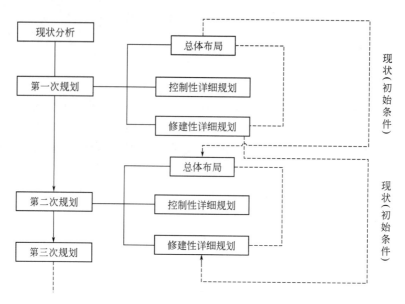

图1　灰色用地动态规划过程

《办法》发布，内容涵盖多个方面，对土地开发和运营的全周期进行管理。并与"城市更新"相结合，逐步把"房产开发商"转变为"城市运营商"，以实现"以土地利用方式转变，倒逼城市发展转型"。这不但从土地使用效能上予以极大的优化，而且同时也完善了城市相应功能。

　　3. 规划用地以产业"由附转主，由短为长"更新的原则置换

　　在灰色用地规划方法中，将土地功能转换总体分为由第二产业用地转换为第三产业用地、由非产业用地转换为第三产业用地和由第二产业用地转为非产业用地等四类。有效衔接产业发展与土地资源利用，进而增强土地资源的高效可持续利用。

　　土地资源以短期型产业向远期型产业置换为主要参考。将土地资源利用效率最大化，初期需要低档起步盘活土地、培育市场，从而进行用地短期出让，以投资量小、产权明晰、变动灵活的产业为主。

　　但在实际操作中没有选择性的引入短期性产业，且未充分考虑现实与本地产业的结合与未来产业的发展方向，从而造成产业混乱，资源利用低下，进而影响土地在未来过程中的顺利置换等问题，直接对当地经济与产业的健康发展产生巨大的反作用力，这与"灰色用地"的理念背道而驰得不偿失。土地资源以产业"由附转主，由短为长"更新的原则下进行转换，用地规划应与产业规划紧密结合，明确主导产业与着重发展产业，在引入短期型产业以主导产业和着重发展产业的附属型产业及配套产业为主，产业发展与用地置换同步进行，在产业发展到

一定阶段将短期产业向长期产业转换，相应的短期型产业用地向长期性主导产业用地置换。

（四）"灰色用地"运营模式——国有控股公司一体式开发

传统的招标—出让模式遵循市场经济的客观规律对土地进行开发运作，可较好地适应市场经济下城市的发展。但是，"灰色用地"规划中对土地的出让年限、地面建筑循环利用、用地性质设置等方面都有特殊的要求，招标—出让模式虽然可以极大程度上缓解政府土地开发资金不足的问题，降低政府开发的风险，促进提升当地开发效率和活力，但是，"灰色用地"中短期型产业用地土地出让年限较短，由于现阶段我国尚不明确的土地使用权到期后地面资产的补偿机制，二次开发的高成本补偿问题一直是各地方政府二次开发"难产"的首要原因。

借鉴伦敦道克兰码头案例成立第三方一体式开发运营，由政府成立国有控股公司对"灰色用地"进行一体开发。"灰色用地"规划在进行第一次开发时，由国有控股公司代表政府进行房屋拆迁、土地征用、筹集资金、基础设施建设等工作，并根据规划原则进行部分土地的地面开发，开发后出租地面设施或短期出租土地，而土地不出让。需要对"灰色用地"进行第二次开发时，国有控股公司可无条件收回土地和地面设施的使用权。并按照该灰色用地第二次土地利用规划中的用地规模、用地性质和用地边界等进行出让（图2）。

五、灰色用地在 S 市高新区萎缩性边缘区的规划探索

2010 年 11 月经国务院批准 S 市高新区升级为国家高新技术产业开发区，2013 年被列为国家知识产权试点园区，总面积为 23.2km²，已入驻企业 76 家，2012 年产值达约 120 亿元，同比增长约 17%；完成固定资产投资约 10.8 亿元，同比增长约 55%。2010 年以来，S 市高新区已从初创进入快速发展的新阶段。但是，高新区萎缩型边缘区产业集聚及用地开发过程中也暴露出了一些问题，包括布局混乱、产业层次偏低、资源配置不合理、招商环节薄弱等（图3）。

（一） S 市高新区萎缩型边缘区范围判定

高新区处于 S 市城市建成区，南邻 S 市中心城区，北邻国家一类口岸港口，东西紧靠 J 与 X 镇城区，高新区内建设北部临港物流园、化工新材料园、电子信息园、西部纺织科技园和东部五金机械园；而处于高新区与 S 市中心城区交界处被四周城市包围的南部地区为典型的萎缩型边缘区。

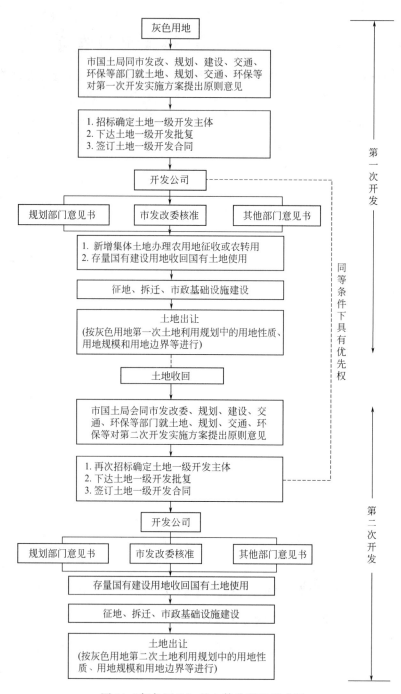

图 2 "灰色用地"的一体化开发模式图

图3　S市高新区土地利用现状

　　南部由于各种原因在高新区建园以来的开发中导致集体土地与城市建设用地相互交错，杂乱坐落大量小型乡村工业、民营低加工企业、城市转移产业和村庄，村庄廉价的生活成本致使务工人员大量集聚。各种因素导致下形成鲜明的城市元素与乡村元素共存特征，在四周城市强烈辐射影响下和政策优势与高新区政府强有力城市化推动下，乡村形态下的社会、经济、文化等要素快速向城市形态激烈转换，致使该特征区域面积不断萎缩直至完全完成城市化进程（图4）。

（二）灰色用地在S市高新区萎缩型边缘区的规划布局

　　高新区南部地区作为连接高新区与S市中心城区的区域，有着承上启下的重要作用，面对萎缩型边缘区极强的过渡性、混杂性和动态性，最终蓝图的规划方

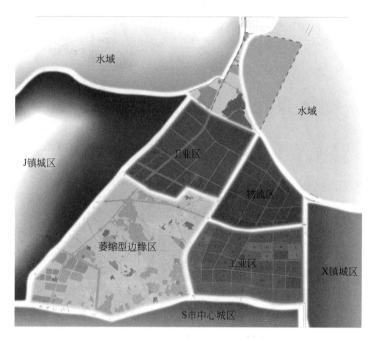

图 4　高新区萎缩型边缘区范围

法显然无法有效完成 S 市总体规划中将该地区定位为综合性区域的目标要求，"灰色用地"规划方法和用地布局可以对未来土地需求的动态变化进行有效应对，最大程度上避免土地资源的分配不合理和浪费。同时可以在政府应对产业发展方向变化时主动进行合理调整；减少规划修编的频率；同时还可以起到缓冲土地置换时产生不必要的社会矛盾的作用，有利于企业空间位置的置换转移，确保土地利用的高效。

对 S 市高新区萎缩型边缘区进行"灰色用地"的布局，规划近期用地布局，并拟定后续两次用地的初步规划布局，分时期来动态调整土地资源使用，同时调控未来产业的发展，后两次用地规划是对第一次规划的补充和针对现下社会经济发展相匹配的用地布局的预测，不具有确定性，应随当地社会经济发展随时作出相应调整，以避免产生土地资源与社会经济发展不匹配等问题（图 5）。第一次土地利用规划在外部环境没有巨大改变，后续规划没有大范围改动的情况下，应

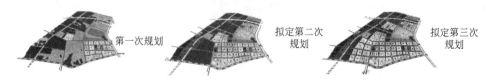

图 5　边缘区拟定用地演化图

遵循后续规划用地布局目标。

　　土地资源以产业"由附转主，由短为长"更新的原则下进行转换，短期型产业向远期型产业置换为主要参考。将土地资源利用效率最大化，初期需要低档起步盘活土地、培育市场，从而进行用地短期出让，以投资量小、产权明晰、变动灵活的主导产业的配套产业为主，如海洋制品产业、纤维加工产业、五金加工、物流等。在发展中前期可以引入本地主导产业，如海洋电子设备制造、纺织设备制造等劳动密集型产业；在发展中后期可以引入部分转型为房地产、综合技术服务、设备研发、新材料研发、商务商业等，实现产业"退二进三"。

　　在临近主城区的区域设立为短期型产业用地区（图6），这些地段受城市扩张影响较大，完成城市化速度最快，用地存在较强可变性，土地存在较大升值空间，设置为短期型产业用地区有利于土地置换和提升边缘区在城市化进程中的高效集约发展，也更好地协调近远期的产业与用地布局（图7，图8）。

图6　短期型产业用地范围

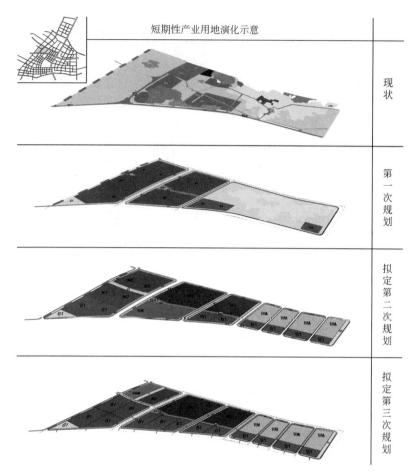

图 7　短期型产业用地演化示意图

六、结语

在我国已进入快速城市化阶段的情况下，萎缩型边缘区用地布局不仅需要适应市场经济的客观规律，同时也要协调多方的利益，满足新常态下城市发展的要求。文章引入"灰色用地"规划方法，主要基于对国内外产业被动"退二进三"和国内边缘区出现产业与用地混乱现象的思考，尝试以"灰色用地"动态、弹性的理念超前引导萎缩型边缘区高效健康发展，从规划编制角度对萎缩型边缘区的土地效益、用地结构、开发时序进行有效调控。然而，"灰色用地"理论体系仍需要逐步完善，特别在萎缩型边缘区的实证操作和研析方面还需进一步探究。

文章以 S 市高新开发区为例，结合"灰色用地"理念提出用地转换以产业

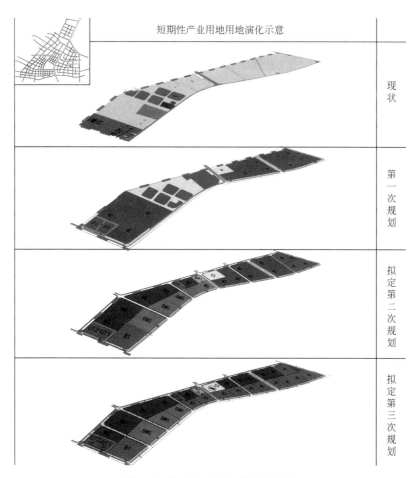

图8 短期型产业用地演化示意图

"由附转主，由短为长"更新为参考标准，即由短期产业用地短期出让向长期产
业用地长期出让逐渐过渡的产业土地衔接的利用模式，目的在于提高规划的操作
性。但是在具体的产业划分原则、土地性质置换方式及灰色用地的规模控制等方
面还有待进一步探究和实践。

（撰稿人：陈士丰，苏州科技学院建筑与城市规划学院；杨忠伟，苏州科技学院建筑与城
市规划学院；王震，湖州市规划局。）

注：摘自《城市发展研究》，2016（01）：70-77，参考文献见原文。

城市地下空间控规体系与编制探讨

导语：国内相关规划编制规范与办法的缺失，导致许多地下空间控规编制成果各自成章，不利于城市地下空间规划的规范管理与有效控制。从地下空间的特点出发归纳了地下空间 5 大系统，并梳理出相应的规划控制指标体系，包括地下土地使用规划控制、地下建筑建造规划控制、地下交通设施规划控制、地下环境与设施配套规划控制、地下市政设施规划控制、地下防灾设施规划控制 6 大项、26 类。结合常规控规编制办法与地下空间的特点，对 6 大项规划控制指标的编制方法与内容进行详细解析，并相应提出了地下空间控规编制的主要成果内容。

一、引言

城市地下空间的开发利用是集约利用土地、扩大城市空间容量、改善交通与地面环境品质的有效手段，与当前新型城镇化提出建设紧凑型城市的发展要求一致。随着轨道交通等建设发展与地下工程建设技术能力的提高，城市地下空间的大力开发利用业已成为新的建设热点。

由于我国地下空间规划编制起步较晚，尚未有针对城市地下空间控规的编制办法出台，导致地下空间控规成果的编制内容、深度等方面各不相同、无章可循。因此，有必要从城市地下空间的系统特点出发，对城市地下空间控规编制体系等方面进行探讨，以利于城市地下空间规划的规范管理与有效控制。

二、城市地下空间控规体系

（一）城市地下空间系统

现代城市地下空间的开发利用已经向综合化、分层化与深层化发展，可以说地下空间几乎包含了地上所有的功能，归纳起来可分为地下交通、地下公共服务、地下市政、地下工业与仓储、地下防灾 5 大系统。地下交通系统包含地下轨道、地下车行、地下人行、地下停车等分系统。地下公共服务系统分为地下文化、展览等公共服务类设施，地下商业、娱乐等赢利性设施，下沉广场、地下公共开放空间等公益性设施，地下智能化信息管理等设施。地下市政系统包含地下市政管网、综合管廊、地下能源站、地下泵站等市政设施。地下工业与仓储系统主要为工业仓储用地下设置的地下生产厂房、地下仓库、物流管道等。地下防灾系统指地下人防、地下消防等系统。

城市地下空间控规编制范围一般针对城市中心区、交通枢纽等重要的地下空间开发地区，对工业用地、仓储用地及其他非地下重点开发区域可做普适性的规划控制，本文以下所述均以城市地下空间重点开发区域为例。

《中国城市地下空间规划编制导则（征求意见稿）》（2007）提出："地下空间控制性详细规划的主要内容应包括：根据地下空间总体规划的要求，确定规划范围内各类地下空间设施系统的总体规模、平面布局和竖向关系等，包括地下交通设施系统、地下公共空间设施系统、地下市政设施系统、地下防灾系统、地下仓储与物流系统等……"。笔者提出将其所述的地下公共空间设施系统改为地下公共服务系统，原因一是与新的用地分类标准中公共服务设施用地取得呼应，二是突出城市地下空间重点开发区域应整体统筹考虑地下公共服务类设施，不仅仅是公共空间。同时将其中的地下仓储与物流系统改为地下工业与仓储系统，是基于地下厂房、工业设施无法纳入到地下仓储与物流系统的缘故。

（二）城市地下空间控规指标体系

城市地下空间控规编制的直接依据是地面控规，结合相关的交通、市政、人防等专项规划分别来控制地下各功能开发规模、地下交通与市政设施类型与位置、人防设施要求等。

为了完整有效地控制、引导地下各系统，同时又便于规划管理与实施，笔者提出了城市地下空间的控规指标体系，包括地下土地使用规划控制、地下建筑建造规划控制、地下交通设施规划控制、地下环境与设施配套规划控制、地下市政设施规划控制、地下防灾设施规划控制 6 大项、26 类（图 1）。

地下空间控制指标分为规定性指标和指导性指标两类。

（1）规定性指标包括：地下使用功能、地下用地边界、地下开发面积、地下容积率、地下建筑密度、地下建筑退界、地下停车泊位、地下公共连通道、地下人行过街设施、地下公共停车场停车泊位与控制范围、地下轨道交通设施控制范围、地下道路控制范围、市政综合管廊控制范围、地下空间禁止开口处、地下防灾设施级别与规模等。

（2）指导性指标包括：地下开发深度与层数、地下建筑层高、竖向标高、地下公共开放空间、下沉广场及地下公厕等其他环境与设施配套要求。

对于指标的规定性和指导性属性，还需根据实际情况甄别。比如地下公共连通道指标，在城市中心区重要地铁站点 500m 半径之内的商业用地与地铁站之间，

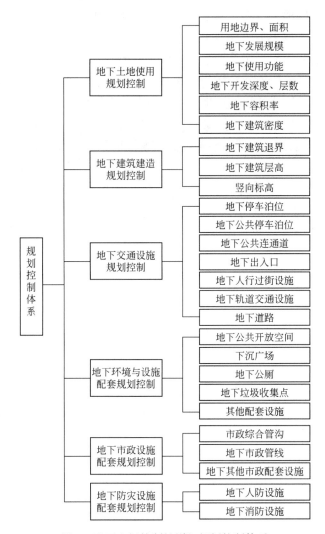

图 1　地下空间控制性详细规划控制体系

地块间应设置地下人行与车行公共连通道，其方位与数量、净宽与净高、衔接标高均应作为规定性指标，以保障公共连通道适宜的通行环境。而在一般商业开发区域，不能确定均开发地下商业设施的地块之间，地下人行与车行公共连通道就可作为指导性指标来控制。

　　指标限制主要针对规定性指标，分上限指标和下限指标，地下空间控规指标不得超出上限指标，不得低于下限指标。一般列入上限指标的为：地下容积率、地下建筑密度、地下开发面积；列入下限指标的为：建筑退界、地下（公共）停车泊位、地下公共连通道数量。

三、城市地下空间控规编制内容

（一）地下土地使用规划控制

地下用地边界与各片区控规用地界线一致，以道路红线、绿地绿线、河道蓝线及地块界线等为界。地下用地面积与地面控规开发控制单元应相同，便于规划管理对地上地下的整体控制。不同的是，需要对开发地下空间的道路列出控制单元。

1. 地下空间功能使用规划控制

（1）地下功能与用地性质的适配

地下空间使用功能需要遵循控规确定的用地性质，同时保障城市基础设施的发展需求。地下功能分类参照新版城市用地分类，以中类用地为主要参考，部分设施细化到小类用地，比如：金融保险与其他商务用地不同，其地下设施比如地下金库是不对外开放的，所以需要把地下金融保险设施单列出来（表1）。

（2）地下功能兼容性

地下功能兼容性必须不影响基本控制单元的主导属性，保持合理的城市功能结构。在可兼容范围内，按公益性优先的原则进行兼容，并需满足相邻关系的要求，不能影响地块周边交通、环境与市政设施。

每种地下使用功能均规定允许兼容、不允许兼容、经规划主管部门审查批准后可以兼容的地下功能（表2）。

2. 地下空间开发强度规划控制

地下空间开发强度规划控制包括地下各层建筑面积与地下总建筑面积、地下容积率、地下建筑密度、地下开发深度与层数。

笔者将地下建筑密度定义为：水平投影面积最大的地下层，其水平占地面积与建设基地面积的比率，此计算层一般指地下一层；将地下容积率定义为：一定用地范围内，地下总建筑面积与建设用地面积的比值，计入地上容积率的建筑面积不再重复计入地下容积率。

为了在城市建设用地中保证一定比例的自然土壤的渗水率与排水功能，符合海绵城市生态理念，保护地下公共使用权（这个权利的性质是为公共利益而限制土地所有权人等的权利行使），以保障未来深度地下基础设施建设，同时兼顾一定的工程经济性，在地下空间控规指标中提出地下建筑密度与地下容积率，并作为规定性指标，加以强制性控制。

在城市中心、交通枢纽等局部区域，为了体现地下公共性空间的高效使用，也可采取（局部）不退界，即不控制地下建筑密度的整体开发模式。具体需根据实际情况进行综合评价来确定。

地下功能与用地性质适配

表 1

地下功能 \ 用地性质	居住用地	公共管理与公共服务设施用地							商业服务业设施用地			道路与交通设施用地			绿地与广场			市政公用设施用地	水域及生态绿地
		行政办公	文化设施	体育	医疗卫生	教育科研	文物古迹	其他社会福利	商业	商务	娱乐康体	城市道路	交通枢纽	交通场站	公共绿地	防护绿地	广场		
地下轨道交通设施	○	○	○	○	○	○	○	○	○	○	○	√	○	○	√	√	√	○	○
地下道路	×	×	×	×	×	×	×	×	×	×	×	√	○	○	○	○	√	×	○
地下车行连通道	○	○	○	×	○	○	×	×	√	√	√	√	○	○	√	○	√	×	○
地下人行连通道	○	○	○	○	○	○	×	○	√	√	√	√	○	○	√	√	√	×	○
地下综合交通枢纽设施	×	×	×	×	×	×	×	×	√	√	√	√	√	○	×	×	○	○	×
地下停车设施	√	√	√	√	√	√	×	√	√	√	√	√	√	√	√	√	○	×	×
地下商业服务设施	○	×	√	√	×	○	×	×	√	○	○	×	×	×	○	×	○	×	×
地下文化与展览设施	○	×	√	√	×	○	×	×	√	○	√	×	×	×	√	×	○	×	×
地下商务办公设施	○	√	√	×	×	×	×	×	√	√	√	×	×	×	√	×	×	×	×
地下体育健身设施	○	×	○	√	×	○	×	×	√	○	√	×	×	×	√	×	○	×	×
地下娱乐设施	○	×	√	√	×	○	×	×	√	√	√	×	×	×	√	×	○	×	×
地下公共开放空间	○	×	√	√	×	○	×	×	√	○	√	×	×	×	√	×	○	×	×
地下金融保险设施	×	×	×	×	×	×	×	×	√	○	×	×	×	×	×	×	×	×	×
地下医疗服务设施	×	×	×	×	√	×	×	×	×	×	×	×	×	×	×	×	×	×	×
地下教育科研设施	×	×	×	√	×	√	×	×	×	×	×	×	×	×	×	×	×	×	×
地下市政设施	√	√	√	√	√	√	√	√	√	√	√	√	√	√	√	√	√	√	○

注：√可建；×不可建；○条件允许时经批准可建。

表2

地下功能兼容性控制

兼容功能 ＼ 规划地下功能	地下轨道交通设施	地下道路	地下车行连通道	地下人行连通道	地下综合交通枢纽设施	地下停车设施	地下商业服务设施	地下文化与展览设施	地下商务办公设施	地下体育健身设施	地下娱乐设施	地下公共开放空间	地下金融保险设施	地下医疗服务设施	地下教育科研设施	地下市政设施
地下轨道交通设施	√	×	×	○	○	○	○	○	○	○	○	○	○	×	×	○
地下道路	×	√	√	×	○	×	×	×	×	×	×	×	×	×	×	×
地下车行连通道	×	○	√	×	√	√	×	×	×	×	×	×	×	×	×	×
地下人行连通道	○	×	√	√	√	×	√	√	√	√	√	√	○	×	○	×
地下综合交通枢纽设施	○	×	×	×	√	×	×	×	×	×	×	×	×	×	×	×
地下停车设施	○	×	√	×	√	√	√	√	√	√	√	√	√	√	×	×
地下商业服务设施	○	×	×	√	○	√	√	√	○	○	○	√	○	×	×	×
地下文化与展览设施	×	×	×	√	×	×	√	√	○	○	○	√	×	×	×	×
地下商务办公设施	×	×	×	√	×	×	○	○	√	○	○	√	○	×	×	×
地下体育健身设施	×	×	×	√	×	×	○	○	○	√	○	√	×	×	×	×
地下娱乐设施	×	×	×	√	×	×	○	○	○	○	√	√	×	×	×	×
地下公共开放空间	×	×	×	√	×	○	√	√	√	√	√	√	√	×	×	×
地下金融保险设施	×	×	×	○	×	×	○	×	○	×	×	√	√	○	○	×
地下医疗服务设施	×	×	×	×	×	×	×	×	×	×	×	×	√	√	×	×
地下教育科研设施	×	×	×	○	×	×	×	×	×	×	×	×	√	×	√	×
地下市政设施	○	○	√	○	√	√	√	√	√	√	√	√	√	√	√	√

注：√可建；×不可建；○条件允许时经批准可建。

（二）地下建筑建造规划控制

1. 地下建筑退界规划控制

地下建筑退界以地下建筑物最突出的外墙（外围护）边线计算。地下建筑退界包括建筑物后退地块边界、道路红线、河道蓝线、轨道等地下交通设施距离以及其他退界要求。

地下建筑间距应满足消防、交通、抗震、防洪、环保、市政管线敷设与文物保护等要求，同时还需满足相邻建筑结构安全、施工安全间距等综合要求。

《江苏省城市规划管理技术规定》（2011年版）规定：地下建筑物退界距离应当满足施工安全、地下管线敷设等要求，一般不小于基础底板埋深的50%，且不得小于5m（旧区或用地紧张的特殊地区不得小于3m）。《全国民用建筑工程设计规范/规划，建筑，景观》（2009年版）要求：地下建筑物距离用地红线不宜小于地下建筑物深度的0.7倍。退界需考虑开挖时的施工设备用地及地下管网铺设，并保证施工技术安全措施的实施距离，一般退用地界线距离最小不得小于5m，旧区或用地紧张的特殊地区最小不得小于3m。《城市轨道交通工程项目建设标准（建标104—2008）》第28条规定：在规划控制保护地界内，应限制新建各种大型建筑、地下构筑物，或穿越轨道交通建筑结构下方。

地下建筑有大量人流、车流集散的地下商业、娱乐、办公等设施的地下出入口，后退道路红线距离应保证足够的疏散场地，可结合交通影响分析确定。

后退河道蓝线距离须保证河道堤坝与市政设施的安全，并保证地下建筑施工与使用安全。

后退铁路设施距离需满足现行《铁路运输安全保护条例》等相关规范要求。

后退地下轨道交通设施距离需满足现行《城市轨道交通工程建设项目建设标准》等相关规范要求。特殊情况下，比如与轨道交通设施同时建设的地下设施，在征得轨道交通等相关管理部门同意的情况下，可毗邻建设。

在地下综合体等局部区域，为了高效利用地下公共服务设施、节约地下工程造价（可减少地下围护设施），地下建筑可联建、无需退界，但仍需满足相关消防、交通、市政设施、施工安全等要求。

2. 地下建筑层高与竖向标高

地下建筑层高取决于地下功能，地下建筑结构顶板厚度加上通风管等设备的高度一般在1.0~1.2m左右，因此，地下空间层高相对地上建筑层高需要高一些。一般来说，地下商业等公共服务性功能的地下空间层高宜为5.0~6.0m，地下停车库层高宜为3.6~4.0m，机械式停车层高一般为5.0~6.0m，地铁站厅层高宜为6.0m左右。

地下公共连通道的净高不宜小于2.2m，地块之间需要直接连通的地下建筑高差不宜大于1.0m。

对地块之间连通道以及与地铁站厅层直接连通的地块公共空间一般需要控制竖向标高以利于人行安全与舒适度，衔接竖向标高可在图则中表示。

3. 地下建筑间距

地下建筑间距控制一是为了避免新建地下建构筑物对已有建筑或地下建构筑物的结构基础造成不良影响，二是为了体现相邻地块地下使用权的公平性。

地下建筑间距控制主要参考地下结构设计相关规范，一般以地下开发深度作为参考值。如涉及地铁、隧道等，还需遵循相关规范规定。

在既有地下建构筑物外围开发建设地下空间时，地下建筑间距一般以较大的开发深度（1倍基础深度）作为控制间距。如新建建筑开发深度小于既有地下建构筑物深度，间距可适当减少。

在相邻地块均为新建地下建构筑物时的地下建筑间距控制，如退界距离控制大于等于开发深度，可以两者的退界间距之和作为地下建筑间距。

（三）地下交通设施规划控制

地下交通设施规划控制包括：地下停车泊位（含地块配建地下停车泊位与地下公共停车泊位）、地下公共停车场控制范围、地下公共连通道（方位、数量、净宽、净高、标高）、地下出入口（含禁止开口处）、地下人行过街设施、地下轨道交通设施控制范围、地下道路控制范围等。

1. 地下停车泊位规划控制

为了保证地面生态绿化环境与安全的步行环境，需要设置一定的停车入地率，将部分停车设施地下化。控制地下停车泊位包括地块内配建的停车泊位和地下公共停车泊位。地面控规中地块内需配建的停车泊位与停车入地率的乘数值即是地块地下停车泊位的控制下限值。

为缓解重点地段停车配建不足问题，在广场、公共绿地、公共停车场等公共地块下可设置地下公共停车场。

地块内或公共性用地下需要控制地下公共停车场的建设范围、最少配建的公共停车泊位，一般也兼而控制公共停车泊位的上限值，以免过多的停车带来新的交通问题。

2. 地下公共连通道规划控制

为了保证地下设施之间互联互通、共建共享，设置地下人行公共连通道和地下车行公共连通道。

地下公共连通道控制包括地下人行连通道与地下车行连通道的控制，地下控规中需要控制连通道方位、数量、净宽、净高等，一般以图则表示，控制值为下限值。如与现状、已确定方案的地下建筑连通，需要控制坐标定位等。

3. 地下出入口规划控制

地下出入口的开设方位首先要满足地面控规对地面出入口的控制，同时需要结合地下出入口的性质，满足环境、卫生、景观等方面的要求。对于人流出入密集的地下街、地下商场（超市）等，应在学校、医院、行政管理机关等单位出入口区域禁止开设地下出入口，以免产生交通、环境等负面影响。

4. 地下人行过街设施规划控制

城市中心区、交通枢纽、学校、医院等区域需要保证行人过街安全，可在地面车行交通流量大的道路上设置地下人行过街设施。结合地下街设置的地下人行过街设施需要保证一定的公共开放时间，并不能被商业设施占用。地下人行过街设施净宽宜大于 4.0m，净高宜大于 3.0m。

5. 地下轨道交通设施规划控制

《城市轨道交通工程项目建设标准》（建标 104—2008）第 28 条规定：在线路经过地带，应划定轨道交通走廊的控制保护地界，并应符合下列规定：……轨道交通控制保护地界应根据工程地质条件、施工工法和当地工程实践经验，确定规划控制保护地界，但不应小于表 3 的规定。如遇特殊情况，控制保护地界需经过专题研究与专家论证。

控制保护地界最小宽度标准　　　　　　　　　　　　　　表 3

线路地段	控制保护地界计算基线	规划控制保护地界
建成线路地段	地下车站和隧道结构外侧，每侧宽度	50m
	高架车站和区间桥梁结构外侧，每侧宽度	30m
	出入口、通风亭、变电站等建筑物外边线的外侧，每侧宽度	10m
规划线路地段	以城市道路规划红线中线为基线，每侧宽度	60m
	规划有多条轨道交通线路平行通过或线路偏离道路以外地段	专项研究

地下轨道交通设施需要控制规划轨道线网走廊、车站范围、区间线路、竖向、地铁设备设施等，一般结合轨道交通专项规划来控制。对于地铁出入口、风井等出地面设施如在地块内，需要提出是否与地块内建筑合建或单独建在地块内。

6. 地下道路规划控制

在城市中心区，过境车行交通量较大时，或机动车行与人行需要进行立体分离等情况时可以采取道路下穿方式。地下道路需要控制地下道路的平面位置、地下道路竖向区间范围、地下道路出入口范围、地下道路车道宽度等。

（四）地下环境与配套设施规划控制

为了创造舒适宜人、便捷、设施完善的地下空间，对城市重要区域的地下空间，特别是人流集中、使用频繁的公共性地下空间，需要进行地下环境及服务配套设施的规划引导与控制。

1. 地下公共开放空间

地下公共开放空间的主要功能是交通集散、休憩与营造绿化环境，弥补地下空间缺少自然环境、方向性差等缺陷。在连续地下街的一定间隔区域、不同地块空间连接处、立体交通转换处应设置地下公共开放空间。地下公共开放空间宜为地下广场、地下绿化休憩场所等非营利性的开放空间。地下公共开放空间的规划控制包括位置、面积、竖向标高、功能、连通形式等。

2. 下沉广场

下沉广场设置的主要功能包括为地下空间带来良好的自然通风、换气、采光等条件，满足地下大空间的消防疏散，作为地下空间的交通、景观的综合性空间。

在重要的地下商业服务设施入口、人流密集的广场等区域设置下沉广场，能起到良好的入口导引与环境景观作用。下沉广场的规划控制包括位置、面积、竖向标高、竖向交通形式等。

3. 公共厕所、垃圾收集设施等

（1）公共厕所

在公共性地块下设置地下公共服务设施和地下公共停车场，需考虑设置地下公厕。地下公厕设置标准按照《城市环境卫生设施规划规范》GB 50337—2003、《城市公共厕所设计标准》CJJ 14—2005 及相关规范规定执行。比如：地下街按 300m 左右设置 1 处地下公共厕所，机动车泊位大于 300 辆的大型地下公共停车场内需设置地下公共厕所。

地铁站应根据《地铁设计规范》GB 50157—2003 及相关规范规定设置公共厕所。

（2）垃圾收集设施

在公共性地块下设置地下公共服务设施，需考虑设置地下垃圾收集设施，包括地下垃圾收集点、废物箱。垃圾收集点设置标准按照《城市环境卫生设施规划规范》GB 50337—2003 及相关规范规定执行。地下街按不超过 70m 服务半径设 1 处生活垃圾收集点，间隔 50~100m 设 1 处废物箱。

（3）其他配套设施

涉及地下空间的其他配套设施包括自动扶梯、标识标示、自动饮水、电话亭等设施。

自动扶梯设置：结合地铁车站出入口、下沉广场设置自动扶梯，方便使用者出入。

标识标示：在地下空间出入口、地铁车站附近、地下空间内应设置明显易辨认的指示标识，同时结合建筑环境特色，设置相应的景观标识系统。

自动饮水、电话亭等设施：在地下街内宜结合地下公共开放空间设置自动饮水、电话亭等便民服务设施。

（五）地下市政设施规划控制

1.地下综合管廊

设置地下综合管廊的原则是优先生命线工程管廊化、重要道路地下管线管廊化、结合重大基础设施建设综合管廊、城市中心区地下管线管廊化，并根据现行《城市综合管廊工程技术规范》GB 50838—2015 规定执行。

地下综合管廊规划控制包括纳入管廊的管线、三维控制线、重要节点、配套设施、附属设施等，一般结合综合管廊专项规划进行控制。

2.地下市政管线

在城市道路下开发地下空间首先需要保障地下市政管线的实施，为地下市政管线留出敷设与使用、检修的空间。一般结合管线综合规划进行规划控制，包括管位、管线种类、标准断面、重要节点等。

3.地下其他市政设施

规划控制地下市政设施类型、占地、地面用地性质等。在城市新建区域鼓励推广地下中水处理设施，以提高水资源的循环利用率；提倡建设地下式垃圾中转站、垃圾分拣站，减少垃圾收集、转运过程中对城市环境的污染；利用街头绿地、居住区绿地等设置地下式变配电设施、雨污水泵站等，节约集约利用土地资源。

（六）地下防灾设施规划控制

1.地下人防设施

结合人防专项规划确定地下人防设施，规划控制地下人防设施的级别、规模、功能、出入口设置等。

2.地下消防等设施

结合消防、抗震等专项防灾规划，控制相应的防灾等级、主要设施规模、消防出入口等。

四、地下空间控规成果

地下空间规划既属于规划范畴，又具有交通、建筑、市政等工程类特性。为了比较完整地表现其特征，地下空间控规需要遵循上位规划与相关专项规划，包括城市总体规划、地面控规、轨道交通专项规划、综合管廊专项规划、管线综合规划、人防专项规划等，并结合规划、交通、建筑、市政等国家法定规范以及地方相关规范、要求，进行规划编制。

依据《城市规划编制办法》《城市规划编制办法实施细则》与《中国城市地下空间规划编制导则（征求意见稿）》，地下空间控规主要规划成果分为规划文本与图则、说明书等附件。

规划文本需要将上述控规指标体系的规划控制以法律条文的形式加以清晰表达，形成有效的规划法定性文本，包括对地下重点开发区域加以明确，对地下重要的基础设施进行开发控制，提出地下开发实施策略与规划实施保障措施等。

规划文本包括：总则、地下土地使用规划控制、地下建筑建造规划控制、地下交通设施规划控制、地下市政设施规划控制、地下环境与配套设施规划控制、地下重要基础设施开发控制、地下防灾规划控制（引导）、规划实施保障措施、附则与附表等。

规划说明书、相关专项规划等纳入附件，规划说明书主要对控规文本与方案加以说明、解释。

地下空间控规图则需要把上述控规体系的基本要素和指标以图纸直观的方式清晰地表示出来。每张图则包括图纸、指标、设计引导三部分内容。笔者建议重点区域以分层图则方式清晰表达出地下各层的控制要素。

1. 规划图纸控制要素

（1）地下土地使用规划控制：地下使用功能、地下用地边界等；

（2）地下建筑建造规划控制：地下建筑退界、地下建筑间距、竖向标高（可增加竖向剖面示意图）等；

（3）地下交通设施规划控制：地下公共停车场控制范围、地下公共连通道（方位、净宽、净高与衔接标高）、地下出入口（含禁止开口处）、地下人行过街设施位置、地下轨道交通设施控制范围线、地下道路控制范围线等；

（4）地下环境与设施配套规划控制：地下公共开放空间位置，下沉广场位置，地下公厕、地下垃圾收集点等设施的设置及标识；

（5）地下市政设施规划控制：综合管廊、市政管线敷设空间的三维控制线

（或为平面与竖向控制图）等。

2. 指标表控制要素

（1）地下土地使用规划控制：地下开发面积、地下开发深度与层数、地下容积率、地下建筑密度等；

（2）地下建筑建造规划控制：地下建筑层高、竖向标高等；

（3）地下交通设施规划控制：地下停车泊位数量、地下公共停车泊位数量（可加上、下限值）、地下公共连通道（数量、净宽与净高的最低限值）、地下人行过街设施（净宽、净高、标高）等；

（4）地下环境与设施配套规划控制：地下公共开放空间与下沉广场面积，地下公厕、地下垃圾收集点等需设置的配套设施；

（5）地下市政设施规划控制：综合管廊与管线的相关设施，地下变电站等地下市政设施。

3. 设计引导（说明）控制要素——对地下设施普适性说明，针对特定设施的控制要求、补充说明

（1）规划控制的规定性或指导性指标属性说明；

（2）地下人行与车行连通说明；

（3）对设置的地下设施、接口、通道开放等信息作出说明；

（4）对需要保障的重要基础设施加以说明；

（5）对地块需要承担地铁、人防等设施责任的相关要求说明。

（撰稿人：沈雷洪，上海市城市建设设计研究总院项目负责人，高级工程师。）

注：摘自《城市规划》，2016（07）：19-25，参考文献见原文。

"海绵城市"视角下绿色基础设施体系构建与规划策略

导语：文章阐述了绿色基础设施对于"海绵城市"建设的意义和作用，在分析其基本特征的基础上，提出了"城乡统筹，保护与修复结合；流域统筹，水陆结合；灰绿统筹，快慢结合；部门统筹，多规融合"的规划原则，初步构建了"区域—城区—场地—建筑"多个层面的技术框架，明确了各层面的建设对象和建设目标，并提出了绿色基础设施的规划策略和方法。

为解决城市水生态、水资源、水环境及水安全领域普遍存在的突出问题，我国提出开展"海绵城市"建设的号召，通过"自然渗透、自然积存、自然净化"，降低雨水的产汇流，恢复城市原始的水文生态特征，使地表径流尽可能达到土地开发前的自然状态，从而化解"大水围城""城中看海"的现象。由城市森林、湿地、水道、城市绿地及其他自然区域等组成的绿色基础设施是"海绵城市"的重要载体，对于"海绵城市"建设具有生态、社会和经济等方面的多重价值和意义。如何建构完善的绿色基础设施体系，采取科学且具有地方适应性的规划方法和措施，是实现"海绵城市"建设必须回答的问题。

一、"海绵城市"视角下绿色基础设施的概念、作用与基本特征

（一）概念辨析

绿色基础设施（Green Infrastructure）将基础设施的概念延伸到绿色空间体系，是指由提升生物多样性、维持自然生态过程、保护空气与水资源以及提高城市和人民生活质量的荒野与开敞空间所组成的一个相互连接的网络，涵盖水道、湿地、森林、野生动物栖息地和其他自然区域，绿道、公园和其他保护区域，农场、牧场、森林和荒野。与"海绵城市"充分利用自然实现雨洪资源化利用的理念一样，绿色基础设施作为城市和区域的自然生命支持系统，通过各类土地资源之间的联系与互通，修复、改善包括水循环系统过程在内的自然结

构，持续、稳定地满足人类的需求。特别是在雨洪管理方面，绿色基础设施通过结合自然系统的一系列技术和措施，模仿自然水循环系统过程，达到改善环境质量和提供公共设施服务的目的，这与"海绵城市"以"雨洪资源化利用，提高城市应对气候变化、极端降雨的防灾减灾能力"为目标，以"控制面源污染、保障水质"为核心，以"水资源管理和水生态治理"为理念，"像海绵一样吸纳、净化和利用雨水"等诸多方面追求是完全一致的。绿色基础设施可以看作是"海绵城市"中的"海绵体"，而"海绵"则可认为是以自然为对象的水生态基础设施。

（二）意义与作用

作为生态功能的复合体，绿色基础设施除具有休闲、游憩、交往及提高生物多样性等多方面的复合功能外，在"海绵城市"建设中也可以发挥多种功能。

1. 构建区域绿色雨洪网络体系

绿色基础设施通过保护和串联分散的绿地，修复破碎的城市生境，形成绿色生态廊道，为"海绵城市"建设提供多种尺度、不同功能的载体，保证了海绵体的规模。同时，通过要素间的连通和自然过程的新陈代谢，将城市中的雨洪管理设施纳入绿色基础设施网络，实现雨洪管理的系统性和高效性。

2. 降低城市对洪水等自然灾害的敏感性

针对城市中时空分布不均的雨水径流与污染区域，绿色基础设施利用不同形态和规模的绿地，协同发挥雨水渗透、存蓄及回收再利用等作用，形成对雨水径流从源头、途中至末端的系统控制，降低城市对洪水等自然灾害的敏感性，防止城市洪涝灾害的发生，保障城市生态安全。

3. 控制雨水径流污染，改善城市水环境和生态系统

绿色基础设施通过植物吸收、土壤吸附、微生物分解有效去除水体中的氮、磷、重金属和有机化合物，减少化学和生物污染物，过滤径流，将雨水进行自然净化，减少径流污染总量；同时，水环境的改善将促进植被的良好生长，吸收 CO_2、SO_2 和 O_3 等污染物，拦截可吸入颗粒物（PM_{10}），提高城市空气质量；通过蒸腾作用吸收环境热量，减缓热岛效应。

4. 降低市政基础设施建设和维护费用

绿色基础设施的"海绵"模式改变了传统灰色基础设施只排不蓄、只排不用的状况，能滞留城市中近 50% 的雨水，有效缓解城市管网系统的压力，减轻污水处理厂的负荷，节约运营成本。研究表明，绿色基础设施建设和维护成本较灰

色基础设施低。

（三）基本特征

1. 空间的连续性

绿色基础设施作为连接自然区域和城市开敞空间的绿色网络体系，是沿流域、山系和道路脉络延伸生长的有机网络。绿色基础设施注重各类自然要素间的联系与沟通、交流与合作，往往跨越行政的界限，从城市延伸到乡村，从乡村蔓延至旷野。

2. 结构的层次性

绿色基础设施具有结构复杂、层次丰富的特点，在空间上是由多个网络中心、连接廊道和小型场地构成的空间系统，涵盖区域、城市、街区和建筑等多个层级。

3. 要素的多元化

从绿色基础设施的构成要素看，网络中心以较少受到外界干扰、面积较大的自然生境为主，包括处于原生状态的土地、生态保护区、郊野公园、森林、湖泊、湿地、农田、牧场和林地等；连接廊道是线性的生态廊道，是网络中心、小型场地之间联系的纽带，主要包括生态廊道、河流、城市道路、泄洪渠及防护绿带等线性绿色空间；小型场地是独立于大型自然区域之外的生境，主要包括城市公园、广场、街旁绿地、社区公园、停车场、雨水花园及屋顶花园等。

4. 功能的生态化

生态系统的服务功能是绿色基础设施存在的基础。对于"海绵城市"建设而言，绿色基础设施不仅可以通过雨涝调蓄、水源保护和涵养、地下水回补实现缓解洪水灾害、减轻排水和洪水防御系统压力的目的，还可以维护城市雨污净化、栖息地修复和土壤净化等重要的水生态过程。

二、规划原则与体系构建

（一）规划原则

1. 城乡统筹，保护与修复结合

保护和修复山、水、河、湖、林、田等大型水生态斑块和网络，充分发挥绿色基础设施对降雨的滞留、渗透和自然净化作用，实现城市水体的自然循环；通过自然要素的连接，打破城乡界限，实现城乡融合，构建城乡一体、区域联动的绿色基础设施网络骨架。

2. 流域统筹，水陆结合

流域是一个完整的天然集水单元，城市与流域有着不可分割的联系，流域统筹是绿色基础设施规划的基础与支撑条件。针对水问题特有的多尺度、跨地域、系统性及综合性等复杂状况，应从整个流域出发，摆脱传统就水论水、就城市论城市的模式，将水域和陆域作为一个整体，结合河道、水体和陆域环境进行综合考量，统筹解决流域内水生态系统功能失调的问题。

3.灰绿统筹，快慢结合

针对我国气候南北差异较大、雨量分布极不均衡的情况，绿色基础设施的规划建设应立足当地实际，采用灰色基础设施与绿色基础设施相结合的方式，二者共同发挥作用。例如，珠三角地区降雨"范围广、雨量大、强度强、频次高、持续久、灾害多"，城镇建设也具有"规模大、强度高"的特点，在大力发展绿色基础设施的同时，应对城市灰色基础设施进行绿色化改造，完善和提升雨水管网排水能力，将快排和慢排相结合，从而化解特大暴雨时的雨洪危机。

4.部门统筹，多规融合

"海绵城市"的绿色基础设施规划建设是一个复杂的工程，需要统筹协调多部门共同参与，应打破规划、国土、绿地、环境、水利和道路等多个专业规划之间的壁垒，从强调城乡统筹和流域综合治理的区域规划到突出单一要素的部门规划，从着眼整体的总体规划到强调地块的详细规划，从用地规划到专项规划，从竖向规划到排水防涝规划，实现多规融合。以解决问题为目标，通过高效的协调和反馈机制，开展不同专业之间的技术统筹，有效落实绿色基础设施的建设内容。

（二）体系构建

绿色基础设施网络渗透在城市的各个层面，其规划建设需要从不同层次入手。结合雨洪管理的实际需求，可从"区域—城区—场地—建筑"四个不同尺度分析规划对象要素和需要完成的主要任务，建立"海绵城市"建设的框架体系（图1）。

1.区域尺度

区域尺度的绿色基础设施是城市自然生态的基质和母体，承担着多种自然过程，为城市提供自然供给和净化系统。其规划的主要任务是根据当地自然地理条件、水文地质特点、水资源禀赋状况、降雨规律、水环境保护及内涝防治要求等，研究水系统在区域或流域中的空间格局，把握区域水生态特征，维护区域水循环过程，构建区域生态安全格局，建设大型防洪设施，完善"海绵城市"建设所涉及的水源保护、洪涝调蓄及水质管理等功能，维系蓝绿生态格局的完整性和稳定性。因此，区域尺度的绿色基础设施规划的主要对象是大规模水源、水资源保护区、对地表径流量产生重大影响的主干河流水库及湿地、地质灾害敏感区、水土流失高敏地区、自然保护区、基本农田集中区、维护生态系统完整性的生态廊道和隔离绿

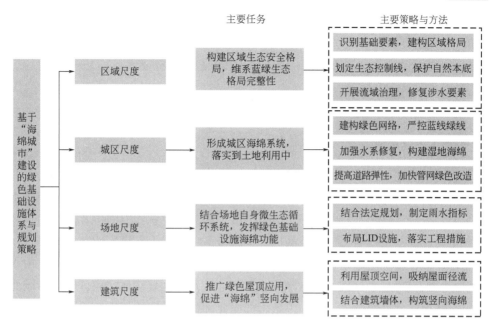

图 1 基于"海绵城市"建设的绿色基础设施体系与规划策略

地、森林公园、郊野公园、坡度大于 25% 的山地和其他水生态敏感区域等。

2. 城区尺度

城区尺度的绿色基础设施是"海绵城市"的主体，该尺度的绿色基础设施规划的主要任务是形成"城区海绵系统"，并落实到土地利用中，有效提升排水防涝能力，基本解决城市内涝积水问题，综合解决城区内水量平衡、雨污净化和滨水栖息地恢复等问题；主要针对城市绿色廊道、绿色斑块，包括城市公园、湿地、果园、湖泊、溪流、绿地、城市道路及广场等。

3. 场地尺度

场地尺度的绿色基础设施面积小、数量多、分布广。该尺度的绿色基础设施规划可操作性强，是城市雨洪管理效果最为明显的尺度，其规划建设的主要任务是落实"微海绵体"，结合场地自身的微生态循环系统，发挥绿色基础设施的"海绵"功能，强调其功能性和生态过程，如布置 LID 设施就地进行雨水的储存、下渗、净化和再利用；在暴雨来临时，不增加场地内排放径流总量和峰流量值，不影响城市的正常运作；其主要对象是城市公园、广场、街旁绿地、社区公园、停车场、雨水花园和城市中一切未被充分利用的土地。

4. 建筑尺度

建筑尺度的绿色基础设施虽然碎小，但是由于建筑占据了城市大部分用地，建筑尺度的绿色基础设施数量多、潜力大，如屋顶绿化可以减少屋面径流，通过渗透、蒸发等过程涵养屋顶绿植。建筑尺度的绿色基础设施规划建设的主要任务是推广绿色屋顶的应用，促进"立体海绵"竖向发展；主要针对屋顶绿化（屋顶花园、屋顶菜园、蓄水屋顶）、墙体绿化和绿色庭院等要素。

三、不同层面的规划策略与方法

（一）区域层面

1. 识别基础要素，建构区域格局

规划利用高分辨率遥感影像图，结合土地权属、土地审批等信息，识别对水源保护、洪涝调蓄和水质管理等功能至关重要的景观要素和空间位置，借助景观安全格局方法，进行生态环境承载力、生态服务功能、生态敏感性和生态安全格局综合评估，围绕生态系统服务构建区域水安全格局。例如，广州市依托"山水城田海"的自然生态格局，以区域绿地、生态廊道为主要载体，充分利用市域北部向南部指状延伸的山体绿地、市域南部向北部指状渗透的河流水系，以及市域中部地区的缓丘、河涌、城镇组团间的水网，在市域层面构建"七核九片，六廊多带"的水生态空间结构（图2）。

图 2　广州市生态控制格局

2. 划定生态控制线，保护自然本底

规划按照"生态优先、系统完整，分级保护、动态优化"的原则，与区域水生态安全格局控制相协调，强化对自然山林、水体和湿地等水生态空间的保护与管控，明确城市水生态安全底线区域，形成界限清晰、结构合理、网络布局、永久保持的绿色基础设施系统，切实保障城市水生态安全。

例如，广州市结合岭南地区水网城市特征，建立了自然生态要素清单，在"多规融合"的基础上划定了生态控制线（图3）。根据生态系统服务的功能重要性和监管级别，分为一级管制区和二级管制区，其中一级管制区面积约为1838km²，约占广州市总面积的25%，二级管制区面积约为2385km²，约占广州市总面积的32%，分别采取不同的管制办法，最大限度地保护水生态敏感区；按照"占补平衡"的原则保持水域面积不减少，增加可渗透地面面积，充分发挥植被、土壤等自然下垫面对雨水的渗透作用以及湿地、水体等对水质的净化作用，维持自然水文特征；制定并实施城市生态修复工作方案，重点推进海岸线、河岸线和山体的生态修复工作，突出重要水源地、重要江河源头区和水蚀风蚀交错区的水土流失预防工作，有计划、有步骤地修复被破坏的山体、水体、湿地、植被、土壤和断裂的关键生态节点，推进城市废弃地的修复和再利用，扩大绿

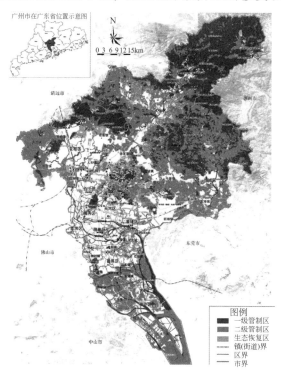

图3　广州市生态控制线划定

地、水域等生态空间,优化城市绿地布局,恢复城市生态系统净化环境、调节气候与水文等功能,促进人与自然的和谐共处。

3.开展流域治理,修复涉水要素

规划加强区域水安全的统筹能力,协调上游地区经济发展与水生态环境保护的关系,对威胁水生态安全的企业进行严格控制,严防上游地区水源的污染影响下游地区用水安全;结合绿色基础设施推进绿色生态水系工程建设,突破传统以截洪沟、截洪隧洞建设为主的快排模式,开展流域综合治理。针对受山洪威胁、集雨面积大的上游地区,建设水库、山塘等滞蓄设施,实现雨水自然积存,中下游地区利用湖泊、湿地等调蓄来水,实现对雨洪资源的利用;重视河湖水域与周边生态系统的有机联系,通过逐步改造渠化河道、恢复已覆盖的水体开展生态修复,建立丰富的物种群落,提高生物多样性。

例如,广州市构建了"数字水网"体系,明确了市域范围内现状共有1333条宽度在5m以上的河涌,长约5360km,水库有358座,主要人工湖有11个,全市域水面率达10.2%(图4)。水系规划按照"协调、地域、公共、经济、安

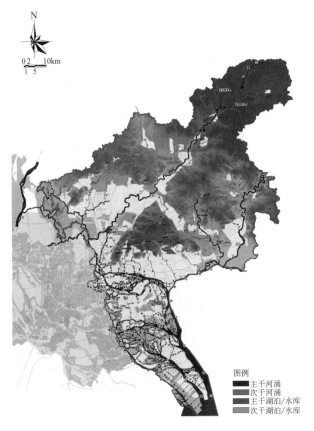

图4 广州市水系分布

全"的原则,形成"一江两片、北树南网、点线结合、干支分层"的水网结构和"北拦南蓄"的排涝格局,通过"多层次、成网络、功能复合"的水系建设,促进市域水系、绿道、山林和湿地的融合发展,构筑"水脉相连、水绿交融、水城共生"的岭南生态水城。规划到 2020 年广州市水面率达到 10.5%,骨干河涌密度达到 0.28km/km²;坚持分流域治理的指导方针,对于北部山区丘陵"树枝状"水系,根据地形适当开展湖库建设工程,增强对上游来水的拦蓄功能,提高水面率,增加非汛期区域可利用的水资源量;对于南部平原呈"网状"分布、间距较小的水系,加强河道间的连通,疏浚断头河涌,对难以疏浚连通的河道新开联系河涌,优化区域水资源分配、提高区域水安全能力。水功能区划采用两级体系,一级区强调政策引导,分为保护区、保留区、开发利用区和缓冲区;二级区强调功能分区,分为饮用水源区、工业用水区、农业用水区、渔业用水区、景观娱乐用水区、过渡区及排污控制区(图 5)。

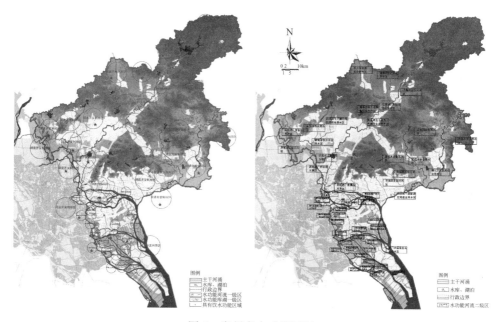

图 5　广州市水功能区划

(二)城区层面

1. 建构绿色网络,严控蓝线、绿线

针对城镇建成区建筑密度高、人口密度大和"海绵体"土地紧缺的状况,规划在全面分析区域资源与自身资源的基础上,合理规划布局城区内大型城市湿地、生态公园和生态廊道等雨水管理设施,实施生态廊道建设工程,建构"蓝脉

绿网"；根据城市总体规划的水面率要求对水体进行保护，根据河流水体功能重要性和位置等因素划定蓝线、绿线，并提出控制要求；禁止侵占河湖水域岸线，维持城市水循环、水系连通所必需的生态空间，保留其滞留、集蓄、净化洪水的功能，建立健全河道治理、岸线利用与保护相结合的机制。

例如，广州市针对都会区，通过对山水格局、生态连接、水系和道路的廊道结构等生态安全格局的分析，明确了都会区生态廊道的空间形态和位置，在城区范围内由水系、农田、山林地及城市绿地等绿色基础设施要素形成了"三纵四横"的网络型生态廊道体系（图6），规划水面率达到20.04%，充分发挥都会区绿色基础设施的调洪蓄水、水源涵养和提供生物生境等重要"海绵"功能。

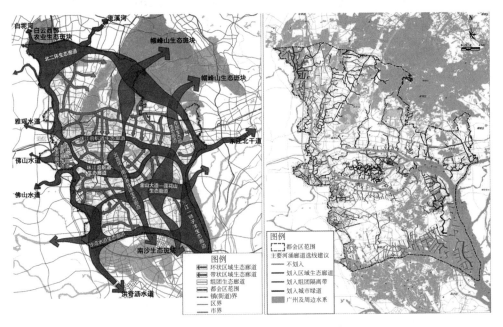

图6　广州市都会区绿色基础设施规划

2. 加强水系修复，构建湿地"海绵"

河湖水系是城市"海绵体"的骨架和重要组成部分，其功能、结构是否完善将直接影响到"海绵城市"的调蓄能力。规划应统一考虑绿色基础设施的排水和蓄滞功能，通过疏浚、沟通和拓宽河道，串联小型溪流、低洼地、湿地及公园等，加强河湖水系连通，扩大城市水面率，形成蓄泄得当、丰枯互济的水系格局，发挥绿色基础设施的生态蓄洪和净化功能；同时，对城市河湖水系岸线进行系统生态修复，恢复被侵占和填埋的河道，重塑健康自然的河岸线，新建人工调蓄区，构建复合湿地"海绵"，扩充调蓄弹性空间。

例如，广州市海珠生态城在对 22 条河涌进行疏浚的基础上，结合生态服务功能，恢复和连通部分河涌，串联周边城市绿地等绿色基础设施，建设以海珠湖公园为主的湖泊湿地，保证蓄洪能力；结合现有城市污水处理厂建设人工湿地，通过植物、微生物等生物净化技术发挥"绿色海绵"的净化功能；结合广东省历史文化名村—小洲村的保护，在其南侧恢复开阔水面，形成果园草地湿地；疏浚黄埔涌、石榴岗涌等河流湿地，提高城区泄洪能力；在河涌交汇处栽植地带性植被形成滩涂湿地，发挥绿色基础设施的"慢排"作用，总体上形成了以湿地带为核心的"湖泊—河流—滩涂—湿地—园地"复合"海绵"系统（图7）。

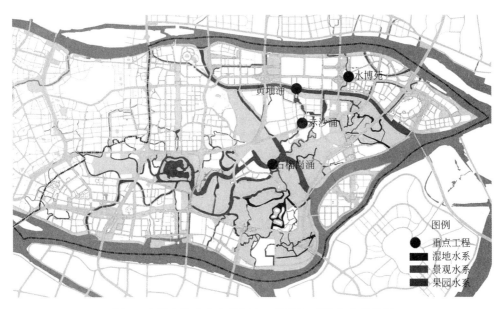

图 7　广州市海珠生态城复合"海绵"系统与水系修复

3. 提高道路"弹性"，加快管网绿色改造

道路、广场是地表径流的重要来源。道路广场建设应由快速排水转变为分散就地吸水，以控制面源污染、削减地表径流为目标，以雨水入渗、调蓄排放为主要方式。规划在满足道路交通安全等基本功能的基础上，充分发挥道路分流、滞留和吸收雨水的作用，利用道路自身及周边绿化空间削减径流水量、改善径流水质。同时，应逐步完善传统市政排水管网与绿色基础设施的有效衔接，形成系统联动的多级排水、防涝、防洪体系，全面提高城市整体排水防涝能力。对于新建或全面改造地区，应采用分流排水体制；对于老城区，在更换和修复"病害"管道的基础上，应逐步开展雨污分流改造。

（三）场地层面

1. 结合法定规划，制定雨水指标

绿色基础设施要素多元，既包括了城市公园、广场和街旁绿地等城市建设用地，又涉及到森林、湖泊、湿地和农田等非建设用地。因此，在法定规划特别是控制性详细规划中，应以提升水生态功能为基本原则，对这两种不同的用地类型分别制定雨水控制指标，探索绿色基础设施"一图两标"的控制要求。以汇水分区为单元，确定场地雨水控制目标和具体指标，制定场地层面的开发策略。其中，建设用地的雨水控制指标主要用于控制建设开发活动强度和下垫面环境，涉及容积率、建筑密度、绿地率、绿色建筑、下凹绿地、雨洪利用及中水回用等规划指标和要求；非建设用地的雨水控制指标应注重保护生态功能，主要涉及平均径流系数、乡土植物比例、乔灌木占绿地比例、原有自然生态类型及土地保有率等，可根据实际情况具体设定。

2. 布局 LID 设施，落实工程措施

在对场地的土壤特性、竖向高程、水系、绿化和工程建设等情况进行分析评估的基础上，通过模型模拟场地开发前后地表雨水产汇流情况，合理利用场地内的坑塘水系，根据场地现状选择合适的低影响开发设施组合，按照"集流—净化—蓄排"的技术流线落实工程措施。

在"雨洪集流"阶段，根据场地地表产汇流情况，将湿塘、雨水花园等集水型设施布置在地表径流产生源的附近，从源头上削减雨水径流；单个湿塘、雨水花园等设施面积不宜过大，最佳面积应控制在 $9 \sim 27 m^2$，外形设计应遵循场地自然景观特性，避免采用直线形，以便高效发挥功能。在植被配置方面应选用耐旱能力强且具备暂时性耐水能力的乡土植物。

在"自然净化"阶段，顺应"绿色海绵体"对雨水自然净化的"滞留—曝氧—吸附"过程，根据场地竖向高差走向，带状布置植草浅沟、下凹绿地等生物滞留设施，充分发挥其对地表径流的输送、过滤和渗透作用。①滞留阶段，当雨水流经滞留植草带时，滞留植草带通过沉降累积、滞留等过程对地表冲刷的垃圾、砾石和沙土等固态物形成过滤；②曝氧过程发生在蓄水池、坑塘等设施之中，通过池内微生物对污水中的有机物进行氧化分解；③吸附过程则是利用植物根部、土壤吸收和固化水体中的氮、磷等元素及其他有机物，降低水体的富营养化程度。

在"蓄水排水"阶段，绿色基础设施可以利用蓄水池、坑塘和集雨池等蓄水型设施储蓄雨水，也可以通过"集流—净化—蓄排"全过程中的渗透作用，将雨水下渗回补地下水，形成蓄水；对于地下水位较高的场地，可结合地下雨水管道将过载的雨水排送至更大尺度的蓄水设施。这类绿色基础设施应结合其他功能的 LID 设施综合布置，储蓄的雨水资源既可丰富场地景观，又可供环卫、绿化灌溉等再利用。

（四）建筑层面

1. 利用屋顶空间，吸纳屋面径流

屋面径流是建筑对地表径流贡献较大的来源之一。绿色屋顶可以通过植被滞留和蒸发雨水，减少径流，起到"海绵"作用。在对屋顶进行荷载和防水能力评估的基础上，规划根据屋面构造和植被种植方式选取植物品种，同时选取饱和水容量小、透气能力强、不易结块、虫卵和杂草较少的土壤，设计包含建筑排水管道、蓄水池的绿色屋顶，以快速排除暴雨天气下屋顶"海绵"难以吸纳的雨水。

2. 结合建筑墙体，构筑竖向"海绵"

建筑墙体的立体绿化是城市竖向空间的"海绵体"，是自然环境在城市立体空间上的延伸。建筑竖向"海绵体"的类型主要包括利用植物攀爬特性的攀附式立体绿化、基于墙体种植槽的附加式立体绿化及添加生态墙的外置式立体绿化等。在对建筑墙体进行耐久性评估的基础上，根据竖向"海绵"的类型择优选择植物种类：攀附式立体绿化应选取攀缘能力强的植物，如铁线莲等；附加式和外置式立体绿化宜采用根系细短的植物，以适应种植槽或生态墙较为狭隘的生长空间，避免植物因根系发达而危害墙体结构。

四、结语

"海绵城市"建设是一个长期而艰巨的系统工程，绿色基础设施作为"海绵城市"的重要载体，在要素界定、格局确立、保护修复、规划设计及建设施工的全过程中还面临着诸多难题。目前国内对绿色基础设施的研究主要还停留在概念、理论的探讨上，本文从"海绵城市"建设角度出发，分析了绿色基础设施的意义和作用，在总结其基本特征的基础上，阐述了其规划原则，并初步构建了"区域—城区—场地—建筑"多个层面的技术框架，明确了各层面的建设对象和建设目标，提出了规划策略和方法。

未来绿色基础设施的规划建设仍需要在多学科、多专业、多部门间不断融合的基础上，探索绿色基础设施一体化建设的新体制、新机制、新政策和新模式，结合地方实际，总结经验教训，进一步完善技术标准与规范，明确城市规划、设计及管理过程中绿色基础设施建设的内容、要求和方法；以水生态要素的整体性和系统性为着眼点，推进绿色基础设施建设的协调联动机制；以关键水生态节点为重点建设对象，打破行政界线束缚，探索跨边界、跨区域的协调联动，促成不同政府、不同部门、不同组织的跨界合作；按照"科学、合理、适用"等原则，将定性与定量相结合、策略与指标相结合，建设数字化管理信息平台和动态监测体系，通过观测、检验"海绵城市"建设带来的中长期变化趋势，开展绿色基础设施建设的绩效评估，从理论和实践层面进一步完善绿色基础设施的规划策略与方法，更好地推动"海绵城市"建设。

（撰稿人：蔡云楠，广东工业大学教授、建筑与城市规划学院副院长，中国城市科学研究会城市更新专业委员会副主任委员；温钊鹏，广东工业大学硕士研究生；雷明洋，广东工业大学硕士研究生）

注：摘自《规划师》，2016（12）：12-18，参考文献见原文。

城市更新市场化的突破与局限

——基于交易成本的视角

导语:存量土地优化利用是"新常态"语境下城乡规划变革的重要路径。部分先行地区通过制度创新,建立了"积极不干预,充分市场化"的城市更新制度以及相应的利益分配机制。但由于城市更新的产权交易具有纵向"双边垄断"及横向"碎化产权"特点,交易成本过高导致"市场失灵"。单一向度的"社区统治"未能协调冲突,政府缺位下依赖市场难以应对城市更新困局。城市更新应在起步阶段完善制度供给、采取多元化政府干预手段,并逐步培育社区参与意识、创新社区治理模式,实现社会福利的最大化与公平分享。

一、引言

在资源环境约束趋紧的形势下,深圳、上海等地在城市总体规划中相继提出城市发展思路由"增量扩张"向"存量优化"转变。向存量土地要发展空间成为规划界的热点与共识,城乡规划存量时代已经到来。规划对象由增量转为存量面临的最大难点是产权交易,核心问题是利益的再分配。利用合理的产权安排来减少利益摩擦,降低交易成本、实现资源的有效利用,成为新时期城市发展中值得特别关注的问题。

如何降低交易成本进而合理配置资源,新常态语境下的大趋势是"发挥市场在资源配置中的决定性作用"。但在城乡规划领域特别是土地发展权及交易权的界定与权属方面,"市场"与"政府"的关系有待进一步理顺。正如周其仁、华生等学者围绕"土地开发权是公权力还是私权利""农地能否直接入市""土地配置靠规划还是市场"等焦点问题的论争❶,改革的方向与路径仍不明晰。城市更新的制度创新尝试以市场机制配置空间资源突破了"唯有国有化、才能市场化"的模式,开启了"更新城市的市场之门",对于城市存量土地利用乃至土地制度改革都是一次跨越式的尝试与突破。但是先行地区的市场化探索并非一蹴而

---

❶ 2014年4月,华生、周其仁、贺雪峰等围绕"土地制度改革"的相关问题,在网络上进行论战,引起了社会的广泛关注。主要论争对象在于土地开发建筑权、农地农房入市等问题,华、周二人的争论,不仅涉及土地制度改革的原则问题,也涉及路径问题。

就，政策实施效果远未达到制度设计者的预期，其现实困境揭示出存量规划转型面对的深层次矛盾与挑战，城市更新的推进有待更加深入的研究与实践。

二、制度创新

（一）土地财政效率下降

过去三十年，在"增长主义的引领下，中国经济发展及城市化进程取得了举世瞩目的成就，"土地财政"是其中的一个重要环节❶。"先国有化，后市场化"的城市土地资源配置方式中，政府与开发商结为"城市增长联盟"。在制度安排上固化征地拆迁补偿标准，弱化产权人谈判能力，降低获取土地的直接成本；通过强制性剥夺产权人的自主交易权利，实现了资源的整合利用。国家以非市场手段实现了比在谈判市场条件下更低的土地价格以及更多的土地交易。中国的经济建设奇迹从某种程度上说明了土地财政的确实现了产权的有效利用。

虽然土地财政在我国城市化进程中发挥了重要的作用，但其正当性逐步受到社会的普遍质疑。2007年《物权法》出台，2011年《国有土地上房屋征收与补偿条例》以"征收"代替了"拆迁"，产权征用的补偿范围和标准都大大提高了。产权人的维权意识及讨价还价的能力不断提升，钉子户事件层出不穷并借媒体的力量将地方性事件上升为区域尺度的政治事件，甚至形成"反增长联盟"。政府通过征用方式获得土地更加困难，"土地财政"的效率大大降低（图1）。

将政府视为理性的，追求效用最大化的"经济人"，可以对产权征用的制度变迁及城市更新制度创新的背景有更深刻的认识。建立交易剩余为100单位的土地产权交易（征用）模型❷（图2），早期阶段（即图2的"低成本阶段"）政府仅需付出低廉的补偿成本（10单位），即可获得极高土地财政收益（90单位）。随着社会对私有产权重视程度的提高，尤其是相关物权法规出台（即图2的"物权法阶段"），补偿标准提高（20单位）的同时还需付出一定行政成本（20单位）进行动员工作。而城中村、旧住宅等由于地处城市较为中心的区位并

---

❶ 赵燕菁等学者所述，"土地财政"是增长主义"最初的信用"及有效率的融资方式［参见：赵燕菁. 重新研判"土地财政"［N］. 第一财经日报，2015-05-15（A06）］。城市政府通过对城市一级土地市场的高度垄断，极大地降低了土地要素转用的成本。通过土地增值收益来回收公共服务，外溢漏失小、交易成本低。不仅可以为基础设施融资，还可以以补贴的方式提供持续性的税收来源。

❷ 本文采用政策分析中福利经济学常用的成本—效益的分析方法。为了表述清晰且形成前后可比性，建立一个总交易剩余为100单位的效用模型。可以简单地理解为土地产权征用或交易后建设的物业价值一致且为100单位（当超过100单位时物业会产生负外部性），从而更加直观地研究不同的产权转移过程中产权人、政府、开发商等主体对总交易剩余的分配，并显示交易成本的变化情况。模型中的部分数据仅为说明成本及效用变化的趋势，并不一定直接体现实际项目中的利益分成比侧。

图1 我国国有土地使用权出让收入及支出

占有公共品的投入，以征用的手段来进行存量改造，无论是补偿成本（30单位）还是行政成本（40单位）都会大大提高（即图2的"存量改造"）。制度演进的过程中，土地财政的效率及社会总效用持续下降，引发的社会矛盾却不断上升。随着土地财政成本的进一步抬高，以政府主导实现产权征用的方式将难以为继。

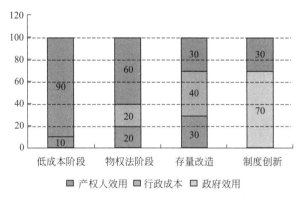

图2 制度变迁下政府与产权人的成本与效用

（二）城市更新市场化

基于诺斯的观点，"国家的目标在于实现社会效用或福利的最大化"❶，因

---

❶ 福利经济学通过"福利"和"效用"两个最基本的概念，解释并说明个人动机和社会选择之间可能实现的利益均衡。为了实现该目的，它可以采取两种方式：一是歧视性地在要素和产品市场上界定所有权结构，从而使其租金最大化；二是努力降低社会的各个经济单位之间的交易成本以使社会产出最大，从而使统治者的税收增加。国家的最终目的即为收入总额最大化。

而，当区别化的所有权界定使得政府租金最大化的逻辑难以实现时，政府会转而通过降低交易成本来实现社会产出最大化。周其仁等学者也提出"农地直接入市"的主张："自由流转土地要素，通过市场进行配置以提高资源效率。"面对严峻的城市建设用地供需矛盾，部分地方政府在城市更新领域借鉴发达国家的经验，率先进行了市场化的土地产权交易制度创新，建立市场化导向的城市更新制度及利益分配机制，减少政府投入的同时改善城市面貌，提升社会效益，推动城市的存量转型。从某种意义上，可以将其视为土地制度改革在特定地域（城市存量土地）的一次尝试与突破。

2009 年广东省出台"三旧"改造政策，为诸多历史遗留问题提供了解决途径。以其为基础，广州在自主改造土地协议出让、补办征收手续、集体建设用地转国有等方面实现了政策性突破。深圳出台了《深圳市城市更新办法》等法规❶。政府以"积极不干预"的原则，仅充当规划引导、审批和政策支持的角色，以鼓励和吸引市场投资。制度创新打破了"政府收储—拆迁安置—政府出让土地"的"旧制度"。建立了各主体利益获取和分享的"新常态"。在让市场发挥更重要作用的同时，制度创新主体以减步法❷的方式留出一定的公共设施建设用地（如图 2 的"制度创新"。根据"20-15"原则，深圳市城市更新项目的公共设施用地贡献率基本达到30%）。当留地达 30 单位时，制度创新前后的政府收益相同，而不论除政府效用外的其他交易剩余的具体分配情况如何（图 2 的"制度创新"的无色部分），30 单位的这部分价值就是城市更新中"政府"与"市场"的替代边界❸。当政府收益低于边界值，从成本—收益的角度来说就可能让市场主导利益分配并分担部分公益性项目的投入，实现"多方共赢"。

---

❶ 深圳城市更新的主要做法是，引进市场开发主体，对项目地块上的全部物业重新规划、实施二次开发。其中，凡需要拆迁的，由开发商承诺对原业主赔偿，双方达成协议后，政府再以协议出让国有土地的形式，将项目用地转让给开发商。

❷ 减步法的原理是在城市化发展导致土地用途或建筑规划改变时，原土地所有人必须将土地分成三块。一块作为公共设施建设用地，一块用以出售以抵充公共建设费用，一块给原土地所有人或权益人按新规划使用开发。深圳明确了政府将处置土地的80%交由原农村集体经济组织继受单位进行城市更新，其余20%纳入政府土地储备。在交由继受单位进行城市更新的土地中，仍将不少于15%的土地无偿移交，纳入政府土地储备，即为"20-15"原则。

❸ 以"政府"与"市场"的替代边界的逻辑，可以解释广东省率先进行城市更新市场化制度创新的缘由。该地区存量用地容积率高，且产生"出租"收益导致产权人效用高；较强的社区和集体力量使得政府行政成本较高。现阶段，成本总已超过 70 个单位的"门槛"。另外，部分城市土地出让金已经不构成政府财政的主要部分（土地出让金比重最低的深圳，城市更新市场化程度最高；土地出让金比重较高的城市，政府仍参与到城市更新收益的分成）。倘若广东以外的地区，城市更新收益达到"政府"与"市场"的替代边界，按该逻辑，在国家政策允许的情况下，市场化制度创新同样会发生。

三、市场失灵

（一）城市更新面临困局

2013年1月，央视播出节目《百分之九十九对百分之一的拆迁》。在广州杨箕村改造中，99%以上的村民都和拆迁方签约搬离，少数村民拒绝拆迁，致使城中村改造工程搁置三年多仍未动工。已签约搬出的村民由于少数钉子户不肯搬走而无法回迁，对峙日渐升级，直到发生肢体冲突和流血事件。为了"逼迁"而采取断水、断电甚至夜袭的办法，驾驶挖掘机"将整个杨箕村挖得沟壑纵横、土丘密布，钉子户的房子四周几乎完全被两米多深，三四米宽的水沟所包围"，"两方都已下水，身处下游急流，能进不能退。只好血肉相搏，分外惨烈"❶。

而在深圳，2009年出台的《深圳市城市更新办法》规定，项目申报立项阶段采用"多数决"方式，权利人和建筑面积占比超过"三分之二"以上同意便可立项；到项目实施主体确认阶段，则采用"全体决"方式，即更新改造主体必须与百分之百的业主签订搬迁补偿安置协议后，政府才能进行实施主体确认"全体决"的方式，避免了引发业主内部的激烈矛盾，但也造成城市更新的实施率极低。在《深圳市城市更新办法》出台后的数年时间，项目实施远远落后于计划和审批工作，完成整个城市更新项目前期工作（以土地出让协议签订为标志）的仅有9.1%。其中进展最慢的为规划审批通过直至实施主体确认的阶段，核心问题是"搬迁难"。最典型的案例是深圳2010年列入城市更新单元第一批计划的8个旧住宅小区改造项目，因少数业主反对导致项目全部停滞，无一成功实施改造。

科斯认为，政府只需要把产权界定清晰，就可以利用市场机制进行产权交换，从而将高昂的行政成本转化为较低的交易成本，把资源转移到价值更高的用途上并创造财富，这是实现市场化制度创新的初衷。然而，上述案例中，交易对象产权明晰（城中村改造土地确权），政府也以"积极不干预，充分市场化"的原则提供了市场运作的平台，但城市更新依旧陷入困局，这促使我们从存量土地市场本身寻找"市场失灵"的原因❷。

---

❶ 详见 http://news.cntv.cn/2013/01/29/VIDEl359396362435667.shtml。杨箕村的改造复制了市场化运作的"猎德模式"，即由开发商"出钱"、村集体"出地"的模式，但政府介入力度远不如猎德。

❷ 深圳市规划和国土资源委员会发布的官方数据显示，截至2014年9月，全市已批准纳入计划的项目达431项，总用地面积37.1km²；完成规划审批项目2.65项，用地面积约21.2km²；已批准实施项目用地面积约7.6km²，项目实施率仅为20%，而完成整个城市更新项目前期工作（以土地出让协议签订为标志）的仅有9.1%。即使这样，深圳城市更新的实施率在珠三角地区横向比较仍属相对较高。各地城市更新"推不动"各有原因，本文所述的"市场失灵"是其共性的主导原因之一。

（二）双边垄断与碎化产权

市场化条件下，存量土地利用的基础在于通过谈判机制实现产权交易，该过程可以分为两个向度：纵向为开发商与个体产权人的交易关系和横向的多项产权交易之间的关系。在纵向交易关系中，不同的产权人依据自己对土地的评估价值，对交易持"同意"或"拒绝"态度，进而采用"签约"与"留守"两种行为方式。横向的多项产权交易之间的关系要求遵守两点原则：开发商需要土地整体使用，产权人要求补偿标准统一。

杨箕村改造的案例中，开发商以"提前搬迁奖励"的谈判方式，使得签约率在一个月内达到95%，三个月内达到99%。因此产权人数量众多，土地产权破碎化并不会直接导致交易成本高昂。由于产权界定清晰，在统一的拆迁补偿标准下（30单位），能够以较低的交易成本（10单位）实现绝大多数的交易，社会总效用相对于土地征用阶段的交易过程有了极大提升。可以说杨箕村99%的交易实现了市场化城市更新的理想状态（如图3的"理想状态"）。

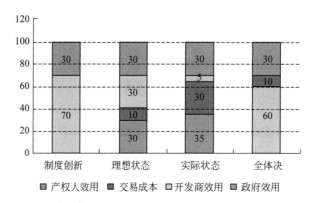

图3　广州杨箕村与深圳旧住宅改造的成本与效用分析

"如果某一资源有很多所有者，而这种资源却必须整体利用时才最有效率，由于每个所有者都可以阻止他人使用，在合作难以达成的情况下，资源就可能被浪费"。1%的钉子户中的每一位都深知自己具有影响全局的能力，并以此作为其进行垄断性谈判的最大筹码。对于开发商而言，满足少量钉子户的要求相对于项目拖延造成的交易成本更低，但由于补偿标准的统一性，优惠条件必须扩大至所有产权人（包括签约户），使得开发商难以承受。假设开发商在此过程中认为"钉子户"导致的交易成本太大，意图退出城市更新。先期谈判过程中为签约户付出的产权者效用就构成了庞大的沉没成本，以至于最终决策几乎只有继续投资可选。因此对于开发商及钉子户来说，交易的对象都是唯一的，双边垄断就此形成。

"如果双边垄断是一项两人交易中的重要因素，即当事人双方都没有更佳的交易对象可供选择，那么交易成本可能是相当高的"。由于博弈双方的合作解❶可在零与全部合作剩余（70单位）之间浮动，无论是开发商还是钉子户都有独占最大化值的冲动，导致分配交易剩余的难度加大。纵向讨价还价的过程花费了大量的时间和资源，并经由庞大的产权数量迅速放大（30单位）：开发商支付若干签约户的临迁费用投入了巨量的交易成本，使得城市更新项目的利润率极低；签约户和钉子户如前文所述甚至引发了群体性的社会事件，也付出了不菲的代价。虽然在政府的干预下交易最终达成，产权人平均效用略有上升（增加的效用被钉子户占有），但高昂交易成本却需要由产权人、开发商乃至整个社会共同承担（如图3的"实际状态"，社会总体福利损失了20单位）。

"交易成本在双边垄断和碎化产权这两个因素同时发生时达到最高。"杨箕村改造案例揭示了市场主导的存量土地优化利用面临的困局：土地整体开发及补偿标准统一的原则下形成了双边垄断的纵向博弈，直接导致了极高交易成本的产生，而沉没成本进一步加深了双边垄断的程度，并经由碎化产权的"催化"，在横向空间尺度上将纵向博弈的结果放大（图4）。双边垄断及碎化产权在纵横两个向度的叠加是造成城市更新"市场失灵"的根源。

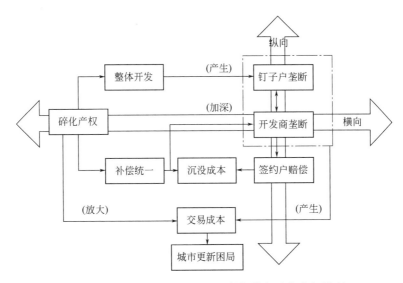

图4　杨箕村改造中纵向双边垄断与横向碎化产权模型

---

❶　合作解指博弈双方达成合作的条件。

深圳采取的"全体决"方式试图从限制沉没成本的角度入手降低交易成本（图3的"全体决"），其典型特征为钉子户数量为零。但由于补偿标准统一的原则，在谈判模型中唯有将补偿按照最高价值评估人的标准（假定为60单位）设置才能同时满足全部产权人的要求，因而，采用"全体决"的方式固然交易成本较低，但开发商需要付出的产权者效用将大为提升。在严控容积率上限且不放弃政府利益的情况下，产权交易难以提供更多合作剩余，开发商"无利可图"，改造将陷入停滞或宣告失败。

在城市更新的存量土地市场中，每一块产权土地都构成土地整体使用的一部分，每一项产权的交易价格都能对补偿标准产生极大的影响；而沉没成本又构成了开发商自由进出交易的壁垒。城市更新的市场化运作模型并不具备形成帕累托最优的"完全竞争"市场的有效前提条件，它符合垄断性市场的典型特征，因此单纯依靠"看不见的手"难以实现土地产权的合理自发流转。

（三）"社区统治"与政府缺位

为了简化模型，前文仅以开发商与产权人作为城市更新的产权交易双方，但社区（村委）作为交易双方的中间层，同样起到至关重要的作用。广州市《关于加快推进三旧改造工作的补充意见》明确规定，城中村改造需经过两轮的集体表决，且同意改造户数比例达到90%以上方能启动。但在杨箕村改造过程中，整体改造和补偿方案仅由69个村股东代表通过；在杨箕召开的两次村民动员大会上，有村民的到场签名，但都没有设置集体表决的环节。社区（村委）以"社区统治"的态度，对城市更新事务沿用传统的单一向度的告知式管理。互动协商环节过程的缺失使得产权人被分成两个泾渭分明的阵营：预设单一化改造目标的同意者与反对者❶。反对者缺乏在社区平台内表达诉求、实现主张的条件，只能采取拒绝合作的态度，陷入与开发商"双边垄断"的长期拉锯之中，成为城市更新"困局"的直接诱因。同意者通过社区也难以达成回迁目标，最终采取暴力的方式，通过自己的力量来"逼迁"，酿成同族相残的暴力纠纷（图5）。

通过制度创新，政府节省了行政成本，但这部分成本并没有消失，在城市更新的市场化交易中主要由社区来承担。由于产权人数量庞大，为了避免挨家挨户上门的交易成本，我国社区治理采取了最为便捷的"告知式"手段，这种单一

---

❶ 2011年初，杨箕股份合作经济联社对留守的少数村民提起民事诉讼，被告留守村民全部败诉。2015年1月16日，广州市中级人民法院作出终审判决维持原判，但法院表示暂不强制执行，表示"力争通过调解去化解矛盾和纠纷"。

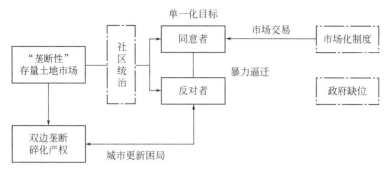

图5 "社区统治"及"政府缺位"下城市更新陷入困境

向度的"社区统治"引发了杨箕村更新的困境。而在国外城市更新的推进中，多元化的志愿组织（包括社区规划师）能够极大地降低社区治理的行政成本，从而更为直接和有效地达成共识，完善的社区治理模式及参与制度构成了西方市场化城市更新的基础与核心。

目前，由于城市更新的推进过于依赖市场化导向的利益分配机制，社区治理及法律执行的渠道，都难以提供应对协商不成的解决方案。加之政府秉持"不干预"的态度，土地存量市场的"垄断性"特征使得城市更新陷入市场失灵困境，导致市场化制度红利未能体现，城市更新的社会总福利甚至达不到制度创新前的状态。我国的社区治理条件及司法环境目前尚不具备市场化城市更新制度自发运行的基础和条件，城市更新的推进需要社区培育以及政府与市场进一步的协作。

四、政策选择

推动城市更新的制度设计通常可以采取两种思路：创造更多的交易剩余或者更加合理地分配交易剩余。提高容积率、降低减步率❶是"做蛋糕"的常见方法。如广州市为"三旧"改造营造了一个空前的政策优惠期，将猎德村、冼村的改造捆绑在亚运会"公共环境治理"战略之中，建立在政府大规模直接让利的基础之上。《深圳市城市更新办法》出台初期，城市更新项目容积率标准较为宽松，开发商投入改造热情高涨。但2013年新版《深圳城市规划标准与准则》试用后，按新标准计算得出的容积率普遍偏低，很多项目盈亏难平衡，导致城市更新项目立项申报速度明显放缓。

---

❶ 减步率即为城市更新中用于公共建设的用地（包括公共设施建设用地以及出售以抵充公共建设费用的用地）占城市更新地块总面积的比例。

相对来说，"分蛋糕"的难度更大。《深圳市城市更新办法实施细则》提出以外力推动的限定同意率方法❶："'双90'以上的城市更新项目可以由政府强制推动。"但具体如何实施，尚无明确规定，目前也无政府组织实施的成功案例。另外，强化社区治理能够从社区内部通过达成共识形成解决矛盾的"润滑剂"，但有赖于社区治理模式创新及社区参与制度的进一步完善。制度设计的路径选择蕴含着不同的效率实现程度及不同的利益指向。"提高容积率"表面上实现了"帕累托"改进，但实质是将成本转嫁，加大周边基础设施的负担，产生较大的负外部性（交易总剩余达到135单位，超出了100单位的外部性门槛），也造成了容积率调整的寻租空间。"降低减步率"满足了交易各方的短期利益，却损失了社会用于二次分配的长期公共收益。"限定同意率"从解决钉子户垄断性特征入手，降低了改造的门槛，能够显著地降低交易成本，但会违背部分产权人自主交易的意愿，强制推动更新需要付出行政成本。"强化社区治理"路径所需的行政与交易等各类成本最低，但需要社区整体意识的培育（图6）。"制度的存在之所以必要，关键在于它能节约交易成本"。面对诸多矛盾的目标指向，波斯纳定理为城市更新利益分配机制的完善提供了一种可行的思路，也即"存在高昂交易成本的前提下，应把权利赋予那些最珍惜它们并能创造出最大收益的人；而把责任归咎于那些只需付出最小成本就能避免的人"。在当前"一栋旧楼倒下去，亿万富翁站起来"的背景下，"限定同意率"的政府管制措施将社区改造目标的"反对者"转化为"同意者"，不失为城市更新起步时期保障社会福利实现的合

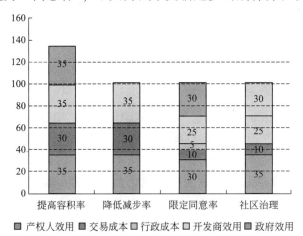

图6 不同政策下的各主体效用与交易成本

---

❶ 《深圳市城市更新办法实施细则》规定，"已取得项目拆除范围内建筑面积占总建筑面积90%以上且权利主体数量占总数量90%以上的房地产权益时，可以申请由政府组织实施该项目"。

理手段（图7）。远期有必要建立完善的社区治理模式，培育第三方力量，通过合作与协商确立社区共同目标。彼时城市政府方能"积极不干预"，建立"充分市场化"的城市更新"新常态"（图8）。

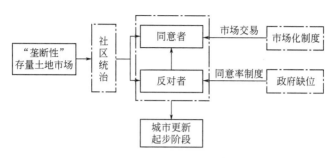

图7　起步阶段加强政府管制，推动城市更新

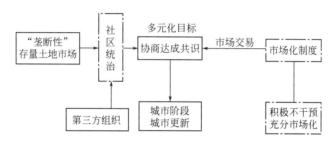

图8　成熟阶段完善社区治理模式，协商达成共识

五、结论与讨论

新常态语境下，政府与市场关系的重塑是改革创新的一条重要线索，城市更新领域的市场化创新指明了存量土地利用规划的变革方向。本文基于社会福利最大化的原则，提出为解决存量土地市场的"垄断性"，应加强政府管制，以降低交易成本为导向，"把权利赋予那些最珍惜它们并能创造出最大收益的人"。同时需要未雨绸缪，引入社区规划师制度，培育社区参与意识，创新社区治理模式，为成熟阶段通过协商达成共识的社区市场协作阶段奠定基础（图9）。

本文主要讨论的是交易成本过高造成市场机制对资源配置缺乏效率的问题，在经济学中被称为"狭义的市场失灵"。依据卡尔多—希克斯标准，通过加强政府管制、培育社区参与、强化社区治理，能够尽可能地减少交易成本，从而形成

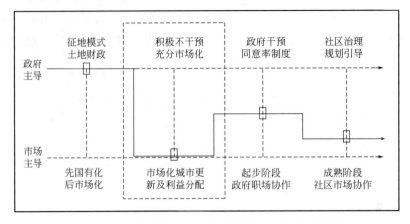

图 9　城市更新领域政府与市场行为重点的动态过程

一个增加社会总福利水平的城市更新过程❶。但对于这部分新增的社会福利，市场同样无法自发地进行分配，这就会出现"广义的市场失灵"。正如华生在论证中表述的那样，即使市场本身是有效的，它也可能导致令人"难以接受的收入和财富的不平等"，最终成为一个关心社会财富最大化而不关心分配公平的状态❷。市场所具有的天然缺陷需要通过更加深入的制度设计予以弥补，使之能够通过一张"制度网"发挥作用，以实现社会福利的最大化及公平分享。先行地区的市场化探索面临的现实困局与"补丁式"的政策供给无不反映出城市更新的复杂程度❸，其已经在不同程度上超出了制度设计者原来的估计和想象。城市更新，作为新常态背景下的常态规划，需要"我们脚踏实地，从谷底开始，攀爬一座我们从未尝试过的山峰"。

（撰稿人：杨瑾，中国科学院南京地理与湖泊研究所、中国科学院大学博士研究生；徐辰，中国科学院南京地理与湖泊研究所、中国科学院大学博士研究生，江苏省城市规划设计研究院规划师）

注：摘自《城市规划》，2016（9）：32-38，参考文献见原文。

---

❶　卡尔多—希克斯标准要求的并不是无人因资源配置之改变而变糟，而只要求增加的价值足够大，因此变糟者可以得到完全的补偿。也就是说，在因法律变化而导致全社会资源重新分配的过程中，如果资源配置导致一方增加的利益大于另一方因为这种配置而减少的利益，那么这种配置就促进了社会的"财富最大化"，因而这个法律变化是有效的。

❷　社会公平问题包括居民改造意愿被忽视、租户空间的丧失、社区网络的破坏、混合功能空间的消失、城市文化的割裂、合理居住密度的丧失等问题［参见：刘昕.深圳城市更新中的政府角色与作为——从利益共享走向责任共担［J］.国际城市规划，2011，26（1）：41-45］。

❸　深圳龙岗区城市更新开发企业协会会长耿延良认为，自 2009 年以来，深圳陆续出台一系列相关配套政策，基本属于被动"打补丁"式的政策，头痛医头、脚痛医脚，缺乏连续性和系统性。

基于韧性城市理论的灾害
防治研究回顾与展望

导语： 本文对韧性概念起源和理论发展进行了梳理，比较和辨析了城市韧性和灾害韧性的概念和研究边界，概括了当前灾害韧性研究进展和研究热点，详细介绍了适应性循环的扰沌模型和韧性城市规划基本范式，依据已有研究总结出韧性城市规划范式的基本研究策略。基于文献综述对韧性评价的研究进展进行评述，并对比分析了当前广泛应用的两个评价体系，总结了其优缺点。从区域、城市和社区三个层级系统分析了韧性城市理论在区域与城市规划及防灾领域中的应用，依据对已有研究综合分析，探讨了城市灾害韧性研究的三个发展趋势。

近年来随着极端气象灾害不断发生，城市系统屡屡遭到重创，城市居民的生命财产安全遭到了极大的威胁。在城市规划学科中，可持续发展的概念往往被解读为具有稳定性和安全防御性（fail-safe），通过"精明增长"或"新城市主义"，稳定的自然和社会环境可以世世代代延续（Ahem，2011）。然而，不管是来自城市系统内部的扰动还是外部突发灾害事件，其发生概率和破坏性往往很难通过历史事件统计来预测。在这一前提下，静态的社会经济和自然环境显然很难保持可持续的发展。而城市韧性（urban resilience）提供了一种新的视角和理论体系来解决可持续发展的这一矛盾。作为一个新兴的学术流行词，韧性城市近年来逐渐成为城市研究的热点议题。韧性的概念在科学研究中的应用通常被认为源起于加拿大生态学家 Holling 对系统生态学的研究，最初韧性（resilience）被定义为系统在保持基本状态不变的前提下应对变化或干扰时的能力（Walker，Salt，2006）。随后其概念发展经历了从工程韧性（engineering resilience）、生态韧性（ecological resilience），再到演进韧性（revolutionary resilience）或称为社会—生态韧性（socio-ecological resilience）的发展阶段（邵亦文，徐江，2015）。在城市规划领域，韧性的研究起源于 1990 年代，主要关注于物理环境和基础设施建设对干扰的影响（Lu，Stead，2013），随着可持续城市研究的升温，韧性城市逐渐成为一种新的城市可持续化发展途径。由于韧性的概念与多个学科紧密相关，存在着各种争议，有学者认为目前将韧性作为一种新范式应用到规划实践中尚存在一定困难（Stumpp，2013）。

我国幅员辽阔，地震、泥石流、洪水等灾害多发，同时又处于城镇化高速发展时期，在不确定性干扰的冲击下，往往容易造成灾难性后果。国土资源部发布最新数据显示，仅 2015 年前 4 个月，全国共发生地质灾害 358 起，造成 23 人死亡或失踪，直接经济损失达 1.2 亿元，分别比去年同期有较大增加，防灾减灾形势十分严峻（国土资源部，2015）。国内的韧性城市研究起步较晚，研究热点集中在以海绵城市为代表的城市水系统韧性研究，对于其他灾害类型关注较少，关于韧性城市理论框架、评价方法和理论应用的成果相对较匮乏。本文先辨析了韧性城市和城市灾害韧性的概念，然后综合分析已有城市灾害韧性的理论研究和实践应用，最后探讨灾害韧性城市理论未来的研究趋势。

一、概念源起

在社会科学研究中，很多学者认为韧性是一种社会系统承受住极端事件冲击并能重新组织其结构和恢复其功能的能力。在 1990 年代，韧性首次作为一个术语被引入城市规划领域，最先出现在城市灾害研究中。传统的减灾规划主要关注于物理环境所能承受的灾害风险，比如地震中的建筑、城市洪灾中的排水系统等。然而，物理环境对于灾害强度的承受能力存在极限，一座城市能否在灾害过后重新恢复秩序和活力，取决于社会群体和管理阶层如何有效应对灾害如韧性城市、灾害韧性、城市灾害韧性等，辨析不同概念的内涵才能准确界定研究内容的边界和研究尺度。

（一）韧性城市

韧性概念经历了从生态韧性到工程韧性再到社会生态韧性的发展，不同领域的学者对其定义有过阐述，生态学领域的韧性定义更侧重系统承受干扰的能力和恢复的时间，而社会生态学领域，韧性的定义更侧重系统的自组织能力、学习和适应能力，系统的稳定状态是动态变化的。已有一系列文献对韧性城市定义进行了解析（表1），学者们基本上都将城市系统的自组织、学习和适应能力作为韧性的重要内涵。韧性理论为联系物理环境和经济社会环境提供了一个有效的理论研究框架。

韧性城市的定义 表1

作　者	定　义
Mileti，1999	与灾害相关的地方韧性是指一个地方在没有得到外部社区大量援助的情况下，能够经受住极端的自然实践而并不会遭到毁灭性的损失、伤害、生产力下降或是生活质量下降

作　　者	定　　义
Albertim. 2000	城市一系列结构和过程变化重组之前，所能够吸收与化解变化的能力与程度
DaVidR. Codschalk，2003	一座韧性城市是一个由物质系统和人类社区组成的可持续网络，物质系统就像是城市的身体，社区就像是城市的大脑，指挥着它的行动，配合着它的需求并学习着它的经验
Walker. Sact，2006	系统在不改变自身基本状态的前提下，应对改变和扰动的能力
Resilience Alliance，2007	城市或城市系统能够消化并吸收外界干扰、并保持原有主要特征、结构和关键功能的能力
KevinC. Desouza、　　Trevor H. FIanery，2013	韧性城市是指面对改变，城市系统吸纳、适应和反应的能力

（二）城市灾害韧性

灾害韧性可以被视为一个系统、社区或社会内在的本领，在受到冲击或压力的影响后能够改变其非核心的属性来重建自身，从而适应并生存下去（Manyena，2006）。对于灾害韧性的基本概念解析，学界还存在许多争议。灾害韧性是一种模式还是一种表达？是一段过程还是一个结果？以及脆弱性和韧性之间的关系是如何的？韧性适用于人，还是物质设施，抑或两者皆可（Manyena，2006）？这些方面的概念辨析已经涉及哲学层面的问题讨论，在定义上难以达成一致，但定义的多重属性并不影响在城市防灾研究中建立起研究框架。在灾害韧性研究中，另一个非常重要的概念是脆弱性（vulnerability），关于脆弱性与韧性的关系，争议的焦点在于脆弱性是韧性的反义词还是两者概念相通，两者关系在Manyena的文章中已经进行了详细阐述，作者认为脆弱性表示低水平的（而不是缺乏）灾害韧性，是有限的恢复能力，而每个系统在一定程度上都是具有韧性的（Manyena，2006）。

学者们在研究韧性系统对灾害的响应时，总结出以下特征（Godschalk，2003）：冗余——有许多功能类似的部件，因此当一个部件坏掉的时候整个系统不至于失灵；多样——有许多功能不同部件，能保护系统以抵御多种威胁；高效——通过一个动态的系统，能量供给与分配呈正比；自治——具有独立操控外部管制的能力；强大——具有抵御攻击或其他外力的力量；互依——系统部件相互连接以实现相互支持；适应——有从经历中吸取教训的能力和改变的灵活性；协作——有让利益相关者广泛参与的多种机会和激励机制。

（三）城市韧性与灾害韧性

在进行城市韧性研究时，是针对人的韧性、结构的韧性还是物质环境的韧性，需要首先定义清楚，这里便涉及城市韧性与灾害韧性的概念区分。城市韧性与灾害韧性都是描述系统应对干扰时的能力，要进行两者的区分可从韧性的主体（resilience of what）和韧性的对象（resilience to what）来进行分析。城市韧性的主体是城市，而城市作为一个复杂系统又包含若干个子系统，如城市生态系统、经济系统、社会系统等。而之所以将影响系统的干扰定义为灾害，其原因在于人的生存受到了威胁，因此灾害韧性的主体是人，其对象是人面临的各种自然灾害和人为灾害。城市韧性的对象是会对城市系统产生影响的各种干扰，其中既包含自然灾害和人为灾害，也包含不能归类为灾害的干扰，比如城市人口的急剧增长、不断发展的社会生产力等。韧性理论研究中有两个概念：一般韧性（general resilience）和特指韧性（specified resilience），一般韧性指的是系统吸收任何类型的、可预知和不可预知的干扰和冲击的能力，在一些文献中它类似于适应性能力，指的是系统管理特指韧性的能力，不管是阻止它超过任何已知或未知的阈值还是使其回到期望的制度或系统。特指韧性描述的是系统特定的部分应对特定的干扰时的韧性（Resilience Alliance，2007）。从这个角度来说，城市韧性是一般韧性，而灾害韧性是特指韧性。

二、城市灾害韧性研究发展

（一）灾害韧性研究概况

韧性理论最早是从城市防灾的角度引入到城市研究当中的，早期韧性城市的研究大部分是城市灾害韧性的研究（Mileti，1999；Godschalk，et al.，1999）。2005 年世界减灾大会（WCDR：World Conference on Disaster Reduction）认为，在减灾领域的讨论和一些干预中，韧性概念逐渐在理论和实践层面都获得了广泛应用（Manyena，2006）。1999 年韧性联盟（Resilience Alliance）成立，是一个跨国家跨学科的研究组织，主要研究社会生态系统的动力机制，其成员都是生态学领域和社会学领域的专家，其广泛的研究领域中也包含了灾害韧性的研究。从技术上，灾害韧性的研究主要借助于 GIS 和遥感技术建立城市灾害的空间信息系统，通过数学模型对灾害风险进行模拟和评价。我国的城市韧性研究尚处于起步阶段，滞后于国民经济发展的需求（李彤明，等，2014），而寻求健康城镇化道路也需要重视城市安全问题（仇保兴，2014）。我国的城市规划体系已有明确的防灾减灾内容，城市总体规划中已有城市防灾减灾专项规划，但内容上主要为一些原则性规定。到控制性详细规划层面，还少有跟灾害韧性相关的控制性指标，而灾害韧性研究的创新点在于以应对未来不确定性为目标，从防灾的角度避免规划失效的问题。

（二）城市灾害韧性研究热点

随着韧性城市研究热度的增强，城市灾害韧性研究取得了一些进展。从灾害韧性的对象来说，城市灾害韧性研究包括：飓风（Campanella，2006；Lam，et al.，2014；Lam，et al.，2015）、台风（Wang，et al.，2012）、地震（Dunford，Li，2011；Ainuddin，Routray，2012；Takewaki，2013）、洪水（Liao，2012；Khailani，Perera，2013；俞孔坚，等，2015；Rijke，2014；Scarelli，Benanchi，2014；Restemeyer，et al.，2015），海啸（LeÓn，March，2014）以及气象灾害（Joerin，et al.，2012）等，其中城市水系统韧性和地震灾后重建是两大研究热点。从灾害韧性的主体上，沿海的社区易遭受海平面上升、海水入侵、飓风、台风和海啸的威胁，社区又是社会组织最基本的单元结构，因此社区成为灾害韧性主体的研究热点（Pine，2011；Smit，et al.，2011；Danar，Pushpalal，2014；Singh-Peterson，et al.，2014；Oktari，，et al.，2015；Ainud-din，Routray，2012）。研究内容上，城市灾害韧性的评价是应用研究的主要方向。

三、理论基础

作为一个新兴的学术研究热点，韧性城市研究从理论探讨到实践应用还存在许多问题和困难。由于韧性概念本身具有内在冲突和矛盾，比如稳定和动态变化、动态均衡和演进，使得探讨概念本身不具有意义，因此研究的关键在于如何达到韧性状态以及为谁达到韧性状态（Pizzo，2015），这需要首先对系统建立深刻的认知，适应性循环（adaptive cycle）的扰沌模型（panarchy model）就在这一背景下提出。以这一模型为基础，规划领域的学者们在韧性城市规划范式方面取得了一些成果。韧性城市理论的工具化是研究的一个难点，目前以韧性评价为主。

（一）适应性循环（adaptive cycle）的扰沌模型（panarchy model）

韧性的系统理论研究经历了从工程韧性（engineering resilience）、生态韧性（ecological resilience）到演进韧性（evolutionary resilience）的发展阶段。在演进韧性理论中，世界被视为混乱的、复杂的、不确定的和不可理性预测的，系统内部同样可能产生和外部干扰一样的扰动并导致系统发生变化，以系统过去的表现来预测未来趋势从而显得不再可靠（Davoudi，et al.，2012）。同时，系统也会在经历变化后达到与之前不同的稳定状态。霍林的适应性循环的扰沌模型是研究演进韧性的代表性理论。在模型中，系统不是处于稳定状态而是处于不断动态变化中，并不断重复经历四个发展阶段：成长或开发阶段（growth and exploitation），守恒阶段（conservation），释放或创造性破坏阶段（collapse and release），重组阶段（renewal and reorganization）。扰沌模型认为系统的这四个阶段不一定是连续或固定的，也不是一个单一循环，而是一个嵌套并相互作用的循环系统，包含各种时空尺度和速度（图1）。

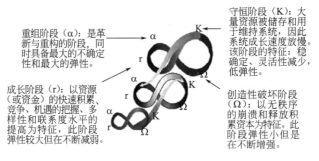

图 1　适应性循环扰沌模型示意图

适应性循环的扰沌模型被一些学者进行了深化。基于其理论框架，Peiwen Lu 和 Dominic Stead 认为韧性可被诠释为系统的强健性（robustness）和迅速性（rapidity）。系统的强健性取决于系统在吸收和应付不确定性干扰时的强度，而迅速性取决于系统重新达到一个新稳态时的组织弹性（图2）。例如在一个易发生洪水的地区，韧性表现在其洪水发生前的准备和洪水发生后的反应和管理中。洪水发生前，脆弱地区的建筑类型、洪水控制系统、洪水风险管理等都是系统强健性的表现；洪水发生后，城市的市政排水系统、快速反应机制、损失修复、救助服务、财政支持和未来发展等都是系统迅速性的体现，在灾害发生后城市的新状态未必需要恢复到和从前完全相同的稳定状态。

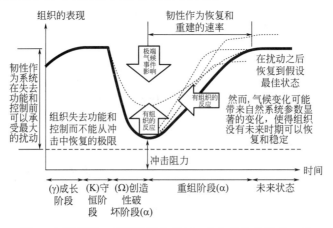

图 2　韧性框架：新的稳定状态不一定和从前的状态一样

（二）韧性城市规划基本范式

韧性理论应用实践的途径之是韧性城市规划，其研究方向可分为韧性的城市规划和规划韧性城市。前者的对象是城市规划，后者则是城市本身（Chen，Qiu，2015）在规划韧性城市方面，Desouza 和 Flanery（2013）基于 20 多个案例研究，分析城市在遭受外部或内部干扰后如何承受灾难性后果并重建韧性，在此基础上得出韧性城市的概念理论框架（图 3）。首先，Desouza 和 Flanery 分析了城市的组成以及组成部分之间的相互作用，他们将城市分为社会圈层和物理圈层两个部分，人、制度和活动相互作用组成社会圈层，资源和过程组成了物理圈层而要解答城市是对于什么具有韧性，则需要定义应激源（stressors）是什么，他们将应激源分为四类：自然的、经济的、技术的和人，这些应激源可能会导致城市系统的摧毁、衰退和破坏。城市通过规划、管理、人和其他组成部分可以影响到应激源的作用，这些影响可能是抑制作用也可能是增强作用。规划师、政策制定者和市民在建立韧性城市中的作用，通过规划、设计和管理三个行为来实现（Desou-za，Flanery，2013）。

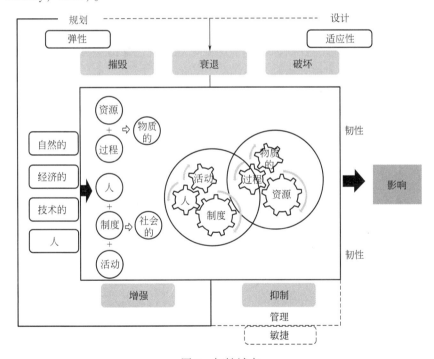

图 3　韧性城市

在韧性的城市规划方面，Jabareen（2013）尝试建立一种创新的韧性城市规划框架（resilient city planning framework）来联系理论和实践研究这个框架主要包含脆弱性分析矩阵、城市管理、预防和不确定性导向的规划四部分（图4）。第一部分，脆弱性分析矩阵的目的是分析和确定环境风险、自然灾害和未来不确定性的类型、特征、强度、影响人口和空间分布等。其中人口学是评价人口统计和社会经济方面的城市脆弱性，非正式性是评价城市非正式空间的尺度、社会、经济和环境方面的状况，不确定性则要求在进行环境风险和灾害评估时需要考虑不确定性带来的影响，空间性则是评价风险、不确定性、脆弱性和脆弱的社区的空间分布；第二部分，城市管理在于探讨韧性城市的管理方式和内容，其中，公平包含一系列社会问题，比如在决策制定和空间生产过程中产生的贫困、不公正、环境公平、公众参与问题；一体化要求通过提高知识、提供资源、建立新制度、加强好的管理和提供更多当地自治权来扩展和加强当地的能力；经济则指从城市韧性的经济方面来进行评价；第三部分，预防的目的在于建设更具有韧性的城市，城市需要预防各种环境灾害和气候变化带来的影响，其中减排是指评估各种减少温室气体排放的政策和措施，重组则代表城市在面对社会、经济和环境方面的挑战时重组自身结构的能力和弹性，并提出了一个假设：更清洁、更高效的可再生能源是让城市更具韧性的一个关键；第四部分，不确定性导向的规划则指出，气候变化和不确定性挑战了传统规划的概念、尺度和过程，传统规划方法需要进行改变。其中，适应性指的是不确定性管理应该包含适应性政策，规划则是评价在城市更具韧性中规划所起的作用，可持续形式则主要关注在微观尺度上城市设计和城市形式对城市韧性的影响（Jabareen，2013）。

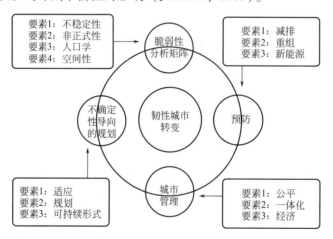

图 4　韧性城市规划框架

　　综上所述，无论从何种研究思路和角度出发，学者们对于韧性城市理论框架的探析，其本质内容基本是相通的。首先，任何理论框架中都需要明确可能导致城市系统变化的外源性干扰和内源性变异，并分析其种类、强度、特征等要素；

其次，都强调规划需从传统的目标导向转变为以韧性、适应性和不确定性为导向；第三，作为实现韧性的手段，规划和管理缺一不可。

四、灾害韧性在城市与区域规划领域的应用进展

韧性评价是将韧性理论工具化的一个突破口，同时也是当前的一个研究难点，虽然已有学者和科研机构搭建了韧性评价框架，但是都存在以定性评价为主，缺乏定量研究的问题；灾害韧性研究中依据韧性主体尺度的不同，可以分为区域灾害韧性、城市灾害韧性和社区灾害韧性三类（表2），其中社区灾害韧性是当前韧性理论应用的热点，也是韧性理论工具化的一个最佳突破口。

灾害韧性在城市与区域规划领域的研究内容　　　　表2

研究主体	研究目标	研究重点
韧性评价	评价系统应对不确定性的能力	• 系统的运作机制分析 • 干扰控制因子分析
区域灾害韧性	提高区域的系统安全性	• 区域灾害风险空间分布 • 事故发生后影响评估
城市灾害韧性	减少诱发灾害发生的人为因素，灾后城市回复到原有状态或新状态	以具体某类灾害为研究对象，分析其对城市社会—生态系统的影响和系统的应对能力
社区灾害韧性	提高社区在灾害发生前的预警能力、灾害发生时的抵御能力和灾害发生后的恢复能力	社区的运作和合作机制

（一）韧性评价

大部分关于韧性评价的文献关注社会生态系统（social-ecological system）的各个方面，比如湿地系统（Li, et al., 2014）、海洋生态系统、自然保护区（Rescia, et al., 2010）、城市生态系统（Colding, 2007）等。不过也有学者认为当前韧性的评估研究忽略了城市和普通社区（Jabareen, 2013）。在理论的实践应用方面，一些国际组织和研究机构都颁布了完整的韧性评价体系和工作操作手册（O'Connell, et al., 2015；Walker, et al., 2009；Resilience Alliance, 2010；Resilience Alliance, 2007）。韧性评价体系与以往的生态城市评价指标体系、生态住区评价指标体系或绿色建筑评价标准完全不同，以往的指标体系有固定的指标或是采用刚性、弹性相结合的指标结构，评价对象类别和尺度明确，而韧性评

价则包含了各类尺度和各类系统，城市、社区、农田或自然保护区都可以成为评价对象。

2015 年联合国环境署和澳大利亚联邦科学与工业研究组织颁布了韧性、适应性和转变评价框架（RATA Framework：Resilience Adaptation Transformation Assessment Framework），用来评价社会生态系统，并在泰国和尼日尔进行了实践。韧性、适应性和转变是韧性应用研究中 3 个关键性的概念，在不同的文献中对这 3 个概念的解读也不一样，在 RATA 评价体系中，这 3 个概念的解读如表 3 所示。

韧性、适应性和转变定义　　　　　　　　　　　　　表 3

概　　念	定　　义
韧性	社会生态系统吸收干扰和重组的能力，以便保持基本相同的功能和结构
适应性	响应变化的过程，其提高了社会生态系统，以实现预期的可持续发展目标的能力
转变	朝着具有不同特性、结构和功能的社会生态系统移动的过程，以达到预期的可持续发展目标。通常，在从一个尺度到另一个尺度仍保持着韧性（或系统特性）时需要转变

RATA 程序部分的主要评价步骤包括在利益相关者的参与下描述系统、评价系统和适应性管理和治理，评价的指标来自于已有的通用报告、文献以及 RATA 程序的反复应用总结，有些现存的指标，但也有些指标需要修改或者需要创造出新的指标。获得结果后提取关键控制指标和属性作为行动指导策略。最后会有两类指标作为结果来评价 RATA 程序的实施情况，一类是评价 RATA 程序实施所覆盖的范围，另一类是评价 RATA 程序的稳健性和可复制性。这套评价体系的特点在于评价的过程具有弹性并可重复，允许用户在已有的指标中选出最合适的指标来进行评价，一旦在评价的尺度上没有合适的指标可供应用，新的指标就会被开发出来。目前 RATA 体系还在不断深化和完善，发展适应性路径，从而在未来不确定性背景下制定可持续发展目标，并为决策提供支撑（图 5）。

韧性联盟（Resilience Alliance）在韧性评价方面已有非常多的成果，2010 年韧性联盟颁布了一版社会生态系统韧性评价的工作手册。该评价体系包含五个主要阶段，首先是描述系统，然后是理解系统的动力，调查系统的相互作用以及评价治理，最后是评价的作用。这五个阶段可以反复进行，必要时候也可以回到上一阶段进行修正。该评价体系的主要作用在于帮助制定策略和指导决策来应对未来不确定性和各种变化（图 6）。

从已有研究的总结可知（表 4），不同韧性评价体系的工作思路和主要内容是基本相同的，首先要分析和评价系统的动力机制、评价的尺度，这其中包括目

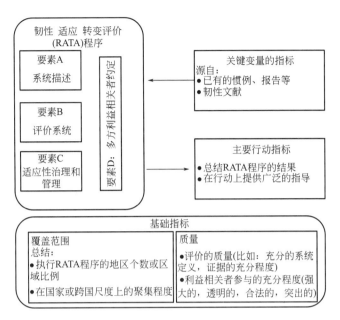

图5 韧性、适应和转变评价框架

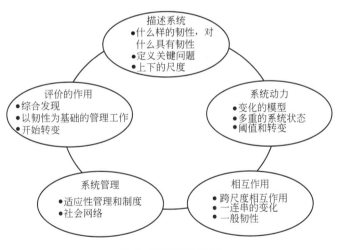

图6 韧性评价框架

标尺度以及上位尺度和下位尺度，并要回答两个关键的问题：什么样的韧性以及对什么具有韧性。然后需要评价当前系统的管制方式和制度是否具有韧性，以及各个利益相关方的关系和冲突。最后通过评价结果获得指导决策过程的策略和管理指引韧性评价中的系统概念很广泛，城市作为一种系统进行韧性评价时其基本研究思路和框架也需要包含以上内容。

韧性评价体系比较　　　　　　　　　　表4

作者	评价框架	研究尺度	案例	优点	缺点
联合国环境署和澳大利亚联邦科学与工业研究组织	RATA框架（RATA Frame-WOrk）	区域	● 泰国的水稻灌溉系统 ● 尼日尔的混合养殖系统	● 具有可操作性 ● 评价指标具有弹性	● 没有考虑社会经济方面的抵抗能力 ● 应用尺度单一
韧性联盟	社会生态系统韧性评价框架（Assessing Resilience in-Social-Ecological Systems）	跨尺度	● Namoi韧性评估和集水区行动计划 ● 印度尼西亚东加里曼丹的弹性分析和社会生态系统的管理	● 考虑了社会、经济和生态等方面的要素 ● 考虑了系统的动态性和多维度	● 主要为定性研究、无定量指标

（二）区域灾害韧性

沿海地区遭受的飓风灾害是一个受广泛关注的世界性问题，因此也成为灾害韧性研究的重点之一。在研究中，针对特定类型的灾害建立的评价框架各不相同。Lam和Qiang等人通过建立一个韧性推理评估模型（RIM：Resilience Inference Measurement）对加勒比海地区的25个国家进行了应对飓风的定量韧性评价。RIM模型通过3个维度的3个变量来进行计算：暴露（exposure）、损坏（damage）和恢复（recovery），用8个变量来表征社会环境能力。这项研究发现人口密度和海拔6m以下人口数量百分比在衡量韧性时是非常重要的指标（Lam，et al.，2015）。在定量评估灾害韧性的研究中，可获取数据的质量以及数据的可获取程度是影响研究的两个关键因素。Kim和Rowe选取了地震、洪水、泥石流、地面沉降、海平面上升五种灾害形式制作了中国长三角地区的灾害地图，并从土地利用变化的角度定量评估了该地区47个市县的城市总体规划对建设用地在灾害易发区域的控制程度，结论显示城市总体规划的实施程度在控制区域灾害风险方面的作用并不显著（Kim，Rowe，2013）。以上研究结果表明传统城市规划事先制定明确发展目标的工作思路并不能使城市较好地适应灾害带来的冲击，城市规划失效在于发展目标无法准确应对未来干扰发生的不确定性。

（三）城市灾害韧性

作为一个人口和资源集聚的地区，城市在遭受自然灾害袭击时往往容易造成巨大人员伤亡和财产损失，而经济的发展、城市的扩张又进一步带来自然环境的变化从而加剧灾害的破坏性。而通过韧性理论，可以探究人与城市环境之间复杂的相互作用和关系（Vale，Campanella，2005；Chen，Pan，2013；Jabgreen，

274

2015）。Wang 和 Huang 等人建立了一种韧性分析方法来评价中国台湾地区的生态社会系统应对台风灾害的承受能力和应变能力，以台北桃园地区作为研究区。

这一研究方法由三部分组成：系统性能（system performance）、恢复持续时间（recovery duration）和恢复成效（recovery efforts）。研究结果显示，系统性能、恢复持续时间和恢复成效对土地利用变化、极端天气的响应会导致这三部分的模式发生改变，并导致降低生态系统服务功能（Wang, et al., 2012）；Rescia 和 Willaarts 等人的研究则表明景观的同质化趋势以及土地利用的低经济性会导致社会生态韧性的降低（Rescia, et al., 2010）。

（四）社区灾害韧性

当前社区韧性的研究已经从社区的物理环境、住区选址和场地设计的探讨转移到关注社会和人在防灾减灾方面的作用以及与社区的合作和运行机制，社区居民成为社区韧性的研究主体。在灾害中，韧性社区是一种有效应对不确定性的方式（Luederitz, et al., 2013）。Stevens 等人通过对比研究处于洪泛平原上的 33 个配对的新城市主义发展社区和传统发展社区，来评估新城市主义发展所包含的灾害减损措施是否比传统发展方式更多更有效，并建议为了创造具有灾害韧性的社区，当地政府和新城市主义设计师应将灾害减损技术集成到场地设计中（Stevens, et al., 2010）沿海城市的社区当前成为研究社区灾害韧性的重点。Oktari 等人从灾害教育的角度出发对印度尼西亚班达亚齐的社区进行研究，通过建立一个学校和社区合作的网络模型来加强沿海社区的韧性（Oktari, et al., 2015）。Smith 等人从社会学的角度设置了一套与社区合作的方法来应对快速城市化过程中的气候变化和不确定性（Smith, et al., 2011）。Cutter 等人针对社区的灾害韧性建立了一套指标体系来进行对比评价，指标体系包含生态、社会、经济、制度、基础设施和社区权限六个方面（Cutter, et al., 2008）。Joerin 等人对比研究了位于金奈的两个社区在经济、社会和物理环境三方面对气候灾害的韧性（Joerin, etal, 2012）Ainuddin 和 Routray 对俾路支省的社区进行了灾害韧性评估，并提出了针对地震灾害的社区韧性研究框架（Ainuddin, Routray, 2012）。Vallance 和 Carlton 以人的行为作为研究视角对社区群体和非政府组织在灾后重建和降低灾害风险等方面的作用进行了研究（Vallance, Carlton, 2014）。

五、结论与展望

城市面临的各类灾害往往具有不确定性和复杂性，单纯依靠工程学思维从物质环境的角度出发无法解决城市灾害问题，城市灾害韧性研究和城市灾害韧性评价作为一种新的研究思路，对于城市可持续发展具有重要意义。城市灾害韧性未来的研究热点包括以下三个方面。

首先，完善韧性城市评价体系。韧性评价是韧性理论工具化的突破口，但目前针对国内城市的研究较少，已有的研究成果定性多过定量，同时评价往往忽略了人在防灾减灾方面的作用。因此韧性评价从定性转移到定量研究以及如何科学合理地选择评价指标会是未来的发展方向。

其次，从概念研究到规划基本范式转变。虽然新概念的多重维度和复杂内涵很难形成统一答案，但是定义的多重维度和内涵并不影响理论框架的建立和研究实践。传统城市规划事先制定明确发展目标的工作思路并不能使城市较好地适应灾害带来的冲击，城市规划在提升灾害韧性方面需要进行很多工作。对规划技术、建设标准等物质层面的探讨与公众参与、社会均等性等社会层面的结合，将有利于全面增强城市系统的结构适应性，扭转被动的工程学思维。

最后，加强多尺度的灾害韧性研究。区域灾害韧性、城市灾害韧性和社区灾害韧性是城市灾害韧性研究的三大发展趋势，区域灾害韧性研究在探讨气候变化对城市的影响方面具有重要作用，城市灾害韧性研究则是如何加强系统韧性的最佳切入点，社区灾害韧性研究已经从社区的物理环境、住区选址和场地设计的探讨转移到关注社会和人在防灾减灾方面的作用以及与社区的合作和运行机制，社区居民成为社区韧性的研究主体。结合当前大数据、3S 技术的应用，这三个方面将成为韧性理论本土化应用的突破口。

（撰稿人：杨敏行，香港中文大学地理与资源管理系博士研究生；黄波，香港中文大学地理与资源管理系，太空与地球信息科学研究所，教授，博导；崔钟，规划师，深圳市规划国土发展研究中心；肖作鹏，香港大学地理与资源管理系博士研究生）

注：摘自《城市规划学刊》， 2016（01）： 48-55，参考文献见原文。

社区适老性评价指标体系研究初探

导语：在我国严重老龄化的社会发展趋势下，"社区养老"以其相较"居家养老"和"机构养老"的优势正成为多数人的选择，然而国内仍然缺少对养老社区规划建设起指导作用的科学系统的评价指标。课题通过文献研究、专家研讨确立了指标体系的内容框架，并基于对国内老龄化程度较高的 12 座城市 100 个社区的养老生活实态大量调研，统计了老年人对社区配套设施、环境设计、住宅设计和养老服务等诸多方面的具体需求数据，结合相关性统计、层次分析法等手段得出了各层级指标的权重系数，从而初步构建出一套相对理性、科研数据支撑充足的评价指标体系，以期为社区适老性规划、建设和改造提供参考。

据《2010 年第六次全国人口普查主要数据公报》显示，截至 2010 年，我国大陆 60 岁及以上人口占 13.26%；估算到 2013 年底老年人口总数将超过 2 亿，而人均 GDP 仅排世界第 85 位。在这种严重老龄化和"未富先老"的严峻形势下，"社区养老"是我国在"家庭养老"和"机构养老"之外大力推行的一种新型养老模式。一项"未来中国人如何养老"的调查显示，46.02%的人选择"社区养老"，27.95%的人选择"居家养老"，26.04%的人选择"机构养老"；国务院《中国老龄事业发展"十二五"规划》确立了"以居家养老为基础，社区养老为依托，机构养老为支撑"的发展目标，将 80%以上退休人员纳入社区管理服务对象。可见"社区养老"已成为我国多数人未来养老的第一选择，代表了我国养老模式的发展方向，这是缘于其兼顾养老服务的社会化发展趋势和居家养老的传统伦理需求，具有专业化、人性化、便利性、低成本等特点。除了新建养老社区，我国大量既有社区的"适老性"升级改造也成为重要的课题，因而"十二五"国家科技支撑计划课题《社区适老性规划、建筑设计技术研究与示范》提出了"适老社区开发建设亟需有效的技术指导和评价工具"和"适老社区配套服务设施在立项、配建时亟需相应的配置依据"的具体需求，于是课题组商讨并建议了"社区适老性评价指标体系"这一研究任务。

一、社区与社区养老的相关概念

"社区"是社会学中的概念，是指具有同价值取向的同质人口组成的关系密切、出入相友、守望相助、疾病相扶、富有人情味的社会共同体，但在我国城市规划和建筑设计学科中并无明确的概念界定。一般认为，居住区和居住小区是"社区"概念在物质与空间层次上的表现形式。课题组在全国多个城市调研发现，实际行政和民政管理领域的"社区居委会"组织所对应的"社区"范畴，较大的相当于居住区，中等的相当于居住小区，较小的相当于居住小区中的组团，总体接近居住小区的概念。基于我国"社区"的现实情况，再考虑老年人的出行距离，并且为了方便在规划设计领域的研究，本课题将"社区"界定为城市规划中的"居住小区"级别。

"社区养老"又称"社区居家养老"，概念的阐释有很多，如史柏年认为"社区养老"是由正规服务、社区志愿者及社会支持网络为有需要的老人提供帮助和支援，使他们能在其熟悉的社区环境下维持自己的生活；老龄委指出"社区居家养老"是指政府和社会力量依托社区，为居家的老年人提供生活照料、家政服务、康复护理和精神慰藉等方面服务。归纳权衡诸多理念，笔者认为"社区养老"是指老人居住在自己家中，在由家人或自身照料的同时，依托社区接受部分社会化养老服务。显然"社区养老"对社区环境设计、设施配置以及管理服务质量要求较高，迫切需要完善的设计方法理论与评价指标体系。

二、国内外研究状况

老龄化问题是一个全球性的挑战，不少国际组织和国家都开展了有关社区适老性的研究。世界卫生组织提出了相关评价指标，如《适老性城市必备特征评估目录》（最新版 2007 年发表），包括室外空间与建筑、交通、居住、社会参与、社会尊老爱老、老人就业机会、交流与信息公开、社区与健康服务共 8 个领域内容。

美国的养老模式社会化程度较高，依照老年人对护理服务的需求程度可分为活跃老人社区、协助生活社区、专业养老院、持续护理社区等类型。不少官方和民间机构都提出了社区适老性评价标准：非营利组织"退休人员协会"（AARP）以评估表形式编制了《适老社区评估纲要》（最新为 2005 年版），包括交通、散步、安保、购物、居住、健康服务、文体休闲、互帮互助共 8 个方面的指标；南加州大学维克托·雷尼尔（Victor Regnier）教授提出了《协助生活社区设计评价100 条》，包括街区与选址、室外景观、重点设计特性、趣味社交、拓展自立、感官易识、创造感染力、住宅设计、员工培训、针对老年痴呆设计共 10 方面内容；美国环保局有"活跃老人社区建设"（BHCAA）评选，其评估表涵盖了运动、社交与工作，居住空间设计，交通，健康服务共 4 类指标内容。

日本是全球老龄人口比例最高的国家，与我国文化相似，其养老社区评价标准以社会化服务为主，如 1988 年《老人院的机能与服务评价》、1993 年《特殊养护老人院、老人保健设施服务评价标准》。具体标准则由厚生省老人保健福利局制订，具体内容包括了"投入资源、过程、结果和效果"四类，涵盖了生活协助服务、专业服务、联系相关机构服务、经营管理服务等，设定的评价项目共100 条[10]，并形成评估表。养老社区相关设计法规标准则有 1995 年《与长寿社会相适应的住宅设计标准》、2005 年《无障碍新法》等，但尚未形成整合的养老社区量化评价指标体系。

目前我国有关养老社区评估的科研较少，可参考评价指标仅有聂梅生等编著的《中国绿色养老住区联合评估认定体系》以及上海市静安区《城市居家养老评估指标体系》、《社区为老服务评估指标》，前者分为住区设施、养老服务、安全保护、运营管理、运行效果共 5 个分项各 100 分，并非侧重于规划设计直接相关的内容；后者则专注于社会化服务评估，对相关设施配置要求涉及很少，更少规划设计参考价值。设计标准有《城镇老年人设施规划规范》、《养老设施建筑设计规范》、《老年人建筑设计规范》、《老年人居住建筑设计标准》、《社区老年人日间照料中心建设标准》、《老年养护院建设标准》等，但距离形成完整系统的评价体系还有相当差距。

三、评价指标的基础内容框架

本课题的突破方向首先在于主要瞄准社区适老性评价指标在规划建筑设计领域的应用，故指标构建侧重于指导规划设计、兼顾养老服务；其次是各分项指标对老年人的重要性即权重系数是否等同、老人对具体指标的要求如何权衡，除了参考相关领域专家的意见建议，均力图以大容量样本的调研数据来作为科研支撑，从统计数据中各类养老需求的交融点挖掘出各级指标背后潜在的关联。

通过综合分析国内外社区适老性评价法规、标准、文献资料，养老社区评价体系的分项构成一般为按照空间（机构）或软硬件分类，尤以前者更为多见。经过课题组与多位专家数次会商探讨，决定按照国内城市居住区规划设计的环境空间划分以及硬件与软件区别确定社区适老性评价指标体系的一级与二级指标：

（1）社区配套设施：包括社区周边环境条件，社区内及周边的商业设施、公共交通设施、福利设施、医疗卫生设施、文化休闲体育设施、教育设施等方面；

（2）社区公共环境：包括社区内的景观环境设计，环境污染状况，以及消防安全、交通安全、安全保卫等方面；

（3）社区养老型住宅：包括住宅套内空间适老性设计、住宅公共空间无障碍设计、在宅伤害防控设计及设备配置等方面；

（4）社区养老服务与管理运营：包括民政和街道服务机构、志愿者服务、物业管理、社区业主组织、医疗管理与服务、食品安全、整体安全质量等方面的服务运营管理水平。

三级指标的内容则应覆盖社区适老性规划设计和管理服务的各项具体领域，并以为规划设计评估项目为主，以建成后评估项目为辅。

四、调研范围与过程

获得具有统计意义的城市社区养老生活实态与需求，才能够有效地构建社区适老性评价指标，这需要具有代表性的大容量样本调查数据。通过对全国省市老龄化程度、老年人口总数以及年增老年人口数的综合排名，并考虑城市的地域分布、代表性与协作条件，课题组遴选了 12 座城市的 100 个社区开展调研，城市分布如表 1 所示。调查于每个社区进行了各类配套设施分布调查、15 份养老实态问卷调查、1~2 个养老住宅入户调查，以及调查员对养老实态的记录调查，共获得有效问卷 1435 份。在第一阶段调研以及指标体系草拟过程中，课题组发现了一些内容缺失等问题，因此还在多个城市进行了超过 100 份问卷的回访补充调研。

社区养老实态调研城市的地理区域分布　　　　　　　表1

直辖市	华北	东北	西北	西南	华中	华南	华东
北京、天津、上海、重庆	石家庄、太原	沈阳	西安	成都	武汉	广州	南京

五、调查数据统计分析概述

（一）养老服务社会化的必要性和迫切性

调查数据中一个值得注意的情况是老年人的居住状态，反映出调研对象社区中老年人"空巢"家庭比例已超过一半，加上独居老人总数超过 70%，这在一定程度上反映了我国大城市老年人家庭的实际情况，也揭示出社区养老面临的迫切需求与挑战（图1）。随着老人健康条件的变化或其他意外情况发生，仅仅依靠自身或配偶照料生活显然是不够的，由此可见发展社会化养老服务的必要性和迫切性。

（二）各级指标相关调研数据的统计分析概述

1. 一级指标——社区养老对环境、设施和服务的需求高于住宅本身

在课题调查问卷中对养老社区评价指标"分项满意度"与社区养老"总体满意度"均设置了等级评价问题，从而可以分析其相关性系

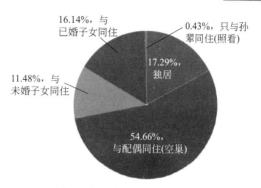

图1 大城市老年人居住状态

数，这代表了评价指标各分项对总体满意度的量化影响程度，相较主观排序的优势是可用于相对客观地构建指标体系中各分项的权重。采用 SPSS 分析软件的两种等级评价相关性分析方法 Spearman 和 Kendall 统计，结果如表2所示。结果显示，4个一级指标分项与社区养老满意度的相关性均为显著，尤其是社区公共环境对总体满意度的影响最大，而住宅设计对总体满意度的影响较小。这反映出，我国老年人对社区养老涉及内容的关注需求程度，环境、设施和服务的重要性要高于住宅设计。

社区适老性评价一级分项与总体满意度的相关性系数　　表2

	社区配套设施	社区公共环境	社区养老型住宅	社区养老服务、管理运营
Spearman	0.509	0.613	0,465	0.512
Kendall	0.434	0.541	0.412	0.456

2. 二级指标——养老需求多样化，文体活动的精神慰藉尤为突出

部分适合主观评价的二级指标也在调查问卷中设置了满意度评价问题，以便从相关性分析获得有关指标对总体满意度的量化影响程度，从而考量各类养老需求的差异性（表3）。老年人的需求一般可分为生活服务、医疗健康、精神慰藉几类，结果凸显了老人对于文体活动也即精神文化需求程度较高。

社区适老性评价部分二级指标内容与总体满意度的相关性系数　　表3

	社区老年活动满意度	社区医疗机构方便程度	生活服务机构满足需要的度	道路交通安全满意度
Spearman	0.486	0.301	0.314	0.381
Kendall	0.436	0.261	0.271	0.341

3. 三级指标——社区养老主观需求的差异性

关于社区配套商业设施（除超市、菜市场、便利店）的需求如图2所示，数

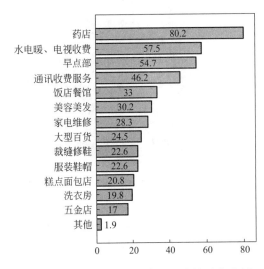

图2　老年人对社区配套商业设施的需求比例

据呈现出老人最需要药店、水电暖和电视收费、早点部、通讯收费。这些倾向较容易分析：药店与保健或健康密切相关，早点部多提供方便的传统饮食，手机或上网缴费对老年人来说较复杂或不被信任。

关于社区环境安全性，老年人考虑影响较大的项目有人车不分流，积雪、雨水清除不及时，外来闲散人员过多，消防、救护车通道被占用等（图3），统计反映出交通安全有关的选项比例较高；而老人在社区室外遭遇意外的原因（图4），台阶、高差、坑洼，路面太滑，以及躲避碰到车辆人员统计居前，这些均显示出社区场地无障碍设计以及交通规划和管理的重要性。

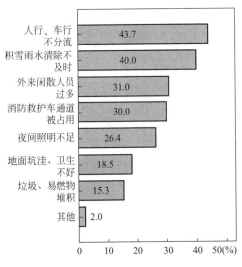

图3　老年人认为影响社区安全的项目

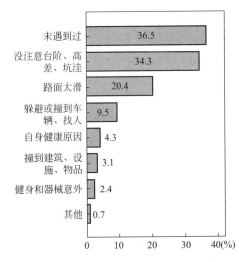

图4　老年人在社区发生安全意外的原因

关于养老住宅设计，从统计数据可知，老年人对住宅自身的要求不如社区环境和养老服务强烈。目前我国《老年人居住建筑设计标准》已提出了较全面的设计要求，该标准中缺失的主要考量是老年人在宅伤害的防控设计。图5的调查统计结果表明，超过1/3的老人并未在家里发生过安全事故，而出现意外较多的空间或行为依次是：厨房，卫生间，楼梯处和家务劳作。由于上述空间狭小、障碍较多，以及家务劳作辛劳使得意外易发，须在评价指标中特别提出。关于社区养老服务，老年人最希望提供的服务项目（图6）意愿最高的是：家政服务、送医上门、社区诊所、上门修理和聊天解闷。可见老年人在家务、健康、情感三方面均有社会化服务需求，且相差不大。

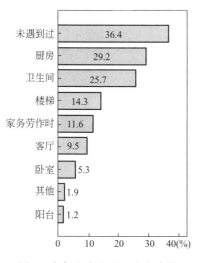

图5　老年人在宅遭遇安全意外
的空间或行为

图6　老年人希望社区提供的养老服务

六、基于调研数据统计的社区适老性评价指标体系构建

（一）主要构建方法

指标体系内容框架，主要由文献研究和专家咨询会商确定。指标项目的权重分配，如前所述，注重挖掘统计数据本身及其之间的潜在关联性，一级指标通过对调查数据主观评价项目的层级相关性做量化统计分析确定；二级分项指标，以专家层次分析法（AHP）和层级相关性分析为主；三级分项指标（本文限于篇幅未列出）以主观需求量级调查数据映射和层次分析法为主。正是由于其中的层次分析法客观性相对较弱，故采用了基于调研的指标相关性系数法和数据直接映射法互补短长。

（二）指标体系一二级分项权重构成

社区适老性指标体系的一二级指标权重系数如表4所示。

社区适老性评价指标体系权重 表 4

分项	权重	二级分项	权重系数
设施配置	0.2335	城市和居住区配套设施	0.0115
		交通设施	0.0090
		商业设施	0.0552
		教育设施	0.0046
		物业和民政设施	0.0215
		福利设施	0.0299
		医疗卫生设施	0.0487
		文化体育娱乐设施	0.0551
社区环境	0.2935	城市和居住区景观绿化环境	0.0173
		景观绿化环境	0.0640
		消防安全	0.0347
		交通安全	0.1232
		安全保卫	0.0298
		远离污染	0.0245
住宅设计与配置	0.2235	住宅套内空间无障碍设计	0.1042
		住宅建筑公共空间无障碍设计	0.0748
		住宅伤害防控设计	0.0287
		住宅安全监控设备	0.0159
养老服务、管理运营	0.2474	老年服务机构管理	0.0536
		社区老年信息管理服务	0.0169
		社区业主服务	0.0115
		物业管理执行情况	0.0536
		社区医疗机构管理服务	0.0264
		社区厨房食品与环境安全	0.0264
		安全质量	0.0590

七、结语

社区适老性指标体系的研发是一项系统性强的复杂工作，其初步的研究尚需实践工程来检验，但也能够为养老社区的规划、建设和升级改造给予众多启示，包括：

（1）社区适老性规划建设应抓住重点突破方向

目前已有养老机构或养老地产配套设施建设中存在着一些问题，甚至是舍本逐末，例如总是将资金优先投入"看得见、见效快"的高精尖医疗、监测智能设备设施上，反而对建设周期长、潜移默化的日常配套服务设施关切不够，导致养老生活的种种不适。对于社区各类环境和设施，评价体系的核心与扩展项目区分以及指标权重可为适老性规划建设提供优先主抓导向或建议先后次序。

（2）养老环境需要健康、安全、无障碍的人性化设计

随着新版《无障碍设计规范》的实施以及众多养老社区、老年建筑相关设计标准的修编，老年人的生活环境必将得到更大改善。老年人的生活空间也应在规范以外补充更多的要求，如空气质量、室内外环境乃至生活服务的安全性等方面，本评价体系均应配置参考指标。

（3）重视为老服务的软件建设

养老社区的规划设计仅仅是一个开始，建设、管理、运营更是一个浩大的综合工程。本课题研究的众多后评估指标也提示社区规划设计前期即须考虑养老设施所需场地和空间的规划布置。

总之，社区适老性评价指标体系的建立可以为住区规划设计和建设提供量化、具体化、可操作的指导原则和规范，有利于建设管理部门对养老社区进行评估、监督和决策工作，有利于老年人和全社会关注和参与养老环境建设，最终为建成老有所居、老有所养、老有所为、老有所乐的人居环境做出贡献。

（撰稿人：贾巍杨，天津大学建筑学院讲师）

注：摘自《城市规划》，2016（8）：65-70，参考文献见原文。

制度变迁视角下我国城市设计实施的理论路径、现行问题与应然框架

导语： 城市设计在我国城市建设进程中的作用日益凸显，而实施始终是阻碍城市设计成功的一大难题。我国现行的城市设计实施主要通过纳入法定规划或规划行政许可程序的方式实施，表现为一种强制性实施特征。这种延续于计划经济模式的法定化实施模式在市场经济背景和存量规划模式中存在一定的局限性。因此，文章立足于新制度经济学中的制度变迁视角，提出城市设计实施需要强制性实施与诱致性实施路径并行的观点。通过分析我国城市设计实施现状及其问题，进行两条路径相互支撑的理论框架构建，并提出一系列诱致性实施的策略构想。

新型城镇化战略下，城市建设更为重视以人为本、品质至上的城镇化目标，也就意味着以追求城市空间环境品质提升为己任的城市设计，将逐步成为新时期城市建设的焦点。特别地，在城市发展从增量规划逐步过渡到存量规划的阶段，城市设计将成为存量规划中首当其冲的规划类型。

在我国市场经济改革浪潮中，存量规划的发展使城市设计面临的不再只是物质空间环境的规划过程，更是一种权利博弈的市场运作过程。与原本的增量规划不同，存量规划中建设用地使用权是散落在各地块使用者手中，不再能够通过政府计划模式主导开发进程，市场经济特征更加凸显，实施将不再仅仅是政府单方面就能完成的使命，而需要对城市建设中的公众、开发企业等主体进行引导、诱致，实现多元化利益主体下的实施进程。

因此，在新型城镇化、中国特色市场经济和存量规划发展的综合背景下，需要城市规划者善于从经济学的角度来观察和分析城市设计实施中面临的困难与挑战，笔者立足于新制度经济学理论，通过制度变迁视角，提出城市设计实施的理论路径，分析我国现行的城市设计实施办法和存在的问题，对我国城市设计实施体系框架的构建提出建议。

一、制度变迁视角下城市设计实施的理论路径

（一）城市设计实施是一种制度变迁过程

城市设计是以人、自然和社会因素在内的城市形体环境为对象，以城镇空间

环境优化和提升为目标，针对城市开发建设活动制定的一套整体设计原则和行为框架。从制度的角度看，这一套整体设计原则和行为框架实则就是对城市开发建设活动中的个人或者组织进行的一种规制，城市建设的各个主体需要在满足城市设计的前提下进行下一步的设计和建造行为，即可以将城市设计看作为一种制度。

如果将缺乏城市设计的城市建设模式视为城市开发建设活动组织的原始制度，随着人们对城市空间环境质量的日益重视和要求提升，显而易见，这种原始制度已经不能满足人们的追求，原始制度的非均衡状态开始出现，人们希望在新制度中获得更加优质的城市空间环境，城市设计正是这样的一种新制度，其对城镇空间环境的优化和提升即制度效益。可见，在当前注重人居环境的城市建设背景下，城市设计提供的制度效益明显优于原始制度，人们希望通过城市设计获得额外的获利机会，即存在潜在的制度变迁需求，倘若制度变迁主体愿意进行城市设计的供给，那么制度变迁就会发生，城市设计在实际的开发建设活动中实现制度更新或替代原始制度，这一系列过程，即城市设计的实施。

由此，从制度化的角度诠释城市设计实施，指以城镇空间环境优化和提升为目标，通过在后续工程实践中落实能够体现城市设计意图的行为规则和办事程序，实则即为城市设计在城市开发建设实践的原始制度中实现制度更新或替代更迭的制度变迁过程。

（二）两种理论路径——城市设计诱致性实施与强制性实施

在制度变迁过程中，需要两种制度变迁类型的相互弥补才能实现社会资源配置的最优——诱致性与强制性制度变迁。

诱致性制度变迁，是指现行制度安排的变更或替代，或者是新制度安排的创造，由个人或一群（个）人，在响应获利机会时自发倡导组织和实行。与此相反，强制性制度变迁由政府命令和法律引入和实行。诱致性制度变迁必须由某种在原有制度安排下无法得到的获利机会引起。强制性制度变迁可以纯粹因为在不同集团之间的对现有利益的再分配而发生（林毅夫，1994）。诱致性制度变迁与强制性制度变迁是相互联系、相互制约的，更确切地说，强制性制度变迁是诱致性制度变迁的弥补，诱致性制度变迁需要强制性制度变迁的推动（表1）。

基于上述制度变迁的分类，对于作为制度变迁的城市设计实施，可以分为诱致性实施与强制性实施。

城市设计诱致性实施，指在城市开发建设活动中，各利益主体在响应城市设计将带来的获利机会时，自发地贯彻执行城市设计意图的过程。城市设计强制性实施，指将城市设计方案或成果转化为政府法令的形式，依靠国家法律权力强制性执行的过程。

城市设计诱致性实施与强制性实施路径的比较分析表　　　　表1

实施路径	城市设计的自愿实施	城市设计诱致性实施		城市设计强制性实施
变迁类型	理想的制度变迁	诱致性制度变迁		强制性制度变迁
制度变迁的主体	个体自愿的制度变迁	政府诱致个体或群体进行的制度变迁		政府作为制度变迁主体
外部利润	个体存在外部利润	为个体创造外部利润以诱致变迁	社会外部利润是变迁的最终目的	社会存在外部利润
统一原则	一致性同意	合法退出或进入	一定的决策规则	强制性同意
自身缺陷	过于理想难以实现	需要制度设计和组织成本		过于强制增加矛盾

资料来源：作者自制。

政府为了获得社会的总外部利润，利用其强制力量进行制度供给，实现制度变迁，而企业、公众为了追逐各自的外部利润，需要采用途径使提高供给收益、降低供给成本，由此诱致其进行制度变迁。对于城市设计实施来说，也是如此。

城市设计诱致性实施是一种主动、自发的实施过程，作为创作活动的城市设计，其主观感性的设计属性对诱致性实施表现出了强烈的内在诉求，在诱致性实施路径中．实施主体在其主动行为中不断地进行策略的转化和修正，以及利益主体自进行反复协商，讨价还价，以市场的力量找到效率与公平之间的平衡点，实施城市设计。同时，作为二次订单的城市设计具有衔接者和协调者的角色特点。其对诱致性实施路径具有外在需求。以创造获利机会而非强制法令的形式。这种实施路径能够为下一层次建设活动与上位规划建立一种交流协商的平台，使城市建设按照正面效益的方向发展实施。

而城市设计强制性实施，通过政府法令的形式可以解决城市设计实施中存在的路径依赖问题。城市建设过程中有大量利益关系错综复杂的社会团体。如果仅仅依靠诱致性实施去为所有团体创造获利机会，并达成基本一致的协商，在短期内是十分困难的，此时强制性实施通过政府权威的强制力，能够保障实施的效率，弥补诱致性实施的缺陷。

由此可见，应然的城市设计实施体系应当具有诱致性实施与强制性实施路径并行的完整框架，互为补充、相互作用，实现公平与效率并重。

二、我国城市设计实施的现行问题——单一的强制性实施特征

（一）城市设计实施的现行办法

自 1998 年《深圳市城市规划条例》将城市设计结合法定图则，首次将城市设计工作纳入地方性法规以来，我国地方规划部门和城市设计学者对城市设计实施方法进行了多元的探索和研究（赵亮，2011），归纳起来，我国城市设计现行的实施机制主要存在两条途径：

一是将城市设计纳入法定规划实施，例如总体规划或控制性详细规划，进而对下一层次的规划编制或管理工作提出要求；二是将城市设计内容直接纳入规划管理的相关条款中，例如土地出让条件，从而控制城市建设行为，优化城市空间环境。

1. 城市设计控制性要求纳入法定规划审批条件实施

（1）总体城市设计与总体规划总体城市设计纳入总体规划实施，主要体现在两方面，一是通过城市设计的方法理清城市的三维空间格局和风貌形态特征，为总体规划确定未来城市定位和城市发展战略提供依据和建议，也就是城市设计思想融入总体规划得以实施。在北川新县城总体规划中，城市设计思想的渗透正是其核心特征之一（李明，等，2011）。北川新县城总体规划与总体城市设计工作同时启动，通过整合编制与平行设计形成了总体规划布局方案和城市管控架构（图1），借助于总体规划的法定组织，将城市设计思想贯穿其中得以实施。二是在城市总体规划中设立城市设计或城市景观控制专题，将总体城市设计内容纳入相关专题，也就是城市设计内容纳入总体规划得以实施，例如，《深圳市城市总体规划（2010~2020 年）》❶，进而使城市设计内容成为具有法律效力的条文款项和政策方针，指导下一层次规划编制和城市建设。

（2）区段城市设计与控制性详细规划

城市设计与控制性详细规划的结合，大多数城市的做法是以城市设计引导的形式进行。《城市规划编制办法》中虽然提出控规中应包括城市设计指导原则，但城市设计引导大多为描述性、可调节的一些准则，面对多方利益主体环境下，

---

❶ 在此总规中的"第十二章，总体城市设计"，直接将城市设计内容纳入总体规划文本当中，《深圳市城市总体规划（2010 ~ 2020 年）》，http：//www.szpl.gov.cn/xxgk/csgh/esztgh/201009/120100929_60694.htm。

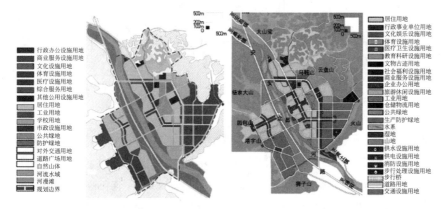

图 1 北川县城总体规划设计方案演变图

这种难以加以判断的准则往往难以发挥实效❶。因此，各地方规划部门在此基础上进行了新的创新和尝试，比较成功的有两种做法。

第一种做法是角色转换，将城市设计作为主体，结合控规编制城市设计导则，进而将城市设计导则由地方人大审批后成为地方法定文件，以此实施，如《宁波市东部新城核心区城市设计导则》，直接作为下阶段东部新城开发建设和管理的依据（图 2）。第二种做法是将城市设计内容纳入控制性详细规划的强制性要求中实施，深圳市率先采用这种做法，将城市设计直接纳入深圳市法定图则❷中加以实施（图 3，图 4）。

---

❶ 叶伟华，赵勇伟. 深圳融入法定图则的城市设计运作探索及启示 [J]. 城市规划，2009（2）：84-88.

❷ 法定图则是对控制性详细规划的演绎和转化。深圳因为其独有的地方立法权，在控制性详细规划的基础上根据地方法规的规定编制. 具有相当于地方法规的法律效力，是控制性详细规划的法律表现形式。深圳市法定图则. 深圳市规划和国土资源委员会网站，http：//www.szpl.gov.cn/xxgk/csgh/。

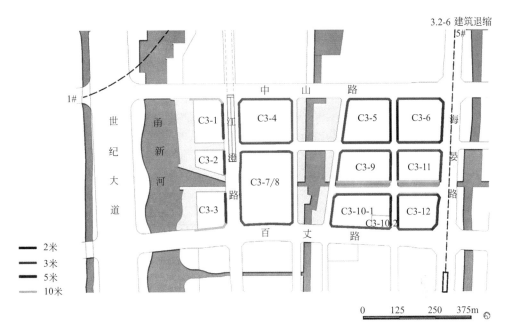

图2　宁波市东部新城核心区城市设计导则——建筑退缩引导图

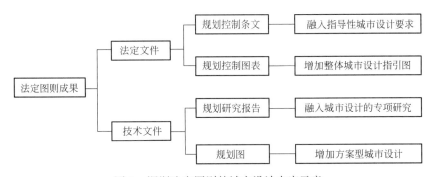

图3　深圳法定图则的城市设计内容示意

2. 城市设计控制性要求纳入规划行政许可中实施

城市设计纳入规划许可制度的实施方法，在国内一些大城市已经施行多年。即通过将城市设计要求纳入"一书两证"或"一书三证"审批过程（图5），从而控制项目开发建设，达到实施的目的，深圳城市设计实施在这方面的运用较为成熟（叶伟华，2012）❶。

同时，有的城市结合自身实际情况在此基础上进行了补充和完善。武汉市国

❶　深圳一直是我国城市管理创新的前沿，叶伟华结合深圳规划许可制度实践提出了双轨制城市设计实施机制，其中对机构组织的创新思路较好地增强了城市设计的实施力度。参考：叶伟华. 深圳城市设计运作机制研究［M］. 北京：中国建筑工业出版社，2012：163-164。

图 4　深圳市龙岗 402-04 号片区法定图则——城市设计导引图

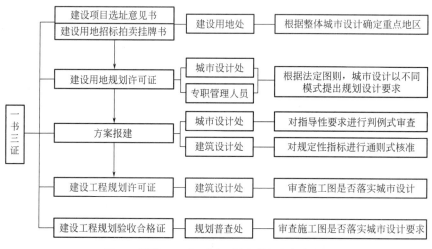

图 5　深圳"一书三证"制度的组织框架图

土规划局利用土地利用与规划设计相结合的优势进行城市设计实施的精细化管理
(陈伟，亢德芝，等，2013)。如图 6 所示，在规划许可前期，对于城市存量用
地，首先进行用地和空间规划论证，形成土地规划控制要求和城市设计控制要求
相协调的论证报告，为拟提规划设计条件提供依据❶。

---

❶　例如，为加快推进武汉市东湖风景区龚家岭、先锋两村城中村改造，武汉市国土规划局正式启动
了《东湖风景区东部地区北片区用地和空间规划论证》工作，在原《东部控规》方案基础上，结合土地
利用和城市设计的技术要求，将龚家岭村、先锋村区域容积率分别提升到 3.0 和 2.5，改善空间景观，将
高压走廊进行入地处理，并以此为规划设计条件的内容，后期将在此区域选择实力开发企业，进行高品质
开发。见智慧武汉：http：//www.wpl.gov.cn/pc063953.html.

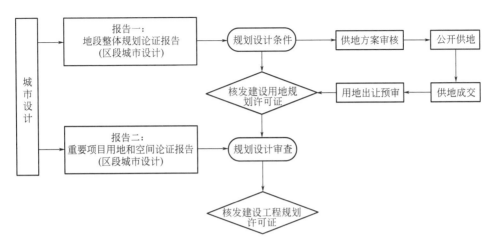

图6 武汉市以论证报告形式在规划许可制度
中实施城市设计的流程图

其次，在具体建设项目和方案审批工作中，针对重点建设项目开展空间规划论证研究工作，对项目及其所在地块的建筑体量风格、开放空间形态、道路交通设计等进行论证，为建设工程规划许可证审批的设计审查程序提供技术支撑（图7）。

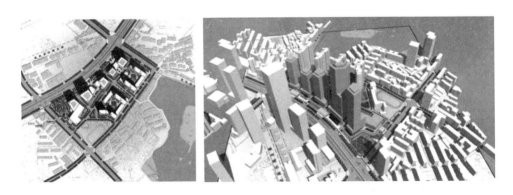

图7 武汉市某地块地空论证图——保证高低错落
的建筑体量和建筑贴线

（二）城市设计实施的现行问题——单一的强制性实施特征

我国城市设计实施的现行办法可以归纳为表2。未来一段时间内，我国城市设计实施的重点主要是在法规制度层面上（包括即将出台的《城市设计管理办法》)❶，如何将城市设计内容有效地纳入到城市规划的法定程序中去，一是对规划编制审批的法定程序，二是对建设项目的规划许可（一书两证）法定程序。

我国城市设计实施的现行办法一览表　　　　　　　　　　表 2

实施途径		实施内容	实施的具体做法	实施案例
纳入法定规划审批实施	总体规划层面	总体城市设计的主要内容纳入城市总体规划，作为报送审批的重要条件	1. 将城市设计思想融入城市总体规划布局思想中	北川县城总体规划与总体城市设计
			2. 城市总体规划中设立城市设计或城市景观控制专题	深圳市城市总体规划（2010—2020 年），总体城市设计章节
	详细规划层面	区段城市设计控制性要求纳入城市控制性详细规划，作为报送审批的重要条件	1. 结合控规编制城市设计导则，导则由地方人大审批后成为地方法定文件，以此实施	宁波市东部新城核心区城市设计导则
			2. 城市设计内容纳入控制性详细规划的强制性条文要求中实施	深圳市法定图则
纳入规划行政许可实施	规划设计条件	区段城市设计的控制性要求纳入建设用地出让的规划条件	对拟出让用地进行城市设计研究，形成城市设计控制要求并纳入规划设计条件，作为建设用地规划许可证的附件，以此实施	武汉市用地和空间规划论证报告
	项目行政许可	按照城市设计控制性要求合法建设工程规划许可证，并在后期以此核实建筑工程落实情况	在城乡规划部门中设置城市设计分管机构，按照城市设计要求对项目报建进行判例式或通则式的方案审查，作为颁发一书两证的必经环节。	深圳双轨制城市设计审查机制

　　城市设计纳入法定规划与规划许可制度，都是遵循于《城乡规划法》中对总体规划、控制性详细规划和规划许可制度具有法制性的规定，将城市设计的内容纳入其中实施，实则就是城市设计的强制性实施，即指将城市设计方案或成果转化为政府法令的形式，依靠国家法律权力强制性执行的过程。城市规划与城市设计融合在一起，是我国城市规划体系的基本特征（扈万泰，2002）。近年来，业界和学者对于城市设计实施的研究，几乎都是在此基础上进行的探索，最终的具体做法，无论是纳入法定规划、还是"一书两证"制度实施，体现出城市设

---

❶ 随着业界对城市设计法制化呼声的日益提高，《城市设计管理办法》以我国住房和城乡建设部部门规章的形式出台，其中的实施部分是城市设计管理的核心构成，是进行城市设计控制的主要依据。并针对规划审批、土地出让、建设许可、竣工核实等步骤规定了各自类型的实施方法。根据陈振羽在2015 中国城乡规划年会上专题报告"城市设计的建章立制——《城市设计管理办法》（征求意见稿）起草工作介绍"整理。（《城市设计管理办法》已自 2017 年 6 月 1 日起施行）

计与城市规划在实施层面上的密切联系，但是究其本质，还是来自于城市规划本身所具有的法律效力，城市设计实施是依托于这种法律效力而实现的。

三、我国城市设计实施的应然框架——强制性实施与诱致性实施并行

（一）城市设计实施的应然框架

城市设计实施所表现出来的强制性特征，实则是一种被动选择的过程，是一种只重视结果不重视过程的实施选择。为了使得城市设计能够落地，法定化、强制性的措施具有高效率和可执行性，因此就盲目地选择了具有法律效力的规划审批或规划许可环节，依赖于城市规划实施。然而，反观城市设计本身的特征，及其与城市规划的区别是，可以发现，这种单一的强制性实施是难以真正体现城市设计本质属性的。

从传统的形体规划论发展而来的现代城市设计，通过汲取综合规划的跨学科特点、人本思想的回归和务实立场的探索，已经成为一种综合性的城市环境设计。在学科发展成熟的过程中，其对象不仅仅局限在传统的空间艺术美学范畴，而是包括了人的心理、生理、行为等方面的需求，追求以人为本的城市空间环境。

由于城市设计不同于城市规划的目标、对象和价值取向等一系列特性，也就决定了城市设计实施并不能仅仅停留于城市规划的纲领性控制，而是要帮助城市规划物化，进而控制建筑设计的有序，是一种"松弛的限定"（王建国，2001），因此城市设计实施难以完全通过绝对的法令和政策实施，强制性实施是一种底线的保障，但实施的主体路径，应当以公众、开发企业等社会群体为主导进行诱致性的主动实施，两种模式并行，通过运作过程实现有效实施（表3）。

我国城市设计应然的实施途径一览表　　　　表3

城市设计实施	社会主动实施			控制引导实施
实施途径	引导公民和开发企业等社会团体监督政府主导的城市设计行为	引导公民和开发企业等社会团体主动对城市设计中的公益性、公共性项目进行投资、关心并监督城市规划的实施等	引导公民和开发企业等社会团体的自发投资行为遵循城市设计目标和原则	政府规划主管部门对非政府直接安排的建设投资项目申请进行城市设计要素的控制和引导
实例	公众参与与监督	民间资本投资公共空间建设	地块开发的设计引导	规划设计条件

我国现阶段采用的城市设计强制性实施路径已经较为成熟，特别是随着国家层面《城市设计管理办法》的出台，这一路径将得到更大范围的普及和更深程度的加强。因此，为了避免强制性实施带来城市设计本质属性弱化的劣势扩大，如何引导公众和开发企业进行诱致性实施路径的策略构建十分急迫，加强诱致性实施路径的探索刻不容缓。

（二）城市设计诱致性实施的策略和方法构想

城市设计诱致性实施的健全，需要针对公众主体与企业主体分别提出相应对策（表4）。

我国城市设计诱致性实施路径及其具体方法一览表　　表4

实施路径	实施主体	实施策略	具体方法	备注
城市设计诱致性实施路径	公众主体	组建公民设计组织，以诱致公众主体实施城市设计	公民设计组织向公众进行城市设计宣传教育，倡导主动参与	对大型城建项目的参与及监督
			公民设计组织自发组织资金和技术力量，进行自下而上的公共空间设计与建设	对街区尺度的小型公共空间进行自发建设
	企业主体	资金激励与抑制策略	给企业主体的正外部性开发行为以资金激励，对负外部性开放为进行资金抑制，进而引导其开发建设行为向城市设计反向靠拢	自上而下的，政府与企业进行的公共空间地役权交易
		构建公共空间地役权交易体系	根据城市设计要求拟定地块的公共空间地役权清单，建立权力设定、登记、交易平台，构建面向社会的开发前、建设中、建成后的全过程交易体系，以市场的力量诱致企业主体实施城市设计	自下而上的自发权利交易

对于公众主体而言，城市设计的实施能够带来城市空间环境品质提升，对于他们是具有潜在的获利机会的，而公众实质上是否愿意去自发实施城市设计（包括监督城市设计实施、参与城市设计实施）的阻碍，在于公众自身的博弈力量不足。因此，要实现公众主体的诱致性实施，需要组建城市设计第三部门，称之为公民设计组织，以自主治理的方式集聚力量形成自下而上的自组织模式，影响城市设计实施过程，即诱致公众主体实施城市设计的路径。

在城市建设中，建立健全对公众主体的诱致性实施路径将有利于将城市设计目标的实现覆盖到城市的每一个公共空间，对于城市中的街区或社区尺度下的小型公共空间建设项目，例如街区游园、街区步行道修缮等，在政府第三部门建设发展的制度环境支持下，倡导公众组建各种类型的公民设计组织，为公众提供城市设计专业指导和宣传教育，组织公众主动参与城市设计的实施过程，向政府表达清晰、有效的城市设计意愿，督促政府着力于街区公共空间的品质提升；更进一步，通过自筹资金的形式聘请专业团队，并委托民间资本对小尺度的城市公共空间进行设计和建设，实现自下而上的自组织式城市设计实施，即对公众主体的城市设计诱致性实施路径。

对企业主体而言，企业本身是具有资金和行动能力去左右实施进程的，而其是否愿意自发实施的关键在于要为其创造实施城市设计的获利机会。企业主体实施城市设计面临着外部性的问题，倘若实施城市设计就意味着其开发出现了为社会或其他主体带来的正外部性，企业不能向其他主体索要费用，而倘若不实施城市设计，其开发过程将会为社会或其他主体带来负外部性，其他主体不能向企业索偿，因此，企业更愿意进行负外部性，也就是不实施城市设计的开发活动。由此，对企业主体的城市设计诱致性实施，关键在于如何刺激其正外部性行为，抑制其负外部性行为。

一方面，通过政府出台一系列经济政策，给企业的正外部性开发行为进行资金激励，对负外部性开发行为进行资金抑制，以此来达到引导企业主体的开发建设行为向城市设计方向靠拢，达到实施城市设计的目的；另一方面，对外部性产生的新产权进行界定、登记，并进一步建立公共空间地役权交易体系，根据城市设计要求对开发地块拟定公共空间地役权清单。在企业投资项目的审批程序中进行公共空间地役权的初始设定、首次交易和首次登记，以此形成公共空间地役权交易的基础框架。在后期建设和建成后阶段，建立地块的公共空间地役权交易平台，面向市场，由政府、社会、公众根据自身对城市设计的需求。与地块开发企业进行公共空间地役权的交易协商，形成一套自下而上的自发交易体系，在权利交易的过程中，实现对企业主体的城市设计诱致性实施目标。

目前，在我国城市设计发展的完善期内，已经出现了对制度建设、全过程式服务等新模式的探索，在新型城镇化战略下，城市设计诱致性实施的探索已经出现了一些新的机遇，法律维度上各城市的独立立法、《物权法》等相关法的不断完善和法治社会的积极建设。行政维度上有我国建设性政府向服务型政府的转型、简化行政程序以及地方公众民主自治的倡导和施行等等。而在经济层面上，市场经济改革深化背景下对于私人资本、公私合作模式的重视，都为城市设计诱致性实施路径的实践和探索提供了一定的条件和思路。

（撰稿人：林颖，清华大学建筑学院，博士后。）

注：摘自《城市规划学刊》，2016（06）：31-38，参考文献见原文。

大尺度城市设计的时间、空间与人（TSP）模型——突破尺度与粒度的折中

导语： 大尺度城市设计中对场地的时间、空间和人三个维度的认识，长期存在尺度与粒度的折中，即难以实现大尺度与细粒度的完美认识与对设计客体人的充分认知，因而限制了"以人为本"的城市设计的具体实践。由大数据和开放数据构成的新数据环境为认识城市的物质空间和社会空间提供了新的视角，也为突破尺度与粒度的折中提供了新的机遇。本文构建了大尺度城市设计的时间、空间与人的 TSP 模型，重点介绍了新数据环境支持下针对时间、空间和人三个维度的数据增强城市设计框架，最后提出了对面向未来的城市设计的理解与展望。

一、数据增强城市设计：作为"人、时、地"的基本模型

信息通讯技术的发展以及政务公开的推进促进了大量新数据的出现，所构成的"新数据环境"为城市规划与设计提供了新的支持途径。为此笔者于 2015 年提出了数据增强设计（Data Augmented Design，DAD）这一规划设计方法论，并将其总结为"基于现状的考古学"（archeology of the present），其"是以定量城市分析为驱动的规划设计方法，通过数据分析、建模、预测等手段，为规划设计的全过程提供调研、分析、方案设计、评价、追踪等支持工具，以数据实证提高设计的科学性，并激发规划设计人员的创造力……DAD 的定位是现有规划设计体系下的一种新的规划设计方法论，是强调定量分析的启发式作用的一种设计方法，致力于增强设计师的观察视角和技能而使其更加专注于设计创新本身，同时增强结果的可预测性、可评估性以及实施中的稳健性（robustness）"。DAD 的方法贡献也可以分为对人的关注（human oriented）、大覆盖高精度（fine-resolution with large coverage）和动态性（dynamic）这三个维度。2015 年 12 月 6 日，在北京交通大学举办的第一届中国空间句法学术研讨会中，设立了数据增强设计专场，六位发言人从数据增强设计的理念和未来发展、支持平台、教育以及应用等多个维度进行了深入探讨❶，在发言基础上，笔者 2016 年还为《上海城市规划》

---

❶ 详见 http：//www.beijingcitylab.com/projects-1/17-data-augmenteddesign。

组织了数据增强设计专刊。目前国内多数的规划设计实践，都采用了新数据用于支持城市规划的现状分析和方案评价。

数据增强设计方法论与其他计算机辅助规划（Computer Aided Planning，CAP）如计算机辅助设计（Computer Aided Design，CAD）、地理信息系统（Geographical Information System，GIS）、决策支持系统（Decision Support System，DSS）和规划支持系统（Planning Support System，PSS）等不同，它不是以软件和系统的形式作为支持的主体，而是致力于通过新的数据以及算法支持，更深入认识规划设计场地的物质空间和社会空间（或建成环境与行为环境）的多维关系；它不局限在关注设计过程中的效率的改善，而更强调对规划设计场地及其周边的发展规律更深入的认识、更综合的判断、更及时的校正。上几轮的计算机辅助规划形式，被评价为"沦为画图工具或只是在原有方法基础上提高效率"而少有能够反映常规方法难以获得的信息❶，新数据则提供了新的时空以及主体角度认识城市和总结城市发展规律进而对未来进行判断的机会。无论是国际还是国内，源于规划设计专业教育背景等多方面的原因，计算机辅助规划的最新形式——规划支持系统在规划设计实践中所起到的作用仍然比较有限。新数据环境所带来的数据增强设计则为这一传统方向提供了新的发展空间。信息时代使得当前城市的生活形态和空间形态发生了巨大的变化，居住、就业、交通和游憩等《雅典宪章》中提及的城市功能无一例外地正在受到信息通讯技术（information communication technology，ICT）的影响，虚拟空间与现实空间的相互嵌套正在成为城市生活的"新常态"（例如鹿晗的上海邮筒事件❷），在这样的技术更新以及城市生活的变迁趋势日益明朗的背景下，人的尺度的城市形态有史以来第一次如此高频率和大规模地被记录下来（如行车记录仪正连续不断地对大规模的城市街道进行记录），利用新数据更有助于读取、分析以及判断城市发生的这些客观变化，进而为面向未来的创造提供可能。

城市设计作为城乡规划与设计的一种重要实践类型，主要关注城市空间形态的建构和场所营造，是对包括人、自然、社会、文化、空间形态等因素在内的城市人居环境所做的设计研究、工程实践和实施管理的活动。城市设计强调人的尺度，以往依赖于设计人员的主观调查，结果往往受限于研究范围以及方法的相关

---

❶ 北京清华同衡规划设计研究院有限公司，王鹏语。详见北京城市实验室（BCL）的幻灯片（Slides）栏目。

❷ 详见李昊的《街道活力的真相：如果鹿晗来做城市规划会怎样?》，2016 年 4 月 14 日发布于微信号"市政厅"，http：//mp. weixin. qq. com/s？ —biz = MzA5NzYzMzEwMQ = = &mid = 402027297&idx = 2&sn = aefb716b2e9a6f65842da791d26eb082&scene = 2&srcid = 0414qu5mE4z2hdNPixxz8532&from = timeline&isappinstalled = 0#wechat_ redirect。

设定；而涌现出的新数据，如社交媒体、手机信令，多是针对人的活动和移动及与其发生互动空间的客观、详尽刻画。为此，DAD 的研究框架对城市设计的支持将具有较大的优势，能够充分补足以往规划支持系统比较薄弱的领域。城市设计更加关注城市公共空间，而街道作为城市最为主要的公共空间形式，备受城市设计者的关注，笔者提出了街道城市主义这一 DAD 理念具体指导下的方法论，街道城市主义是以街道为单元的城市空间分析、统计和模拟的框架体系，是在认识论层面上重新认知城市的一种方式（网格→地块→街道），它的提出为数据增强城市设计提供了新思路。

二、大尺度城市设计的 TSP 模型：时间、空间与人

城市设计又可以分为总体城市设计、专项城市设计和区段城市设计，对于传统大尺度的城市设计，现状限制少，而在城市设计任务需要更多关注"存量优化"的今天，在人的尺度上开展研究和设计工作（如对现实进行抽象，并最终回到现实）成为一种亟待解决的问题。以人为本在价值上早已获得认同，但是在实践上却仍旧缺乏理论和方法支持而成功案例寥寥。良好的城市设计更多应该体现在物质空间的建筑和街道尺度以及其所蕴含的社会空间的个人或群体尺度。大尺度城市设计往往对应规模巨大的物质空间和社会空间的单元而缺乏对细节以及

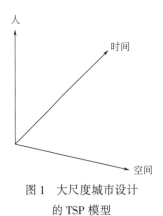

图 1　大尺度城市设计的 TSP 模型

个人尺度的把握，这大大超越了传统的城市设计工作方法，然而 DAD 框架的三个贡献（优势）则可以对此有针对性的支持。为了应对大尺度城市设计，笔者提出了时间—空间—人三位一体的 TSP（time-space-people）模型（图 1），致力于将大尺度城市设计在这三个维度进行定位和剖析，每个维度都可以细分为尺度与粒度两个刻画指标，如在时间维度，一般需要考虑未来 5~10 年内的城市状态，考虑到城市开发建设的周期，时间维度的粒度一般以年为单位；空间维度上，则对应整个设计范围，并达到街道甚至单体建筑粒度；对于人的维度，需要考虑设计范围内的居民以及访客，粒度上至少要到不同类别的人以及弱势群体，如有必要，需要细化到个人。TSP 模型也适用于交通领域。

在 TSP 模型的指导下，笔者提出了利用新数据支持总体城市设计的框架体系，具体给出了不同空间尺度对不同角度的认识，涵盖开发、形态、功能、活动和活力五个方面，这一框架还适用于时间动态分析（表 1）。

基于新数据支持总体城市设计的框架体系　　　　　　表1

尺度/维度	区域/城市/片区/乡镇街道办事处	街区/地块	街区/地块内部	街道	街道内部
开发：遥感解译的土地利用、用地现状图（规划）、土地利用图（国土）	城镇用地面积、建设强度、生态安全格局、适宜开发土地[城市扩张速度、城市扩张规模]	开发年代、是否适宜开发	肌理变化	角度变化	
形态：分等级路网、道路交叉口、建筑物、土地出让/规划许可、街景	基于道路交叉口的城乡判断、建筑面积、路网密度、交叉口密度、开放空间比例[再开发比例、扩张比例]	尺度、紧凑度、基于建筑的城市形态类型、建筑密度、容积率、是否为开放空间、开放空间类型、可达性[再开发与否、扩张与否]	是否有小路、建筑分布规律、是否有内部围墙[历史道路构成]	长度、区位、直线率、建筑贴线率、界面密度、橱窗比、宽高比、可达性、铺装、建筑色彩[历史上是否存在]	建筑分布特征
功能：兴趣点、用地现状图（规划）、土地利用图（国土）、街景	各种功能总量及比例、（城镇建设用地内）各种公共服务覆盖率/服务水平、职住平衡水平、产业结构/优势/潜力	用地性质、（各种）功能密度、功能多样性、主导功能、第二功能、各种公共服务设施可达性、市井生活相关的功能密度	（各种）功能分布特征（单面、双面、三面还是四面）、内部功能相比总功能（内部+临街）占比、界面连续度	（各种）功能密度、功能多样性、主导功能、第二功能、各种公共服务设施可达性、市井生活相关的功能密度、步行指数（walk score）、绿化、等级	（各种）功能分布特征（交叉口附近还是中间）
活动：普查人口、企业、手机、微博、点评、签到、公交卡、位置照片、百度热力图、高分辨率航拍图	总体分布特征、（城镇建设用地内）各等级活动所占面积比例、人口/就业密度体现的多中心性、联系所反映的多中心性、平均通勤时间/距离、各种出行方式比例	（不同时段的）活动密度、微博密度、点评密度、签到密度、与之产生联系的地块、人口密度、就业密度、热点时段、通勤时间/距离	活动分布特征（内部还是边缘）、内部联系特征	（不同时段的）活动密度、与之产生联系的街道、点评密度、热点时段、（各类型）交通流量、选择度与整合度、限速	活动分布特征（交叉口附近还是中间）
活力：街景、点评、手机、位置照片、微博和房价等	平均心情、整体意象、整体活力、幸福感	平均心情、平均消费价格、好评率、意象、市井活力、平均房价、居住隔离程度		平均消费价格、好评率、设计品质、风貌特色、活力、意象、平均房价	

注：表中[ ]特别给出了简单指标变化之外的指标；此表也适用于城市规划与设计方案的评价。

三、城市设计的时间性：尺度与粒度

无论是城市空间还是生活在空间中的人群，其演变与过程都具有明确的时间性（如历史上的场所及其记忆）和动态性，这也是未来发展的重要指向。从时间性角度探讨城市设计具有重要的启发意义。

要探讨城市设计的时间性，主要涉及尺度与粒度两个概念，时间尺度是指所关注时间的历史范围或未来时长，时间粒度则是指关注城市空间和承载人群的基本时间单位。城市设计的历史文脉分析往往可以追溯若干个世纪，研究材料多依赖于地方志、历史地图甚至是文学作品，时间粒度往往以 10 年作为单位；近期历史回顾往往关注过去若干年的发展轨迹，多依赖于统计年鉴、普查或小规模调查、遥感影像等，时间粒度一般以年为单位，如基于年鉴资料分析设计范围的社会经济发展变化以及基于遥感解译方法判断设计范围的用地扩张；部分现状调查，如场地的环境行为调查，时间粒度可以细致到分钟甚至秒，但总的观测时间多为 1 小时甚至是 10 分钟；而对未来的展望，一般短则 5 年长则 20 年，多简单地利用近期、中期、远期作为城市设计付诸实现的时序，少有在精细化时间尺度（如月份）的策划。可以看出，鉴于数据支持、观测技术发展水平和研究精力的局限，城市设计时间性的两个维度（尺度与粒度）存在折中，即长时间尺度难以具体观测到细时间粒度的演变，细时间粒度下难以观测较长的时间尺度（图 2 左）。

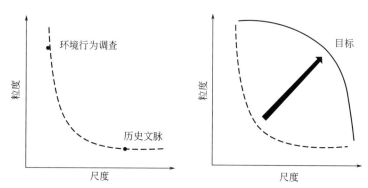

图 2 城市设计的时间性中尺度与粒度的折中（左）以及新数据
环境带来的机会（右）（高粒度对应更短的时间长度）

城市设计时间性尺度与粒度两个维度的折中使得我们认识城市空间与城市生活具有明显的局限性，例如同样是 1 分钟甚至更细的时间粒度观测城市街道空间，1 小时内能够观测到街道空间的不同类型城市活动的数量和比例，1 日内能够感受到街道活力不同时段的变化，1 年内能够观测到街道店铺的改变对人流的影响，10年内则可以评价周边的城市更新项目对街道承载的公共生活的影响。这点类似于1分钟可以了解人的脉搏和心率，1日可以了解人的通勤行为，1周可以了解他/她的生活圈，1年可以看到他/她的城市内与城市间的出行比例，10年则可以看到年龄增长带来的生活方式的改变。为此，突破目前城市设计时间性尺度与粒度的折中，实现在长的时间尺度、精细化的时间粒度连续观测城市空间与人群的演进过程，有望进一步促进设计师思考城市设计的长久效应问题。

新数据环境的出现，为缓解这种折中提供了机会（图2右）。例如手机、公交智能卡、信用卡和摄像头等产生的数据，多能够以秒为精度长时间（如多年）记录个人和城市空间的变化；部分政府网站上也能够提供精度为日的持续多年的用地规划许可证资料，这些数据呈现了城市空间开发的连续过程；在线地图网站提供的街景数据，则使得在人的尺度观测大规模的街道空间的微小变化成为可能（图3）。这些新数据除了为更加客观和全面地认识场地提供了可能外，还为追踪设计方案的实施效果并对其进行评价提供了新的机会。

图3　动态街景数据提供了人的尺度的城市街道空间的变化（图片来源：腾讯地图）

四、城市设计的空间性：大模型研究范式

城市设计的空间性也存在尺度和粒度两个维度，只是城市设计注定了其空间粒度多为建筑和街道尺度，因此尺度维度更为关键。城市设计的尺度一般从区段城市设计的几公顷到总体城市设计的几百平方公里不等，如本文第二章所讨论，总体城市设计尺度超越了设计师的理解和居民的日常生活感受，新数据环境与应用城市模型（Applied Urban Modeling, AUM）为大尺度城市设计的空间判读提供了重要的技术支持。

考虑到大尺度城市设计涉及大量的空间单元，不同片区特点各异，需要考虑片区内的特点又要结合片区间的联系，为此可引入"大模型"（Big Model）这一方法论进行支持，其兼顾了研究尺度和粒度（如细粒度下研究大尺度空间），多采用简单直观的研究方法，致力于归纳城市系统的一般规律及地区差异，进而完善已有或提出新城市理论，最终实现支持规划设计和其他城市发展政策的制定。已有大模型实证研究，尺度维度多关注整个中国的城市系统，粒度维度多为地块、街区或乡镇❶。要在大尺度城市设计中应用大模型，考虑到空间尺度下降了一个级别，从整个城市系统缩小到一个城市，空间粒度从街区也相应下降到建筑和街道，研究的样本量同样巨大，因此具有应用的可行性，只是需要对具体分析做适当的调整，如以每个片区内的空间单元作为一个系统，关注片区内部的空间组织与联系，并考虑片区间的相互作用。

建筑与街道为城市设计中的基本空间单元（可见表 1 中相应的分析框架），尤其是建筑作为城市形态分析的核心数据之一，结合街区边界，可以对每个街区的城市形态类型进行评价。由城市形态学家贝格豪泽·庞特（Meta Berghauser Pont）和豪普特（Per Haupt）提出的 Spacematrix 方法，可以基于每个地块的建筑密度和容积率指标支持这一过程的实现，进而量化城市形态（图 4）。

从街道尺度研究城市设计的空间性，可参考笔者提出的街道城市主义这一以街道为单元的城市空间分析、统计和模拟的框架体系。图 5 为街道活力的测度方法，以及街道活力的影响因素，其中部分因素可以基于"空间句法"（Space Syntax）方法计算获得。街景数据也是对街道指标（如其品质和空间构成要素）进行测度的重要数据源。

需要强调的是，城市设计的空间性，不仅要考虑现实空间，还要考虑虚拟空间，除了要关注其空间性（space），更要关注其场所性（place），这就引出了城市设计中的个人性。

---

❶ 具体内容可见笔者将发表于《城市与区域规划研究》中的《新数据环境下的细粒度中国人居环境研究》一文。

G：高层点式 　　　H：高层点式 　　　I：高层围合式
D：多层点式 　　　E：多层点式 　　　F：多层围合式
A：低层点式 　　　B：低层点式 　　　C：低层围合式

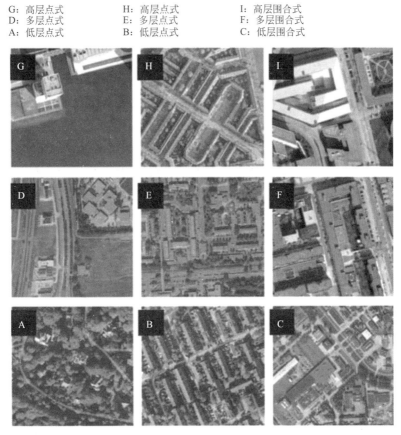

图 4　Spacematrix 关注的九种基于建筑物的城市形态

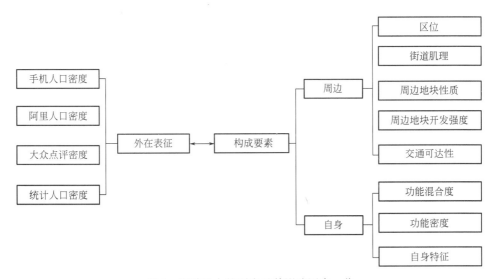

图 5　街道活力的测度及其影响因素一览

五、城市设计中的个人性：活动、移动、情感、记忆与需求

人是城市设计中场所营造的受众，也是将空间转换为场所的主体。直到现代，人还有着远古狩猎采集者的心以及远古农民的胃，城市设计中需要考虑原真的人性，回归人的尺度的空间使用特征的判读，关注他们在空间中的活动和移动，关注他们的情感与记忆，并致力于满足他们的需求。

已有城市设计多通过社会调查、场地观察、资料搜集等方法对人群进行分析，与城市设计的时间性与空间性相同，都存在尺度与粒度两个维度的折中，或者认识场地所有人的总体特征，如基于年鉴数据了解人口和就业的结构特征；或者在个体层面认识小部分行为者，如基于问卷调查了解少部分人群对空间的需求特征。已有研究和设计少有能够兼顾大规模人群和个体层面。

新数据环境的出现，同样为突破城市设计中人的认识尺度与粒度提供了机会，即目前有越来越大的可能在个体层面认识场地相关的全部或大多数人的信息，甚至在个人层面做到生命记录或"量化的自我"。如基于手机信号数据可以对人的活动和移动进行长时间和大范围的刻画；基于公共交通智能卡数据可以对场地及其周边的联系进行评价，并对所有或特定群体的持卡人进行多个维度的画像（表2）；基于微博和论坛资料，可以对场地及其周边的人的情感/情绪进行较大范围的评判；基于位置照片和微博中的照片，则为认识本地居民与游客对场地的记忆提供了较为直接的渠道；而人的需求则可以通过对现状的客观评判提取，也可以采用众包的线上调查的方式得到较大规模的反馈。

基于公共交通刷卡数据识别的北京四种极端出行人群的相关特征　　　表2

极端出行者	居住地	工作地	通勤	最显著的出行
早起的鸟儿	(10.3k)	(9.4k)	(4.9k)	
猫头鹰	(31.6k)	(25.0k)	(17.5k)	

极端出行者	居住地	工作地	通勤	最显著的出行
不知疲倦的行者	(6.7k)	(6.7k)	(6.7k)	
反复兜转者	(25.4k)	(7.8k)	(2.7k)	
	Low　High		Low High	○ Person A • Person B • Person C — Ring roads — Routes

六、对面向未来的城市设计的理解与展望

本文构建了大尺度城市设计的时间、空间与人的 TSP 模型，并分别从各自角度讨论了新数据环境下突破尺度和粒度二者之间折中的可能，实际对应龙瀛所总结的新技术环境下定量城市研究的四个变革的前三个，即空间尺度上由小范围高精度、大范围低精度到大范围高精度的变革，时间尺度上由静态截面到动态连续的变革，研究粒度上由"以地为本"到"以人为本"的变革。TSP 模型将为新数据环境下探索城市秩序的可持续内涵提供重要的支持（图6），这不仅仅体现在对现状城市秩序的认识，还包括为创造未来的城市秩序提供机会。

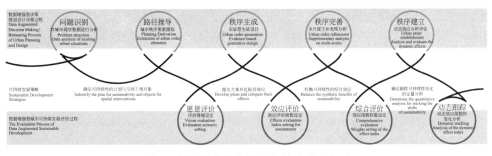

图 6　数据增强城市设计与城市秩序塑造

307

目前新数据环境下的研究多是对现状问题的判断（understand），而少有对未来城市空间与生活的展望（create）。大尺度城市设计作为面向未来的工具，核心是基于对现状问题和需求的深刻认识以及未来发展机遇的判断，创造未来城市空间与生活的可能。为此，下文简要列出 TSP 模型支持下的数据增强城市设计在大尺度城市设计中的应用场景。

其一，现状评价及问题诊断。可基于表 1 的框架对场地的现状进行评价，进而识别存在的问题。对于新数据较为稀少、相对空白的场地（如新区），可以利用传统数据结合现场调研进行评价和诊断。

其二，目标量化。新数据环境对场地的分析局限于现状，为了制定面向未来的发展目标，可将优秀的案例作为设计场地的目标，具体数值可以通过利用新数据评估优秀案例计算获得。

其三，方案生成。针对相对空白的场地，可以采用地理设计（GeoDesign）、基于过程建模（Procedural urban modeling）、生成式设计（Generative design）等方法进行设计支持。针对城市化地区，可以借鉴优秀案例体现的开发—形态—功能—活动—活力的关系，识别不同类型城市形态的优秀基因，提取模式，构建设计方案。

其四，方案情景分析。多个总体城市设计方案，首先可以利用空间句法和 Spacematrix 方法进行评价，还可以基于对已有案例形态与功能、活动和活力的关系提取，对设计方案的功能、活动和活力等维度的效应（performance）进行预测，支持方案选择。

其五，方案追踪评价。随着方案实施，可以利用针对物质空间和社会空间的新数据对方案的实施情况和效果进行跟踪监督、效果评估和运营更新。

笔者在参与总体城市设计的教学过程中（截稿时该课程尚在进行中）也发现，随着新数据的提供，学生存在过度依赖分析场地现状，而对面向未来的设计缺少创造力的问题，更为全面的总结，还有待另撰他文。本文是笔者尚不成熟的思考，其中对大尺度城市设计的判断，限于技术层面的时间、空间和人三个维度，并没有从空间权利、生产与资本等视角进行探讨。

（撰稿人：龙瀛，清华大学建筑学院副研究员；沈尧，伦敦大学学院巴特雷特建筑学院博士研究生。）

注：摘自《城市建筑》，2016（16）：33-37，参考文献见原文。

"互联网+"时代的城市空间
影响及规划变革

导语：城市空间一直是城市地理学和城市规划的核心要素之一。伴随着工业化的进程，城市空间经历了理想空间—功能空间—人文空间—可持续综合空间的发展，在"互联网+"时代，社会组织又呈现出自组织、扁平、多元和碎片化的趋势。文章在梳理城市空间发展历程的基础上，思考"互联网+"时代对城市空间造成的影响，认为城市空间的组织将会趋向非均衡发展，城市功能分区将进一步模糊化，土地利用更加兼容混合，公共空间将成为城市空间的关键节点；同时，由于自组织化的时代特征、更广泛的技术支持公众参与及大数据支持空间研究，未来的城市空间尽管有多种不确定性，但其构成将会具有更多的人文因素以及导向的确定性。

一、引言

在人类社会每一次划时代重大变化的背后总伴随着重大技术的产生。18世纪后期开始的工业革命，从根本上改变了人类社会与经济发展的状态；19世纪七八十年代，以电力的广泛应用为主要标志，人类社会生产力发展又一次重大飞跃，拉开了城市化的快速进程；20世纪中期开始，以电子信息业的突破与迅猛发展为标志，人类走向信息时代，从1989年互联网出现到1.0的门户时代，再到2.0的搜索和社交网站时代，如今已进入了大互联时代，它基于普及化移动终端、遍布式的传感器、物联网和云计算技术，使每个个体随时联网，各取所需，实现实时互动。

在大互联时代，互联网正向传统行业和个人生活全方位深度地渗透、融合，创造新的发展生态：互联网+银行变成了"支付宝"，互联网+出租车变成了打车软件，互联网+零售业变成了"淘宝""京东"……2015年3月5日，在十二届全国人大三次会议上，李克强总理在政府工作报告中首次提出"互联网+"行动计划；2015年7月4日，国务院印发《关于积极推进"互联网+"行动的指导意见》，"互联网+"已成为国家发展的战略之一。

"互联网+"时代是一个新的时代，人类经济和社会活动的组织结构、运行模式与管理方式都发生了深刻的变化，城市规划者已经以敏锐的嗅觉，觉察到

"互联网+城市"发展研究的重要性，纷纷将"互联网+"作为解决资源分配不合理、重新构造城市机构、推动公共服务均等化的利器。然而，"互联网+"又不仅仅是工具，它的出现将今天的城市分为了物理世界和虚拟世界两个部分，城市物理空间和信息世界的互动为城市的变革创造了新的动力。作为城市地理学和城市规划的核心之一，基于城市规划视角的城市空间研究是规划的理论基础，揭示城市空间的形成、演化和发展规律，并通过城市规划的作用机制控制和引导城市空间的发展。面对"互联网+"时代的到来，本文谨从城市空间的视角入手，回顾城市空间理论的发展过程，并思考"互联网+"时代对城市空间的影响。

二、基于城市规划视角的城市空间研究概述

空间一直是现代建筑学、地理学研究的核心对象，对城市空间的系统研究开始于欧洲的工业革命，纵观城市空间的研究历程以及对应的城市空间组织特征，大致可分为 4 个阶段。

（一）理想主义城市空间（19 世纪末~第二次世界大战前）

19 世纪，快速的工业化带来了大规模的城市化，面对工业和人口快速扩张带来的一系列城市问题，城市的规划者和建设者们开始从城市空间中寻求解决"城市病"的良方，如最早的城市规划理论——霍华德的田园城市（1898 年）便指出，城市空间规划是解决城市环境恶化与城市膨胀的手段之一。面对工业化带来的众多城市问题，这个时期城市空间规划控制的价值取向集中体现在建设一个理想城市，通过城市设计和乌托邦式的综合规划设想，实现社会改良、环境改善和城市美化等城市理想。典型的研究理论还有戈涅的"工业城市"（1901 年）、马塔的"带形城市"（1882 年）和柯布西耶的"光辉城市"（1930 年）等。根据 1933 年通过的《雅典宪章》的内容，城市空间组织就是对城市功能进行划分，将城市划分为居住、工作和游憩等功能区，然后运用便捷的交通网络将其联系起来。

（二）功能主义城市空间（第二次世界大战后~20 世纪 60 年代）

第二次世界大战后，西方国家进入了战后重建并快速发展的时期，急需开展城市内部改造，为了适应城市经济和人口增长的新秩序，开展了新城建设。这段时期的建设带有强烈的"功能主义"规划色彩，"功能分区"成为城市空间组织的最基本原则，典型的研究理论和实践包括阿布克隆比的"大伦敦规划"（1944 年）、英国的"新城"建设（1947~1954 年）、昌迪加尔规划（1951 年）和巴黎

大区域规划（1955 年）等。这段时期，借助社会经济和地理学的方法，学者们对城市空间的形成开展了深层次的机制研究。其中，中心地理论的应用在 20 世纪 50 年代计量革命前后广为盛行，并且对许多类均质区域内的城市空间规模、等级结构进行了很好的解释和发展预测。1965 年，Alonso 提出城市级差地租—空间竞争理论，认为城市空间结构变迁源于不同类型用地的市场竞争，这一理论及其模型揭示了城市土地利用的经济学规律，成为现代城市土地利用与空间规划的重要工具。

（三）人文主义城市空间（20 世纪 70 年代~90 年代）

20 世纪 60 年代后期，西方国家的城市发展进入了"后工业时代"，受后现代思潮的影响，功能理性规划开始走向社会规划和管理规划，强调"以人为本"，城市空间控制的主要目标是通过城市中心的复兴促进城市发展，通过社区规划增加城市多样化的活力，并通过沟通规划、倡导性规划达到公众参与的目的。在这一时期，对于城市空间的研究，学者们关注了城市空间演变过程中社会文化和行为主体因素，Team10 就指出，现代城市的空间形态是由人与人之间的关系所决定的，要认识城市空间关系，就必须充分研究人的活动，只有从人的活动及人与人的关系中才能真正揭示城市空间的内容与意义。其中，最有力、最直接的理论是"行为—空间理论"，其理论基础即空间与行为是不可分割的，物质形态的空间是由在其中的人类活动所构成的。这一理念的代表研究包括简·雅各布斯（Jane Jacobs）的《美国大城市的生与死》，认为城市规划的首要目标应当是培养和促进城市活力；克里斯托夫·亚历山大（Christopher Alexander）的《城市并非树形》，指出城市空间组织应当重视人类活动中丰富多彩的方面及其多种多样的交错与联系，城市空间的结构应该是网格状的而不是树形的。1977 年通过的《马丘比丘宪章》同样强调了人与人之间的相互关系对于城市和城市规划的重要性，并将理解和贯彻这一关系视为城市规划的基本任务。

（四）可持续发展综合空间（20 世纪 90 年代至今）

20 世纪 80 年代后期，可持续发展成为人类发展的共同战略，城市空间的可持续性规划控制以及可持续城市空间的规划引导逐步成为城市规划的核心课题，大多从空间的发展规模、空间布局结构、交通组织及历史人文等方面对未来的或现实的城市提出可持续发展的空间方案，代表性的研究包括：针对城市无序蔓延发展而提出的"紧凑城市"理论，强调土地混合使用和密集开发的策略；针对城市的快速扩张和蔓延提出的"精明增长"理论，以期实现城市的可持续发展；新都市主义（New Urbanism）理论，提出应当对城市空间组织的原则进行调整，强调减少机动车的使用量，鼓励使用公共交通，并据此提出了"公共引导开发"（TOD）模式，以此作为支持城市可持续发展以及重组城市内部空间结构、激发城市活力的重要手段。

三、"互联网+"时代的特性

"互联网"是个怎样的网呢？它开放、平等、交互、合作、个性、自由、免费、全球、即时。它以去中心化、扁平化和自组织的特性，解构并重构着社会结构，创造新的组织方式和组织形态：一是社会体系扁平化，在互联网世界里人人都是平等的；二是在这个时代里每个个体的表达都会形成非常强大的自下而上的力量，形成了一个大互联时代。正如农业技术与小生产对应，工业技术与大生产对应一样，信息技术对应的是大规模的定制，"互联网+"意味着一种新的经济与社会形态。"跨界融合，连接一切"是"互联网+"的时代特征，与工业时代相比，人类因互联网实现了充分、即时的彼此连接、相互影响，让传统社会组织呈现出自组织、扁平、多元和碎片化的趋势，以无所不在的形式，以爆炸式的力量将地球上的人与人、人与物、物与物进行连接和互动，改变了人类活动的组织结构与运行方式，重新定义了时空关系，城市空间也随之发生着变化。

四、"互联网+"时代对城市空间的影响

（一）城市空间组织的非均衡发展

"互联网+"时代是以信息技术的广泛应用为基础的。早在20世纪80年代就有学者关注到信息技术对城市空间集聚—分散的影响，认为信息技术弱化了空间相互作用与距离之间的关系，工业时代的地理学规律——"集聚——扩散过程遵循空间距离递减规律"在信息时代的适用性下降，凯姆克罗斯（Caimcross）就此提出了"距离已死"的观点。陈曦、翟国方认为，信息技术将使城市空间结构发展呈现出集聚与扩散并存的非均衡的态势，一方面，高层管理机构加速向中心城市集中，进一步强化和扩充城市的功能及作用；另一方面，由于互联网极大地提高了城市各种功能的区位自由度和空间相互作用，从而导致经济运行对空间依赖程度逐步降低，使得制造业从城市中分离出来，形成研发中心、产业园区等。赵渺希等人整理了分散说学派与重组说学派对信息时代城市形式的比较，分散说学派认为在互联网时代，经济社会活动日益依赖于信息网络进行，在很大程度上削减了距离的障碍，区位的影响力被削弱，城市圈层的发展格局被打破并形成多中心网络化的发展格局；重组说学派则认为，信息技术对于城市空间组织的

影响，并不仅仅在于分散了空间活动，更在于支撑了中心区的聚集与高强度开发（如由于城市整体交通出行系统的改善，到达 CBD 的时间将减少）。

（二）城市土地利用更加兼容混合，公共空间将成为城市空间的关键节点

"互联网+"以"连接一切"的形态实现了技术（互联网技术、云计算、物联网及大数据技术等）、场景、参与者（人、物、机构、平台、行业及系统）的瞬间联系，"互联网+"表示的含义为互联网可以与一切行业发生关系，首当其冲的就是零售业、媒体和广告业，这些行业与互联网的关联最紧密，受冲击也最厉害；其次波及餐饮、旅游、教育及医疗等行业，这些行业与居民生活联系密切；最后，"互联网+"将涉及更为"沉重"的行业，如房地产、能源、金融和批发商业等，形成一个新的经济生活形态。

首先，伴随着工业生产的高级化，尤其是以知识生产为主的空间组合在地域上的分散化分布，成片工业区的生产模式将被取代，"工厂已经不再是一个区域，而变成了全球网络。产品不再由一个工厂生产，而是全球生产"。

其次，生产领域和流通领域逐渐模糊，居住空间与就业空间兼容。随着居家办公、远程服务和电子商务的普及，以及城市基础设施和公共服务设施网络的智能化连接，供需方可以很好地解决信息不对称的问题，生产者与消费者之间可直接形成信息反馈，在产品交换过程中，原有商业的中介功能只需要通过互联网即可瞬间完成，实现了生产和销售的一体化；由于人的工作动机由主要基于经济利益的单一考虑转变为经济、社会和文化因素并重的综合考虑，城市的生产功能和流通功能（商业空间）的兼容化也将越来越突出，工作、娱乐、生活及休闲的场所边界和空间概念变得更加模糊，城市功能空间更多的转化为相互依赖与融合发展的关系。

最后，城市公共空间（包括城市中心区、商业区和绿地广场在内的广义的城市公共空间）将成为城市空间的关键节点。凯文·林奇（Kevin Lynch）曾经讲过，"城市是集体历史和思想的庞大记忆系统"；美国社会学家帕克指出："城市，它是一种心理状态，是各种礼俗和传统构成的整体，是这些礼俗中所包含，并随传统而流传的那些统一思想和感情所构成的整体。换言之，城市绝非简单的物质现象，绝非简单的人工构筑物。城市已同其居民们的各种重要活动密切地联系在一起，它是自然的产物，而尤其是人类属性的产物。""通过互联网使人们离开网络、回归生活"，这是混合型社交网络先驱 Meetup. com 的营销口号，人们以社会交流为目的聚拢在一起，是智慧城市的真正应用。公共空间对于城市的重要性不仅在于它的实体特征形态在城市空间形态中的作用，还在于它使人们在空间的体验过程中产生特定的感知和记忆，正是这些记忆的集合形成了空间的整体

意象，使人能与空间产生超越物质环境的深层次联系，并进一步成为文化和精神价值的承载物。因此，在"互联网+"时代，尽管生活、生产的空间已模糊，但以体验为空间特性的公共空间的重要性将不断加强，它将成为装载城市事件、体验交往需求的容器。

（三）更多的人文因素将影响城市空间的形成

20世纪60年代，达维多夫（Paul Davidoff）提出：城市规划师应该代表并服务各种不同的社会团体，特别是社会上的"弱势"团体，通过交流和辩论来解决城市规划问题。达维多夫的观点成为倡导性城市规划理论的先河，在此基础上，城市规划的公众参与得以普遍开展。但与互联网将公众作为产品推广乃至企业精神的核心相比，城市规划在思维基础上仍存在着明显的精英化倾向，"互联网+"时代的到来，为促进公众参与规划带来了新的机遇，促使城市空间的塑造尊重人本身的活动需求。

（1）公众参与突破了时空的限定和依赖。在过去，公众参与的入口是实体场所（公众参与需要亲自参与到场所中）；在web1.0时代，公众参与的入口是网站（访问参与的网站，向参与的邮箱发邮件）；在web2.0时代，公众参与的入口则转移到公众自己的移动通讯终端、社交网络终端，与此同时，公众参与的传播渠道也开始摆脱对传统媒体的依赖和对公告栏等实体空间的依赖，通过互联网进行扁平化、裂变式传播，并以建设服务于多方信息共享及知识交换的参与共享平台为新的趋势，包括信息交流平台和公众参与平台两大部分，支持使用者间的信息互动，且支持系统在不同的规划情景中进行调整和完善（图1）。

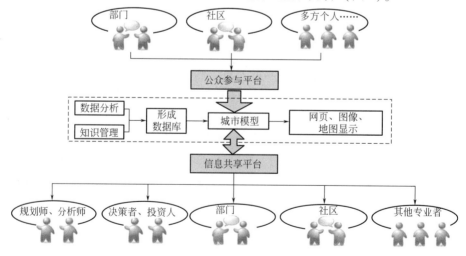

图1　基于网络的参与共享平台系统框架图

（2）公众参与有了更多来自民间的力量，影响了城市空间的构成。互联网时代信息的民主化、参与的民主化及创造的民主化推进，改变了公众的参与意识，也改变了社会力量、政府力量和规划师群体的组织、交互及博弈方式。"互联网+"时代，依托微信群、微信公众号、微博、豆瓣和知乎等在线社区，社会自组织力量大幅提升，众包、众筹及众创等小规模自组织形式的活动大量涌现，在城市规划相关领域，大批规划师、建筑师和学者自发组建起关于历史保护、旧城更新等社群，民众通过多种形式主动参与到城乡规划和城市治理中，公众从缺少组织的个体参与向有目的、有行动力及有专业知识的社群参与转变，社群的力量使规划实施由自上而下转变为自下而上。例如，广州在豆瓣上建立了"旧城关注组"，关注恩宁街及周边社区的物质空间和街区的人文情怀，反思城市发展模式，推动规划公众参与，建设讨论平台，促成改造事件相关方和关注者的有效沟通；2016年初，中山大学就地铁线路问题，在其官方微信号中发出调查："中大人，地铁十号线穿南校而过，你同意吗？"，该条微信被大量转发，阅读量达到7万条，引发了地铁线路规划的广泛讨论。

（3）公众参与的形式从需要公众的主动参与变成无需公众意识的被动参与，城市空间的引导更基于对人本身行为及其交互规律的理解。IC卡刷卡记录、GPS轨迹、手机信令、带位置的微博和照片数据等被称之为"数字脚印"的大数据，使规划可以对人类的行为进行大规模、客观、连续及实时的感知、观测和计算，这种手段在一定程度上替代了以往以收集资料为目的的调查类公众参与方式，体现了"感知即参与"。例如，在城市实体空间研究方面，规划师利用大众点评网的用户点评数据来研究城市服务业的服务质量和空间分布情况，利用搜房网的居民住房信息来评价城市居住区环境质量和空间分布特征；在城市社会空间研究方面，利用GPS或智能手机的位置服务功能，通过典型地区（城中村、门禁社区及大学校园等）居民的出行和活动轨迹来判别城市社会空间特征或分异问题，利用微博文本数据来研究城市的社区生活或安全问题等。聂婷等人在对珠江景观评价的研究中，用新浪微博的签到热度、大众点评的点评热度评价珠江沿岸景观节点的使用热度（图2），并对广州塔的评论进行了词频分析，了解公众对广州塔的总体评价，对珠江沿岸景观的进一步优化提出了建议。

（四）不确定的城市空间发展趋势又具有确定性的形成依据

过去关于城市空间的研究，更多关注的是城市物质层面，这是因为它们是有形的，然而通过"互联网+"的产物—大数据，则可以越来越真实地"看到"城市的重要社会进程。互联网推动城市的变化，它是研究城市空间、城市问题不可或缺的工具。

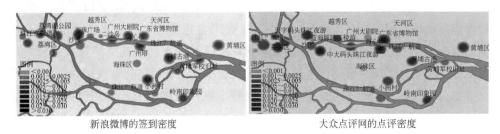

新浪微博的签到密度　　　　　　　　大众点评网的点评密度

图 2　珠江景观的评价图

在大数据挖掘技术日益成熟的背景下，应用全球定位系统、网络日志、社交兴趣点、手机数据、浮动车数据和公交刷卡数据等方面的技术进行时空数据挖掘，一方面能够更为直观、精细地研究城市空间结构的动态变化；另一方面可以通过对群体活动数据与城市空间结构匹配度的分析，深入了解群体活动对城市空间结构的适应程度，为城市空间结构的优化提供技术支撑，使城市空间的形成有更明确的导向依据。

例如，在关于中心体系的研究中，丁亮等人将伦敦 203 万人、1122 万条地铁刷卡数据在空间上以 1500m 为半径进行聚类分析，发现人流向多个中心集聚，证明伦敦是多中心结构的大城市；钟晨等人根据新加坡的公交刷卡数据，采用空间插值和汇总统计方法分析了新加坡空间结构的变化，发现随着公交和地铁系统的完善，出行距离和客流量都在增长，反映了城市的联系强度在加强，有地铁站点的城市枢纽的功能集聚度增强，增长的公共交通客流量主要集中在城市副中心所服务的新建社区，证明新加坡正在向多中心城市结构转变；刘瑜等人将以上海人民广场为圆心、半径为 13km 的范围划分为以每 2km 为间隔的同心圆，通过每个圈层中出租车上下客人次的差值聚类识别用地功能，发现由中心至外围商业、娱乐用地逐渐减少，工业用地增加，证明了上海呈单中心结构；张伊娜等人在对上海新城的发展研究中，用手机信令的方式跟踪工作日各郊区新城居民的位移距离，即居住地与就业地的通勤距离，得出新城就业通勤距离在 10～17km，新城的功能仍然强烈依靠老城区。

五、应对"互联网+"时代驱动的城市空间变化

（一）思维的变革——反思"蓝图规划"与"精英规划"

互联网是技术，而思维则与人相关。回顾近三百年的技术革命就可以发现，技术创新的原理千变万化，但对人类社会的所有影响都明显地指向两点：提升效率和提高效能。尤其在"互联网+"时代，以平民化的构建为基础，以快速的反

应为核心，构成了互联网思维的基本特征。全球知名的互联网公司都是以建立人与人、人与物、物与物之间更快捷联系的媒介来获利的，如谷歌和百度使人能更加快捷地获取信息、Facebook 和腾讯使人与人更加方便地建立联系、阿里巴巴和亚马逊使人能更快地寻找到更好的商品、Uber 和大众点评使人能找到更优质的服务，而工业 4.0 则使人能参与到产品的设计和制造中来……马化腾在对互联网"速度法则"的认识中提出，产品应该"小步快跑，快速迭代"，一个产品快速进入市场，快速收到反馈，在获得反馈后坚持不断的修正，就可以打磨出好作品。由此可见，速度是产品在互联网商业竞争中存在和发展的主要手段。

与互联网的快速反应形成明显对比，法定规划的程序性规定注定了传统的蓝图式规划难以对影响城市发展的种种要素做出快速、有效的应对，如从城市总体规划的编制到审批的过程漫长，使人们对其无法反映现实、无法有效指导城市发展的质疑声越来越大。另外，尽管《中华人民共和国城乡规划法》要求规划编制过程必须有公众参与，但规划的主要参与者、博弈者仍然是政府、开发商和规划师，从本质上看，以国家行政权力为保障的现代城市规划是公共意志的体现，然而"通过组织和公约方式形成公共意志，公约方式就意味着注定有一小部分社会成员被公共意志所忽略"，规划无论大小，终将会对城市环境、公共利益乃至个人利益产生外部效应，但公众参与的深度和广度却是有限的，被"公共意志"忽略的可能已不只是"一小部分社会成员"。

因此，今天的规划编制，应该从过去的取决于规划编制者职业水平转换为"取计于民"，各类互联网平台为规划提供了快速的意见收集与反馈通道，规划编制者也需认识到，城市规划关注的是公众利益，利用互联网改变城市规划的精英属性，增强技术与价值的合理性，是未来城市规划的发展趋势。

（二）技术的变革——大数据的使用将常态化

"大数据"作为互联网时代的产物，已经展示出巨大的力量：对于城市规划而言，大数据不仅是更多的数据，还意味着基于海量、高精度数据和更全面的技术方法，将使规划编制发生变革（图 3）。

在规划编制的前期，规划者能依托大数据，准确地评估规划实施的效果，并通过对城市发展进行针对性的、直观的展现，为各层面的规划预测提供基础；在规划编制的过程中，由于新增的数据信息具有实时化、直观化的特点，有助于解决规划编制滞后的软肋，为城市规划的动态更新提供技术支持；而在公众参与的过程，信息传播与搜集的迅速化，信息搜集与挖掘的简易化，使得公众参与更全面，反馈更加具有针对性。

尽管就目前的研究而言，大数据的分析结论大部分为一般规律的描述，而关

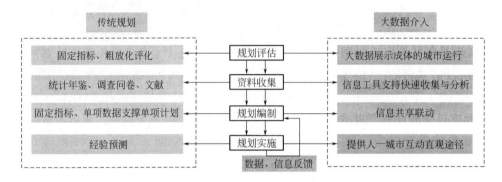

图 3　传统规划与大数据介入的规划对比

于新的理论研究和解决实际问题的应用仍在探索阶段，但是很明显，规划者们已经可以用全息视角来获得城市各方面的信息，大数据对于城市规划行业的影响将会渗透到更广泛的领域。

（三）策略的变革——跨界合作成为必然

尽管规划行业已然关注大数据，基于大数据的各类城市研究也已初具规模，但对于数据的获取却仍显不足，尤其在规划编制阶段，规划对信息获取范围、时间跨度、精确性和覆盖性等方面有更高的要求，而对于绝大多数规划设计单位而言，规划项目一般很难获得公交 IC 卡信息、手机信令数据等官方或者国资背景公司的数据。这就需要规划进行跨界合作。

跨界合作的策略变革，一是跨越城市规划和信息化的行业鸿沟，需以规划主管部门为主导，与信息化的主管领域合作（如工业和信息化委员会、科技创新委员会等），争取大数据资源在城市规划中的应用。二是广泛地与互联网企业合作。在以数据为王的年代，互联网巨头利用自身数据优势介入规划相关研究领域，将激发规划的巨大潜能，如百度大数据项目组就用可视化效果展示了百度大数据在春运迁徙、空间行为预测和人群聚集预警等各方面的研究；2016 年两会开幕，阿里云就在"大众创业，万众创新"背景下发布了"中国双创地图"，大数据一目了然：北京堪称"全领域明星"云创城市，上海是"互联网金融之都"，杭州是"电子商务""互联网+政务"，广州是"互联网+教育"，深圳是"物联网"与互联网的"跨界"与"交叉"将成为城市规划变革的重点。

六、结语

"旧时代的庞然之躯依然矗立，惯性还会依旧，但旧建构的崩塌一旦开始，碎裂声就再也难以停息"❶。对于"互联网",人类未知的远远大于已知,即使最精确的城市预测模型也只是在无限趋近于事实,所以笔者对"互联网+"时代的城市空间变化,也只是对未来发展的思考。在这个时代中,城市规划需要建立起与时代沟通的价值体系与技术框架,思考作为"人类聚集的空间",城市空间是否提高了人的生活品质? 是否有助于消除贫困? 是否带来新的经济契机? ……以新的技术和手段提高城市功能品质和满足人的需求,才能为城镇化建设提供支撑。

(撰稿人:陈虹,注册城市规划师,广州市城市规划勘测设计研究院;刘雨菡,规划师,广州市城市规划设计所。)

注:摘自《规划师》,2016(04):05-10,参考文献见原文。

---

❶ 自央视纪录片《互联网时代》的解说词。

管理篇

住房和城乡建设部办公厅关于学习贯彻习近平总书记在北京考察时重要讲话精神进一步加强城市规划工作的通知

各省、自治区住房城乡建设厅、各直辖市规划局（委）、新疆生产建设兵团建设局：

2017 年 2 月 23 至 24 日，习近平总书记考察北京工作时强调，城市规划在城市发展中起着重要引领作用，要立足提高治理能力抓好城市规划建设。各级城乡规划建设部门要认真学习领会，解放思想、开阔思路、求真务实、攻坚克难，把学习贯彻习近平总书记重要讲话精神与落实中央城市工作会议、《中共中央国务院关于进一步加强城市规划建设管理工作的若干意见》部署的各项任务紧密结合起来，真抓实干，以优异成绩迎接党的十九大胜利召开。

现就学习贯彻习近平总书记重要讲话精神，进一步加强城市规划工作通知如下：

一、重新认识城市规划，承担新时期治国理政新使命

习近平总书记强调，"城市规划在城市发展中起着重要引领作用"，明确指出了城市规划的战略地位。当前我国正处于全面建成小康社会、推进新型城镇化和城市转型发展的关键阶段，做好城市工作，事关国家发展全局和城市发展质量。各级城乡规划主管部门必须旗帜鲜明讲政治，提高对城市规划工作的认识，在提高城市规划工作的前瞻性、综合性、整体性、系统性、协同性上下功夫。全面深入推进规划体制改革，努力工作，勇于创新，承担起在提高国家治理能力中的新任务、新使命。

二、科学编制城市规划，实现战略引领和刚性控制

习近平总书记反复强调，"考察一个城市首先看规划"，"规划科学是最大的效益，规划失误是最大的浪费，规划折腾是最大的忌讳"。各级城乡规划主管部门要认真思考和回答建设一个什么样的城市、怎样建设好城市这个问题。要把握好城市战略定位、空间格局、要素配置，综合部署各项建设，做到服务保障能力

323

同城市战略定位相适应，人口资源环境同城市战略定位相协调，城市布局同城市战略定位相一致，充分发挥城市规划对城市发展的战略引领作用；要坚持城乡统筹规划，统筹生产、生活、生态空间，落实"多规合一"，形成市域城乡全覆盖的一本规划、一张蓝图；要以资源环境承载力为硬约束，确定人口总量上限，划定生态红线和城市开发边界，落实到经济社会发展的中长期规划和年度计划中，落实到各类专项规划中，落实到控制性详细规划和城市设计工作中，以强有力的措施将城市规划的刚性约束执行到位。

三、依法执行城市规划，切实提高城市规划的严肃性

习近平总书记强调，"总体规划经法定程序批准后就具有法定效力，要坚决维护规划的严肃性和权威性"。各级城乡规划主管部门务必深入学习领会习近平总书记讲话要义，从全面依法治国、全面从严治党的高度，自觉按法定权限、规则、程序办事；所有单位和个人都要尊重城市规划，自觉接受城市规划约束；要充分发挥专家、公众和媒体的力量，加强规划实施的社会监督；要严格执行依法向同级人大常委会报告制度，杜绝一任领导、一版规划的现象发生；要加大执法力度，坚决查处违法建设，建立健全问责制度，严肃追究违反规划行为的责任，提高各种违法行为的成本，增强政府依法行政和全社会尊重规划的意识。

四、加强过程监督管理，提高城市规划实施的有效性

习近平总书记谈到规划实施时强调，"要放眼长远、从长计议，稳扎稳打推进"。各级城乡规划主管部门要建立健全规划编制和实施管理一体化的长效机制，制定行之有效的政策保障措施，调动和发挥各方面力量实施好规划；要健全依法决策的体制机制，把公众参与、专家论证、风险评估等确定为必要的法定程序；要建立城市体检评估机制，制定反映城市发展建设目标和实施状况的量化指标，可衡量、可监督，通过定期评估，不断发现城市发展建设和规划实施中存在的问题，依法完善规划，动态维护规划，确保"一茬接着一茬干，一张蓝图干到底"。

五、传承发展中华文化，努力塑造城市独特魅力

习近平总书记强调，"规划建设管理都要坚持高起点、高标准、高水平，落实世界眼光、国际标准、中国特色、高点地位的要求。不但要搞好总体规划，还要加强主要功能区块、主要景观、主要建筑物的设计，体现城市精神、展现城市

特色、提升城市魅力"。各级城乡规划主管部门要认识到规划工作对保护和传承文化的重要作用，要本着对历史负责、对人民负责的精神，系统梳理传统文化资源，传承历史文脉，切实完成 5 年内历史文化街区划定和历史建筑确定工作任务，处理好城市开发与历史文化遗产保护利用的关系；要体现尊重自然、顺应自然、天人合一的理念，依托现有山水脉络和独特风光，让城市融入大自然，让居民望得见山、看得见水、记得住乡愁，将让群众生活更舒适的理念体现在每一个细节中；要加强城市设计，强化对建筑设计的管理，挖掘整理传统建筑文化，鼓励建筑设计继承创新，使城市建设越来越多地体现中国特色、民族特性和时代特征。

六、建设和谐宜居城市，极大提高人民群众的满意度

习近平总书记强调，"城市规划建设做得好不好，最终要用人民群众满意度来衡量"。各级城乡规划主管部门要坚持人民城市为人民的思想，以高度的政治意识，转变工作作风，改进各项工作；要坚持开门编规划，利用多种渠道，在规划编制全过程充分倾听群众意见，完善公众参与制度；要坚持以市民最关心的问题为导向，以"城市病"等问题的综合解决为突破口，有序实施城市修补和生态修复，恢复城市自然生态，提高城市宜居性；要将民生改善作为评估城市规划实施效果的重要指标，妥善处理城市长远发展利益与民众关注现实问题之间的关系，近期尤其要协同推进住房、交通、环境、公共服务和基础设施等条件的改善，增强人民群众获得感；要提高全社会的规划意识，让人民群众认知规划、理解规划、支持规划，自觉维护规划。

各级城乡规划主管部门要按照本通知要求，认真学习贯彻习近平总书记重要讲话精神，并及时向政府主要领导汇报，推动有关工作的部署落实。各省（区、市）城乡规划主管部门要及时将贯彻落实情况向我部报告。

中华人民共和国住房和城乡建设部办公厅
2017 年 3 月 17 日

系好雄安新区规划建设第一颗扣子

设立河北雄安新区是千年大计、国家大事，充分体现了以习近平同志为核心的党中央强烈的使命担当、深远的战略眼光和高超的政治智慧。这一重大国家战略的实施，既为河北人民带来了千载难逢的宝贵发展机遇，也使我们面临前所未有的历史大考。我们坚决贯彻落实党中央、国务院的重大战略部署，切实肩负起主体责任，稳扎稳打，善作善成，系好雄安新区规划建设第一颗扣子，不辜负党和人民的重托。

一、从大历史观的高度深刻领会党中央的战略意图

党中央决定设立雄安新区，是深入推进京津冀协同发展的又一重大战略部署，既与北京城市副中心形成北京新的两翼，又与筹办冬奥会、推进张北地区建设形成河北的两翼，对于探索人口经济密集地区优化开发新模式、调整优化京津冀城市布局和空间结构、培育全国创新驱动发展新引擎，均具有重大现实意义和深远历史意义。这一重大历史性工程，跨越全面建成小康社会的时间节点，伴随实现"两个一百年"奋斗目标的伟大进程，必将成为展现马克思主义中国化最新成果的生动实践，成为贯彻落实新发展理念的时代典范，成为中华民族伟大复兴中国梦壮美画卷的"点睛之笔"。

规划建设雄安新区，最根本的是要以习近平同志系列重要讲话精神和治国理政新理念、新思想、新战略武装头脑、指导实践、推动工作。我们认真传达学习，集中开展研讨，加强干部培训，广泛进行宣讲，把习近平同志系列重要讲话和中央有关精神的学习不断引向深入，使各级领导干部统一了思想、提高了认识。通过学习我们认识到：应准确把握"千年大计"的高点定位，保持历史耐心，强化战略定力，不操之过急，不急于求成，以"功成不必在我"的胸襟稳步推进，使"千秋之城"经得起千年检验；充分认识"国家大事"的深刻内涵，切实增强政治意识、大局意识、核心意识、看齐意识，跳出河北看雄安，自觉服务党和国家全局，在办好国家大事中作出河北应有的贡献；深刻理解"全国意义"的战略地位，积极探索可复制可推广的经验，努力打造贯彻落实新发展理念的创新发展示范区，在建设创新型国家和实现社会主义现代化中当好先行者；始终牢记"主体责任"的千钧分量，积极主动作为，加强组织领导，强化使命担

当，全力以赴做好各项工作，努力在历史大考中交出优异答卷。

二、将严格依法管控和做好群众工作贯穿始终

在雄安新区研究谋划阶段，只有稳得住、控得好，才能开好局、起好步。我们坚决贯彻"要防患于未然，不要掉以轻心，更不能走弯路"的重要指示，精心、细心、用心做好工作，以严格依法管控保障和实现稳中求进。坚决落实"房子是用来住的，不是用来炒的"定位，把严格土地和房地产管控作为当务之急，明确新区是创新发展的高地、不是炒房淘金的地方。研究建立土地收储制度，强化政府统一管理，依法依规、分类处置土地开发遗留问题，铁腕治理违章占地用地，不搞土地批租，不搞土地财政，严禁大规模搞房地产开发。采取最严格的措施，同步加强对新区以及新区周边、京冀交界地区的全面管控，防范和打击炒地炒房炒房租等投机行为，严防不法商人借新区炒作牟利，切实管住地价房价和房租，防止无序开发。研究制定与新区功能定位相适应的人口和住房政策，探索全新的房地产改革路子，满足民众住房需求，打造政策高地、成本洼地。

人民群众的支持和参与，是建设雄安新区的根本保障。我们要落实以人民为中心的发展思想，坚持靠人民创造历史、靠人民建设新区，切实做好群众工作，让人民群众有实实在在的获得感。实行驻村工作队全覆盖，组织各级干部进村入户、走访企业，宣讲政策、了解诉求，合理引导群众心理预期，使之正确处理自身利益与新区建设的关系、当前利益与长远利益的关系，激发群众参与新区建设的热情。把管控与服务结合起来，制定统一规范的政策，解决好群众和企业搬迁腾退中的现实困难，解决好管控涉及的就业、户籍、建设等实际问题。围绕安居乐业有保障，规划建设好安置区，提升群众居住质量，出台就业扶持政策，加强教育、社保、医疗、养老等工作，让人民群众共享改革发展成果。

三、用先进理念和国际一流水准规划设计建设

实施千年大计、办好国家大事，必须做到高起点、高标准、高水平。我们抓住规划工作这个"牛鼻子"，坚持先谋后动、规划引领，坚持世界眼光、国际标准、中国特色、高点定位，以创造历史、追求艺术的精神，精心组织规划编制，确保把每一寸土地都规划得清清楚楚再开始建设，确保一张蓝图绘到底。

雄安新区不同于一般意义上的新区，其定位首先是疏解北京非首都功能集中承载地，目标是建设绿色生态宜居新城区、创新驱动引领区、协调发展示范区、开放发展先行区，打造贯彻落实新发展理念的创新发展示范区。按照这一功能定位，我们坚持地上、地下一起规划，建设先地下、后地上，地上先做基础设施和生态环境，提高公共服务水平。坚持开放搞规划，组织国内外一流专家和团队参与规划制定，全面开展专项规划编制和专项课题研究，推动形成"1+N"规划体系，实现多规合一。坚持生态优先，统筹生产、生活、生态空间，划定开发边界和生态红线，避免城市规模过度扩张，坚决防止形成新的"摊大饼"。实施白洋淀生态修复工程，加快恢复"华北之肾"功能，大规模植树造林，提高新区森林覆盖率和绿地率；重视文化遗产特别是红色遗产保护，处理好文物保护和新区建设的关系，将文物保护利用规划纳入新区总体规划；结合区域文化、历史文脉、时代要求，严谨细致搞好城市设计、单体建筑设计，不搞高楼大厦、水泥森林、玻璃幕墙，体现中华传统经典建筑元素，以工匠精神打造城市特色风貌。

四、依靠改革创新走出一条新路

雄安新区之新，关键在改革，要义是创新。推进新区规划建设，最大的动力在改革创新，最大的潜力在改革创新，最大的挑战也在改革创新。我们要进一步解放思想，着力在发展理念、工作思路、方式方法上有全新转变，以深化改革破题开路，以创新驱动引领发展，以优质公共服务聚集要素，努力在一张白纸上绘出最美的图画。

着眼于探索新区建设发展新模式，全面深化改革，科学设置精简、统一、高效的管理机构，发挥市场在资源配置中的决定性作用和更好发挥政府作用，高标准构建新区政策体系，在土地、住房、财税、投融资、环境保护、公共服务、社会管理等方面实施综合改革、集成创新。着眼于打造全国创新驱动发展新引擎，推进科技体制改革，制定特殊人才政策，聚集国内外高层次创新要素，建设集技术研发和转移交易、成果孵化转化、产城融合为一体的创新引领区和综合改革试验区，发展新经济、培育新动能。着眼于打造对外开放合作新平台，积极融入"一带一路"建设，主动服务北京国际交往中心功能，形成与国际投资贸易通行规则相衔接的制度创新体系，构建国际要素聚集区。着眼于推进基本公共服务均等化，按照新区功能定位和人口需求，制定公共服务政策体系，与北京市开展全方位深度合作，引入优质教育、医疗卫生、文化娱乐、体育健身等资源，建设优质公共设施。鼓励环京津周边市县在公共服务改革方面率先突破，尽快缩小与京津的梯度差，补齐社会事业发展短板。借力京津对口帮扶，用绣花功夫打赢脱贫攻坚战。

五、坚持融合发展、错位发展、协调发展

统筹区域协调发展，是雄安新区规划建设的重要任务。只有跳出"一亩三分地"的思维定式，着眼京津冀协同发展的大局，才能在对接京津、服务京津中加快发展自己，在有效疏解北京非首都功能的进程中良性互动，实现目标同向、措施一体、优势互补、互利共赢。雄安新区起步之初，就要注重加强同北京、天津等城市的融合发展，同北京中心城区、城市副中心的错位发展，发挥对冀中南乃至整个河北的辐射带动作用，促进城乡、区域、经济社会、资源环境协调发展。

推动雄安新区与周边区域协调发展，加强规划衔接，科学合理分工，优化空间布局。新区集中承接北京非首都功能疏解，符合条件的高水平功能和高端高新产业放在新区，与之配套的功能和产业可放在周边地区和其他地区，增强整体服务功能和产业配套能力。推动雄安新区与张北地区协调发展，按照打造河北发展两翼的要求，统筹基础设施建设，统筹产业发展布局，统筹公共服务功能，因地制宜搞好高水平开发建设，把新区打造为带动河北发展的新引擎，把张北地区打造为冀北发展新高地。推动雄安新区与全省其他地区协调发展，注重搞好深度对接，谋划实施一批交通路网互联、生态环境共治、产业协作配套、公共服务共享项目，加快全省经济板块重组和经济结构优化，促进经济社会发展向高层次迈进。推动雄安新区与京津协调发展，全力做好北京非首都功能承接工作，把推动北京城市副中心建设作为分内之事，学习借鉴先进经验，坚决服从服务大局，加强廊坊北三县等市县与北京相关区域的统一规划、统一政策、统一管控，确保党中央战略部署顺利实施。

规划建设雄安新区，是一项关系国家长远发展、惠及子孙后代的宏伟事业。我们要更加紧密地团结在以习近平同志为核心的党中央周围，以自我加压、负重奋进的责任感，以创造历史、开辟未来的使命感，稳扎稳打，不骄不躁，一年接着一年干，一茬接着一茬干，把雄安新区打造为疏解北京非首都功能集中承载地、贯彻落实新发展理念的创新发展示范区。

（撰稿人：赵克志，中共河北省委书记。）

注：摘自"人民网"，2017-05-10。

简政放权视角下的城乡规划管理体制改革

导语：简政放权是全面提高政府治理能力的重要途径，从简政放权视角探析我国城乡规划管理体制改革具有现实性和合理性。当前，我国城乡规划的空间利益主体多元化、"部门失灵"，规划管理面临着诸多困境，在政府职能转变的框架下，急需对现有的规划管理体系进行变革。文章充分借鉴整体性治理等公共行政学理论，基于简政放权的视角，提出政府内外纵横联动的制度创新——规划权利的释放、规划体系的变革、建构以政府为平台的多元化合作机制。

一、引言

李克强总理在全国推进简政放权放管结合职能转变工作电视电话会议上提出"以敬民之心，行简政之道"。简政放权，就是要处理好政府与市场两者之间的关系，把该放的权力放掉，把该管的事情管好，通过向市场放权、向社会放权、向地方政府放权，着力解决政府与市场、政府与社会、中央政府与地方政府的关系问题。简政放权需要首先对政府职能事项进行规范化调整和精细化管理，如果不把对政府职责事项的"深耕细作"作为前提，那么究竟该调整和简化哪些事项，该取消和下放哪些权力，也就成了"空中楼阁"。城乡规划作为政府职能，需要基于系统化、规范化和精细化的思路，

分析规划管理体制的现实问题和经济社会发展实践需要，将城乡规划管理体制改革向纵深推进，这是实施城乡规划简政放权的基本前提。

二、简政放权视角下城乡规划管理面临的困境及产生原因

（一）城乡规划管理面临的困境

我国城乡规划管理体制伴随着经济体制的发展而不断发生改变。从新中国成立初期为国民经济和社会发展计划的实施开展具体设计性质的工作，到改革开放以后转变为政府宏观调控资源配置的手段，城乡规划在我国城市发展实践中做出了重要贡献。2011 年，我国城镇人口首次超过农村人口，城市发展进入新阶段，但"大城市病""小城市病"等问题却逐渐突显。党的"十八大"后，中央先后召开了城镇化工作会议和城市工作会议，确立了"创新、协调、

绿色、开放、共享"的发展理念。面对这些新要求、新矛盾，城乡规划管理尚缺乏充分应对，对空间发展的调控作用落后于现实需求，出现滞后、繁冗及权限不清等问题。

1. 城乡规划的基本服务作用未得到发挥，影响社会公平正义

城乡规划具有综合性、全局性和战略性特征，既需要在经济社会发展中发挥引领和促进作用，又需要为社会提供基本的公共服务，为公民提供基本的生活保障、教育、文化、医疗服务和健康的生态环境。然而在实施过程中，城乡规划却在很多时候成为政府攫取土地利益、扩张城市规模的工具，对规划确定的基础设施、公共服务设施和公园绿地不予落实，甚至将用地改作他用，忽略了其提供公共服务、维护社会正义和发挥凝聚力的作用。此外，个别领导干部习惯于用行政命令取代法治，动辄"我说了算""就这么定了"，擅自批准建设，无视规划，违反法定程序。政府的这种管理倾向突破了其提供公共服务的基本底线，导致资本的负外部效应突显，也影响了社会的公平正义，与简政放权、促进经济健康发展的初衷背道而驰。

2. 各类涉及空间的规划缺乏统筹，投资建设项目审批环节多

我国各类规划繁多，不同规划或依据法律，或依据政策编制，呈现"各自为政"的局面。一些部门编制相关规划时单纯从行业角度出发，重纵向控制，轻横向衔接，违反城乡规划的要求，擅自划定"特定区域"以适应"专门需要"，导致行业发展规划与城乡规划确定的空间布局、基础设施和公共服务设施配置要求相矛盾，使城乡规划被"肢解"，无法实现统筹城市整体和长远发展的功能，不利于区域的综合协调发展和行业的健康发展。相关规划基础数据坐标不统一，规划布局相互矛盾，审批流程复杂、成本高，以及项目选址难、周期长和落地难等问题，严重制约着行政效能的提高。

3. 政府与市场界限不清，加大制度性交易成本

2015年中央城市工作会议指出，一些城乡规划的前瞻性、严肃性、强制性和公开性不够。规划在实施过程中表现出"刚性不强，韧性不足"的特点，导致政府与市场界限不清，难以适应市场经济条件下的不确定性。规划的刚性内容强制性不够，往往较难落实；弹性内容应对变化的能力弱、调整余地不足。在一些法定规划的编制过程中，涉及城市长远发展利益和价值的强制性内容缺失，或表述模糊，从而造成规划强制性内容不具有可操作性，难以真正落地实施。一些规划对于城市发展前景缺乏弹性，布局安排不留余地，导致规划修改频繁，朝令夕改，"一任领导，一任规划"的情况时有发生。在政府与市场权力界限不清晰的情况下，政府职能具有不确定性，导致推动政府简政放权、放管结合和优化服务难以落实，也增加了投资建设项目的制度交易成本。

4. 规划编制公众参与不足，增加了规划实施难度

城乡规划工作涉及个人利益与公众利益、个别群体利益与社会整体利益、长远利益与短期利益，这在客观上要求城乡规划在制定与实施过程中要有全社会的共同参与。但在实际工作中，由于规划缺乏对不同产权和需求特点的考虑，导致利益群体组织化参与机制的缺失，信息公开不足，大多数公众参与仅是被动告知和形式化地征求意见，只有当噪声、日照间距等问题严重妨碍了居民日常生活的时候，公众才会主动反映问题。规划编制的成果表达偏向于技术报告，不便于将规划技术成果作为简洁明了的政策执行文件与其他政府部门进行沟通，也不便于向公众诠释和宣传，削弱了公众参与、民主协商和社会监督的参与度。

（二）城乡规划管理出现困境的原因

从公共管理的角度看，城乡规划管理出现困境的原因主要体现在以下三个方面。

1. 空间利益主体多元化已成为当前经济社会的主要特点

随着分税制改革、土地有偿使用制度改革和住房制度改革等制度环境的变迁，计划经济体制时期以国家利益为主导的单一化的利益结构开始分化，呈现出利益和价值取向多元化的趋势，政府、社会组织及公众成为城市的空间利益主体。不同空间利益主体越来越关注城乡空间结构调整、城乡发展方向等城乡空间发展问题，对参与城乡规划管理——进行空间利益的分配和调节的意愿也越来越强烈，这就需要政府通过制定城乡规划公共政策进行引导和监督，为各空间利益主体提供博弈平台，保障城乡空间资源的合理分配。

2. 部门间容易出现管理碎片化和"部门失灵"

城乡规划涵盖了经济、社会、空间、环境和文化等多方面的内容，具有"政策的多属性"特征，即重大公共政策往往拥有一个以上的目标，这些目标分别指向政府不同的职能部门，需要他们之间的协同和配合。然而，政府为了提高工作效率而采取部门分工和专业化模式，致使相关部门在执行公共政策时常常面临一个部门的目标与其他部门的目标不一致、以各自利益为重、不愿意与其他组织合作的情况，导致在公共政策的执行中出现"孤岛现象"与合作困境。伴随着管理对象的多元化、复杂化，如果不加以很好地协调，就会造成部门间的割裂，出现管理碎片化和"部门失灵"。

3. 城乡规划审批监管中各层级的事权不清晰

中央和地方政府的事权划分未在规划编制、审批和监督内容中进行充分甄别。不同层级的政府事权应当对应哪些规划内容并不清晰，有的时候会进入"上级政府抓战略，地方政府抓空间与设施配套"的误区；有的时候又陷入了上级政

府面面俱到，什么都要管，但又管不住的泥潭。同时，上下位规划的强制性内容缺乏衔接，部分强制性内容难以落实和监督。目前，城市总体规划中的强制性内容过多、过细，没有对需要严格遵守和可以深化调整的内容加以区分。在"总体规划—控制性详细规划—规划许可"的过程中，部分强制性内容难以落实，偏差较大。而对于违反强制性内容的行为又缺乏监督反馈机制，规划被随意修改的现象比较普遍，导致城乡规划的权威性不足。

三、以整体性治理为理论基础，探讨城乡规划政府合作机制

2015年11月，习近平总书记在中央财经领导小组第十一次会议上明确提出"要改革完善城市规划，改革规划管理体制"。2016年2月下发的《中共中央国务院关于进一步加强城市规划建设管理工作的若干意见》要求"要改革完善城市规划管理体制"，这反映出规划管理体制改革已经成为我国未来开展城市工作的重要任务。中央全面推动简政放权，为解决规划管理的困惑、推动规划管理体制改革提供了契机。

（一）城乡规划管理体制改革的理论基础

面对"多元化""碎片化"等行政管理问题，一些学者认为，人类正生活在一个涉及许多组织和群体，而这些组织和群体有责任合作解决公共问题的权力共享世界里，需要由公共部门、私人部门和非营利部门协作提供高质量的公共服务，并协同解决复杂的社会问题。20世纪90年代中后期，英国、澳大利亚、新西兰、美国和加拿大等国家开始思考如何更有效地为公众提供公共服务，推动以协作性公共管理为主要内容、超越传统公共行政和新公共管理的政府改革。在《协作性公共管理：地方政府的新战略》一书中，作者在对美国的237个城市及其政府官员进行调查研究的基础上，详细论证了地方政府尤其是城市政府中大量存在着协作性的公共管理活动，这些活动对政府治理辖区的作用与影响大大超过了等级制组织内的管理活动。随着信息技术的发展，佩里·希克斯和帕却克·登力维等英国学者提出了整体性治理理论。根据佩里·希克斯的定义，所谓整体性治理就是"以公民需求为治理导向，以信息技术为治理手段，以协调、整合和责任为治理机制，对治理层级、功能、公私部门关系及信息系统等碎片化问题进行有机协调与整合，不断'从分散走向集中，从部分走向整体，从破碎走向整合'，为公民提供无缝隙且非分离的整体型服务的政府治理图式"。协作性公共管理和整体性治理的核心都是通过引入合作治理的理念，破除"政府利益至上"的传统行政理念。

从实践上看，整体性治理在不同国家的提法不同，在英国被称为"协同型政府"（Joined-up Government）或"跨部门议题"（Cross-cutting Issues），在北美、欧洲被表达为"服务整合"（Service Integration），在美国被表述为"合作政府"（Collaboration Government），在澳大利亚被称为"整体政府"（Whole of Government），在加拿大被称为"水平政府"（Horizontal Government），等等。这些称谓虽然表述各异，但是基本上都表示同一种现象，即由新公共管理的理论与实践转向"整体政府"改革的理论与实践，并形成了一种有别于传统官僚制的新型范式。

回溯改革开放以来我国政府机构改革的历程，其核心都是以适应经济和社会发展的需要来调整政府的结构与运行，重点调整政府与社会、政府与市场、中央与地方的关系。党的"十八大"以来，新一届中央领导集体坚定不移地推进改革开放，以行政审批制度改革和政府职能转变为突破口，通过由全能政府向有限政府、管制政府向服务政府的转型来调整政府与社会的关系；通过政府职能转变来调整政府与社会、政府与市场、政府与企业的关系，以解决公权过大、过多，私权过弱、过小的问题；通过政府的向下分权来调整中央与地方的关系，以解决集权与分权的问题。2016 年 5 月 9 日，李克强总理在全国推进简政放权放管结合优化服务改革电视电话会议上明确要求：中央和地方上下联动，实施精准协同放权，深化简政放权、放管结合、优化服务改革，加快转变政府职能。

城乡规划自身具有的综合性和衍生效应使得规划管理工作不得不打破传统官僚制与科层制的行政条块界限，实现多个政策执行者的合作，以合作的方式走向跨层级、跨部门、跨边界的新管理模式。基于以上理论和实践，为了落实简政放权的要求，推动城乡规划政府合作不失为一个改革方向。城乡规划政府合作是指在公权领域内部、公权与私权领域的各类主体在明确权力界限的基础上，以增强对空间利益的调控为目的，在城乡规划编制、审批、实施和监督等各个阶段，通过合作机制建立起相互联系的行为与过程，既包括中央与地方政府之间、地方政府不同层级之间的"纵向合作"，也包括同级政府之间、同一政府不同职能部门之间、政府与非政府组织之间、社会公众之间的"横向合作"（图1）。

（二）城乡规划政府合作的主要内容

推动城乡规划政府合作，应当首先厘清城乡规划管理的部门职能关系，构建统一的空间规划体系，推动跨部门、跨层级联动协同，建立健全民主决策机制，加强城乡规划实施监督，切实推动规划管理改革向"深水区"迈进。其基本观点主要包括以下四点：

一是推动上下级政府之间的合作。出于不同的目标利益，中央政府和地方政

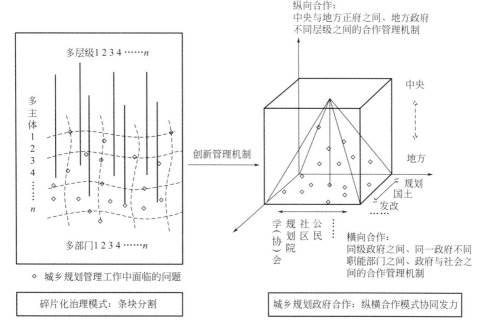

纵向合作：
中央与地方正府之间、地方政府
不同层级之间的合作管理机制

多层级 1 2 3 4 ……n

多主体 1 2 3 4 ……n

创新管理机制 →

多部门 1 2 3 4 ……n

中央

地方

规划国土

发改

学（协）会 规划院 社区 公民 ……

横向合作：
同级政府之间、同一政府不同
职能部门之间、政府与社会之
间的合作管理机制

◇ 城乡规划管理工作中面临的问题

碎片化治理模式：条块分割

城乡规划政府合作：纵横合作模式协同发力

图 1　城乡规划碎片化管理与政府合作机制对比图

府常常在城乡规划管理方面呈现出不同的政策取向，如中央政府更加注重生态环境和历史文化的保护、区域基础设施建设、落实国家发展战略，而地方政府则更加看重城乡规划对地方经济、市政建设、就业和税收的贡献。在充分甄别中央和地方政府权责划分的基础上，推动中央和地方政府在规划编制、实施监督中的信息沟通和管理合作，有利于提高城乡规划的科学性和严肃性。

二是消除政府系统内规划管理部门与其他部门间的封闭分割状态。构建规划管理部门与其他部门间的跨部门协作机制或成立部门间协调机构，通过共同领导、整合结构和联合团队，以及资源整合和政策整合进行合作，以更有效地利用稀缺资源。同时，多部门合作提供"一站式"的城乡规划公共服务平台，共享公共服务界面，提供整体化和高效的公共服务。

三是倡导政府及其规划管理部门、社会组织和社会企业跨界合作互动的理念，破除纵横条块分割管理，在不同部门之间、政府与社会之间建立一种整体性的思维和交流方式，实现跨部门、跨组织的资源交换与能力整合，以推进城乡规划管理的整体有序运转。同时，制定城乡规划的多方参与机制，将公众参与度纳入城乡规划工作考评内容。

四是开展协同工作，最大限度地减少同一层级政府间、政府部门间损害彼此利益的政策，将城乡规划政策领域的不同利益相关者有效组织在一起，以创造公

335

共价值和提供公共服务为终极目的，构建规划管理行动网络，实现 1+1>2 的协同效应。

近年来，在城乡规划管理实践和理念中，已经出现了政府合作的发展趋势。规划学者、规划编制人员和规划管理人员已经从不同角度对上述内容进行了不同深度的研究与实践，可将这些研究与实践归纳为纵向合作和横向合作两个方面的内容，具体如表1所示。

城乡规划政府合作的分类框架 表1

	合作方式	内　容
纵向合作	不同层级政府间的合作	中央与地方政府、上级与下级政府间的合作，如《珠三角城镇群协调发展规划》中对不同层级政府的管理和监督权限的规定等
横向合作	政府内部不同部门之间的合作	跨部门合作，如成立规划和国土资源委员会、制定违法建设查处联动机制和城市地下空间管理协作机制等
	区域内不同政府的合作	跨区域合作，如联席会议、规划合作专题和规划论坛等
	政府与社会的合作	政府及其规划管理部门与社会组织的合作，如建立和完善公众参与制度、政府与城乡规划协会的合作、建立社区规划师与乡村规划师制度等

四、以政府合作为基础，推进城乡规划简政放权

城乡规划政府合作是对当前条块分割体系下政府和城乡规划管理部门现有的职能体系、组织结构及业务流程的一次挑战与变革。以政府合作为基础，优化细化操作流程，有利于规划管理工作"简除烦苛，禁察非法"，确保建设项目规划许可的高效、顺畅、规范和有序，有利于城乡规划服务经济社会发展。

（一）厘清上下级政府权责关系，推动纵向合作与制衡

实现有效的城乡规划政府合作的前提是明确权力清单、责任清单和负面清单，即分层级、分部门厘清城乡规划管理中私权与公权的分工、公权领域内各相关部门的分工以及私权领域内通过市场机制确定的各主体的分工，建立责权明晰、公开透明、实用高效的规划管理机制。经依法审批的、可实施的城市总体规划应该能够提出层级空间管制要求，明确各级政府提供什么、禁止什么、引导什么和监管什么。国务院审批城市总体规划时，应当列出审批和监管清单。在理顺各层级政府规划管理权责的基础上进行政府层级合作，可以在落实

国家战略，避免区域重复建设、生态环境资源和历史文化遗产被破坏的前提下，充分调动地方、区域的规划管理积极性与灵活性；可以在规划刚性内容有效传递的前提下，缩短规划审批周期，提高规划审批效率。此外，特大城市还应理顺市、区、街道与规划管理部门的关系，完善社区管理体制，提高基层规划服务水平。

（二）建立区域间政府合作机制，提升区域整体发展水平

长三角、泛珠三角和京津冀等地区的区域良性互动发展表明我国未来的城乡规划需要更加注重区域间的协作，空间格局应从行政区规划转向跨行政边界的区域规划。相应的，区域城乡规划管理模式将从基于行政区划界限的行政区规划管理转向跨行政管辖边界的区域间政府合作，以解决区域分割管理造成的城乡规划协调困难的问题。从区域整体优化的视角出发，通过建立区域间政府合作机制，对区域空间结构及其职能分工进行协调安排，可以促进区域政府之间从竞争走向竞合。

（三）推动多规协调，完善空间规划体系

2012 年 9 月，李克强总理在省部级领导干部推进城镇化建设研讨班学员座谈会的讲话中要求："在市县层面探索经济社会发展规划、城乡规划、土地规划'三规合一'"；2013 年 12 月，中央城镇化工作会议上提出的推进城镇化任务中明确"建立空间规划体系，推进规划体制改革"；2014 年 9 月，中共中央政治局审议通过的《生态文明体制改革总体方案》提出："构建以空间治理和空间结构优化为主要内容，全国统一、相互衔接、分级管理的空间规划体系"。为避免横向的多规并行、管制重叠和标准不一，就要加强顶层制度设计，从国家、省级层面理顺发改、规划、国土及环保等部门的空间规划管理事权，推进相关法律法规的修改和衔接。在法律法规和机构设置没有调整前，可以通过搭建跨部门的网络化信息联动平台，将各规划体系叠加，检测不同体系、不同层面空间规划之间的冲突，并协调处理存在的矛盾，实现经济发展目标、土地使用指标和空间坐标"三标"的衔接，整合形成可供多部门使用的城市发展"一张图"，以消除体制障碍，满足各个部门对规划业务快捷、高效、透明的政务处理需求。

（四）推动部门纵横联动，提高建设项目审批效率

"纵向到底"贯通各级政府的建设项目审批监管协同过程，形成上下协同推进，通过构建成果完善、标准统一和数据规范的综合数据体系，实现上下级部门

间建设项目审批信息的共享。"横向到边"联合发改、规划、国土及环保等部门，通过统一的系统接口标准，实现各部门审批的互联互通和数据动态维护更新。对发改、规划、国土及环保等部门的管理内容和许可事项实施优化组合与整合，减并国土、规划行政审批流程中内容相近、作用相似的环节，将建设用地规划许可等部分规划流程与国土资源管理部门的审批事项进行捆绑；在有条件的城市探索城乡规划管理和国土资源管理的"部门合一"；进一步简政"让权"，扩大"市场决定"领域，合理增加"免于许可"范围；探索建立诚信管理制度，搭建全国统一信用管理平台，推广项目建设承诺制，对守信企业实行信任审批，将违规企业列入"黑名单"并进行曝光。

（五）构建参与式规划制定和实施管理格局，发挥社会组织和公众的作用

提高规划管理中的公众参与度，从源头上化解利益冲突，保护合法权益。积极构建政府、编制单位、建设方、管理方和社会公众等多角色联动协同的规划编制参与机制。规划编制要从侧重空间技术向兼顾土地权属与利用现状、提高可实施性及可操作性等方面转变，了解公众实际情况和利益诉求，使城乡规划更加体现公众意愿。推动城乡规划的公众参与要坚持信息公开、信息可达和信息反馈三原则，建立和完善公众意见的采信原则、处理程序和反馈机制，针对不同的规划、同一规划的不同阶段设计不同的公众参与方式。

（六）发挥第三部门的作用，促进政府、市场和社会组织的有机合作

积极培育和推动第三部门的发展，将部分规划管理职能转移给社会组织，形成政府与其他社会组织共同参与规划管理的机制。面临复杂的社会、经济和环境等问题，世界范围内政府与非营利组织的合作不断增加。以美国规划协会为例，该协会是一个公益性的非政府机构，也是目前世界上规模最大、历史最悠久的规划智库组织，协会中65%的成员服务于国家或地方的政府部门，他们的日常工作涉及与规划有关的专业培训、专题讨论、交流互动、项目合作及顾问咨询等职能。因此，应发挥协会、社团等行业组织在反映诉求、规范行为、搭建参与平台和提供服务中介等方面的作用，共同解决面临的公共问题，通过建立严格的评估和监督体系，促进社会组织的良性发育；同时，进一步发挥社区规划师、乡村规划师在为社区和乡村规划提供服务、反映相关利益方的诉求及规范行为等规划管理中的作用。

（七）完善规划编制与委托的合作机制，提高规划编制的科学性

政府及其规划管理部门与规划设计院委托合作机制的不健全，导致规划编制成果粗糙、可操作性差。随着规划设计院实行企业化改造，经济效益理所应当地成为其考虑的重要因素，有时很难完全满足行政主管部门对于基础性工作的要求。在"简政放权、放管结合、优化服务"的背景下，政府在进行规划委托时，应在合作协议中对规划设计院的数据采集等前期调研和后期成果形式做出强制性与建议性的规定；加强规划研究、编制与实施的联动衔接，充分发挥规划研究领域的功能和作用，为规划编制与实施提供智力支持；加强规划研究和规划设计部门的建设，强化其信息收集与规划决策咨询职能，注重对规划师队伍的管理，提升规划师素质水平，增强其责任意识；建立规划编制单位信用体系和黑名单制度。

（八）优化成果表达，使规划政策明晰易懂

通过优化规划成果表达形式，将"技术语言"转变为公众可识别的"公众语言"，减少行政审批中的自由裁量权。根据规划分类和不同控制要求，以及规划面向的主要对象等，形成规划成果表达的规范化要求，简除烦苛，统一标准，做到规划成果接地气、易接受、去神秘化。原则上，凡面向社会公开进行宣传实施的规划成果，表达用语应相对弱化技术化表达，提升成果的可读性，促进规划从"技术文件"向"公共政策文件"转变。

（九）开展城市设计，实现精细化规划管理

通过城市设计与控制性详细规划的衔接，将规划的精细化管理要求前置，使项目建设者知晓怎样的设计是被允许并可以通过许可的；完善城市设计成果实施保障机制，筛选城市设计要素，纳入控制性详细规划强制管控内容和土地出让规划设计条件，实现城市开发建设从"二维"管控走向"三维"管控；加强城市设计长效跟踪管控，探索推广"专家审查把关和地区规划师长效跟踪制度"，实现对城市风貌重点管控地区的城市设计从编制、调整到实施的全生命周期把控，提升城市重点地区精细化管控水平。

（十）全面推行规划委员会制度，重大事项由集体审议

通过全面推行规划委员会制度，保证规划的科学和民主。实践证明，规划委员会在有效杜绝"拍脑袋""一言堂"决策方面的成效显著。规划委员会由城市各有关部门、专家和公众代表组成，非政府代表占多数，其通过集体商议的方式对涉及规划的重大决策进行审议。规划委员会主任一般由城市主要负责人担任，办公室设在城乡规划主管部门。规划委员会应充分发挥综合协调和规划统筹职能，做好各部门、各种类规划编制内容的同步衔接安排，在规划编制过程中协调好各项规划矛盾。

（十一）强化规划监督层级联动，提升规划严肃性

构建国家、省、市三级督察体制，促进督察工作的上下联动。对踩线越位的典型案件严查严办，对违反规划强制性内容的党政机关和企事业单位工作人员，要加大责任追究力度；采用全面巡查与重点督察相结合、定期督察和专项检查相补充的督察模式，明确督察内容范畴、程序规范和标准要求；加强对城乡规划建设的社会监督，制定规划编制、许可及实施等各个环节的公众申诉反馈处理机制。

五、结语

社会治理的要求、民众的愿望、互联网技术的发展在城乡规划行业面前展现了一个充满变革和机遇的新时代。城乡规划管理工作需要转变思路，顺应社会和科技发展，回应社会关切，及时化解社会矛盾。本文在分析当前城乡规划管理困境及产生原因的基础上，结合整体性治理的理论与实践，提出城乡规划政府合作理念，探讨在明确各类主体权力界限的前提下，以政府为主体，实现政府内部纵向、横向合作，政府与社会组织、公众的全方位合作，在强化城乡规划对空间利益调控作用的同时，为公众提供最大便利，达到城乡规划管理体制改革和简政放权的目的。

（撰稿人：门晓莹，哈尔滨工业大学建筑学院博士研究生，住房和城乡建设部城乡规划司规划管理处处长；徐苏宁，哈尔滨工业大学建筑学院教授、博士生导师；董治坚，北京大学城市规划与设计学院硕士研究生。）

注：摘自《规划师》，2016（07）：05-10，参考文献见原文。

中国历史文化街区制度设立的
意义与当前要务

导语： 从我国历史文化街区保护的演化过程和形成背景回顾入手，分析了历史文化街区在历史文化名城保护制度中的地位和作用，认为其对名城保护的层次架构建立、理论方法突破、保护实效检验具有重要意义。结合对新时期我国历史文化街区保护现实问题和战略机遇的分析，从完善保护体系、弥补制度缺陷、示范保护经验、深化理论方法、推动精细管理 5 个方面，论述了建立中国历史文化街区保护制度的目标和意义。提出在新形势下全面加强我国历史文化街区保护的若干工作要务。

2014 年 2 月 19 日，住房和城乡建设部、国家文物局联合发布关于开展第一批中国历史文化街区认定工作的通知❶，要求各地对本地历史文化街区状况进行梳理，推荐具有珍贵历史文化价值的街区参加申报。经过一年的准备、上报，专家评审之后，2015 年 4 月 3 日，住房和城乡建设部、国家文物局公布了第一批共 30 个中国历史文化街区名单❷。第一批中国历史文化街区的公布，是我国历史文化名城制度建立 30 余年来的一次重大调整与优化，对我国历史文化名城制度的完善和历史文化街区保护工作的提升，具有重要的战略意义。

一、历史文化街区制度演化及其在名城保护中的作用

（一）历史文化街区演化历程

1. 我国历史文化街区制度形成过程

历史文化街区的概念滥觞于 1985 年城乡建设环境保护部城市规划局对第二批历史文化名城申报的实地考察后提交的《西南三省名城调研情况报告》。其中首次提出建立"历史性传统街区"的建议。该提议在同年举行的审议第二批历史文化名城专家座谈会中获得普遍赞同，专家建议名称改为"历史文化保护地

---

❶ 住房和城乡建设部 国家文物局关于开展中国历史文化街区认定工作的通知（建规〔2014〕28号），2014 年 2 月。

❷ 住房和城乡建设部 国家文物局关于公布第一批中国历史文化街区的通知（建规〔2015〕51号），2015 年 4 月。

区"。1986 年，国务院批转《城乡建设环境保护部、文化部关于请公布第二批国家历史文化名城名单报告的通知》中正式提出了"历史文化保护区"的概念，并明确了对象界定范围。1997 年，国务院发布的《关于加强和完善文物工作的通知》出现了"历史街区"的表述。2002 年，新修订的《文物保护法》正式提出"历史文化街区"的概念。2008 年，《历史文化名城名镇名村保护条例》进一步明确了历史文化街区的定义。

历史文化街区的概念形成不是一蹴而就，其伴随我国名城保护制度发展而在概念上逐步清晰、认识上不断深化（表1）。在这一过程中，其内涵和外延动态变化，与历史村镇的保护相互交织。最初提出的"历史性传统街区"着眼于解决名城内整体风貌保护与建设的现实矛盾，其对象界定与当前"历史文化街区"重新对应起来基本一致。后来的"历史文化保护区"纳入了小镇、村寨等聚落遗产类型，基本对应了国际上"历史地段"的概念。而1997 年国务院文件提到的"历史街区"其内涵又明显缩小，与当前的"历史文化街区"重新对应起来。2002 年《文物保护法》从法律关系上正式将历史文化街区、历史村镇区分；2003 年第一批中国历史文化名镇、名村的公布从制度框架层面进一步将两者区分开；2005 年《历史文化名城保护规划规范》对历史文化街区规模提出了量化标准；2008 年《历史文化名城名镇名村保护条例》明确："历史文化街区为保存文物特别丰富，历史建筑集中成片，能够较完整和真实地体现传统格局和历史风貌，并具有一定规模的区域"。

历史文化街区相关概念一览　　　　　　　　　　　　　　　　表1

类型	年份	概念	出处	提出国家或机构	定义与内涵
各国的概念	1962	历史保护区	《马尔罗法令》	法国	历史保护区内建筑不得随意拆除，修整可得到国家资助，并享受若干减免税收的优惠
	1967	有建筑艺术价值和历史意义的地区	《城市文明法令》	英国	包括建筑群体、户外空间、街道行驶及古树等
	1975	传统建筑群保护地区	《文化财保存法》	日本	传统建筑集中与周围环境一体形成的历史风貌地区
		文物片区	《勃兰登堡文物保护法》	德国	城市和村镇的部分片区、建成区、农村居民点、街道、防御设施和交通设施、手工业及工业生产场所、建筑群和园林以及景观组成部分等

类型	年份	概念	出处	提出国家或机构	定义与内涵
国际共识	1964	历史地段	《威尼斯宪章》	国际古迹遗址与理事会	文物建筑周围的地区,与"历史街区"概念不同
	1976	历史地区	《内罗毕建议》	联合国教科文组织	包含考古和古生物遗址的任何建筑群、结构和空旷地,它们构成城乡环境中的人类居住地,是各地人类日常环境的组成部分。它们代表着形成其过去的生动见证;为文化、宗教及社会活动的多样化和财富提供了最确切的见证
	1987	历史地段	《华盛顿宪章》	国际古迹遗址理事会	城镇中具有历史意义的大小地区,包括城镇的古老中心区或其他保存着历史风貌的地区
我国的概念	1985	历史性传统街区	《西南三省名城调研情况报告》	城乡建设环境保护部城市规划局	实事求是地缩小名城的保护范围,使那些整体上已经不够名城条件、局部却又很好的历史文化遗存的地方也能得到恰当的保护
	1986	历史文化保护区	国务院转批《城乡建设环境保护部、文化部关于请公布第二批国家历史文化名城名单的报告》	国务院	文物古迹比较集中,或较完整地体现出某一历史时期的传统风貌和民族地方特色的街区、建筑群、小镇、村寨等
	1996	历史街区	历史街区保护(国际)研讨会	建设部城市规划司、中国城市规划学会、中国建筑学会	认为"历史街区的保护已成为保护历史文化遗产的重要一环"
	1997.3	历史街区	《关于加强和完善文物工作的通知》	国务院	指出"在历史文化名城城市建设中,特别是在城市的更新改造和房地产开发中,城建规划部门要充分发挥作用,加强城市规划管理、抢救和保护一批具有传统风貌的历史街区"
	1997.8	历史文化保护区	(转发〈黄山市屯溪老街历史文化保护区保护管理暂行办法〉的通知)	建设部	指出"历史文化保护区是我国文化遗产的重要组成部分,是保护单体文物,历史文化保护区,历史文化名城这一完整体系中不可缺少的一个层次,也是我国历史文化名城保护工作的重点之一"

类型	年份	概念	出处	提出国家或机构	定义与内涵
我国的概念	2002	历史文化街区	《文物保护法》	全国人大	规定"保存文物特别丰富并且具有重大历史价值或者革命纪念意义的城镇、街道、村庄，由省、自治区、直辖市人民政府核定公布为历史文化街区、村镇，并报国务院备案"
	2005	历史文化街区	《历史文化名城保护规划规范》	建设部、国家质检总局	术语解释为"经省、自治区、直辖市人民政府核定公布应予以重点保护的历史地段，称为'历史文化街区'"
	2008	历史文化街区	《历史文化名城名镇名村保护条例》	国务院	是指经省、自治区、直辖市人民政府核定公布的保存文物特别丰富、历史建筑集中成片、能够较完整和真实地体现传统格局和历史风貌，并具有一定规模的区域

2. 我国历史文化街区保护演进的时代背景

我国历史文化街区制度演进是名城保护制度发展的缩影，每一次调整和完善都是不同时期的社会经济发展形势和国家重大政策导向的产物。20 世纪 80 年代，改革开放政策导向下的巨大内需释放，使得"快速增长的住宅建设投资掀起了城市开发的热潮，保护与发展的矛盾日益严峻"，为了避免和制止大规模集中式的旧城开发建设对历史城市的破坏，名城保护制度应运而生，这也是街区保护这一层次形成的重要原因。20 世纪 90 年代后，随着社会主义市场经济条件下的土地批租制度出现，城市活力被激发的同时，也将旧城大规模更新改造推向高潮，尤其是多地旧城改造政策的调整，从"由'危房'变为'危旧房'，一字之差，改造的范围和规模发生了很大变化，并引发了改造性质的转变"，如何将历史文化街区遭受的冲击降低到最小，需要名城制度和理论在地段层次上进行深化。而在 21 世纪第一个 10 年间，住房制度改革、中央地方分税制的实施共同促进了房地产业繁荣、土地财政的兴起。但同时建设中的不当行为也对古城内的历史街区、古城外的历史村镇造成了持续建设性的破坏。在这一背景下名城制度所依存的顶层法律框架——"两法一条例"逐渐形成，成为街区保护受到重视和获得法定地位的重要背景。

（二）历史文化街区在名城保护中的作用

历史文化名城保护制度是我国本土化的制度，历史文化街区是名城保护的核心，保护好历史文化街区是关系名城保护大局的关键所在。

1.历史文化街区保护是名城保护框架系统建立的标志，在保护层次中起到承上启下的关键作用

中国的名城制度经历文物单体、名城整体、重点地段等不同阶段不同侧重的持续发展的过程，历史文化街区纳入名城保护框架，标志着富有中国特色的、三层次的历史文化名城体系的建立，意味着"我国历史文化遗产的保护向着逐步完善与成熟阶段迈进"。从保护关系上，历史文化街区是名城中历史风貌成片、遗存集中的区域，是实现名城整体格局和风貌保护目标的支撑；对历史文化街区内部和周边文物古迹而言，街区的存在避免了过去孤立对待文物保护的做法。总之，历史文化街区的保护，是名城整体保护目标能否实现的关键，在 3 个层次的名城保护方法体系中具有承上启下的枢纽地位。

2.历史文化街区保护是国际保护理论本土化发展的难点，是名城保护理论实现突破的核心

国际遗产保护理论中，坚持真实性、完整性的保护无疑是最重要的共识，但是国际遗产保护界对于上述理论的认识也在不断深化。随着保护文化多样性成为重要的国际共识，对不同地域文化背景下的真实性和完整性内涵的理解，是国际遗产保护理论经久不衰的核心命题，也是我国文化遗产保护理论研究的重点，目前对于文物等遗产类型的理论认知已经取得重要进展❶。但是对于更复杂的名城保护而言，理论认识明显滞后，已经严重制约了名城保护工作开展。其中，历史文化街区是具有动态特征的特殊遗产类型，属于典型的活态遗产范畴，其保护模式和方法，与真实性、完整性、文化多样性、可持续发展等理论的本土化深化认识密切相关，是我国名城保护理论发展的重要突破点。

3.历史文化街区是名城保护操作实施层面的焦点，是评价名城保护成效的主要指标

从实践上看，历史文化街区是历史文化名城保护的重点，它的保护不是简单的规划问题，而是一个综合的社会实践。历史文化街区不仅是体现名城格局、风貌的遗产集中区域，还是"城市的有机组成部分，仍然需要建设和发展，担负着遗产保护、风貌保持、民生改善、文化传承等多重责任，也是保护与发展矛盾最为集中的地方，是近十多年历史文化名城保护与建设性破坏两种力量较量的主战

---

❶ 吕舟在《中国文化遗产保护三十年》中特别指出：《威尼斯宪章》的原则如何在中国文物保护中体现也存在着争议。在这种背景下，1997 年国家文物局开始组织力量编写《中图文物保护纲要》，2000 年完成，文件定名为《中国文物古迹保护准则》，并由国家文物局推荐。中国文物古迹保护协会（ICOMOS—CHINA）发布。《准则》的出台可以看作是真实性、完整性等原则在我国文物保护本土化理论认识中的阶段性成果和共识。

场"。从管理上看，历史文化街区的设立，标志着"历史文化名城保护开始真正意义上从'虚'走向'实'"，让名城保护从相对宏观的城市格局、风貌特色落到更为具体的空间地段，让保护管理可控、可查、可比，是判断名城保护成效的关键指标和考核依据❶。

二、设立中国历史文化街区制度的意义

（一）中国历史文化街区保护面临的机遇与挑战

1. 历史文化街区保护面临的突出问题

虽然经过几代人的共同努力，我国历史文化名城保护事业取得了显著的成绩，但是必须看到，过去的 10 年是中国城镇化发展速度最快、开发规模最大的时期，也是改革开放以来思想碰撞最激烈、社会环境最复杂的历史阶段，名城保护工作面临十分严峻的挑战，作为交锋主战场的历史文化街区面临的冲击更为激烈。目前，既存在由于长期缺乏维护，街区日渐破败，人居环境恶化的现象；也有追求经济利益、成片拆除街区进行房地产开发的现象；更为突出情况是假托传承文化之名，拆毁富有特色的真遗存，建设媚俗仿古的假古董。此类，"拆旧建新"的行为屡禁不止。

总体来看，当前历史文化街区面临 3 种形式的破坏：一是"建设性破坏"屡禁不止，恶性事件时有发生。一些历史文化名城中的"大拆大建""拆古建新""拆真建假"现象，引起了社会各界的高度关注.而这些拆建活动与历史文化街区高度关联；二是，保护性破坏"渐成风尚"，一些"城市的决策者将自己理解的'历史'以及从别的地方学来的表现历史的办法任性、自负地强加给城市。'保护'其实是毁坏了城市的历史文化价值"；三是，"政策性破坏"不容忽视，一些地方政府在政策执行过程中存在片面、错误理解政策精神的现象，给遗产保护造成巨大损失，如新农村建设过程、土地指标增减挂钩政策实施中，均曾经出现过错误、片面理解中央政策致使古村落、遗址遭受破坏的现象❷，这些教训应当

---

❶ 2011 年全国历史文化名城大检查中，7 项检查内容中有 6 项与历史文化街区相关，从中可见一斑。

❷ 住房和城乡建设部原副部长仇保兴专门撰文《避免四种误区—做到五个先行—建立五种机制村庄整治是新农村建设长期的任务》，对新农村建设政策执行中粗暴、简单对待古村落的做法予以批评。北大俞孔坚教授专门撰写《关于防止新农村建设可能带来的破坏、乡土文化景观保护和工业遗产保护的三个建议》一文呈请中央领导。笔者认为，土地指标增加平衡政策的错误执行对遗产破坏主要表现为：一些地方通过迁村并点方式，拆除古村落，获取建设土地指标。这种方式还对村落相关寨堡类遗址产生破坏，如韩城遍布城乡的古寨堡与村落合为一体，作为战争防御的临时据点，是构成其地域文化景观的重要内容，但是多数寨堡遗址本身尚未列为法定保护对象，近年来为了获取土地指标，大量的古寨堡遗址被复垦为农田，令人扼腕。

引以为戒，尤其要警惕目前棚户区改造中出现破坏街区的行为。

2.历史文化街区保护面临的战略机遇

当前，国内外社会经济形势发生着巨大的变革，中央对于国家治理、体制改革、经济转型、城乡建设、遗产保护提出了一系列新战略，新理念，这些政策导向与历史文化名城、历史文化街区保护密切相关，保护工作进入新一轮的政策机遇期。首先，新型城镇化战略将文化遗产保护作为城镇化的重要目标和手段。名城和街区保护是落实中央城镇化工作会议和中央城市工作会议的重要抓手，习近平总书记多次就历史文化保护发表重要讲话；其次，全面推进依法治国成为新时期的国家治理的核心方略，建设中国特色社会主义法制体系、建设社会主义法治国家是改革进入攻坚期和深水区的时代选择。无论是提出 5 个体系中的完备的法律法规体系，还是制定的 6 项重大任务中的加快建设法治政府，都要求城市治理、名城建设、街区保护从法律、政策、管理多个层次尽快完善、调整；第三，深化改革成为本届政府的重要施政纲领，其中财税制度、房地产制度改革将对给名城和街区保护产生重大影响，尤其是中央对土地财政❶、地方发债的限制和调整❷，对当前地方政府主导投资的大拆大建活动具有釜底抽薪的打击效果，保护事业将迎来新的春天。

从历史经验看，上述政策变化客观上要求我国历史文化名城保护、历史文化街区保护制度给予及时调整优化，以适应时代发展需求。可以说，中国历史文化街区制度的建立生逢其时。

（二）新形势下设立中国历史文化街区的目的与意义

1.落实分级保护精神，完善名城保护体系

《文物保护法》对不可移动文物提出了分级保护思路，分层次保护也是名城制度的重要特征之一。历史文化街区建立伊始就具有分层保护的意图❸。放眼国

---

❶ 十八届三中全会公报提出，"建立城乡统一的建设用地市场，让广大农民平等参与现代化进程"，推进城乡要素平等交换。2014 年，国土资源部发布《节约集约利用土地规定》，落实最严格的耕地保护制度和最严格的节约集约用地制度。

❷ 近年来，地方政府债务规模的急剧膨胀引起了中央政府的高度重视，为规范地方政府的融资行为，遏制债务规模的无序扩张，国务院连续下发文件，对地方债的发行进行引导和控制。2010 年，国务院、财政部和银监会等部门陆续出台文件，要求地方政府对融资平台公司进行清理规范，力图全面控制投融资平台债务风险，防范债务危机。2014 年，国务院和财政部又相继下发文件进一步加强对地方政府债务的管理，对地方政府存量债务特别是地方政府投融资平台债务进行清理和甄别，允许省级地方政府发行地方政府债券融资，实施地方债置换计划，对地方债进行规范化管理，地方政府通过举债进行大规模城市建设的路径将得到调整。

❸ 王景慧先生在《历史地段保护的概念和作法》一文中提到"对价值较高的，采取法定保护措施，冠以'历史文化保护区'的名分。这就是历史地段与历史文化保护区二者之间的关系。"这也说明制度建立伊始即具有分层次保护的意图。

际，分级保护也是遗产保护的共同选择，如意大利的建筑遗产分为 4 个级别保护。因此，设立中国历史文化街区不仅是对法律精神的落实，也是对我国历史文化名城保护制度特色的进一步强化，是依法治国背景下深化我国文化遗产保护制度、完善名城保护体系的重要举措。此外，通过中国历史文化街区制度的设立，也为后续将省市级历史文化街区、历史文化风貌区转化为法定保护对象❶的探索奠定了基础。

2. 弥补现行制度不足，实现遗产应保尽保

目前，我国历史文化街区保护主要依托于历史文化名城，国家和省级名城大多数已经基本按照要求划定和公布了历史文化街区，并纳入法定保护体系，受到法律保护。但是，在国家、省级历史文化名城之外的部分城市也保留着为数不少、价值较高的历史地段，尚未能按照历史文化街区的要求进行有效保护。设立中国历史文化街区，使这些历史地段尽快进入法定保护体系，避免重蹈西方在城镇化加速时期历史城市、历史地段破坏加剧的覆辙❷，具有很强的现实意义。

3. 总结保护成功经验，引领示范保护实践

虽然当前全国范围的历史文化街区总体形势堪忧，但是仍有一些保护工作扎实、成效明显的历史文化街区❸能够代表保护的正确方向，可作为其他城市的参考案例❹。设立中国历史文化街区，一定程度上是为不同类型的历史文化街区保护工作树立标杆，有利于正本清源，统一认识，对全国的历史文化街区保护起到引领示范的作用。

4. 立足现状差异特征，深化保护理论方法

从现状情况看，我国各级名城内的历史文化街区量大面广、保护形势复杂、

---

❶ 从实践看，很多历史地段距离现行的历史文化街区标准差距较远，但又具备一定的保护价值，因而往往在名城保护规划中冠以"历史文化风貌区"的概念进行保护，缺乏法律支撑。若能以中国历史文化街区制度建立为起点，进一步建立省级、市（县）级历史文化街区层次，这些风貌区就有可能纳入保护体系，得到有效保护。

❷ 赵勇在《我国城镇化进程中历史文化名城保护的思考》中指出，欧洲 1950 年城镇化率达到 50%，城市建设高潮造成大量历史建筑和历史街区快速消失；日本 1960 年城镇化率达到 65%，粗放式开发与巨大城市化的浪潮，使京都、奈良、镰仓等古都的历史保护陷入困境；美国 1960 年城镇化率达到 70%，广泛的城市更新破坏了许多有价值的历史环境。

❸ 如屯溪老街历史文化街区在传统商业活力保持与非物质文化遗产传承方面和绍兴书圣故里历史文化街区在生活延续性和整体风貌控制等方面的保护是比较成功的。

❹ 很多历史文化街区所在城市的主管领导，表达迫切希望政府和学术界能够提供普遍认可的保护范例学习参考。由于缺乏典型案例。很多地方误把"成都宽窄巷子""上海新天地"等非历史文化街区的文化旅游项目，理解为历史文化街区保护的典范并加以效仿，对历史文化街区造成了很大的破坏。仇保兴在《中国历史文化名城保护形势、问题及对策》一文中指出，宁波郁家巷历史文化街区，其保护规划编制出现原则性错误，不按照真实性、完整性和生活延续性保护街区，而是将"上海新天地"模式用于历史文化街区保护，造成了巨大破坏。

保存状况参差不齐❶。保护对象的现状差距过大，是造成社会各界认知混乱的一个重要原因。同时，由于保护对象的保存水平差异大，单一的保护方法的适应性会相对变差，需要进一步根据细分类型开展深化研究，否则会影响到保护效果。因此，正视街区保存状况的复杂性和差异性，建立设立中国历史文化街区制度，实现分级保护，有利于根据对象差异性深化保护理论、细化保护方法❷。

5. 明确保护责任事权，推动街区精细管理

设立历史文化街区保护的初衷之一是为了解决保护管理和资金保障等方面存在的问题❸。国家长期重视历史文化街区的保护，已经通过设立专项资金、建立技术标准等措施奠定了很好的工作基础。很多省份已经设立了省级历史文化街区，对街区的保护管理积累了一定的经验。但是必须承认，当前的保护管理仍较为粗放，从此次认定工作中收集的上报资料看，上报街区中与保护管理密切相关的两项指标（街区的批准公布、保护规划编制和审批）完全符合法律法规要求的比例不到一半，历史文化街区的管理工作还存在很大的提升空间。设立中国历史文化街区，有利于明确街区保护的责任，有利于总结和推广各地经验，促进管理水平的提高。

三、新时期加强我国历史文化街区保护的几点要务

在新的背景和形势下，加强我国历史文化街区保护工作，应当以中国历史文化街区制度的建立为契机，重点推进以下几个方面的任务：

（一）理论深化：加强真实性的本土化认知，深化街区价值的研究方法

1. 研究具有中国特色的街区真实性判定标准

自从 1964 年国际古迹遗址理事会（ICOMOS）通过《威尼斯宪章》之后，

---

❶ 既有达到世界遗产水准、具有突出普遍价值、能够代表人类杰出创造力的历史文化街区，如厦门的鼓浪屿历史文化街区、北京皇城历史文化街区，也有一些公布认定的历史文化街区，其遗存较少，风貌较差，已经不满足街区标准。赵中枢、胡敏在《历史文化街区保护的再探索》一文中指出，2011 年全国名城大检查发现，很多历史文化街区不满足街区标准，主要表现在以下几个方面：一是将文物保护单位、遗址公园作为历史文化街区的主体；二是历史文化街区面积过小，规模不满足要求；三是历史文化街区建筑质量太差，体现街区价值水平的文物古迹和历史建筑在街区中数量太少。

❷ 正如"从一筐好苹果中挑出一小部分烂苹果"和"从一筐烂苹果挑出一小部分好苹果"，虽然总体目标和原则一致，但是选择适宜的遴选手段和方法仍是十分必要的工作。

❸ 阮仪三在《我国历史街区保护与规划的若干问题研究》一文中指出，保护历史街区的提出主要原因有：首先，历史文化名城概念及其保护内容不清晰；第二，历史文化名城的保护范围没有明确界定，造成保护规划实施、管理和资金保障上的诸多不便；第三，保护与发展的矛盾并没有得到解决。

"以威尼斯宪章为核心的系列宪章构成了世界文化遗产保护的理论基石"。其中真实性原则是最核心的保护准则。但是，由于对文化多样性考量，地域背景下真实性的认知始终是国际文化遗产理论关注的焦点❶；另一方面，遗产类型的复杂性也决定了真实性在实践运用中存在不同的含义。相较文物而言，具有活态特征的历史城镇类遗产的保护对真实性原则的贯彻要困难得多。"现在最为纠结的问题在于'真实性'的认识方面，就是对于真实性的研究已经变得非常重要了"。十分遗憾的是，"当前真实性在文物古迹以外其他保护对象中的具体含义、包含要素目前尚缺少具体、明确的规定，仅有少数学者对此进行过探讨"。对历史文化街区真实性的探讨更是屈指可数，核心理论研究的滞后，是造成当前对街区保护认知判断混乱的主要根源，严重制约了我国历史文化街区保护工作的进步。因此，建议相关学术机构应当组织专项理论研究，从地域文化的特殊性、街区保护的动态性特征分析入手，重点深化历史性与真实性的认识，尽快形成《中国历史文化街区保护准则》等研究成果，科学指导全国历史文化街区的保护工作。

2. 建立街区价值评估的范式和框架

价值评估是国际遗产重要的方法论，"价值评估将涉及遗产保护的诸多要素揭示出来，从而制定保护措施的过程，使人类对于自身文化的多样性和多层次性有了更深刻的认识，也使得文化遗产保护获得了更为广阔的背景和视野"。其重要性从世界遗产申报、评定以及管理规划中可见一斑。此外，具有中国特色的名城保护制度从建立伊始就十分注重价值评估，但是始终没有成为保护方法体系中的核心环节，直到 2000 年之后，名城保护的方法框架逐步从"风貌特征导向向价值内涵导向"转变，有效地推动了名城保护工作的发展❷。在此背景下，街区保护工作中的对其价值的认知则显得更为滞后❸，明显地影响到保护对象的合理认定和保护措施的科学制定。因此，建立适应我国街区特点的价值评估范式和框架意义重大。

---

❶ 《关于真实性的奈良文件》实际上就是对于真实性的国际讨论形成的阶段共识，正如文件本身所强调，这并不是终点，鼓励不同的地区对真实性继续进行深入探讨。此后，不同国际机构，尤其是地区性的遗产保护机构针对不同文化背景下的真实性的含义进行了深入探讨，提出了诸如《圣安东尼奥宣言》等一系列具有重要影响的国际性、地区性文件。东亚地区也就针对地区建筑特征的古建筑真实性保护进行过专题讨论，形成了《北京文件——关于东亚地区文物建筑保护与修复》。吕舟先生在《中国文化遗产保护三十年》一文中提到《威尼斯宪章》的原则如何在中国文物保护中体现也存在着争议，正是这种争议，直接导致了《中国文物古迹保护准则》的出台，从而"明确规定了哪些文物现状是属于保护、修缮中必须保存的原状，哪些现状是属于可以复原的状态，这在最大程度上解决了关于原状和复原的争议，为中国文物保护整体水平的提高创造了条件。"

❷ 这一时期，通过多学科结合促进了对名城价值认识的提升，张兵在 2012 年中指出"各个层面上的认识、各个系统上的认识极大地丰富了我们对于历史文化名城内涵的认识"。

❸ 针对当前价值研究的情况，本次认定申报要求中增加了街区价值分析报告，但是从材料情况看，无论是专门价值报告还是街区保护规划中对价值的认识，工作均差强人意，街区内涵特色没有得到充分挖掘。

（二）机制探索：积极创新保护实施机制，建立多元的资金保障制度

1.结合体制改革，创新适合街区复杂形势的保护实施机制

根据当前中央对于依法治国、简政放权的要求，应积极探索适宜街区多元利益主体参与的实施机制，重点包括3方面内容：一是实施组织机制，要"动员一切可以动员的力量和一切可以动员的资源"，其核心就是构建能够调动各方积极性的实施组织机制，改变当前"政府主导，广泛参与"在实际操作中变为"政府包办、持续艰难"或"政府甩手、市场胡干"后，"谁都不管、任其衰败"的尴尬局面，形成"政府主导方向，市场推动实施，社会共同监督"的各司其责的工作局面；二是政策综合协调机制，一方面要将"城市遗产保护政策、街区保护政策纳入到城市发展宏观政策框架之中"，另一方面要充分注重各项政策间的协调，避免"政策打架、遗产遭殃"的悲剧，尤其要关注新一轮棚户区改造中，由于地方政府错误、片面理解，导致出现将街区纳入改造范围的现象❶，全面、正确理解中央政策精神，及时协调政策制定，补充政策解释，避免"政策性破坏"的悲剧重演。

2.顺应财税改革，建立多层次、多渠道的保护资金投入机制

虽然从"九五"至今，国家的历史文化街区基础设施和环境整治专项补助逐年增加，但是资金缺口依然巨大。多年来，不少学者呼吁"积极拓展保护资金的来源渠道，探索以政府投入为主、社会力量参与的保护资金筹集模式"，然而当前实际仍以政府投入为主。要改变这一局面，一方面要从国家扩大内需的战略高度重新考量街区的经济、社会效益，积极争取扩大国家补助资金数量和使用范围，加大省级和地方财政投入。更为重要的是引导社会资金投入，尤其通过政策制定引导街区居民增加保护投入。笔者认为，后者是破解街区难以自我循环的关键抓手，能够避免当前社会经营性资本进入街区后出现的种种弊端，是一种更具操作性、契合街区保护理念，具有持久生命力的资金来源。其落实的关键在于：一是结合当前的不动产登记工作，在法律层面明确产权关系，激发居民投资改善住房条件的热情❷。这不仅能够引导大量资金投入，而

---

❶　现在很多地方在执行棚户区改造过程中，已经或准备将一些历史文化街区列为棚户区，若不及时制止，一旦跟风而上，将造成灾难性的破坏。张兵在2012年指出："拆除改造派往往会从基础设施落后、群众生活在水深火热之中作为拆除历史文化街区的借口，将致力于街区保护的各界人士放置到道德对立面，这可能是当前棚户区改造给历史文化街区保护带来的更大的冲击。"

❷　单霁翔在《从"大规模危旧房改造"到"历史城区整体保护"——探讨历史城区保护的科学途径与有机秩序（下）》一文中，特别说明了保障产权对街区保护热情激发的积极作用，指出"解决产权问题并保障产权人的权益是解决问题的关键。实际上，在居民中蕴藏着改善住房条件的极大积极性，只有明确住房产权为他们所有，而且明确房屋所在的历史街区今后不再实施大拆大建，住户才能积极主动地考虑自有住房的修缮问题"。事实上，笔者在各地的保护实践中也发现，私有产权比重较大、院落以单一家庭居住为主的街区整体保护成效明显优于公有产权比重较大、院落以混居为主的街区。

且对提高街区保护的社会认同感具有重要作用；二是利用个人所得税和房地产税制度改革的契机，结合税务制度设计，借鉴欧洲的房屋修缮补贴以及美国的历史保护所得税抵扣和物业税减额制度❶，发挥杠杆作用，调动街区居民自主保护修缮的积极性。

（三）规划创新：以文化传承为核心目标，推动街区全面可持续发展

1. 从专注遗产保护到聚焦文化传承的规划创新

编制保护规划是历史文化街区保护的核心技术手段，长期以来规划的技术路线建立在以遗产保护为核心的目标导向之上，建筑保护与修缮，街道风貌整治是保护规划最关注的内容，而街区保护中"实现城市文化传承"的目标被忽略❷。经过多年的保护规划编制方法探索，尤其是针对当前发展的新形势和新问题，保护规划应从单一的遗产保护目标向综合的文化传承目标转变。要实现这一转变，则需改变当前空间形态规划的学科支撑单一的现状，积极引入经济、社会、文化、公共管理等学科的研究方法和成果，探索符合新目标的技术框架。

2. 从民生改善到全面协调可持续发展的规划探索

历史文化街区制度建立至今，以基础设施提升为代表的民生改善内容始终是街区保护的重点内容之一。经过多年的持续努力，街区基础设施改善整体上取得了一定的成效❸，但是很多街区在很长一段时间仍然需要长期关注。更为重要的是，无论是《内罗毕建议》还是《华盛顿宣言》，都认为对历史地段而言，保护与发展是具有同等意义的命题。基础设施改善只是街区发展中的阶段性目标，提升活力、实现可持续发展才是终极目标。对待历史文化街区，我们必须重新审视其作为"城市社区"的属性，"关键是发挥城市活力"，实现街区可持续发展，这就要求对规划理论和实践作出相应的调整，逐步从静态规划向动态规划转变，从民生改善扩展到以人为本的全面协调可持续发展。

---

❶ 相比欧洲福利导向财税制度下的遗产保护财政补贴，美国的文化遗产税费激励制度更能够激发居民对保护的热情。沈海虹在《美国文化遗产保护领域中的税费激励政策》一文中指出："美国多个州通过多种税收政策，让历史更新所得税抵扣、物业税抵减，地役权税减和低收入者抵扣以及相关的赠予税、遗产税的综合税减搭配使用，让老百姓享受到保护老房子带来的种种实惠，不至因为维修物业而背上财务负担，巧妙地实现激励政策的杠杆作用。借鉴美国历史保护所得税抵扣和物业税减额制度，同时结合低收入者住房抵扣政策，制订合理科学的抵扣和退税标准，必然会给我国城市遗产保护带来巨大变革和全新局面。"

❷ 例如，街区保护的重要原则之一是对生活延续性的保护，其深层次目的是希望通过保留原住民，保留住他们日常生活中形成的传统文化，最终实现文化传承。以往街区保护规划虽然也涉及街区人口疏散、社会问题、遗产展示等内容，但是整个规划侧重目标仍是遗产本体的物质形态保护。

❸ 尤其是国家专项资金惠及的街区，基础设施提升成效比较明显。但是从全国范围看，街区基础设施老化、房屋质量破败、人居环境状况亟待改善仍是街区面临的普遍性问题。

（四）标准完善：尽快完成保护规范修订，积极推进专项规范标准制定

1. 尽快完成保护规划规范修订

2005 年《历史文化名城保护规划规范》公布实施以后，《历史文化名城名镇名村保护条例》《历史文化名城名镇名村规划编制办法》（征求意见稿）、《历史文化名城名镇名村保护规划审批办法》先后出台，应当尽快将这些新的政策导向、管理要求落实在规范之中。此外，从实践交流和反馈看，大家普遍反映一些街区的关键性技术指标，包括保护范围的大小、文物保护单位与历史建筑的用地面积占街区建筑总用地的比例等，已经不能全面反映当前街区保护的真实水平，需要尽快予以调整，以更科学地指导保护规划编制和保护实施。

2. 协调其他相关标准规范修订工作

历史文化街区是具有特殊性的城市地段，简单套用城市一般性标准很容易对街区的价值特色造成损害。因而尽快开展街区公共设施、基础设施专项标准的制定十分必要，对具备条件的应尽快出台国家标准，不具备条件的可优先制定地方标准。例如，对于街区消防问题，无论是 2014 年以来的多起街区火灾警示，还是地方一线管理工作者的大声疾呼❶，都迫切要求尽快制定街区消防专项标准。在标准制定中应当充分考虑街区风貌特色、街巷肌理的特殊性，"充分挖掘历史街区原有防火功能的基础上尝试利用现代方法和技术弥补历史街区防火的缺陷"，妥善解决街区保护与发展的矛盾。

（五）监管提升：形成稳定、常态化的监管模式，设立街区风险评估和报告制度

1. 形成动态抽查与日常巡查相结合的监管模式

从近几年的反馈效果看，2011 年历史文化名城大检查工作对保护工作促进成效十分明显。虽然受到各种限制条件的制约，难以做到每年一次大范围检查，但应当以大检查为基础，探索综合检查与专项检查相结合的动态抽查制度，针对每年保护工作中出现的突出性问题，开展重点抽查。同时，要进一步发挥城乡规划督察员的作用，将街区保护作为重点的强制性督查内容，借助城乡规划督察员

---

❶ 仅仅 2014 年，全国就发生云南香格里拉县独克宗古城、贵州镇远县报京侗寨、云南大理巍山古城等多起历史地段和古建筑火灾。基于此，公安部消防局、住房和城乡建设部、国家文物局联合发布《关于加强历史文化名城名镇名村及文物建筑消防安全工作的指导意见》。但从目前的情况看，《指导意见》远不能解除当前历史文化街区、历史村镇面临的消防压力，亟待出台专项技术标准，妥善解决街区保护与消防之间的矛盾。2014 年中国城市规划学会历史文化名城规划学术委员会临海年会的内部会议上，多位来自地方管理一线的委员呼吁尽快出台专项标准解决街区消防标准问题，这不仅涉及消防设施适应街区保护的问题，对于街区的老房子而言，如果改造为家庭旅馆等文化旅游项目，也往往难以满足现行防火规范，制约着街区的可持续发展。

制度。"制度成本比较低，能够事先介入、及时制止"的优势，将日常工作中对街区可能存在的破坏行为制止在萌芽状态。

2. 建立公众参与下的历史文化街区风险评估与报告制度

现状评估是世界遗产保护的重要程序和内容，国际遗产保护领域认为评估是当前保护状态的一种记录，是后续研究进一步开展和深化的基础，因此各项国际宪章都十分重视对遗产现状的评估工作。相对于其他遗产类型，历史文化街区保存、保护的变化剧烈，全面掌握我国历史文化街区的现状是制定科学保护政策的重要前提。因此，建立动态监测和评估对于保护实践和管理意义显著。建议借鉴英格兰遗产风险等制度的经验，建立专家、管理人员以及公众都能够广泛参与的历史文化街区风险评估和年度报告制度，对街区保存、使用状况、人口变化、破坏因素、产权情况以及真实性、完整性和生活延续性进行监测，作出年度报告，提高我国历史文化街区保护管理水平❶。

（撰稿人：胡敏，清华大学建筑学院博士研究生，中国城市规划设计研究院历史文化名城研究所副所长，高级城市规划师；郑文良，住房和城乡建设部城乡规划司历史名城保护处处长，高级工程师；王军，中国城市规划设计研究院历史文化名城研究所城市规划师；许龙，中国城市规划设计研究院历史文化名城研究所助理城市规划师；陶诗琦，中国城市规划设计研究院历史文化名城研究所助理城市规划师。）

注：摘自《城市规划》，2016（11）：30-37，参考文献见原文。

---

❶ 国家和省级名城主管机构，可根据检查结果合理制定和及时调整行业政策，分配中央补助资金；地方政府可制定针对性的保护计划、编制修缮方案，保护城市的历史文化街区和历史建筑。

控规调整的评价研究——基于调整结果和决策过程的评价

导语：控规调整是城市规划实施过程中的一项重要管理事务，针对它的特殊性以及当前它在实践过程中所面临的突出问题，以调整结果和决策过程为评价对象，以建立控规调整这一制度的原旨为评价基准，有针对性地为其建立了一种评价方法。其中，建立了一种参与者权责与行为的分析框架，从而实现对决策过程的评价。同时，结合案例展开评价。通过对调整内容合法性与合理性的检验。以及对决策过程中各参与者的行为分析，从而检验控规调整的结果与决策过程是否与其原旨发生了偏离，并分析发生偏离的原因。最终，结合对决策过程的评价，引出对当前控规调整制度的思考。

控制性详细规划（简称"控规"）调整是影响控规实施的重要因素之一[1]。从广义的角度来看，控规调整可以泛指一切导致原有控规成果发生变化的规划管理工作，不论是对原有控规成果的修改还是补充，既包括由规划行政主管部门主导的控规修编、控规整合和实施深化，也涵盖由市场需求所引起的局部修改和指标认定。在这些类型的控规修改当中，本文所关注的是"规划实施层面"[2]的"控规局部修改"，既有由市场需求引发的被动式修改，也包含规划行政主管部门对控规主动进行的深化、维护和修改工作；既有对控规指标的修改，也包括控规指标的认定，这些控规修改工作具有不定期、非计划、随机性的特征。早期，这类控规修改工作通常被称为"控规调整"，在《中华人民共和国城乡规划法》颁布实施以后，许多城市将这类工作重新命名，但说法不一[3]，为避免概念的混淆和重叠，本文将上述控规局部修改工作简称为"控规调整"。

---

[1] 对于许多城市而言，控规调整在规划实施管理工作中所占的比重较大，且大量的控规调整对原有控规实施结果的影响较大。

[2] 李浩等人（2007）将控规编制、控规修编和控规整合划归"规划制定工作"范畴，将其他所有的局部修改界定为规划管理的后期工作，归属于"规划实施管理"阶段。

[3] 如北京的"动态维护机制"、深圳的"动态修订机制"、重庆的"动态实施"、天津的"调整维护"、广州的"动态更新维护"等（邱跃，2009）。

一、评价研究的意义

由于容易产生各种负面影响，一直以来，控规调整都是较受非议的规划管理工作之一。比如，李浩（2008）认为目前控规调整所带来的消极影响包括对公共利益的侵害、不正当竞争所带来的恶劣社会影响以及对控制编制科学性的质疑，高毅存（2005）指出不同的利益主体渗透于控规调整中往往会损害规划的公正性；再比如，李浩等人（2007）担心控规局部调整以"化整为零"的方式肢解城市发展的整体性，并指出应谨防"局部调整向整体调整的蜕变"。在上述负面声音中，既有对控规调整结果的担忧，也有对控规调整决策过程的顾虑。由于多种利益主体的参与，控规调整中往往掺杂着多元的利益诉求，容易令其实施过程在诸多利益的角逐中有失公正、严肃和严谨。所以，有必要在事后对控规调整进行评价，从而考查控规调整在实践中到底产生了怎样的效果，是起到了"改良"作用，还是导致了"恶化"的结果？如果存在"恶化"的情况，需要进一步评价调整的决策过程，考查"恶化"情况是在怎样的决策机制中形成的，从中又暴露了怎样的制度机制问题。从这个角度来讲，针对控规调整的评价研究，目的在于发现控规调整中存在的问题，以及从更深层的制度症结去认识这些问题的成因，由此带来更进一步的现实意义是为控规调整管理的完善和制度的创新提供建议。换言之，评价的结论应能够对如何解决评价所发现的问题产生一定贡献作用。正如孙施文等人（2003）在探讨规划实施评价时所言，"评价的目的是通过评价反馈的信息，为规划的内容、政策设计及其运作制度提供修正和调整的建议。"

二、评价研究的方法

根据上述思路，对控规调整进行评价的基本逻辑是，从调整结果的评价入手，去发现问题，并针对调整结果上暴露的问题，展开对决策过程的关联分析与评价（决策过程反映了调整结果上出现问题的形成机制），查明决策中导致这些问题产生的因素是什么，以及这些因素得以发挥消极作用的制度根源是什么？

（一）评价基准

在评价方法上，首先要明确评价的基准，这是前提性的价值判断，只有明确这个基准问题，才能对目标展开"是非对错"的评判。为此，需要理解控规调整的作用，或者说控规调整这一制度建立的"原旨"，从某种意义上讲，如果控规调整的调整结果和决策过程与其原旨相吻合，便是"好"的实施效果，相反，如果偏离了原旨，便是"不好"的或存在问题的。关于控规调整的作用。邱跃（2009）归结为三点：一是"在规划实施过程中，针对规划制定阶段所没有解决的及随着发展而产生的新情况、新问题，对规划进行适时适当的调整，从而解决城市突出矛盾、优化城市功能布局、深化完善城市规划，是十分必要的"；二是"城市规划本身存在一定的局限性"；三是"社会各界由于种种原因对控规调整一直存在较强诉求"。由此看来，不论是由于规划编制科学性的有限所导致、还是由于瞬息万变的市场环境产生控规调整的需求，控规调整的作用都是为了使控规在实施中能够获得更好的适应能力与修正能力。形象地讲，它应是一剂令控规更好地碍以实施的"优化剂"，但不是"万能药"，还需从其核心价值来判断，李江云（2003）认为控规调整的基本价值准则应与控规控制的根本目的相一致，即"保护公众利益"，也即是说，尽管控规调整的作用之一是为了更好地适应市场需求和推动城市开发建设，但是这个作用的实现是有前提的——不能以伤害公共利益为代价。相应地，控规调整相关制度的建立也是为了通过各种权责的安排和决策过程的建构去令控规调整的实施效果更加接近于其原旨。在此基础上，对控规调整进行评价便有据可循，将实际的调整结果和决策过程与控规调整的作用以及相关制度安排的原旨进行对比，便可发现偏离原旨的调整结果和决策行为，并可由此进一步反映制度机制层面的问题。

（二）调整结果的评价

具体而言，关于调整结果的评价，本文以调整结果的"合法性"和"合理性"两方面内容为评价要素，原因有二：一是相比适用性、必要性等因素，这两方面因素是控规调整不可回避的内在逻辑，与公共利益问题直接相关；二是相对而言，这两方面因素的评价有据可循，合法性可通过相关法规规范得以检验，合理性的范畴虽广，且难逃主观性的判断，但仍有一部分关乎公共利益的合理性问题是可以通过一定较有共识性的专业知识或标准得以考量的，比如用地功能、道路交通、设施配建等等。所以，对这两方面因素进行评价，虽然在内容上十分有限，但可以尽可能做到客观，而且可以直指一些规划所关注以及所能干预的公共利益底线问题。

（三）决策过程的评价

关于决策过程的评价，本文以控规调整各参与者的行为为评价要素，因为调整的过程是由这些行为所构成的，而这些行为是在一定制度机制的约束下发生的，那么，沿着调整结果上暴露的问题及其与决策中参与者行为的对应关系，便可顺藤摸瓜地探查到控规调整决策过程中存在的问题，并对当前制度机制进行反思。具体而言，参与者的行为受到制度因素和能动因素的双重影响。制度告诉参与者"能做什么"（也包括"不能做什么"）和"该做什么"（也包括"必须做什么"），即参与者的"权力"和"责任"❶。能动因素对参与者行为的影响是不确定的，"立场和态度"驱动参与者"想怎么做"，"能力和水平"限制参与者"能做成什么样"；同时，能动因素对制度因素的影响也是不确定的，它既可能使制度发挥更好的作用，也可能"挤压"制度因素，令制度的作用被削弱。回到本文的研究方法上，对决策过程的评价需要以制度所赋予各参与者的权责为基准（权责安排是实现制度原旨的途径），将各参与者的实际行为与其"能做"和"该做"的进行对比，从而查找那些偏离制度原旨的实际行为。这些行为既反映了控规调整决策过程本身的问题，也说明了当前控规调整制度机制上的不足，具体而言，如果是基于制度因素的行为（即严格按照制度规定的权责来进行的行为）出现了问题，那么显然是典型的制度问题，即当前制度既有内容本身存在着缺陷；如果是基于制度以外因素的行为（即受参与者能动因素所支配的行为）出现了问题，这是另一个层面的制度问题，即当前制度中缺少某些能够制约参与者随意发挥能动因素的机制和内容。

三、案例研究及相应的结论

（一）案例概况

本文选取了我国某省会城市 2011 年控规调整项目中一个比较典型的案例进行评价，该案例所涉及的技术调整内容比较全面，调整的情况比较复杂，所暴露出的问题也比较具有代表性。被调整用地为该城市某大学国家大学科技园区（以下简称"科技园"）一期建设用地，涉及两片用地，面积为 27.98hm^2。调整由该大学提请，主要的调整理由为按照原控规的土地用途安排和控制指标，一方面无法满足科技园的建设需求量，另一方面无法实现项目的资金平衡。主要的调整内容为用地功能调整和指标调整，调整之后用地方面最大的变化表现为，居住用地规模增加了 7.36hm^2，由原控规的 9.1hm^2 增加至 16.46hm^2；教育科研用地规模减少了 7.13hm^2，由原控规的 7.74hm^2 减少至 0.61hm^2，由此减少的教育科研用地采用"功能置换"的方式予以平衡（原控规和调整后的用地规划图分别见图 1 和图 2）。除此之外，提高原控规中居住

---

❶ 权力是由制度直接赋予参与者的，而责任的含义较之更为复杂，除了制度直接要求参与者所承担的责任，对某些参与者（比如论证者、管理者）而言，便是"职责"，还有制度直接赋予参与者责任和权力背后所暗含的"义务"，比如，具有决策责任和权力的管理者在控规调整中承担维护公共利益的责任，具有规划编制资质的论证者在论证控规调整中具有维护专业精神和职业操守的义务，等等。

用地的容积率和建筑限高，降低一部分用地的绿地率，并为变更功能后的用地重新安排相关指标。

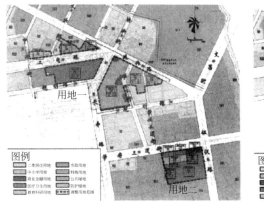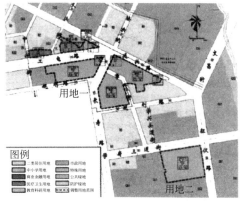

图1　原控规的用地规划图　　　　图2　调整后的用地规划图

（二）对调整结果的评价

1. 调整的合法性

关于调整的合法性评价，通过计算，第一，在经过控规调整以后，被调整用地范围内共有五处居住用地确定的容积率在很大程度上超过相关法规、规范所规定的上限值[1]；其中，有三处居住用地是通过功能调整后重新认定容积率的，有两处居住用地是在没有改变用地功能的情况下直接提高容积率的，提高幅度均远远超过相关法规所规定的调整幅度；可见，本次控规调整中关于居住用地的调整，不论是容积率指标本身还是容积率的提高幅度，都不符合相关规定。第二，本次控规调整之后，有一处居住用地、一处教育科研用地和一处小学用地的绿地率未能达到法规要求[2]。

2. 调整的合理性

关于调整的合理性评价，本文从用地功能变化和指标变化两方面内容入手，以两个问题为导向对本案例的调整情况进行了评价。一是原有用地功能的消失会对地区产生怎样的影响，关于此问题，本案例涉及原规划教育科研用地被置换和

---

[1]　根据某城市有关容积率的法规，其中一个文件规定了各种情况的居住用地容积率上限，最高的情况为4.5；另一个文件规定了允许的容积率提高幅度，最高为20%，综合计算出该城市居住用地的规划容积率上限为5.4。

[2]　根据某城市的绿化条例，各种用地的绿地率下限为，"……（一）新开发建设的居住区不低于30%，旧城改造建设的居住区不低于25%；（二）医院、疗养院、学校、机关团体不低于35%……"。

原规划公交始末站用地被取消两个情况。二是重新调整的用地功能和用地指标会对地区产生怎样的影响，关于此问题，本案例的突出情况是被调整用地的居住开发量被大幅度提升，由此增加的居住人口会带来一系列新的需求，本文选取了交通和公共设施配建两个因素对调整的影响进行评价。由于这种影响所作用的对象不单单是被调整用地本身，而是周边更大范围的地区，所以本文在对交通和配建进行评价时首先通过四条围合的城市主干路划定了评价的地区范围，从人口规模来看相当于两个"居住区"，其中，关于交通评价，主要采用交通量观测和预测的方法对调整后的交通情况进行判断，关于配建评价，主要通过人口规模计算，根据《城市居住区规划设计规范》❶ 中的相关规定对该地区中小学配建规模和服务范围进行分析。

具体评价结论如下：第一，经过调整，原规划的科技园区彻底转变为居住区，根据该大学对被调整用地的功能定位，调整后可开发的约 92 万 m² 住宅建筑面积中有 28 万 m² 是为科技园区配套的，而调整将科技园区的教育科研用地转移至约 20km 以外的地区，不仅会导致科技园区就业人员的居住和工作不便，而且会产生较大的通勤交通需求，增加周边路段的交通负荷和公共交通压力。第二，经初步测算，在工作日早晚高峰时间段里，该地区内的道路网饱和度约为 50%，城市干路网的饱和度超过 70%。该地区内现有居住人口约 39630 人，通过本次控规调整，预计为该地区增加居住人口约 26400 人，新增人口约为原有人口的 2/3，那么，在被调整用地的项目实施以后，也将会增加约 2/3 的出行需求。在不考虑新增交通需求与现有交通需求之间差异的理想情况下，由本项目增加的居住人口会导致该地区未来的道路网在高峰时趋近饱和，而干路网会出现完全饱和或超饱和状态。第三，经详细统计和计算，调整后该地区内规划居住总人口约为 66030 人，按照千人指标的最低标准来计算该地区内居住用地所需的小学和初中用地规模可得，该地区最少需要小学用地 28987m²，初中用地 19017m²，然而，从调整后的控规来看，该地区的小学用地规模总计为 28030m²，初中用地规模总计为 15720m²，并未达到该地区所需的最低标准；经精确绘图（图 3），按照服务半径要求，由用地二居住用地及其周边两处没有中小学配建的现状居住用地所共同构成的"居住区"（规范中中小学为"应配建项目"），并没有得到中小学配建。所以，不论从中小学的配建规模还是服务范围来看，由于本次调整，该地区将面临中小学配建不足的问题。第四，按照原控规的用地安排，在用地二中布置了一处公交始末站用地，但经过控规调整之后，该用地被取消，由此造

---

❶ 《城市居住区规划设计规范》（2002 年版）GB 50180—93，"关于国家标准《城市居住区规划设计规范》局部修订的公告"（工程建设标准局部修订公告第 31 号）。

成相当于两个"居住区"的地区范围内并无一处公交始末站，严重降低了该地区的交通设施服务水平。

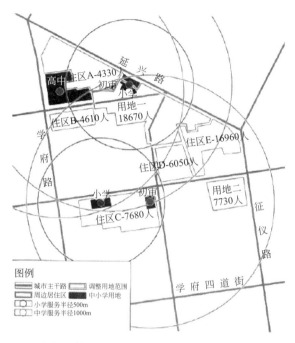

图3　控规调整方案的中小学配建分析图

通过上述评价得知，案例中控规调整的结果出现了诸多不合法（规）和不合理情况，尽管本文并未评价本次调整所带来的积极成效，但仅从其产生的诸多负面问题便可知，控规调整的结果与其原旨在很大程度上发生了偏离，不论是在合法性的保障，还是合理性的顾及上，都有失对公共利益的维护。

（三）对决策过程的评价

1. 导致问题的四种管理情形

对决策过程进行评价的思路是，首先梳理决策过程并总结产生上述不合法（规）与不合理问题的具体情形；然后透过这些具体情形观察各参与者实际"做了什么"，并与其"能做的"和"该做的"（即权力与责任）进行对照，从而查找那些偏离制度原旨的参与者行为；最后具体分析调整结果和决策过程出现问题的成因。

通过对该案例的实际管理工作的梳理（主要包括论证、征求意见、审查和决策等环节），可以将不合法（规）与不合理问题的产生归纳为四种管理情形：第一，对不合法（规）问题的"变通"处理，针对超过上限的居住用地容积率，

论证和审查中以 "拆迁参与平衡" 的方法❶予以应对，针对低于下限的绿地率，论证和审查中以 "内部总量平衡" 的方法❷予以对待，两种方法的原理都是 "借用" "问题用地" 外部的资源来 "粉饰" 用地内部的问题。第二，"有选择性" 地论证与审查，对于两处居住用地容积率提高幅度超过规定 20% 的情况，在整个控规调整工作中，包括各个论证和审查环节，都没有提及这个问题；同时，这种 "回避" 行为还体现在对不合理问题的处理上，论证只对中小学服务半径进行分析，对配建规模只字未提，相应地，审查环节中也并未出现质疑的声音。第三，对不合理问题 "置之不顾"，一方面，论证报告中指出被调整用地中的一部分居住用地没有得到中小学配建，但仅称之为 "不足之处"，并无提出质疑；另一方面，在征求相关部门意见和上会审查两个环节中，交通管理部门都对删除原控规中的公交始末站用地提出了异议，建议应保留该用地从而满足未来需求，然而，专题论证并未采纳该意见，仅以 "在其他片区中已作统一考虑" 为由应付了事。同样，审查中也未对该问题作出指示。第四，论证 "不到位"，无从发现问题，上文指出的配套居住与就业的分离问题以及交通问题都被论证中 "敷衍了事" 的可行性分析❸掩盖掉了。

2. 参与者权责及行为分析

上述四种管理情形直接反映了控规调整决策过程中存在的问题，也揭示了调整结果出现问题的直接成因，但仍要进一步分析这些问题是由哪些参与者的哪些实际行为所造成的，尤其是哪些行为偏离了制度的原旨（这需要以参与者的权责为参照）从而造成如此的调整结果。本文将控规调整的参与者归纳为 "需求者"（申请单位、建设单位）、"论证者"（设计单位）、"其他论证参与者"（相关部门、专家）、"管理者"（规划管理部门）、"公众"（规划地段内利害关系人，以及公告期间可能提出意见的公众）❹，下面依次分析。

第一，从需求者来看，作为市场主体，制度为需求者赋予的权责是简单、清

---

❶ 将非居住用地和不会产生任何建筑量的公共绿地、道路用地的面积共同纳入到计算居住用地容积率的分母当中，从而令平衡下来的容积率低于相关规定的上限。

❷ 将其他用地多余的绿地率 "挪用" 到无法达到绿地率标准的用地当中，求得所有被调整用地的综合绿地率为 30%，从而满足相关规定。

❸ 本案例的专题论证在调整项目的 "区域影响分析" 中，仅从 "有利于项目实施" 的角度来说明调整的可行性，完全没有论证用地功能发生巨大变化后对区域和自身产生的影响，那么诸如前文所分析的功能和定位问题，即科技园区与为其配套的居住区在布局上相隔十几公里造成使用不便和通勤压力等矛盾，便根本无从被发现。在本项目的 "交通影响分析" 中，专题论证仅通过被调整用地周边的道路网情况得出 "可行" 的结论，既无现状的交通状况分析，也没有对调整后的交通需求进行预测，那么这个 "可行" 的结论是根本站不住脚的。

❹ 从案例城市的控规调整工作来看，申请单位、建设单位、设计单位、相关部门、规划地段内利害关系人、专家、规划管理部门是控规调整的主要参与者。

晰的，即依法依规申请调整项目并委托具有论证资格的论证单位为其代理论证，其无权左右控规调整的结果。所以，在不计（也无法考证）调整过程中可能存在由需求者人为影响调整结果的违法行为的情况下，需求者的实际行为是不会影响控规调整的结果与过程的。但值得关注的是需求者的需求，尽管需求者实际"做了什么"不会对调整产生影响，但需求者"想怎样"调整是结果中出现不合法（规）和不合理情况的源头，从本案例中存在"变通"与"回避"不合法和不合理问题的情况来看，需求者在控规调整中所追求的是，以最低的代价换取最高的收益，只要能够实现控规调整，不合法（规）与不合理因素便不会成为需求者的关注点，正如苏腾（2007）所言，"建设单位将它（控规调整）作为突破法定条件获得额外建设条件的手段"。但是，需求者的"利己"诉求可能会以"害他"为代价，本案例中出现的不合法与不合理问题便是"害他"的表现。之所以说明这一点，是因为下面关于论证者的分析要与这一点相结合来看。

第二，从论证者来看，根据立法❶的授权，直接拥有论证权力以及直接承担相关责任的是管理者，但全国各城市的普遍做法是，规划管理部门进一步将这部分权责授予具有规划编制资质的设计单位，而且大部分城市的规划管理部门是指定其下辖设计单位为控规调整的唯一论证单位❷，案例城市的做法正是如此，从这个角度来讲，论证者在控规调整的必要性论证中充当了管理者的"代理人"，那么，论证者理应承担起对控规调整项目进行客观、全面论证的责任，真实地反映控规调整项目的完整情况，以助于管理者进行客观的决策。但是，控规调整的论证工作对于设计单位而言在很大程度上仍是面向市场的业务之一，仍需按照市场规律收取咨询费用，案例城市的做法正是如此，这便令论证者在一定程度又充当了需求者的论证"代理人"。作为管理者的代理人，论证者应更多地关注"公共利益"，避免控规调整产生不合法与不合理问题，造成对公共利益的侵害；作为需求者的代理人，论证者还需为需求者的"自身利益"考虑。然而，需求者的"利己"需求很有可能产生"害他"的情况，案例中论证者对某些不合法问题采取"变通"或"回避"处理，对某些可见的不合理问题"置之不顾"，以及"敷衍了事"地对调整的可行性进行分析，这些行为都是单纯地以"能够调整"为出发的。由此反映的事实是，论证者在很大程度上迎合了需求者的"利己"

---

❶ 《城乡规划法》第四十八条，"修改控制详细规划的，组织编制机关应当对修改的必要性进行论证……"。

❷ 在《城乡规划法》颁布以前，有些城市的控规调整管理中在论证环节采取了完全"市场化"的方式，申请者有权选择被委托的论证单位，以2002~2004年北京控规调整的管理情况为例（夏林茂，2005），其间共有11家设计单位承接过控规调整论证工作，其中以"市规划院"与"市建筑院"为主。

诉求，并不惜为此掩盖"害他"情况的存在，正如苏腾（2007）在对北京控规调整进行解析时所言，设计单位将控规调整"作为规划设计职业活动的一种形式"，"设计单位作为乙方必然在很大程度上服从甲方的要求"。换言之，控规调整制度安排中的论证机制并未能很好地发挥其应有的作用，决策过程中论证者的实际论证行为产生了背离制度原旨的效果。

第三，从其他论证参与者来看，相关部门与专家的参与机制应对控规调整的管理起到辅助作用，换言之，两者提供的意见应对论证者的论证行为和管理者的审查、决策行为起到一定约束作用，否则这样的机制便失去了意义。但在当前制度机制下，这两个参与者在控规调整中的权责是十分弱化的[1]，他们"能做"的可能十分有限，同时他们"所做"的能够发挥的作用也十分有限。案例的实际情况正反映出如此局面，一方面，论证者在论证中以及管理者在决策时可以对相关部门与专家的意见不予采纳[2]，另一方面，相关部门与专家能够对控规调整有着怎样的认识以及提出怎样的意见是不确定的，本文评价中发现的一些不合法和不合理问题都没有被两者指出。由此反映的问题是，尽管决策过程中相关部门与专家的行为并未背离制度的原旨，但他们的参与机制难以发挥有效的作用，一是由于受到两者能动因素的限制，这种参与机制的作用本身就比较有限；二是由于当前制度机制的不足令这种参与机制所能发挥的作用受到进一步的挤压，主要表现为论证者和管理者在对待其他论证参与者意见上的随意性。

第四，从公众来看，案例城市的控规调整制度安排中与公众相关的两个环节为"征求规划地段内利害关系人的意见"和"公告"，作用是由公众自己来维护公众的利益和保证程序正义。然而，这两个环节并不等同于公众参与，一方面，

---

[1] 具体而言，从相关部门来看，一是立法中没有明确相关部门是哪些部门，二是相关部门大都是规划管理部门的平行单位，规划管理部门无权"要求"相关部门。所以这个环节只是"征求"意见，那么严格地讲，相关部门在控规调整中是无需承担任何实质责任的，只是从义务上讲，同为政府机构，相关部门在被征求意见时应尽力配合，而且当其参与进来后需要对其言行负责；相应地，由于没有相关规定，相关部门也没有权力去影响控规调整的结果，其提供的意见只是参考性的。从专家来看，与相关部门类似，作为自由的个体，专家也不需要对控规调整承担任何实质责任，只是当其收取专家咨询费后必须要对调整项目提出意见，而且从义务上讲，当其参与进来后需要对其言行和专业权威负责；相应地，由于没有明确的相关规定，专家也没有实质的权力去影响控规调整的结果。

[2] 比如，本文的案例中，发改委、城管局对个别地块违反法规的绿地率提出异议，交通局对取消公交始末站用地提出异议，但论证单位在最终的意见答复中都以"变通"或"含糊"的说辞对意见不予采纳；再比如，在另一个本文并未涉及的案例中，专家论证中五位专家都对被调整用地过高的容积率和建筑密度提出异议，并指出应适当降低，但论证单位以"在下步修订方案中，将充分考虑专家意见，以便形成更理想的建设方案"为由变相地否定了专家意见；同时，这两个案例中管理者在审查与决策时都未对相关部门和专家提出的意见以及论证者所作的答复予以深入检查和明确回应。

规划地段内的利害关系人往往是控规调整的受益者❶，由调整可能导致利益受损的公众往往是规划地段以外的居民和规划地段内未来的使用者❷，而这部分人群在这个环节中是无法参与到控规调整当中的；另一方面，对于公告而言，尽管利益受损的公众可以在这个阶段得知情况，但公告往往意味着已经做出决策，只是在形式上履行程序让公众来监督，而且公告是一种需要"被"公众发现的参与方式，对于大部分公众而言，由于受到渠道、专业门槛等因素的限制，在获取信息上不可能实现完全对称，甚至是根本无从得知。所以，在控规调整的诸多参与者中，公众是一个比较被"边缘化"的角色，其权责在很大程度上是虚化的。由此反映的问题是，控规调整的实施结果出现了损害公共利益的不合法与不合理情况，尽管与公众未能真正参与控规调整的决策过程当中有关，但由于公众参与机制的建立不得不面临诸多现实难题，对这个问题的思考便转向了承担维护公共利益责任的管理者身上，下面具体分析。

第五，从管理者来看，其角色最为特殊，既是规则的制定者和执行者，也是参与者，但区别于其他参与者，管理者的权力是最大的，责任也是最为复杂的。从管理的权力来看，管理者既拥有对调整项目进行审查与决策的权力，也有权在一定程度上约束其他参与者的行为，尤其是要求所有参与者（包括自己）依法依规行事。从责任来看，既有相关制度直接赋予管理者的明确职责，也有作为政府职能机构和专业领域行政主管部门的内在责任与义务。概而言之，管理者在依法行政的同时，在控规调整所干预的城市开发环节中，不仅要成为城市开发的推动者和出现问题时的协调者，还要成为公共利益的守护者和职业道德的践行者。在这样的使命下，管理者的行为不仅要以法律为根基，还需要以实现公平正义为准绳，然而，本案例所反映的情况是，管理者并未很好地承担起这些责任，尤其是其实际行为在一定程度上偏离了上述代表制度原旨的"根基"与"准绳"，造成了控规调整的结果偏离了原旨，具体而言，需要从管理者的实际行为进一步说明。首先，在对不合法（规）问题的处理上，论证者采用了"变通"和"回避"两种方式令调整"变得合法"；管理者在审查中予以认可和默许，从而承认调整内容是合法的并在决策中予以通过，由于合法性内容的依据和标准是客观、明确

---

❶　规划地段内的利害关系人通常为土地权属人、现状使用者等，由于这部分人群往往可以在由控规调整推动实施的土地开发或土地再开发活动中获得相应的经济补偿，项目的实施越顺利，他们便越可能获得令人更满意的补偿或更容易得到补偿。

❷　比如，过高的居住用地容积率可能导致居住区过于拥挤，造成居住空间不适；再比如，由于被调整用地居住人口增加，导致被调整用地及周边地区的中小学配建不足，或是交通压力过大。这些利益可能"受损"的人群往往是被调整用地尚且未知的潜在使用者（比如居住区开发的未来居民），或是被调整用地以外周边地区的群众。

的，不论是管理者的有意之举还是无意之失，都说明管理者本应严格遵照规定进行的羁束行为（基于制度因素的行为）出现了问题。其次，在对合理性问题的处理上，论证者采用了"回避"和"置之不顾"两种方式得出调整内容是合理的结论，而且由于"论证不到位"导致某些不合理问题根本无从被发现；从管理者来看，由于合理性内容的依据和标准往往是比较模糊的，对合理性问题的判断在很大程度上依赖于其裁量行为（基于制度因素以外的行为），管理者在审查和决策中对"可见"的不合理问题置之不顾，说明其裁量行为过于自由、权力过大，管理者在审查中并未发现一些"潜在"的不合理问题是由论证和审查不到位所导致的，说明其裁量行为在方法上是不当的。由此所反映的问题是，管理者在控规调整决策过程中既过分发挥了其能动因素（立场与态度），又可能受到了能动因素（能力和水平）的过分限制，最终造成管理者的羁束行为和裁量行为都在一定程度上偏离了制度的原旨。

综上所述，从本案例的情况来看，控规调整的决策过程在很大程度上偏离了控规调整及其制度的原旨，造成这种局面的直接原因是对控规调整起到关键作用的两个参与者（论证者和管理者）的实际行为在一定程度上偏离了其权责，同时，其他论证参与者所发挥作用的不确定性和有限性，以及公众参与的缺失也是造成这种局面的原因之一。总而言之，当前制度所建立的各参与者的参与机制与相应的管理环节在决策过程中并未能发挥有效的作用。

（四）对当前制度的反思

控规调整的结果中产生偏离其原旨的消极问题，其决策过程偏离制度原旨，直接原因是参与其中的人的行为，但根本原因在于制度，因为规划的管理实践是在一定的管理体制和制度结构下运行的。正如孙施文教授（2007）在阐述城市规划作用与政府行为之间的分歧时所言，"这种分歧首先体现在城市规划在政府行政首长的决策中并不能发挥作用……这里的问题并不在于人，而在于制度和体制。如果不从社会建制和行政体制的角度进行分析，就不可能揭示出这种现象出现的深层次原因。"所以，结合上文的评价结论，进一步对当前的制度进行反思。

一言以蔽之，在当前的制度结构下，控规调整各参与者的权责关系是"失衡"的，表现为论证者和管理者的权力过大、其他论证参与者的权力过小、公众（除了规划地段内利害关系人）的权力几乎被虚化掉以及监督权力的缺失，造成各参与者的参与机制没有发挥很好的作用，或是发挥了不恰当的作用。具体而言，主要表现在三方面制度问题上：第一，某些权责本身存在矛盾，当前制度和实施机制同时为论证者赋予了两种责任，而承担这两种责任所扮演的角色又极容易发生冲突，在发生冲突时一旦论证者的立场跟从需求者以"害他"为代价的"利己"诉求时，便极有可能大幅度削减论证的客观性和全面性；同时，在成为管理者"代理人"的情况下，论证者的论证行为又比较容易左右管理者的判断，令管理者的审查与决策过于依赖论证者的论证。第二，缺少某些权责主体，导致某些参与者在随意发挥能动因素时没有对其行为进行制约的力量，主要体现在"利益受损"的潜在公众无法真正参与进来以及没有审查和制约管理者行为的监督者两方面上。第三，当前制度中几乎只有程序性的内容，"实质内容的缺失"令各参与者在依法依规履行程序的情况下可以任其"能动因素"的发挥去行事，可以怎么论证、可以怎么审查和决策、可不可以调整、可以怎么调整等对控规调整起到关键作用的行为都没有很好地得到制度的约束。

四、结语

本文以调整结果和决策过程为控规调整的评价对象，以控规调整及其制度建设的原旨为评价基准，选取了一个比较具有代表性的控规调整项目为案例展开评价。基本的评价逻辑是，对调整结果的评价是对决策过程进行评价的基础，因为决策过程反映了调整结果的形成机制，两者存在一定因果关系，只有通过评价发现了调整结果中存在的问题，才能有针对性地在决策过程中查找原因和发现问题。尽管是个案研究，控规调整结果中出现的不合法（规）与不合理问题足以印证前人的担忧，也反映出控规调整这一特殊规划管理事务中存在的隐患，尤其是在局部的调整积少成多的情况下去看待这种威胁。由于过程是结果的形成机制，对消极结果的预防需要从过程抓起，虽然由个案所反映的控规调整结果是很有局限性的，但依此对决策过程的评价所反映的问题却是比较具有广泛意义的，通过本文的案例研究，足以反映出控规调整管理中存在的诸多问题，也揭示出更深层次的制度问题。总而言之，由案例所反映出的调整结果和决策过程在一定程度上偏离了控规调整及其制度的原旨，由此看来，当前制度在一定程度上是失效的，需要通过制度建设的完善和创新重新建构控规调整的决策过程，令其本身和由其产生的结果更加接近于控规调整的原旨。

最后，仅依据上文对当前制度的反思引申出一定对制度建设的建议：第一，应进一步推进公众参与机制和监督机制的建立，并在一定程度上放大其他论证参与者的权力和作用；第二，应重新安排控规调整的论证角色，避免存在矛盾的角色安排；第三，应系统地完善控规调整制度中的实质内容，从而对论证者和管理者两个关键角色的实际行为起到更有力的约束作用。

本文根据博士论文改写，谨向导师孙施文教授致谢！

（撰稿人：衣霄翔，哈尔滨工业大学建筑学院博士，黑龙江省寒地城乡人居环境科学重点实验室讲师。）

注：摘自《城市规划学刊》，2016（05）：28-34，参考文献见原文。

2016 年城乡规划管理工作综述

2016 年是"十三五"规划的开局之年，也是全面落实中央城市工作会议的第一年，城乡规划管理工作紧紧围绕中央城市工作会议精神，狠抓各项工作落实，加快城市总体规划改革创新；着力推动"生态修复、城市修补"工作，在三亚市开展了试点，召开了全国生态修复城市修补现场会；各地都启动了城市建成区违法建筑专项治理工作；推进了历史文化街区划定和历史文化建筑的确定；全面启动城市设计；积极开展省级空间规划编制和市县"多规合一"试点。

一、 2016 年城乡规划管理工作进展

（一）加快城乡规划体制改革，推动建立空间治理体系

一是加快城市总体规划编制审批管理改革。围绕"一张图、一张表、一公开、一报告、一监督"，制定城市总体规划改革创新的一揽子改革方案，完成《城市总体规划编制审批管理办法》，形成《城市总体规划审查和修改工作规则》、《城市总体规划实施评估和监督检查工作办法》初稿，推动城市总体规划编制、审批、实施管理、监督水平提升。

二是积极推动省级空间规划工作。指导海南省编制完成海南省总体规划；指导和支持宁夏、江西、云南、安徽、陕西、西藏等地开展省级空间规划工作，统筹省域空间布局；参与制定《省级空间规划试点方案》。

三是推进市县"多规合一"。召开市县"多规合一"工作会，总结我部市县"多规合一"试点成效经验；推广我部指导的"多规合一"德清经验。

四是进一步提高省域城镇体系规划和报国务院审批的城市总体规划审查效率。积极推进审查工作改革，进一步优化省域城镇体系规划审查环节，制定城市总体规划内部审查制度，切实提高审查审批效率。2016 年，国务院批复吉林、南京、南通、昆明等 20 个城市总体规划。我部将山东省城镇体系规划以及温州、湛江、乌鲁木齐、桂林、辽阳 5 个城市总体规划审查情况报国务院待批。审议了 27 个城市总体规划。同意广西、陕西、湖北编制新一轮省域城镇体系规划。

五是开展城市开发边界划定试点工作。选定北京、上海等 14 个城市作为第

一批试点城市，完成试点城市开发边界划定工作。在试点和调研基础上，研究起草了城市开发边界划定的指导意见和技术要点。

（二）落实国家区域发展战略，推动区域城乡协调发展

一是开展全国城镇体系规划编制，深入开展调研和专题研究。

二是进一步落实京津冀协同发展、推动长江经济带建设等国家区域发展战略，与国家发改委等部门联合印发关于加强京冀交界地区规划建设管理的指导意见，强化对重点地区开发管控，参与长江经济带建设各项工作。

三是推进跨省级行政区城市群规划编制，与国家发改委共同编制完成哈长、长三角、成渝、北部湾和中原城市群发展规划。

四是推动县城提高规划建设管理水平。组织开展县城规划建设情况调研，了解问题和困境，总结整理地方经验做法，研究县城总体规划编制的发展趋势、改革方向；研究《县城总体规划编制导则》。

（三）强化规划实施监督，维护城乡规划权威性和严肃性

一是开展城市建成区违法建设专项治理工作。印发《城市建成区违法建设专项治理工作五年行动方案》和《关于开展城市建成区违法建设治理工作专项督查的通知》，部署违法建设专项治理工作。年底前，各地已完成上报违法建设现状情况摸排工作，并制定目标进度，按月报送查处情况和进度。开展跨省交叉督查，派出32个督查组，推动违法建设查处落实到位。

二是启动全国城乡规划管理信息监测平台建设工作。研究建立以"1网4库6应用"系统为核心的全国城乡规划管理信息监测平台，明确近期重点工作，制定工作计划。

三是加强重点案件督办。赴哈尔滨、大连市就历史文化保护工作进行核查，并提出相关建议；配合国家发改委对高尔夫球场清理整治工作进行审查，已整改到位。

四是进一步完善城乡规划管理制度。开展《将城市规划管理纳入领导干部综合考核和离任审计评价体系研究》，拟设定城市规划建设管理考核指标体系，健全领导干部实绩考核制度；起草《城市地下空间规划管理办法》。

（四）开展城市设计和城市"双修"，强化历史文化遗产保护，塑造城市特色风貌

一是全面开展生态修复城市修补工作。组织召开三亚全国生态修复城市修补工作现场会，总结推广三亚经验。开展全国城市生态修复情况摸底调查，编制

《城市生态评估与生态修复技术导则》。起草《关于加强生态修复城市修补工作的指导意见》。

二是健全城市设计管理制度。制定《城市设计管理办法》《城市设计技术管理基本规定》和《关于加强城市设计工作的通知》，明确城市设计的管理制度、实施机制和工作要求。加快推动城市设计试点示范，印发《关于组织申报城市设计试点工作的通知》，完成南京、杭州等19个市申报试点城市的初审。

三是加强建筑设计管理。召开贯彻落实新时期建筑方针院士专家座谈会和西藏建筑文化研讨会。开展了建筑设计等规范梳理工作，强化建筑色彩、建筑特色技术要求。

四是加强历史文化遗产保护工作。2016年，国务院公布温州市、高邮市、永州市为国家历史文化名城，国家历史文化名城达131座。会同国家文物局印发《关于组织申报第七批中国历史文化名镇名村的通知》，启动第七批中国历史文化名镇名村认定工作。协调中央财政补助2.85亿元，用于支持55个历史文化名城名镇名村基础设施改善和环境整治项目。印发《历史文化街区划定和历史建筑确认工作方案》，要求各地到2020年底，全面完成历史文化街区划定和历史建筑确定工作。完成《历史文化街区保护实施办法》。会同国家发改委开展全国历史文化名城名镇名村保护设施建设"十三五"申报项目专家评审。

（五）配合相关部委，落实有关国家战略

一是推动国家新型城镇化规划实施。进一步强化城镇化牵头力度，加强督办。报请办公厅印发2016年新型城镇化重点任务涉及我部任务分工方案。召开我部城镇化工作会议，建立月报制度。参与国家发改委牵头的第三批城镇化综合试点审核工作。与国土部、国家发改委、公安部、人力资源部等5部委联合印发《关于建立城镇建设用地增加规模同吸纳农业转移人口落户数量挂钩机制的实施意见》，推动"人、地、钱"挂钩。

二是推进生态文明建设。推动天津生态城建设，筹备召开工作委员会第七次会议。开展2012年以来设立16个绿色生态示范城区的考核评估工作，起草完成了考核评估分报告和总报告。组织编写《绿色生态城区评价标准》《生态城市规划技术导则》。

三是落实中央扩大内需、促进消费、供给侧结构性改革等部署。配合相关部门对7个省的自由贸易区设立、开发区转型升级、轨道交通近期建设等提出合规性审核意见，支持体育健身产业、旅游休闲产业、中医药产业、新能源汽车、卫生养老事业等发展，完成中老、中蒙跨境经济合作区设立的规划范围审核。

（六）做好标准规范工作，加强基础性研究，强化城乡规划技术支撑

进一步完善城乡规划标准体系，累计开展 28 项标准工作，强化城市安全、绿色发展、风貌塑造等内容。开展城乡规划相关课题研究，如历史文化街区保护规划实施研究、城镇空间管控办法研究、《城乡规划法》与《刑法》衔接研究等，为政策出台夯实基础。按照中宣部要求，开展《党的十八大以来以城市规划管理体制改革推动城市创新发展的实践经验总结研究》课题。

二、 2017 年工作部署

（一）开展全国城乡规划管理信息监测平台建设工作

加快平台建设，逐步实现部、省、市三级联动，动态掌握规划审批信息、规划许可、督查评估等信息，提升规划管理水平。

（二）坚决治理规划违法行为

利用城乡规划信息管理监测平台以及卫星遥感技术等，加大城乡规划违法建设监测、查处力度，实现发现规划违法行为全覆盖，推动城乡规划法与刑法衔接。继续抓好违法建设治理工作，2017 年全年查处违法建设比例不低于 50%，确保五年完成任务。

（三）全面推广三亚"双修"经验

出台《关于加强生态修复城市修补工作的指导意见》，督促各地全面开展城市"双修"工作。

（四）继续深入推进城乡规划改革

全力推进城市总体规划改革，印发《城市总体规划编制审批管理办法》。启动 2040 年城市总体规划编制试点工作。继续抓好省级空间规划试点，推动建立空间规划体系。

（五）进一步规范新城新区规划建设

筹备召开全国新城新区规划建设工作会议，规范新城新区规划建设管理，推动建立新城新区年度报告制度和实施评估机制。

（六）切实提高县城规划建设管理水平

研究制定全国县城规划建设管理指导文件，筹备召开县城规划建设管理工作现场会，推进县城规划建设管理水平，提升推动建设"宜居县城"。

（七）进一步做好历史文化遗产保护工作

继续做好历史文化街区划定和历史建筑确认工作，2017 年要完成总体工作量 60%。完成第七批中国历史文化名镇、名村审查认定公布工作。

（八）进一步完善城市设计管理制度

抓紧落实相关管理制度和工作要求，积极建立与城市规划衔接、协调的城市设计的工作机制、技术体系。

（撰稿人：郭兆敏，住房和城乡建设部城乡规划司区域处副调研员；黄玫，住房和城乡建设部城乡规划司管理处副调研员；张舰，博士、副研究员，住房和城乡建设部城乡规划管理中心规划处处长）

全面开展城市设计工作

城市设计，就是对城市形态和空间环境所作的整体构思和安排。它介于城市规划和建筑设计之间，是落实城市规划、指导建筑设计、塑造城市特色风貌的有效手段。开展城市设计是境外一些城市的普遍做法。改革开放以来，我国天津、深圳等城市也积极开展了城市设计工作。2015 年中央城市工作会议提出，要加强城市设计，提高城市设计水平。各地、各部门要高度重视城市设计的重要性和紧迫性，全面开展、切实做好城市设计工作。

一、建立城市设计管理制度

城市设计管理制度是开展城市设计工作的基本保障。目前一些城市通过地方立法，建立了城市设计管理制度。要加强城市设计，必须强化顶层设计，建立城市设计管理制度。

（一）明确城市设计行政管理的主体责任

由各级城乡规划主管部门承担起城市设计工作主要职责。城市设计工作涉及的行业、领域十分广泛，但与城市规划最为密切。特别是随着城镇化发展，城市从平面、外延式发展越来越转变为立体、集约式发展，城市地下、地面、空中日益成为一体化的立体空间，亟须将二维平面的规划管理模式尽快转为三维立体的规划管理模式，亟须将城市设计管理作为城市规划管理的重要内容。由各级城乡规划主管部门承担城市设计工作的主体责任，符合城市发展规律，符合规划工作实际，是务实之举、有效途径。

（二）建立与城市规划相辅相成的工作体制

从天津、深圳、南京等地实践看，紧密结合城市规划开展城市设计，将城市设计内容纳入城市规划成果，将城市设计管理要求纳入城市规划管理环节，将城市设计监督检查纳入城市规划监督检查过程，可以在较短时间内建立起完整的城市设计管理体系，发挥城市设计落实城市规划、指导建筑设计的作用。将城市设计工作与城市规划工作挂钩衔接，可以促进形成立体空间的规划管理模式。

（三）制定城市设计管理法规

通过开展城市设计立法，明确城市设计的地位和要求，树立和增强城市设计管理的权威性。要近、远期结合推进城市设计立法工作。近期，抓紧制定实施《城市设计管理办法》，确立城市设计与城市规划的关系，明确城市设计管理要求，依法依规遏制愈演愈烈的建筑乱象，控制千城一面的"蔓延"。中期，积极推进《中华人民共和国城乡规划法》的修改，对违反城市设计管控要求的规划建设行为进行问责。远期，研究制定《景观风貌管理法》，建立健全更具针对性、系统性的风貌管理法律法规。

（四）完善城市设计的指导监督工作机制

城市风貌特色既是城市精神的体现，也是民族文化和国家形象的反映，有必要自上而下建立城市设计的指导和监督工作机制，确保城市设计符合民族文化传承和国家形象塑造需要。一是建立重要城市特色风貌的清单制度，从保护和传承出发，将突出反映地域特征、民族特色的城市风貌列入清单，挂牌保护，防止"大拆大建"造成建设性破坏。二是建立重点城市城市设计工作指导制度，从创新和发展出发，住房城乡建设部适时将首都、国家中心城市、民族自治区首府、"一带一路"中心城市、海港和边境口岸城市列为城市设计工作重点城市，各省可将主要城市、县城、特色镇列为城市设计工作重点城镇，对其风貌建设进行积极指导、及时督促。

二、完善城市设计编制要求

新时期的城市设计工作区别于以往的传统城市设计，将更注重依法推进，更注重融合自然生态和以人为本，更注重体现空间立体性、平面协调性、风貌整体性和文脉传承性，是新型的城市设计。在城市设计工作中，要善于学习借鉴、总结创新，完善相关技术导则，建立健全分空间层次的、与城市规划体系相对接的技术体系，通过城市设计，体现地域特征、民族特色和时代风貌。

（一）注重从城市整体层面开展城市设计

统筹城市发展、自然山水保护，将城市与自然山水作为一个整体，将城市老旧城区、新城新区作为一个整体，进行总体城市设计，促进融合发展、一体发展。近些年，我国部分城市在城市整体层面开展了城市设计，但过深过细，难以纳入总体规划落地实施。对全国多数城市而言，总体城市设计应作为城市总体规划的特定章节，一般可包括三个方面内容：规定城市风貌特色定位，确定城市总体空间格局、整体景观体系、公共空间体系，划定城市设计重点控制区。

（二）突出做好城市重要片区的城市设计

城市内部各片区、组团的风貌特色有很大差异，应结合城市控制性详细规划，有差别地做好城市设计。城市一般片区的城市设计可集中考虑公共空间、绿色空间等。城市重要片区的城市设计，如城市中心地区、历史文化街区、老旧城区等，最能代表城市形象和品质，应对空间形态、景观视廊、公共空间、建筑高度和风貌等作出更全面、系统的控制和引导，留住特有的地域环境、文化特色、建筑风格。要通过重点片区城市设计，将山水林田湖等绿色空间引入城市，保留和扩大自然生态空间，达到"望得见山、看得见水"的目的。

（三）积极开展特定地块的城市设计

即按照城市土地开发建设、城市修补生态修复需要，在控制性详细规划指导下，统筹空间布局，协调景观风貌，合理确定功能布局、空间形态、交通组织和环境景观；精准确定建筑的高度、体量、形态及新旧建筑、建筑群体的空间组合关系，并对建筑风格、立面材料及色彩等提出设计要求。地块城市设计与建筑设计最为密切，是发挥城市设计对建筑设计指导作用的关键环节。

此外，应鼓励各地结合实际，创新城市设计技术方法，对城市户外广告、店铺招牌、公共标识、夜景灯光、城市雕塑等特定要素或特定系统编制城市设计。近些年，一些城市编制了山体保护规划、夜景照明规划、城市色彩规划、整体风貌规划、滨水空间设计等，有效指导了相关规划编制和风貌管理工作。

三、改革完善城市规划管理

城市设计是城市规划的重要组成部分，新时期开展城市设计，建立城市设计与城市规划全挂钩的工作体制，必须改革完善规划管理工作，将城市设计作为完善城市规划、落实城市规划、提升城市规划可实施性的重要手段。

（一）改革创新规划编制工作

将城市设计主要内容纳入城市规划，是增强规划可实施性的客观需要，也是城市设计工作的重要过程。开展城市设计，需要同时改革创新城市规划编制方法，将城市设计编制工作纳入城市规划编制工作，将总体城市设计纳入城市总体规划，将重要片区的城市设计纳入相应的控制性详细规划，并作为其重要章节或图则，确保城市设计内容与其他规划内容衔接一致。

（二）改进建筑方案审批工作

要完善建筑方案审查内容，严格确定审查审批工作程序，切实使建筑方案既要反映开发建设单位的诉求，也要符合相关城市设计要求。一般地区的单体建筑方案，应保持与所在地区的平面相协调、高度相协调、风貌相协调；城市设计重点控制区的建筑方案，包括单体建筑的形体、色彩、体量、高度等，必须符合相关管控要求，确保城市设计有效实施。同时，要改进建筑方案审查机制，尊重建筑师的话语权，鼓励建筑设计创新，同时防止建筑"贪大、媚洋、求怪"；要发挥专家的作用，对重要地区、重要建筑方案，应进行专门和充分的论证，避免城市领导按照个人喜好确定建筑方案。

四、制定城市设计行动计划

（一）大力推进城市修补生态修复

我国资源环境有限，需要转变城市外延粗放发展模式，通过城市修补、生态修复、有机更新，保障改善民生，增强城市活力。城市设计是城市更新的重要抓手，修补城市、修复生态是实施城市设计的重要手段。应按照有机更新理念，对城市中心区、历史城区、入城口、景观廊道等重要地区、地段进行城市设计，并依据城市设计，加快城市修补、生态修复，补充增加城市生活急需的养老设施、停车设施、体育场地，修复被破坏的山体、被填埋的河道、被侵占的岸线，确保功能设施、绿色空间得到增加，开发强度、污染排放受到控制，让城市恢复活力、保持特色。

（二）加快制定工作计划

2016 年是"十三五"规划的起步之年，也是城市设计工作全面推进之年。各地要加强城市设计工作与"十三五"规划工作的结合，尽快编制城市设计五年行动计划和年度计划，将"十三五"确定的未来五年重点开发建设地区、重要更新改造地区作为城市设计重点地区，明确工作目标、设计要求、时间进度和保障措施等，促使各地及早谋划和开展城市设计，指导近期建设。

（三）积极推动试点示范工作

考虑我国大多数城市还缺乏经验，宜将有一定风貌特色、工作基础的城市列为试点城市，通过先行先试，不断总结经验，及时普及推广，引领全国或各省城市设计工作。另外，还可以将在历史文化传承、特色风貌塑造、产业发展、经济效益、劳动就业等多方面取得成效的城市设计项目公布为示范项目，作为各地开展城市设计的样板。

五、建立城市设计工作队伍

（一）支持高等院校开设城市设计专业

根据全国城市设计人才培养和需求问卷调查，城市设计人才需求十分旺盛。目前，我国有 196 所高等院校设立城市规划专业，269 所高等院校设立建筑学专业，92 所高等院校设立风景园林专业，在校生总计 13.5 万人，这是城市设计的新生力量。要鼓励和支持高等院校在本科阶段设置城市设计专业，鼓励高校扩大城市设计研究生规模，用 3~5 年时间，培养一批具有专业水准的城市设计人才。同时，广泛地在建筑学、城市规划、风景园林专业完善城市设计课程，使相关专业大学生从专业学习伊始，同时学习掌握城市设计专业知识。

（二）加快开展城市设计专业技术培训

截至 2014 年年底，我国有资质的建筑设计单位 7761 家，城市规划编制单位 2179 家，一、二级注册建筑师和注册城市规划师人数超过 6 万人，是近期推进城市设计工作的生力军。加强现有的规划、建筑专业人员培训，可以短期内提高城市设计水平，充实城市设计工作队伍。要有组织地开展城市设计专业技术培训，有关单位将城市设计纳入注册建筑师、注册规划师继续教育，增强规划编制、建筑设计专业技术人员城市设计的能力和水平。

六、健全城市设计保障机制

（一）加强相关部门沟通协调

加强城市设计工作涉及城市建设用地，还涉及林地、耕地、河湖等生态用地；涉及城市建设活动，还涉及生态建设工作，需要改革创新多部门的相关工作。有必要将城市设计作为各部门的重要职责，按照"创新、协调、绿色、开放、共享"的新发展理念，加强沟通协调，共同推进城市设计工作。

（二）注重发挥学会协会作用

城市设计工作涉及城市规划、建筑、风景园林等多个学科、多领域。这些学科领域的相关学会协会人才济济，是推动城市设计工作的重要力量。要充分发挥学会协会的优势，结合社团改革发展，动员相关学会协会积极开展城市设计评优、城市设计会展，加强国内外学术交流，尽快建立富有中国特色的城市设计理论体系。

（三）加强新闻宣传舆论引导

目前社会上一些人，甚至领导干部对城市和建筑普遍缺乏科学认知，需要通过广播电视、报纸、网络等新闻媒体，向公众广泛宣传历史、人文、美学、建筑知识，传播正确的建筑文化理念和价值观，增强社会公众城市规划、城市设计和建筑设计科普常识，提升社会公众艺术素养和欣赏水平。

（四）保障社会公众参与权利

我们正在推进以人为中心的城镇化，人民是城市的主体，服务人民是城市规划建设的中心。城市设计作为城市规划工作的组成部分，既是空间形态的设计，也是各方面利益的协调手段。城市设计要充分体现城市居民的意愿，保证工作的开放性和透明性，保持公开、公正，保障公众的知情权、参与权、选择权。要将城市设计成果作为政府、部门、专家、市民和社会各界对城市空间形态、风貌特色的普遍共识。

（撰稿人：汪科，住房和城乡建设部城乡规划司城市设计管理处处长）

2016 年城乡规划督察工作进展

2016 年城乡规划督察工作紧扣中央城市工作会议精神，狠抓规划强制性内容管控，创新督察工作方式，以改革的精神开展督察工作，取得了新进展：

一、 2016 年度督察工作进展

（一）深入开展督察工作

一是组织督察员以绿地、水系和基础设施用地等城市总体规划强制性内容为重点，加强对城市总体规划实施的管控。督察员共发出督察文书 40 份，制止各类违反规划的行为 591 起，有力维护了规划权威性严肃性，促进了地方依法行政。其中，制止侵占绿地行为 320 起，保护了 2663.55 万 m² 绿地免遭侵占；制止违规侵占河湖水系和城市基础设施用地行为 67 起，依法保护各类用地 251.62 万 m²。二是依法保护历史文化遗产和风景名胜等不可再生资源，共制止各类破坏历史文化资源和风景名胜区风貌的行为 41 起。三是严密监控突破建设用地范围的违法违规行为。要求规划督察进一步适应新形势，严格监控突破建设用地进行开发建设的行为，遏制城市蔓延，促进集约用地。及时制止了一些城市拟突破总规建设用地范围建设商务区、生态新城的做法。四是提出加强和完善规划管理的建议 270 条，促进完善规划实施长效机制。例如，针对一些城市规划编制审批滞后、规划实施法定依据缺乏等问题，制止了一些城市在没有控规依据的情况下为建设项目核发规划许可的行为，督促派驻城市加快规划编制审批进度；针对"控改总"导致总规强制性内容不能贯彻落实问题，督促派驻城市开展控规落实总规情况的梳理工作，有力推动控规对总规强制性内容的贯彻执行。

（二）强化督察组集体作战力量

探索督察方式创新，以督察组为单位，针对共性问题开展专项督察，集体约见地方领导，促进重点问题解决，在日常督察方面切实发挥了协同作战优势，提高规划督察制度震慑力和影响力。

（三）加强督察员队伍建设

一是组织召开全体和新任督察员工作培训，通过举办法规政策等专题讲座和进行案例交流，引导督察员把握工作重点，认真履职。二是加强队伍动态管理。开展督察员选任工作，向社会广纳人才，遴选符合督察员条件的作为候选人，不断优化督察员队伍结构。三是加强督察组力量。在一些城市尤其是省会城市逐步设立专职组长。

二、 2017 年督察工作安排

2017 年将继续认真贯彻落实中央城市工作会议精神，顺应机构职能调整要求，以改革的精神开展工作，主要有以下几个方面：

一是继续推进规划督察制度改革。根据中央 37 号文件关于理顺城管体制改革的要求，将规划督察员更名为城乡规划和管理督察员。探索分区域管理下规划督察的工作方式和运行机制，研究督察员更名后的督察工作职责边界，适时修订《工作规程》和《管理办法》，为规划督察工作有序开展提供制度保障。探索转变督察工作方式。继续指导督察员开展专项督察工作，强化督察组集体作战力量，促进重点问题解决，提高督察制度震慑力和影响力。二是加大督察工作力度。严守底线，加强城市绿地、河湖水系、风景名胜区、历史文化保护区等敏感地带的空间管制，维护城市公共利益和长远利益。对突破规划刚性约束的违法行为"零容忍"，坚决发现一起、查处一起。三是进一步提升督察员队伍素质。适应督察职能调整需要，加强督察员培训工作，打造专业化、规范化的规划督察员队伍。四是建立协调高效的部省联动督察机制。继续推动省级规划主管部门建立城乡规划督察制度，完善多层次、全过程的规划监管体制，逐步建立起覆盖全国的城乡规划层级监管网络。

（撰稿人：王凌云，住房和城乡建设部城市管理监督局四处处长）

2016 年度城乡规划动态监测情况报告

城乡规划实施情况的监督检查是城乡规划制定、实施和管理工作的重要组成部分，也是保障城乡规划工作科学性、严肃性的重要手段。党中央国务院印发的《关于进一步加强城市规划建设管理工作的若干意见》（中发〔2016〕6 号）中，要求严格依法执行规划，提出"建立利用卫星遥感监测等多种手段共同监督规划实施的工作机制"。住建部开展了对国务院审批总体规划城市的卫星遥感监测，部分省市也开展了辖区范围内规划动态监测工作。住建部率先启动 297 个地级以上城市违法监测工作，逐月向省、市移交监测结果，同时督促各省开展卫星遥感监测工作，实现省内所有城市卫星遥感监测全覆盖。

一、部级监测情况

（一）监测范围与监测内容

2016 年住建部对石家庄、太原、呼和浩特等 103 个国务院审批总体规划城市进行了动态监测，监测面积约为 741600km²，主要使用国产高分二号、高分一号号、资源三号、资源一号 02C、遥感六号等卫星遥感数据，分辨率为 0.8~2.36m。

监测重点目标是《城乡规划法》确定的城市总体规划强制性内容，包括：
（1）绿线——城市各类绿地的具体布局与保护；
（2）蓝线——城市水源保护区和水系等生态敏感区的布局与保护；
（3）黄线——城市基础设施和公共服务设施用地布局与保护；
（4）紫线——自然与历史文化遗产保护；
（5）城市开发边界的控制情况，禁建区、限建区等总体规划强制性内容实施情况。

（二）监测图斑总体情况

2016 年共提取变化图斑 22969 个，面积 721.9km²。涉及城市总体规划强制性内容图斑 3456 个，面积 154.9km²，占全部变化图斑总数量的 15.1%，占全部变化图斑总面积的 21.5%，其中疑似违反城市总体规划强制性内容的图斑 1264 个，面积 48.6km²，交由省里查办；住建部选择其中的 53 个图斑重点督办。

（三）涉及强制性内容图斑情况

2016 年度发现涉及城市总体规划强制性内容图斑共 3456 个，面积 154.9km² （表1）。

2016 年涉及总规强制性内容图斑占全部图斑数量、面积统计表　表1

内容	数量（个）	所占比例	面积（km²）	所占比例
绿线	2660	11.58%	107.9	14.95%
蓝线	191	0.83%	8.65	1.20%
黄线	408	1.78%	17.6	2.44%
紫线	12	0.05%	0.1	0.01%
多线	185	0.81%	20.7	2.87%
合计	3456	15.05%	154.9	21.46%

其中涉及"绿线"内容图斑 2660 个，面积 107.9km²。较 2015 年度（数量 3063 个，面积 104.4km²）数量减少 403 个，减少 13.2%，面积减少 3.5km²，减少 3.3%。

涉及"蓝线"内容图斑 191 个，面积 8.6km²。较 2015 年度（数量 303 个，面积 18.4km²）数量减少 112 个，减少 37%，面积减少 9.8km²，减少 52.9%。

涉及"黄线"内容图斑 408 个，面积 17.6km²。较 2015 年度（数量 487 个，面积 19.5km²）数量减少 79 个，减少 16.2%，面积减少 1.9km²，减少 9.7%。

涉及"紫线"内容图斑 12 个，面积 0.1km²。较 2015 年度（数量 27 个，面积 0.8km²）数量减少 15 个，减少 55.6%，面积减少 0.7km²，减少 87.5%。

涉及"多线"（指图斑涉及两项及以上强制性内容）图斑 185 个，面积 20.7km²。较 2015 年度（数量 422 个，面积 50.0km²）数量减少 237 个，减少 56.2%，面积减少 29.3km²，减少 58.6%。

（四）违法查处情况

住建部督促各省、自治区住房城乡建设厅组织有关城市按照法律法规及法定规划，认真开展自查自纠，依法严肃查处图斑涉及违法问题，对有关责任人强化问责，全年共给予 204 人党纪政纪处分，恢复绿地 376.59 万 m²。

2017 年 3 月，住建部公开挂牌督办 8 起违法情节严重、社会影响较大典型案件，这些违法建设侵占了公共空间，损害了公共利益和生态环境，存在着安全隐患。包括甘肃省兰州市"港联购物中心"项目侵占防洪河道违法建设案、河南省太康县华夏外国语小学违法建设案、陕西商洛市大云寺文物周边违法建设案、山东省青岛市旭利泰土石方工程有限公司违法建设厂房仓库案、安徽省马鞍山市翔天劳务有限公司侵占生态绿地违法建设厂房案、湖南省湘潭市通达驾校违法建设案、广东省湛江市海田国际车城公司侵占绿地违法建设案、内蒙古自治区呼和浩特市公共交通总公司侵占生态绿地违法建设案等。

下一步将按照《中共中央国务院关于进一步加强城市规划建设管理工作的若干意见》要求，进一步完善利用卫星遥感监测等多种手段共同监督规划实施的工作机制，继续采用挂牌督办、约谈、案件移送等手段，加大城乡规划违法案件查处力度，严肃责任追究，逐步形成不敢违反规划、不能违反规划和自觉遵守城乡规划的局面。

二、省级遥感监测开展情况

目前，全国超过 15 个省、自治区、直辖市开展了城市规划动态遥感工作。其中广东、辽宁、浙江、河北、山东、湖北、陕西、甘肃、云南等省市实现了辖区内地级以上城市遥感监测全覆盖，已开展动态监测的一些省市情况如下。

（一）广东省

2016 年按照省规划建设遥感监测"三步走"的要求，完成两期规划建设遥感监测工作，监测范围为粤东西北 11 市规划区、新区、撤县设区，监测面积为21794km²，比 2015 年监测范围扩大了三倍。在监测过程中，城市规划区内重点关注城市绿线、蓝线、紫线、黄线、城市道路红线的实施情况；乡镇和撤县设区范围内重点关注大于 5000m² 的大型房地产、工业项目实施情况。2016 年的监测工作确认了 1648 个违法图斑，面积为 14.0627km²。

（二）辽宁省

自 2007 年开展城市规划动态监测工作，每年开展监测工作 1-2 次，监测范围逐年扩大，截至 2016 年底，监测范围覆盖全省 14 个省辖市、8 个县级市、2个扩权县；工作成果与地方事权结合，在每年一度的规划执法检查前，提供给各检查组当年变化图斑，作为检查依据，实现部门间业务协同，信息共享。

（三）浙江省

已实现全省设区城市和 1 个扩权市的卫星遥感监测辅助城乡规划督察和规划督察员派驻的全覆盖。2016 年共发现全省除住建部监测外的 6 个城市变化图斑

866 个，总面积 2761.61hm²，其中涉强图斑 165 个，面积 733.13hm²，查处 48 个违法图斑。利用遥感监测辅助城乡规划督察的数据图斑资料，配合省委省政府重要工作之一"三改一拆"的开展。全省从 2013 年起至 2016 年共拆除城乡违法建筑面积 6.29 亿 m²，其中 2016 年拆除城乡违法建筑约 1.5 亿 m²，拆除的城乡违法建筑中，约一半是在城市卫星遥感监测辅助城乡规划督察的范围内。

（四）河北省

按照省管市、市管县的层级监督模式开展工作，逐步实现全省监测全覆盖。已实现全省 19 县级市全覆盖。2017 年，将 5 个环首都县纳入卫星遥感监测范围。监测重点是省政府批准的总体规划和历史文化名城保护规划实施情况，特别是"三区"、"五线"的落实情况和规划中确定的用地性质变更情况。

（五）湖北省

明确要求建立和实施省、市（州）两级城乡规划督察制度。对省管 23 个设市城市开展了卫星遥感监测工作，共监测范围 1.76 万 km²，提取并筛选 158 个重点疑似违法图斑，移交给相关城市政府和城乡规划主管部门进行核查。

此外，北京综合运用遥感、地理信息系统、卫星导航等技术，开展违法建设动态监测；重庆对各区县规划强制性内容同步实施情况进行考核，对 31 个远郊区县公园绿地和广场建设实施情况进行专项督察。江苏、新疆通过前期规划监测试点，拟全面开展地级市监测。

（撰稿人：许建元，住房和城乡建设部稽查办公室稽查一处处长；林俞先，住房和城乡建设部城乡规划管理中心信息处处长；徐明星，住房和城乡建设部稽查办公室稽查一处副处长；汪笑安，住房和城乡建设部城乡规划管理中心信息处）

2016 年风景名胜区及世界遗产管理工作综述

一、工作进展

（一）制定并发布"十三五"相关规划

制定并印发《全国风景名胜区事业发展"十三五"规划》，指导风景名胜区事业发展；完成《住房城乡建设事业"十三五"规划纲要》第九章"推进风景名胜区和世界遗产持续发展"的编写；会同国家发展改革委制定《"十三五"国家级风景名胜区保护利用设施规划》，指导风景名胜区事业科学发展。

（二）稳步推进制度规范化建设

配合财政部研究修改《国家级风景名胜区资源有偿使用费管理办法》；完成《风景名胜区规划规范》、《风景名胜区详细规划规范》、《风景名胜区管理技术规范》、《风景名胜区术语标准》、《风景名胜区分类标准》等标准规范的编写，有效促进风景名胜区规范化管理。

（三）不断加大监督管理力度

组织完成了对 11 处列入濒危名单的国家级风景名胜区整改情况的复查验收，同时对责令整改的 49 处国家级风景名胜区进行了抽检复查，并根据验收结果，对部分问题仍然突出的风景名胜区进行约谈督办；按照两年遥感监测全覆盖的工作目标，完成了对 120 处国家级风景名胜区的遥感动态监测，组织地方对疑似问题建设图斑进行核查处理，并结合执法检查对 50 处风景名胜区的监测图斑进行了实地核查，严肃查处违规行为，大幅缩减了监测周期，进一步增强了主动监管能力，对违规建设行为起到了有力的威慑作用。

（四）提高行政审批效率

落实新的总体规划编制要求，组织地方加快总体规划编制，全年共完成 22 处总体规划审查并报国务院审批，其中 21 处经国务院批准实施，审批数量和效率大幅提升；完成国务院 2016 年新批办的 29 处总体规划的征求部门和专家意见工作；完成 28 处详细规划审查，其中 21 处已批复实施，为风景名胜区保护、利用和管理提供了重要依据。

（五）推动建立国家公园体制试点

研究部署北京长城、福建武夷山和湖南南山国家公园体制试点督促检查工作，会同国土资源部、农业部、水利部、旅游局、文物局印发《住房城乡建设部办公厅关于对国家公园体制试点落实工作进行督促检查的函》；组织召开督促检查工作座谈会，听取北京、福建、湖南 3 省市工作汇报，交流试点工作经验，进一步明确督促检查和试点工作要求；开展北京长城国家公园体制试点工作首次现场监督检查；参与完成北京长城、福建武夷山、湖南南山、浙江钱江源、云南普达措、四川大熊猫、东北虎豹 6 处国家公园体制试点方案审查并印发实施；完成国家公园规划建设管控制度研究。

（六）组织开展世界遗产申报工作

组织神农架成功申报世界自然遗产，并以此为契机召开新闻发布会，进行宣传报道，提高公众对世界自然遗产的认识，扩大社会影响；组织完成青海可可西里申遗 IUCN 专家考察评估工作；组织审核梵净山申遗项目，并将其作为 2018 年世界自然遗产申报项目提交联合国教科文组织世界遗产中心预审；支持西藏自治区申遗工作，积极培育环黄海潮间带、大兴安岭北方针叶林、新疆塔克拉玛干沙漠-胡杨林等申遗项目。

（七）加强世界自然遗产保护宣传和监管

按照李克强总理批示精神，报请国务院将"文化遗产日"更名为"文化和自然遗产日"，为宣传自然遗产、落实生态文明建设提供支撑；组织开展2016 年世界自然遗产保护管理检查与评估，制定检查评估方案，并对重庆武隆喀斯特、金佛山喀斯特、湖南武陵源等遗产地开展实地检查评估；对媒体反映的三江并流、四川大熊猫栖息地遗产地保护存在的问题开展实地调查和处理。

（八）推进世界遗产保护技术支撑服务

成功申请并启动国家十三五重点研发计划《自然遗产地生态保护与管理技术》，制订了《世界自然遗产十三五发展规划》，为世界自然遗产行业提供关键指导技术；完善了世界遗产专家咨询和技术机构咨询制度，为世界自然遗产保护发展提供有力的技术支撑。

二、工作展望

（一）认真组织实施"十三五"规划

落实《住房和城乡建设事业"十三五"规划纲要》和《全国风景名胜区事业发展"十三五"规划》，制定实施方案，明确任务分工，抓好贯彻落实；会同发展改革委做好 2017 年国家级风景名胜区保护设施中央投资下达和项目建设工作，做好 2016 年项目实施情况的跟踪和指导。

（二）抓好风景名胜区执法检查整改验收工作

加强对执法检查约谈景区整改工作的监督督导，及时掌握工作进展；根据整改结果，更新国家级风景名胜区濒危名单，如有需要，拟报请国务院撤销国家级风景名胜区的资格。

（三）开展违规建设专项督查

对 2016 年遥感监测发现存在重大问题图斑的风景名胜区进行督查，严肃查处重大违规建设行为，坚决遏制违规建设问题；完成剩余 105 处国家级风景名胜区遥感动态监测，实现风景名胜区遥感动态监测两年全覆盖。

（四）启动全国风景名胜资源普查

制定风景名胜资源普查工作方案和技术要求，组织各省区市用两年半时间完成资源普查，形成资源调查报告和相关图集，为制定省域风景名胜区体系规划和全国风景名胜区体系规划奠定基础。同时，建立专家指导小组，为普查工作提供技术服务。

（五）完善配套制度和标准规范

继续配合财政部制定出台《国家级风景名胜区资源有偿使用费管理办法》；完善国家级风景名胜区，设立审查程序，研究采用部门和专家综合打分等评判机制，优化审查程序；出台《风景名胜区规划规范》、《风景名胜区详细规划规范》、《风景名胜区管理技术规范》等标准技术规范，支撑风景名胜区总体规划改革；研究制定《国家级风景名胜区项目经营管理办法》，完善风景名胜区引入社会资本的机制和程序，同时进一步研究风景名胜区基础设施和公共服务设施建设的投融资模式，总结各地有益经验和模式，逐步扭转和解决设施建设资金不足问题。

（六）加强规划管控

继续督促有关地方完成剩余 5 处国家级风景名胜区总体规划报批，实现总体规划编制全覆盖；加快总体规划审查进度，完成 20 处以上总体规划报国务院审批；做好详细规划审批，提高详细规划覆盖面，有序管控建设活动，引导完善配套设施，发挥风景名胜区服务旅游和地方发展的功能；加强规划实施监管，指导地方做好重大建设工程项目选址核准，开展规划实施评估，妥善协调保护与利用的关系。

（七）抓好国家公园体制试点督促检查

对北京长城、福建武夷山、湖南南山国家公园体制试点工作开展现场督促检查，加强工作指导，积极融入和发挥风景名胜区的制度和规划优势，形成有利于风景名胜区和世界遗产体系的经验模式。

（八）做好国家级风景名胜区申报审查工作

完成第九批国家级风景名胜区审批，组织做好国办批办的其他国家级风景名胜区申报项目的审查。

（九）认真组织实施"文化和自然遗产日"活动

贯彻落实国务院要求，组织开展 2017 年"文化和自然遗产日"系列宣传活动，制定系列活动方案，抓好落实和宣传，扩大世界遗产影响；召开世界遗产工作推进会，全面总结世界遗产工作，部署下一阶段工作任务；举办中国世界遗产成就展，集中展示 30 多年来世界遗产事业在保护发展中取得的成就；制作播放或出版世界遗产相关专题片、图书，开展"世界遗产进校园"等有关公益活动。

（十）稳步推进世界遗产申报工作

组织做好青海可可西里申报世界自然遗产项目在联合国教科文组织世界遗产大会审议期间的准备工作；组织做好贵州梵净山申报世界自然遗产项目迎接世界自然保护联盟（IUCN）世界遗产专家实地考察评估工作；研究确定 2018 年申报世界自然遗产项目；组织更新世界遗产预备清单及国家自然遗产预备名录项目。

（十一）抓好世界遗产保护监管

制定《世界自然遗产保护管理规划编制规定》，作为部规范性文件下发；在

2016 年开展世界遗产保护管理检查评估的基础上，完成 2017 年检查评估工作；根据联合国教科文组织要求，组织开展世界遗产定期报告编制提交工作。

（撰稿人：安超，住房和城乡建设部城乡规划管理中心风景监管处主任工程师、高级工程师；李振鹏，住房和城乡建设部城乡规划管理中心风景监管处副处长、高级工程师；刘红纯，住房和城乡建设部城乡规划管理中心世界遗产研究处，副研究员。）

2016 年中国海绵城市规划建设工作综述

2016 年，海绵城市建设工作得到了国家和地方的高度重视，中共中央、国务院先后发布重要文件要求积极推进海绵城市建设，同时全力抓好海绵城市建设试点。

一、中共中央国务院出台新的政策文件

2016 年 2 月 2 日，国务院印发《关于深入推进新型城镇化建设的若干意见》，明确要求推进海绵城市建设。在城市新区、各类园区、成片开发区全面推进海绵城市建设。在老城区结合棚户区、危房改造和老旧小区有机更新，妥善解决城市防洪安全、雨水收集利用、黑臭水体治理等问题。加强海绵型建筑与小区、海绵型道路与广场、海绵型公园与绿地、绿色蓄排与净化利用设施等建设。加强自然水系保护与生态修复，切实保护良好水体和饮用水源。

2016 年 2 月 6 日，中共中央、国务院印发了《关于进一步加强城市规划建设管理工作的若干意见》，从科学规划层面明确提出"推进海绵城市建设""恢复城市自然生态"。

二、加强海绵城市试点工作

（一）加快海绵城市试点工作进度

2016 年 3 月 16 日，住房和城乡建设部办公厅发布《关于做好海绵城市建设项目信息报送工作的通知》，建立信息报送制度，开通海绵城市建设项目信息系统，填报月度海绵城市建设项目包建设进展情况，指导各地在专项规划基础上按汇水分区谋划海绵城市建设项目。信息系统中的海绵城市建设项目将作为各地市申请海绵城市试点、专项建设基金，以及政策性、开发性金融机构优惠贷款的基本条件，并作为国办发〔2015〕75 号文件实施情况考核的重要依据。督促各城市加快项目立项、用地、环评等各类前期工作，优化工作流程，提高审批效率，确保项目合法合规、具备开工条件，促进 PPP 模式推动海绵城市建设。

2016 年 3 月 11 日，住房和城乡建设部印发了《海绵城市专项规划编制暂行

规定》，要求各地抓紧编制海绵城市专项规划，于 2016 年 10 月底前完成设市城市海绵城市专项规划草案，坚持问题导向与目标导向相结合，明确 2020 年城市建成区 20% 以上的面积达到海绵城市目标要求，将 70% 的雨水原地消纳和利用；按照源头减排、过程控制、系统治理的原则，因地制宜地采取"渗、滞、蓄、净、用、排"等措施，恢复水生态、改善水环境、缓解水资源、保证水安全，按程序报批。规定指出，海绵城市专项规划的主要任务是：研究提出需要保护的自然生态空间格局；明确雨水年径流总量控制率等目标并进行分解；确定海绵城市近期建设的重点。

2016 年 2 月 25 日，财政部、住房和城乡建设部、水利部印发《关于开展 2016 年中央财政支持海绵城市建设试点工作的通知》，决定启动 2016 年中央财政支持海绵城市建设试点工作。2016 年 4 月 22 日，住房和城乡建设部、财政部、水利部三部门共同组成评审专家组，召开 2016 年海绵城市试点竞争性评审会议，根据竞争性评审得分，福州、珠海、宁波、玉溪、大连、深圳、上海、庆阳、西宁、三亚、青岛、固原、天津、北京等 14 个城市进入第二批海绵城市建设试点范围。中央财政将对试点城市给予每年 4~6 亿元的资金补贴，通过试点探索可复制、可推广的典型经验。

2016 年 5 月 4 日，财政部、住房和城乡建设部、水利部在北京召开《第二批海绵城市建设试点实施方案编制工作会议》，第二批 14 个试点城市的代表和海绵城市专家委员会成员参加了会议，针对海绵试点实施方案的编制和落地给予技术和政策的指导。

2016 年 8 月 25 日，住房和城乡建设部印发《关于定期上报海绵城市试点工作进展情况的通知》，每个月定期汇总各试点城市项目建设及投资计划完成情况、PPP 模式融资的组织实施及落实情况、上季度项目开工竣工情况等，并形成报告文件，以抓好海绵城市建设试点工作，做好国家海绵城市试点城市的跟踪督导工作。

（二）强化政策支持

2016 年 3 月 24 日，财政部、住房和城乡建设部发布实施《城市管网专项资金绩效评价暂行办法》，并公布了地下综合管廊试点绩效评价指标体系、海绵城市建设试点绩效评价指标体系。财政部按照绩效评价结果，通过调整专项资金拨付进度和额度等方式，督促各项政策贯彻落实和相关工作加快实施。绩效评价为"优秀"的试点城市，按规定全额拨付资金，并按拨付基数的 10% 给予奖励；"较好"及"合格"的全额拨付资金；"不合格"的适用退出机制，并收回全部已拨付的资金。

（三）制定技术指南、修订技术标准

2016 年 1 月 22 日，为进一步推进城市海绵城市建设工作，住房和城乡建设部组织编制了《海绵城市建设国家建筑标准设计体系》，从体系框架上分为规划设计、源头径流控制系统、城市雨水管渠系统、超标雨水径流排放系统等几个部分，包括新建、扩建和改建的海绵型建筑与小区、海绵型道路与广场、海绵型公园绿地、城市水系中与保护生态环境相关的技术及相关基础设施的建设、施工验收及运行管理，构建了海绵城市标准规范体系框架，对提高海绵城市建设设计水平和工作效率、保证施工质量，推动海绵城市建设的持续、健康发展，将发挥积极作用。

2016 年 3 月，在住房和城乡建设部标定司、城建司、规划司的领导和委托下，由中国建设科技集团牵头组织的"海绵城市建设相关标准规范局部修订定稿会"在北京召开。本次定稿会采取多专业、多标准协调的创新工作机制，以扫清障碍为目标、以专业协调为重点，集中完成了《城市水系规划规范》、《城市居住区规划设计规范》、《城市排水工程规划规范》、《城市用地竖向规划规范》、《建筑与小区雨水利用工程技术规范》、《室外排水设计规范》、《城市绿地设计规范》、《绿化种植土壤》、《公园设计规范》、《城市道路工程设计规范》CJJ 37—2012 这 10 部海绵城市建设相关的城市规划、建筑与小区、园林绿化、道路与广场、排水设施等方面标准规范的局部修订评审工作，涉及相关条文修订共计 372 条，解决了现行标准规范与海绵城市建设要求不衔接的问题。

（四）加强技术指导

2016 年 2 月 26 日，住房和城乡建设部在重庆两江新区悦来新城召开了 2016 年海绵城市建设技术指导专家委员会的第一次会议，来自国内城乡规划、环境工程、给水排水、风景园林、水文气象、建筑设计、市政工程、道路交通、市政公用事业、财政学、金融财税等领域的 30 余位专家出席了此次会议。在本次会议上国家海绵城市建设试点城市重庆、镇江、济南分别介绍了各自在海绵城市建设的进展情况和存在的问题，随后专家进行了点评。本次会议还就如何以问题导向实施海绵城市建设、绩效考核、规划编制、建设模式等方面进行了专题讨论，加强对海绵城市建设的指导。

2016 年 5 月 17 日，第十一届中美工程技术研讨会海绵城市组研讨会在济南召开。来自国内外的 30 余名知名院士专家，200 余名海绵城市建设成员单位代表参加了会议。中外专家围绕水系综合规划及整治、"海绵城市"建设科学问题

与关键技术、监测评估体系及平台建设、政策法规与标准规范体系、PPP模式项目运作及典型案例剖析等议题进行深入研究，并针对海绵城市试点城市建设的具体情况提出了建议。

2016年5月25日，住房和城乡建设部在长沙召开了海绵城市建设工作推进会，指导各地采取"技术+资本+本地资源"的模式，引入社会资本参与海绵城市建设，向社会资本、金融机构推介工程项目，吸引社会资本参与。

2017年2月24日，住房和城乡建设部城建司召开海绵城市建设工作座谈会，分别邀请园林和给排水19名专家参加讨论，从概念、理论、方法的认识上来解决差异，加强海绵城市建设过程中园林和给排水专业的互相融合，指导海绵城市建设。

三、海绵城市建设工作取得显著效果

（一）试点工作有序推进

随着国家海绵城市试点工作的全面积极推进，海绵城市理念逐渐被广泛接受，除全国已经确定的30个试点城市外，我国目前已有20多个省（区、市）以省政府办公厅文件印发了海绵城市建设指导意见，其中有13个省（区、市）确定了80多个省级试点城市。全国各地以海绵城市建设为抓手，在大幅改善人居环境的同时，也同步推进城市生态文明建设。

（二）强调规划引领，注重系统性，海绵城市建设连片效应初显

通过近两年的实践，各地普遍认识到了项目碎片化造成的问题，全国各省市在确保海绵城市建设的系统性上进行了积极探索。试点城市普遍注重专项规划的统筹引领，截至2016年年底，国家第一、第二两批共30个海绵试点城市已基本完成海绵城市专项规划的编制工作，部分县和区，如四川、上海等的县或区等也开始着手编制海绵城市规划，不少试点城市已完工，并在实施项目中形成了局部区域连片。

（三）形成一批样板工程项目

经过近两年的实践，不少试点城市已经取得了一定成效，形成了一批样板工程项目，涵盖海绵城市建设的各个方面，包括建筑小区、广场道路、城市黑臭水体治理、内涝防治、片区建设与改造等各个方面，如南宁市那考河（植物园段）片区海绵城市建设、遂宁市阜丰巷老旧小区积水点整治、池州市齐山大道及周边区域排涝除险改造等都成了大家口口相传的经典案例。样板工程给各国家级或省

级试点城市提供了借鉴学习的经验。

（四）以黑臭水体整治为核心推进区域海绵城市建设

不少试点城市以城市黑臭水体整治为核心，结合旧城改造连片推进海绵城市建设。如常德市对市区黑臭河道穿紫河进行综合整治，消除黑臭，改善水生态，提升城市品质和价值；在棚户区改造时，将被掩盖的黑臭护城河打开实施整治，恢复水景观和历史文化。整治黑臭水体的同时，带动了周边地产开发及棚户区改造，还带动了旅游、商贸和文化发展。

（五）缓解城市内涝成效显著

一些试点城市海绵化改造的点面"对比效果"十分突出。如遂宁市对阜丰巷老旧小区进行海绵化改造，有效控制小区内涝积水，根除以往"淹水没腰"问题；西咸新区在沣西新城试点区域实施海绵城市建设后，有效缓解城市内涝，在同样降雨条件下，沣西新城无明显内涝，而对面未改造的沣东新城（非试点区域）则出现大面积内涝，形成鲜明对比。

（六）积极探索新技术，促进产业发展和技术进步

各试点城市因地制宜，在既有的旧城改造、新区开发建设中灵活运用海绵城市理念，在海绵城市建设的同时，也加强了新技术新工艺的研发，推动了本地相关产业的发展，起到了事半功倍的效果。一些试点城市还建立了产业基地，相关新材料、新设备、新技术也实现了产业化发展，如，萍乡市在海绵城市建设试点中，推动本土砖瓦生产企业升级转型，透水性建材市场扩展到整个江西省及临近省份；西咸新区为满足生态绿地换填土需求，自主研发了成套设备，可将椰糠、细沙、素土按照一定比例混合，实现了材料生产的本土化、机械化、自动化等。

（七）海绵城市建设全面启动

在海绵城市建设试点工作的推动下，全国各地积极落实国办75号文件，出台相关政策、制定技术规范支持海绵城市建设，如辽宁、上海等9个省（区、市）政府已印发了指导意见或实施方案。据初步统计，全国目前已有130多个城市正在推进海绵城市建设。随着各地海绵城市建设的全面推进，我国海绵城市建设的成效将逐步突显。

（撰稿人：程彩霞，博士，住房和城乡建设部城乡规划管理中心给排水处副研究员；赵

晔，博士，住房和城乡建设部城乡规划管理中心给排水处工程师；徐慧纬，副研究员，博士，住房和城乡建设部城乡规划管理中心给排水处副处长；陈玮，博士，住房和城乡建设部城乡规划管理中心给排水处副研究员；高伟，博士，住房和城乡建设部城乡规划管理中心给排水处副研究员；梁雨雯，住房和城乡建设部城乡规划管理中心给排水处工程师。）

2016 年中国城市地下管线和综合管廊规划建设工作综述

2016 年，城市地下管线和综合管廊规划建设工作得到了国家和地方的高度重视，国家进一步明确了城市地下管线和综合管廊规划建设管理工作目标任务和要求，城市地下管线规划建设管理工作有序推进，地下综合管廊规划建设工作全面启动。

一、城市地下管线和综合管廊工作得到了国家高度重视

（1）2016 年 2 月 2 日，国务院印发了《关于深入推进新型城镇化建设的若干意见》，提出推动城市新区、各类园区、成片开发区的新建道路同步建设地下综合管廊，老城区要结合地铁建设、河道治理、道路整治、旧城更新、棚户区改造等逐步推进地下综合管廊建设，鼓励社会资本投资运营地下综合管廊。

（2）2016 年 2 月 6 日，中共中央国务院印发了《关于进一步加强城市规划建设管理工作的若干意见》（中发〔2016〕6 号），提出了建设地下综合管廊的工作目标和方向：一是认真总结推广试点城市经验，逐步推开地下综合管廊建设，统筹各类管线敷设，综合利用地下空间资源，提高城市综合承载能力；二是城市新区、各类园区、成片开发区域新建道路必须同步建设地下综合管廊，老城区要结合地铁建设、河道治理、道路整治、旧城更新、棚户区改造等，逐步推进建设；三是加快制定地下综合管廊建设标准和技术导则；四是凡建有地下综合管廊的区域，各类管线必须全部入廊，管廊以外区域不得新建管线；五是管廊实行有偿使用，建立合理的收费机制；六是鼓励社会资本投资和运营地下综合管廊；七是各城市要综合考虑城市发展远景，按照先规划、后建设的原则，编制地下综合管廊建设专项规划，在年度建设计划中优先安排，并预留和控制地下空间；八是完善管理制度，确保管廊正常运行。

（3）2016 年 3 月 5 日，李克强总理首次在《政府工作报告》中提出"开工建设地下综合管廊 2000 公里以上"的目标任务，国办督查室将地下综合管廊开工进展情况作为全年落实《政府工作报告》考核的 32 个量化指标之一，每月调度地下综合管廊建设进展情况。

（4）《城镇地下管线管理条例》被列为国务院 2016 年立法预备项目，加快

了城市地下管线立法进程。

二、城市地下管线和综合管廊工作取得新进展

（一）组织开展了第二批中央财政支持的地下综合管廊试点工作

2016 年 2 月 16 日，财政部、住房和城乡建设部联合印发了《关于开展 2016 年中央财政支持地下综合管廊试点工作的通知》（财办建〔2016〕21 号），组织开展第二批中央财政支持地下综合管廊建设试点工作，通过竞争性评审选出广州、石家庄、郑州、四平、青岛、威海、杭州、保山、南宁、银川、平潭、景德镇、成都、合肥、海东共 15 个试点城市，全国中央财政支持的地下综合管廊建设试点城市达到 25 个，中央财政每年拨付 87 亿元的专项资金补助支持试点城市建设，发挥了中央财政资金"四两拨千斤"的重要作用。

2016 年 4 月 22 日，住房和城乡建设部办公厅、财政部办公厅联合印发了《关于开展地下综合管廊试点年度绩效评价工作的通知》（建办城函〔2016〕375 号），开展第一批试点城市中央财政支持地下综合管廊试点城市绩效评价工作，并于 2016 年 5 月组织专家成立绩效评价小组赴试点城市听取汇报、查阅资料、查看现场，总结推广试点城市工作经验和做法，查找工作中的不足并提出改进措施，督导各试点城市按计划推进试点工作。

（二）全面推进地下综合管廊规划建设工作

（1）开展管廊规划巡查辅导。为贯彻落实《关于推进城市地下综合管廊建设的指导意见》（国办发〔2015〕61 号）文件中提出的编制专项规划的要求，按照地下综合管廊"先规划后建设"的原则，住房城乡建设部在全面摸清各地方地下综合管廊规划编制情况的基础上，组织专家逐省逐市、分组分批对已开展地下综合管廊专项规划编制城市的规划合理性、科学性和落地性进行全面辅导。

（2）建立管廊进展周报制度。为贯彻《中共中央　国务院关于进一步加强城市规划建设管理工作的若干意见》（中发〔2016〕6 号）文件要求，落实 2016 年《政府工作报告》"开工建设地下综合管廊 2000 公里以上"的目标任务，全面、及时、准确掌握地下综合管廊规划建设工作进展，更好地为政府决策服务，住房和城乡建设部于 2016 年 4 月起，建立全国地下综合管廊建设进展周报制度，全面掌握全国各地的管廊建设进展情况。

（3）推动电力管线入廊。2016 年 5 月，住房和城乡建设部会同国家能源局印发了《关于推进电力管线纳入城市地下综合管廊的意见》，进一步明确了电力管线入廊的相关规定，鼓励电网企业参与投资建设运营地下综合管廊，共同做好

电力管线入廊工作。

（4）加强金融支持力度。2016 年 10 月，住房和城乡建设部会同国开行共同制定了《关于城市地下综合管廊建设运用抵押补充贷款有关事项的通知》，将地下综合管廊建设纳入国家开发银行抵押补充贷款（PSL）资金运用范围，加强部行合作，建立协调机制，积极推进开发性金融支持管廊建设。

（5）组织开展了管廊建设项目对接会。为充分发挥大型企业在地下综合管廊建设方面的技术、资金和管理优势，促进地方管理部门与大型企业开展项目对接洽谈，保障地下综合管廊工程建设和运行质量，2016 年 2 月 26 日，住房和城乡建设部在北京市召开了地下综合管廊建设项目对接洽谈会，来自全国 32 个省（区、市、兵团）住房城乡建设厅分管负责同志，部分城市的市长、副市长，20多家央企领导出席了会议。

（三）进一步推进城市地下管线规划建设管理工作

（1）开展城市地下管线普查工作抽查。按照《住房城乡建设部等关于开展城市地下管线普查工作进展情况检查的通知》要求，住房城乡建设部会同工业和信息化部、新闻出版广电总局、安监总局、能源局对全国 10 个省（河北、黑龙江、河南、湖北、湖南、福建、广东、四川、贵州、陕西）城市地下管线普查工作进展情况进行抽查，听取各地城市地下管线普查工作进展情况汇报，查阅相关资料，并现场查验各地地下管线综合管理信息系统建设情况及地下管线隐患排查工作成果。

（2）推进城镇地下管线立法工作。住房和城乡建设部研究起草并形成了《城镇地下管线管理条例（征求意见稿）》，并在门户网站公开征求意见，修改形成了《城镇地下管线管理条例（送审稿）》，现已上报国务院法制办。

（3）总结德州市地下管线综合管理试点工作。通过近年来的试点实践探索，德州市形成一整套较为成熟的地下管线综合管理模式，住房和城乡建设部对德州市地下管线综合管理工作进行了摸底和经验总结。

三、城市地下管线和综合管廊工作取得明显成效

（一）2016 年地下综合管廊工程建设任务全面完成

各地积极落实中共中央、国务院关于地下综合管廊建设的工作部署，推进地下综合管廊建设工作取得一定成效。截至 2016 年 12 月，全国 26 个省（区、市、兵团）研究出台了推进管廊建设的实施意见，其中，共 18 个省（市、区）明确了地下综合管廊工程建设的量化指标，到 2020 年共计划建设地下综合管

廊 8950km。

截至 2016 年 12 月底，全国 147 个城市和 28 个县城开工建设管廊 2005km，总投资 2000 多亿元，超额完成了《政府工作报告》提出的目标任务，各省任务也同步完成，管廊建设从局部试点进入了全面推进阶段。

（二）大部分城市开展了地下综合管廊专项规划编制工作

各地高度重视管廊专项规划编制工作。2016 年，全国大部分城市启动了管廊规划编制工作，其中部分城市完成了规划审批。许多城市为适应管廊建设发展新形势、新要求，重新调整和修编原有管廊规划，提升规划的科学性、合理性。更加注重推进地下空间"多规合一"。广州等城市加强管廊与地下管线、地铁、地下商业等地下设施建设的统筹协调，实现道路、管廊、管线建设"一盘棋"布局。

（三）部分地区出台了地下综合管廊法规和标准规范

各地相继研究出台地下管线管理和管廊建设管理的地方性法规。重庆、长沙等城市出台了地下管线管理条例，明确了管廊建设运营的管理制度。管廊建设相关配套政策和地方标准不断完善。山东省政府授权设区市人民政府依法制定有偿使用费标准；福建省制定了电力管线入廊实施意见；江苏、河北、广东、福建等省制定了管廊建设相关技术导则，有的省还编制了管廊标准图集。

（四）部分城市积极探索地下综合管廊投融资模式

落实国家要求，积极推广和运用 PPP 模式建设管廊。特别是 25 个试点城市积极探索了管廊建设 PPP 模式，吉林省管廊项目全部采用 PPP 模式建设，广东省设立了管廊 PPP 产业基金，引导各地市管廊项目采取 PPP 模式建设。

（撰稿人：李昂，住房和城乡建设部城乡规划管理中心地下管线处，助理规划师；刘晓丽，研究员，住房和城乡建设部城乡规划管理中心地下管线处副处长；唐兰，副研究员，住房和城乡建设部城乡规划管理中心地下管线处；武迪，工程师，住房和城乡建设部城乡规划管理中心地下管线处；李筱祎，助理工程师，住房和城乡建设部城乡规划管理中心地下管线处；张月，助理工程师，住房和城乡建设部城乡规划管理中心地下管线处。）

2016—2017 年度中国城市规划大事记

2016 年 1 月 11 日，住房和城乡建设部发布关于修改《城乡规划编制单位资质管理规定》的决定。将《规定》中第四十二条修改为："外商投资企业可以依照本规定申请取得城乡规划编制单位资质证书，在相应资质等级许可范围内，承揽城市、镇总体规划服务以外的城乡规划编制工作"。资质许可机关应当在外商投资企业的资质证书中注明"城市、镇总体规划服务除外"。

2016 年 1 月 15 日，住房和城乡建设部发布《关于 2015 年国家生态园林城市、园林城市、县城和城镇的通报》。根据《国家园林城市申报与评审办法》《生态园林城市申报与定级评审办法和分级考核标准》等相关文件要求，住房和城乡建设部对 2014 年所有申报城市、县城和城镇组织了评审。根据评审结果，决定命名江苏省徐州市等 7 个城市为国家生态园林城市、河北省沧州市等 46 个城市为国家园林城市、河北省高邑县等 78 个县城为国家园林县城、山西省巴公镇等 11 个镇为国家园林城镇。

2016 年 2 月 3 日，国务院发布《国务院关于同意设立长春新区的批复》，原则同意设立长春新区。长春新区范围包括长春市朝阳区、宽城区、二道区、九台区的部分区域，规划面积约 499km²。

2016 年 2 月 4 日，国家发展改革委、住房和城乡建设部发布《城市适应气候变化行动方案》。《行动方案》提出，到 2020 年，普遍实现将适应气候变化相关指标纳入城乡规划体系、建设标准和产业发展规划，建设 30 个适应气候变化试点城市，典型城市适应气候变化治理水平显著提高，绿色建筑推广比例达到 50%。到 2030 年，适应气候变化科学知识广泛普及，城市应对内涝、干旱缺水、高温热浪、强风、冰冻灾害等问题的能力明显增强，城市适应气候变化能力全面提升。

2016 年 2 月 5 日，国务院发布《国务院关于广州市城市总体规划的批复》，原则同意《广州市城市总体规划（2011—2020 年）》。明确要在《总体规划》确定的 4734km² 城市规划区范围内，实行城乡统一规划管理；要合理控制城市规模，到 2020 年市域常住人口控制在 1800 万人以内，市域建设用地控制在 1772km² 以内，其中城镇建设用地控制在 1559km² 以内。

2016 年 2 月 5 日，国务院发布《国务院关于厦门市城市总体规划的批复》，原则同意《厦门市城市总体规划（2011—2020年）》。明确要在《总体规划》确定的 1699.39km² 城市规划区范围内，实行城乡统一规划管理；要合理控制城市规模，到 2020 年城市常住人口控制在 500 万人以内，城市建设用地控制在 440km² 以内。

2016 年 2 月 6 日，国务院印发《关于深入推进新型城镇化建设的若干意见》，全面部署深入推进新型城镇化建设。《意见》提出，要坚持走中国特色新型城镇化道路，以人的城镇化为核心，以提高质量为关键，以体制机制改革为动力，紧紧围绕新型城镇化目标任务，加快推进户籍制度改革，提升城市综合承载能力，制定完善土地、财政、投融资等配套政策。《意见》提出了九个方面 36 条具体措施。《意见》指出，要坚持点面结合、统筹推进。统筹规划、总体布局，促进大中小城市和小城镇协调发展，着力解决好"三个 1 亿人"城镇化问题，全面提高城镇化质量。充分发挥国家新型城镇化综合试点作用，及时总结提炼可复制经验，带动全国新型城镇化体制机制创新。坚持纵横联动、协同推进。加强部门间政策制定和实施的协调配合，推动户籍、土地、财政、住房等相关政策和改革举措形成合力。加强部门与地方政策联动，推动地方加快出台一批配套政策，确保改革举措和政策落地生根。坚持补齐短板、重点突破。加快实施"一融双新"工程，以促进农民工融入城镇为核心，以加快新生中小城市培育发展和新型城市建设为重点，瞄准短板，加快突破，优化政策组合，弥补供需缺口，促进新型城镇化健康有序发展。

2016 年 2 月 21 日，中共中央、国务院印发《关于进一步加强城市规划建设管理工作的若干意见》，这是时隔 37 年重启的中央城市工作会议的配套文件，也是当前和今后一个时期指导我国城市规划建设管理、促进城市持续健康发展的纲领性文件。《意见》明确了城市规划建设管理工作的总体要求，并提出了加强城市规划建设管理工作的重点任务。其总体目标是实现城市有序建设、适度开发、高效运行，努力打造和谐宜居、富有活力、各具特色的现代化城市，让人民生活更美好。基本原则是坚持依法治理与文明共建相结合，坚持规划先行与建管并重相结合，坚持改革创新与传承保护相结合，坚持统筹布局与分类指导相结合，坚持完善功能与宜居宜业相结合，坚持集约高效与安全便利相结合。意见提出了强化城市规划工作、塑造城市特色风貌、提升城市建筑水平、推进节能城市建设、完善城市公共服务、营造城市宜居环境、创新城市治理方式、切实加强组织领导等八项工作。在强化城市规划工作中，明确提出两方面要求：一是依法制定城市规划。依法加强规划编制和审批管理，严格执行城乡规划法规定的原则和程序。创新规划理念，改进规划方法，把以人为本、尊重自然、传承历史、绿色低碳等理念融入城市规划全过程，增强规划的前瞻性、严肃性和连续性，实现一张蓝图干到底。坚持协调发展理念，加强空间开发管制，确定城市建设约束性指标。按照严控增量、盘活存量、优化结构的思路，逐步调整城市用地结构，推动城市集约发展。改革完善城市规划管理体制，加强城市总体规划和土地利用总体规划的衔接，推进两图合一。在有条件的城市探索城市规划管理和国土资源管理部门合一。二是严格依法执行规划。进一步强化规划的强制性，凡是违反规划的行为都要严肃追究责任。城市政府应当定期向同级人大常委会报告城市规划实施情况。从制度上防止随意修改规划等现象。未编制控制性详细规划的区域，不得进行建设。控制性详细规划的编制、实施以及对违规建设的处理结果，都要向社会公开。全面推行城市规划委员会制度。健全国家城乡规划督察员制度，实现规划督察全覆盖。完善社会参与机制，建立利用卫星遥感监测等多种手段共同监督规划实施的工作机制。严控各类开发区和城市新区设立，凡不符合城镇体系规划、城市总体规划和土地利用总体规划进行建设的，一律按违法处理。用 5 年左右时间，全面清查并处理建成区违法建设。

2016 年 2 月 23 日，国务院发布《国务院关于哈长城市群发展规划的批复》，原则同意《哈长城市群发展规划》。"哈长城市群"主要以哈尔滨、长春为核心城市，辐射带动周边的吉林、大庆、齐齐哈尔、牡丹江、延吉、四平等城市的城市群带。发展目标为，到 2020 年，整体经济实力明显增强，功能完备、布局合理的城镇体系和城乡区域协调发展格局基本形成；到 2030 年，建成在东北区域具有核心竞争力和重要影响力的城市群。

2016 年 2 月 27 日，中国中央电视台《新闻联播》头条播报了《浙江开化：一本规划一张蓝图》。此前，开化县"多规合一"试点情况已在 2016 年 2 月 23 日的"中央全面深化改革领导小组第二十一次会议"上进行了汇报，习近平总书记当场予以肯定，"一本规划一张蓝图"已成大趋势。

2016 年 3 月 3 日，国务院发布《国务院关于深化泛珠三角区域合作的指导意见》。《意见》指出，近年来泛珠三角区域合作领域逐步拓展，合作机制日益健全，合作水平不断提高。新形势下深化泛珠三角区域合作，有利于深入实施区域发展总体战略，统筹东中西协调联动发展，加快建设统一开放、竞争有序的市场体系；有利于更好融入"一带一路"建设、长江经济带发展，提高全方位开放合作水平；有利于深化内地与港澳更紧密合作，保持香港、澳门长期繁荣稳定。

2016 年 3 月 4 日，国务院办公厅下发《国务院办公厅关于批准临沂市城市总体规划的通知》，原则同意《临沂市城市总体规划（2011—2020 年）》。明确要在《总体规划》确定的 2106.89km^2 城市规划区范围内，重视城乡区域统筹发展，实行城乡统一规划管理；要合理控制城市规模，到 2020 年中心城区常住人口控制在 260 万人以内，城市建设用地控制在 287km² 以内。

2016 年 3 月 11 日，住房和城乡建设部印发《海绵城市专项规划编制暂行规定》，要求各地结合实际，抓紧编制海绵城市专项规划，于 2016 年 10 月底前完成设市城市海绵城市专项规划草案，按程序报批。《规定》指出，海绵城市专项规划的主要任务是：研究提出需要保护的自然生态空间格局；明确雨水年径流总量控制率等目标并进行分解；确定海绵城市近期建设的重点。

2016 年 3 月 16 日，国务院办公厅下发《国务院办公厅关于完善国家级经济技术开发区考核制度促进创新驱动发展的指导意见》。《意见》指出，要坚持以对外开放为引领、坚持以科技创新为动力、坚持以体制创新为保障、坚持以考核评价为导向，提升自主创新能力，对标国际产业发展趋势，以推动产业转型升级为核心，引领新产业、新业态发展方向，提高支柱产业对区域发展的贡献率。

2016 年 3 月 17 日，《中华人民共和国国民经济和社会发展第十三个五年规划纲要》正式发布。《纲要》明确提出坚持以人的城镇化为核心，以城市群为主题形态，以城市综合承载能力为支撑，以体制机制创新为保障，加快新型城镇化步伐，提高社会主义新农村建设水平，努力缩小城乡发展差距，推进城乡发展一体化。

2016 年 3 月 31 日，国务院办公厅下发《国务院办公厅关于批准东营市城市总体规划的通知》，原则同意《东营市城市总体规划（2011—2020 年）》。明确要在《总体规划》确定的 6442km² 城市规划区范围内，重视城乡区域统筹发展，实行城乡统一规划管理；到 2020 年中心城区常住人口控制在 100 万人以内，城市建设用地控制在 119.87km² 以内。

2016 年 4 月 5 日，国务院发布《国务院关于同意郑洛新国家高新区建设国家自主创新示范区的批复》，同意郑州、洛阳、新乡 3 个国家高新技术产业开发区（统称郑洛新国家高新区）建设国家自主创新示范区；发布《国务院关于同意山东半岛国家高新区建设国家自主创新示范区的批复》，济南、青岛、淄博、潍坊、烟台、威海等 6 个国家高新技术产业开发区（统称山东半岛国家高新区）建设国家自主创新示范区，发布《国务院关于同意沈大国家高新区建设国家自主创新示范区的批复》，沈阳、大连 2 个国家高新技术产业开发区（统称沈大国家高新区）建设国家自主创新示范区，区域范围为国务院有关部门公布的开发区审核公告确定的四至范围。

2016 年 4 月 12 日，国务院发布《国务院关于成渝城市群发展规划的批复》，原则同意《成渝城市群发展规划》。成渝城市群处于全国"两横三纵"城市化战略格局（沿长江通道横轴和包昆通道纵轴的交汇地带），是全国重要的城镇化区域，具有承东启西、连接南北的区位优势。

2016 年 4 月 15 日，住房和城乡建设部发布国家标准《城市工程管线综合规划规范》，编号为 GB 50289—2016，自 2016 年 12 月 1 日起实施。其中，第 4.1.8、5.0.6、5.0.8、5.0.9 条为强制性条文，必须严格执行。原国家标准《城市工程管线综合规划规范》GB 50289—98 同时废止。

2016 年 4 月 19 日，由国家发展和改革委员会组织编写的《国家新型城镇化报告 2015》在京发布。《报告》显示，从 1978 年到 2014 年，我国城镇化率年均提高约 1 个百分点，城镇常住人口由 1.7 亿人增加到 7.5 亿人，城市数量由 193 个增加到 653 个，城市建成区面积从 1981 年的 0.7 万 km^2 增加到 2015 年的 4.9 万 km^2。城市基础设施明显改善，公共服务水平不断提高，城市功能不断完善。2015 年，城镇化率进一步提高到 56.1%。

2016 年 4 月 19 日，国务院发布《国务院关于同意设立黑龙江绥芬河—东宁重点开发开放试验区的批复》，同意设立黑龙江绥芬河—东宁重点开发开放试验区，建设实施方案由国家发展改革委负责印发。《批复》指出，要认真做好试验区建设总体规划和有关专项规划研究编制工作，积极探索"多规合一"，优化空间布局，保护生态环境，集约节约利用资源。规划建设必须符合土地利用总体规划、城市总体规划、镇总体规划、环境保护规划、水资源综合规划等相关专项规划的要求。试验区建设涉及的重要政策和重大建设项目要按规定程序报批。

2016 年 4 月 22 日，国务院发布《国务院关于合肥市城市总体规划的批复》，原则同意《合肥市城市总体规划（2011—2020 年）》。在《总体规划》确定的 11433km² 城市规划区范围内，实行城乡统一规划管理。到 2020 年，中心城区常住人口控制在 360 万人以内，城市建设用地控制在 360km² 以内。

2016 年 4 月 22 日，国务院发布《国务院关于同意将浙江省温州市列为国家历史文化名城的批复》，同意将温州市列为国家历史文化名城。

2016 年 4 月 28 日，国务院办公厅下发《国务院办公厅关于健全生态保护补偿机制的意见》。《意见》指出，到 2020 年，实现森林、草原、湿地、荒漠、海洋、水流、耕地等重点领域和禁止开发区域、重点生态功能区等重要区域生态保护补偿全覆盖，补偿水平与经济社会发展状况相适应，跨地区、跨流域补偿试点示范取得明显进展，多元化补偿机制初步建立，基本建立符合我国国情的生态保护补偿制度体系，促进形成绿色生产方式和生活方式。

2016 年 5 月 1 日，厦门市出台全国首部"多规合一"的地方性法规《厦门经济特区多规合一管理若干规定》。《规定》首次完整界定厦门版"多规合一"的概念内涵。

2016 年 5 月 5 日，国土资源部、国家发展改革委联合印发《京津冀协同发展土地利用总体规划（2015—2020 年）》，作为当前和今后一个时期京津冀协同发展土地利用的行动纲领。《规划》提出划定减量优化区、存量挖潜区、增量控制区和适度发展区，明确各区土地利用原则和利用导向，按照突出重点、有序投放、优化结构的原则，严格控制新增建设用地。通过实施差别化用地计划和土地供应管理，严格执行项目准入负面清单等措施，支持产业升级。《规划》要求，夯实现代农业发展基础，以稳定耕地保护面积、强化耕地质量建设、统筹安排耕地保护与生态建设、协同发挥区域农用地功能为重点，推动区域现代农业协同发展。同时，强调严格永久基本农田保护和大力推进农用地综合整治。将北京顺义东部等 13 片集中分布的优质耕地优先划入永久基本农田，实施严格保护，推进构建"一带十三区"区域永久基本农田保护格局。

2016 年 5 月 20 日，住房和城乡建设部公布了新版《中国人居环境奖评价指标体系》和《中国人居环境范例奖评选主题及申报材料编制导则》。新版评价指标体系包括基本指标体系、城市实践案例和相关条件三部分内容。基本指标体系由居住环境、生态环境、社会和谐、公共安全、经济发展和资源节约六大类 65 项指标及 1 项综合否定项组成。其中明确：近两年内发生重大安全、污染、破坏生态环境、违法建设等事故，造成重大负面影响的城市，实行一票否决。

2016 年 5 月 22 日，国务院发布《国务院关于长江三角洲城市群发展规划的批复》，原则同意《长江三角洲城市群发展规划》。长三角城市群由江苏、浙江、上海、安徽四省市 26 个城市组成，未来将打造改革新高地，推进金融、土地、产权交易等要素市场一体化建设，开展教育、医疗、社保等公共服务合作。

2016 年 5 月 27 日，中共中央政治局召开会议，研究部署规划建设北京城市副中心。会议强调，要遵循城市发展规律，牢固树立并贯彻落实创新、协调、绿色、开放、共享的发展理念，坚持世界眼光、国际标准、中国特色、高点定位，以创造历史、追求艺术的精神进行北京城市副中心的规划设计建设。

2016 年 6 月 6 日，国务院发布《国务院关于同意设立江西赣江新区的批复》，同意设立江西赣江新区。《批复》指出，以深化改革、扩大开放为动力，以科技创新、转型升级为引领，着力推动紧凑集约高效绿色发展，构建现代产业体系，推进生态文明建设，保障和改善民生，努力把江西赣江新区建设成为中部地区崛起和推动长江经济带发展的重要支点。

2016 年 6 月 15 日，住房和城乡建设部副部长黄艳主持召开推进新型城镇化工作座谈会，部署 2016 年推进新型城镇化重点工作。会议总结了 2016 年推进新型城镇化重点工作落实情况，研究讨论了工作推进中存在的问题与难点，提出了下一步工作要求。

2016 年 6 月 16 日，国务院发布《国务院关于同意福厦泉国家高新区建设国家自主创新示范区的批复》，同意福州、厦门、泉州 3 个国家高新技术产业开发区（统称福厦泉国家高新区）建设国家自主创新示范区；发布《国务院关于同意合芜蚌国家高新区建设国家自主创新示范区的批复》，同意合肥、芜湖、蚌埠 3 个国家高新技术产业开发区（统称合芜蚌国家高新区）建设国家自主创新示范区。

2016 年 6 月 17 日，住房和城乡建设部召开推进城市地下综合管廊建设电视电话会议，部长陈政高出席会议并讲话。会议指出：坚决落实管线全部入廊的要求，绝不能一边建设地下综合管廊，一边在管廊外埋设管线。

2016 年 6 月 22 日，国土资源部印发实施《全国土地利用总体规划纲要（2006—2020 年）调整方案》。《方案》对全国及各省（区、市）耕地保有量、基本农田保护面积、建设用地总规模等指标进行了调整，并对土地利用结构和布局进行了优化。根据《方案》，调整后，到 2020 年，全国耕地保有量为 18.65 亿亩以上，基本农田保护面积为 15.46 亿亩以上，建设用地总规模控制在 4071.93 万公顷（61079 万亩）之内。

2016 年 6 月 22 日，住房城乡建设部印发《城市地下空间开发利用"十三五"规划》。以促进城市地下空间科学合理开发利用为总体目标，我国首次明确了"十三五"时期的城市地下空间开发利用的主要任务。"十三五"时期，我国将建立和完善城市地下空间规划体系，推进城市地下空间规划制订工作，同时将开展地下空间普查，推进城市地下空间综合管理信息系统建设并纳入不动产统一登记管理。

2016 年 6 月 24 日，国务院批复同意《京津冀系统推进全面创新改革试验方案》，指出围绕促进京津冀协同发展，以促进创新资源合理配置、开放共享、高效利用为主线，以深化科技体制改革为动力，充分发挥北京全国科技创新中心的辐射带动作用。

2016 年 6 月 29 日-7 月 1 日，由中国城市科学研究会、同济大学主办的国际智慧城市博览会（上海浦东）在上海新国际博览中心顺利举行，全面覆盖智慧城市建设与发展的各大领域，主要分为物联网、移动通信、城市解决方案、智能建筑、智慧教育、智能家居等六大板块。众多智慧城市领域政企参观博览会，包括 70 多个智慧城市试点政府、中国科学院、中国工程院等政企单位。

2016 年 7 月 1 日，国务院办公厅下发《国务院办公厅关于批准南通市城市总体规划的通知》，原则同意《南通市城市总体规划（2011—2020 年）》。在《总体规划》确定的 1770km² 城市规划区范围内，实行城乡统一规划管理。到 2020 年，中心城区常住人口控制在 215 万人以内，城市建设用地控制在 254.3km² 以内。

2016 年 7 月 3 日，国务院发布《国务院关于南京市城市总体规划的批复》，原则同意《南京市城市总体规划（2011—2020 年)》。在《总体规划》确定的 6582km² 城市规划区范围内，实行城乡统一规划管理。到 2020 年，中心城区常住人口控制在 670 万人以内，城市建设用地控制在 652km² 以内。

2016 年 7 月 9 日，住房和城乡建设部在京召开城市防洪排涝有关问题座谈会。会议由住房城乡建设部黄艳副部长主持。黄艳副部长在介绍会议背景时表示，2015 年年底召开的中央城市工作会议中，谈到了城市规划建设、城市中人的活动和自然环境协调的问题。半年之后，城市就面对自然气候挑战，南方部分城市出现了严重的内涝灾害。我们有必要进一步反思城市规模快速扩张过程中的发展理念和开发模式，找出"症结"所在，分析背后的原因，提出有效的"药方"，为城市的安全运行工作打好基础。

2016 年 7 月 10 日，国务院发布《国务院关于川陕革命老区振兴发展规划的批复》，原则同意《川陕革命老区振兴发展规划》。川陕革命老区是中国共产党领导的红四方面军在川陕边界建立的革命根据地，是土地革命战争时期第二大苏区，为中国革命胜利做出了重要贡献和巨大牺牲。《规划》明确，在原川陕苏区核心区域设立川陕革命老区综合改革试验区，将在资源开发、扶贫开发、生态保护补偿等方面赋予试验区改革创新和试点示范职能。

2016 年 7 月 14 日，住房和城乡建设部公布了《2015 年城乡建设统计公报》。根据《公报》，2015 年年末，全国设市城市 656 个，增加 3 个；其中，直辖市 4 个，地级市 291 个，县级市 361 个。城市城区户籍人口 3.94 亿人，暂住人口 0.66 亿人，建成区面积 5.21 万 km²。全国共有县 1568 个，减少 28 个。县城户籍人口 1.40 亿人，暂住人口 0.16 亿人，建成区面积 2.00 万 km²。全国共有建制镇 20515 个，乡（苏木、民族乡、民族苏木）11315 个。据 17848 个建制镇、11478 个乡（苏木、民族乡、民族苏木）、643 个镇乡级特殊区域和 264.46 万个自然村（其中村民委员会所在地 54.21 万个）统计汇总，村镇户籍总人口 9.57 亿。其中，建制镇建成区 1.6 亿，占村镇总人口的 16.73%；乡建成区 0.29 亿，占村镇总人口的 3.02%；镇乡级特殊区域建成区 0.03 亿，占村镇总人口的 0.33%；村庄 7.65 亿，占村镇总人口的 79.92%。

2016 年 7 月 18 日，住房和城乡建设部办公厅公布了《历史文化街区划定和历史建筑确定工作方案》，按照"五年计划三年完成"的总体安排，对全国设市城市和公布为历史文化名城的县，开展历史文化街区划定和历史建筑确定工作。根据方案，各地将在 5 年的时间里核查所有符合条件的历史文化街区、历史建筑的基本情况和保护情况，并公布名单。到 2020 年年末，全面完成历史文化街区划定和历史建筑确定工作。

2016年7月19日，国务院发布《国务院关于同意重庆高新技术产业开发区建设国家自主创新示范区的批复》，同意重庆高新技术产业开发区建设国家自主创新示范区，区域范围为国务院有关部门公布的开发区审核公告确定的四至范围。

2016年7月26日，国务院发布《国务院关于济南市城市总体规划的批复》，原则同意《济南市城市总体规划（2011—2020年）》。在《总体规划》确定的3257km² 城市规划区范围内，实行城乡统一规划管理。到2020年，中心城区常住人口控制在430万人以内，城市建设用地控制在410km² 以内。

2016年7月26日，国务院发布《国务院关于苏州市城市总体规划的批复》，原则同意《苏州市城市总体规划（2011—2020年）》。在《总体规划》确定的2597km² 城市规划区范围内，实行城乡统一规划管理。到2020年，中心城区常住人口控制在360万人以内，城市建设用地控制在380km² 以内。

2016年7月27日，中共中央办公厅、国务院办公厅印发《国家信息化发展战略纲要》，要求将信息化贯穿我国现代化进程始终，加快释放信息化发展的巨大潜能，以信息化驱动现代化，加快建设网络强国。《纲要》指出，要转变城镇化发展方式，破解制约城乡发展的信息障碍，促进城镇化和新农村建设协调推进。加强顶层设计，提高城市基础设施、运行管理、公共服务和产业发展的信息化水平，分级分类推进新型智慧城市建设。实施以信息化推动京津冀协同发展、信息化带动长江经济带发展行动计划。

2016年7月29日，北京市规划和国土资源管理委员会正式揭牌。该部门由原北京市规划委员会和原北京市国土资源局合并而成。北京市委常委、副市长陈刚在揭牌仪式上表示，市规划委和市国土局的合并，将有利于实现空间规划和土地利用规划的"两规合一"，对实现首都长远战略规划具有现实意义。

2016年8月2日，国务院发布《国务院关于同意设立广西凭祥重点开发开放试验区的批复》，同意设立广西凭祥重点开发开放试验区，试验区建设实施方案由国家发展改革委印发。

2016年8月5日，国务院发布《国务院关于同意设立贵州内陆开放型经济试验区的批复》，同意设立贵州内陆开放型经济试验区，建设实施方案由国家发展改革委印发。

2016年8月16日，住房和城乡建设部下发《住房城乡建设部关于提高城市排水防涝能力推进城市地下综合管廊建设的通知》。《通知》要求，各地要做好城市排水防涝设施建设规划、城市地下综合管廊工程规划、城市工程管线综合规划等的相互衔接。切实提高各类规划的科学性、系统性和可实施性，实现地下空间的统筹协调利用，合理安排城市地下综合管廊和排水防涝设施，科学确定近期建设工程。

2016年8月16日，"2016（第十一届）城市发展与规划大会"在长沙召开。大会以"绿色循环、包容韧性、和谐宜居"为主题，围绕新型城镇化与中国生态城市建设、城市综合管廊线规划建设管理、生态城市规划建设经验与范例、海绵城市规划与建设等17个相关议题进行专题学术研讨。会议期间正式发布由中国城市科学研究会编制的《中国城市规划发展报告2015—2016》，文稿内容紧密联系现阶段我国城市规划工作的重点领域和焦点、热点问题，以综合篇、技术篇和管理篇三个部分，汇总了一年来国内有关新型城镇化、城市规划技术和城市规划管理等方面的优秀理论与实践研究成果。

2016年8月22日，中共中央办公厅、国务院办公厅印发《关于设立统一规范的国家生态文明试验区的意见》及《国家生态文明试验区（福建）实施方案》。《意见》指出，要以改善生态环境质量、推动绿色发展为目标，以体制创新、制度供给、模式探索为重点，设立统一规范的国家生态文明试验区（以下简称"试验区"），将中央顶层设计与地方具体实践相结合，集中开展生态文明体制改革综合试验，规范各类试点示范，完善生态文明制度体系，推进生态文明领域国家治理体系和治理能力现代化。

2016年8月26日，住房和城乡建设部印发《住房城乡建设事业"十三五"规划纲要》。《纲要》根据党的十八大和十八届三中、四中、五中全会精神，中央城镇化工作会议、中央城市工作会议精神以及《中华人民共和国国民经济和社会发展第十三个五年规划纲要》编制。全文3万余字，共分总体要求、主要目标、提高城乡规划编制和实施水平等17个方面内容，主要阐明"十三五"时期，全面推进住房城乡建设事业持续健康发展的主要目标、重点任务和重大举措，是指导住房城乡建设事业改革与发展的全局性、综合性、战略性规划。

2016年9月1日，住房和城乡建设部在山东济南召开全国城乡规划改革工作座谈会，分析城乡规划工作面临的新形势、新任务、新要求，研究推进城乡规划改革的总体思路，部署城乡规划改革重点任务。住房和城乡建设部副部长黄艳出席会议提出要积极适应和引领经济发展新常态，在工作思路上做好四个转变：一是从中心城区向全域管控转变，做好"统筹规划"；二是从外延扩张式向内涵提升式转变，做好"存量规划"；三是从注重物质空间布局向以人为核心转变，做好"民生规划"；四是从技术成果向公共政策平台转变，做好"制度规划"。会议提出，城市规划改革的目标是对接国家空间规划体系的建立，需抓紧时间落实中央提出的具体要求，"树威信、补短板、增能力"，要抓住三个重要突破口开展工作：一是改革城市总体规划"编审督"制度，二是建立城市设计制度，三是建立完善城市修补生态修复的规划制度。（1）改革城市总体规划"编审督"

制度，一是要改革规划编制的理念、内容和方法，建立规划实施监督的机制、路径和方式；二是要改革城市总体规划制度的具体方法。围绕"一张图、一张表、一报告、一公开、一督查"，在城市总体规划编制、审查审批、批后监管三个环节上精准发力，形成"五个一"的规划制度和相应的管理机制；三是要改革城市总体规划制度的相关文件；四是提出城市总体规划改革具体工作要求。（2）建立城市设计制度，分析建立城市设计制度的背景，明确《城市设计管理办法》制定的作用和意义，并明确具体工作要求。（3）建立完善城市修补生态修复的规划制度，提出建立城市修补生态修复规划制度的重大意义，明确城市修补、生态修复的理念，并进行了工作部署。

2016 年 9 月 2 日，国务院发布《国务院关于银川市城市总体规划的批复》，原则同意《银川市城市总体规划（2011—2020 年）》。在《总体规划》确定的 2310.5km² 城市规划区范围内，实行城乡统一规划管理。到 2020 年，中心城区常住人口控制在 130 万人以内，城市建设用地控制在 152.8km² 以内。

2016 年 9 月 5 日，国务院发布了《国务院关于平潭国际旅游岛建设方案的批复》，原则同意《平潭国际旅游岛建设方案》。《批复》指出，要进一步突出特色、发挥优势，积极探索海岛旅游开发新模式，构建以旅游业为支柱的特色产业体系，促进两岸经济文化社会深度融合，形成两岸合作新局面，积极融入"一带一路"，构建对外开放新体制，深入推进生态文明建设，形成人与自然和谐发展新格局，努力把平潭建设成为经济发展、社会和谐、环境优美、独具特色、两岸同胞向往的国际旅游岛。

2016 年 9 月 11 日，《长江经济带发展规划纲要》正式印发。《纲要》围绕"生态优先、绿色发展"的基本思路，确立了长江经济带"一轴、两翼、三极、多点"的发展新格局，同时提出保护和修复长江生态环境、建设综合立体交通走廊、创新驱动产业转型、新型城镇化、构建东西双向、海陆统筹的对外开放新格局等多项任务。《纲要》描绘了长江经济带发展的宏伟蓝图，是推动长江经济带发展重大国家战略的纲领性文件。

2016 年 9 月 14 日，国务院发布《国务院关于同意新增部分县（市、区、旗）纳入国家重点生态功能区的批复》，原则同意国家发展改革委会同有关部门提出的新增纳入国家重点生态功能区的县（市、区、旗）名单。《批复》指出，地方各级人民政府、各有关部门要牢固树立绿色发展理念，加强生态保护和修复，根据国家重点生态功能区定位，合理调控工业化城镇化开发内容和边界，保持并提高生态产品供给能力。

2016 年 9 月 16 日，国务院办公厅下发《国务院办公厅关于批准三亚市城市总体规划的通知》，原则同意《三亚市城市总体规划（2011—2020 年）》。在

《总体规划》确定的 1919.6km² 城市规划区范围内，实行城乡统一规划管理。到 2020 年，中心城区常住人口控制在 50 万人以内，城市建设用地控制在 74.7km² 以内。

2016 年 9 月 16 日，国务院发布《国务院关于昆明市城市总体规划的批复》，原则同意《昆明市城市总体规划（2011—2020 年）》。在《总体规划》确定的 4060km² 城市规划区范围内，实行城乡统一规划管理。到 2020 年，中心城区常住人口控制在 430 万人以内，城市建设用地控制在 430km² 以内。

2016 年 9 月 21 日，住房和城乡建设部印发《绿道规划设计导则》，指导各地科学规划、设计绿道，提高绿道建设水平，发挥绿道综合功能。

2016 年 9 月 24 日，2016 中国城市规划年会在沈阳新世界博览馆召开，年会由中国城市规划学会和沈阳市人民政府共同主办。本届年会的主题为"规划 60 年：成就与挑战"。年会邀请了 7 位大会报告人，分别从国家政策、空间研究、经济形势、"一带一路"、全球化、城乡规划学科发展、城市治理等方面就当前城市规划工作中面临的一系列热点和难点问题进行了探讨。住房城乡建设部副部长黄艳参加会议并作学术报告。黄艳指出，"十八大"以后，中央对城市规划改革提出了具体要求。现在，城市规划改革面对两个主要任务：国家治理能力现代化的任务——建立国家空间规划体系；城市发展方式转型的任务——以人的宜居为目标，把粗放扩张性的规划转变为提高城市内涵质量的规划。黄艳强调，规划改革需要明确认识、实现转变。年会上共颁发终身成就奖、全国优秀科技工作者奖、杰出学会工作者奖等 7 项大奖。其中，清华大学朱自煊、北京大学周一星、中国城市规划设计研究院夏宗玕、南京大学崔功豪、同济大学董鉴泓荣获中国城市规划"终身成就奖"。

2016 年 9 月 30 日，国务院办公厅印发《国务院办公厅关于印发推动 1 亿非户籍人口在城市落户方案的通知》。《通知》指出，"十三五"期间，城乡区域间户籍迁移壁垒加速破除，配套政策体系进一步健全，户籍人口城镇化率年均提高 1 个百分点以上，年均转户 1300 万人以上。到 2020 年，全国户籍人口城镇化率提高到 45%，各地区户籍人口城镇化率与常住人口城镇化率差距比 2013 年缩小 2 个百分点以上。

2016 年 10 月 14 日，国务院办公厅发布《国务院办公厅关于批准枣庄市城市总体规划的通知》，原则同意《枣庄市城市总体规划（2011—2020 年）》。在《总体规划》确定的 3069km² 城市规划区范围内，实行城乡统一规划管理。到 2020 年，中心城区常住人口控制在 120 万人以内，城市建设用地控制在 138km² 以内。

2016 年 10 月 17 日，联合国第三次住房和城市可持续发展大会（简称"人居三"）在厄瓜多尔首都基多正式揭开帷幕。住房城乡建设部部长陈政高作为中国政府特别代表出席并发表讲话，中国城市规划学会秘书长石楠等中国代表赴会交流并分享中国经验。陈政高在讲话中说，自 1996 年"人居二"会议至今的20 年时间里，中国的城镇化率从 30.5% 提高到去年的 56.1%，城镇化已经成为中国经济增长的重要引擎。现在中国城镇人均住房建筑面积达到 33m² 以上，农村人均住房建筑面积达 37m² 以上。为了实现本届人居大会提出的《新城市议程》，中方承诺积极参与和推进可持续城镇化进程，继续改善中国人居环境质量；发挥规划对可持续城镇化的引领作用，实现城市有序建设，适度开发，高效运行，让人民生活更美好；继续加强人居环境领域的国际合作，支持联合国 2030年可持续发展议程和《新城市议程》的落实。大会通过里程碑式文件——《新城市议程》。《新城市议程》是联合国指导世界各国未来 20 年住房和城市可持续发展的纲领性文件。

2016 年 10 月 22 日，中共中央办公厅、国务院办公厅印发《关于建立健全国家"十三五"规划纲要实施机制的意见》。《意见》提出，以主体功能区规划为基础统筹各类空间性规划，加快研究建立空间规划体系，协调推动全国国土规划，协调推进市县"多规合一"和省级空间规划改革；要确保主要指标顺利实现，各有关部门要在 2016 年 10 月底前，将《纲要》中可分解到地方的约束性指标落实到各地；推动重大工程项目加快实施，简化《纲要》中重大工程项目审批核准程序并优先保障规划选址、土地供应和融资安排；推动重大改革政策尽快落地等。

2016 年 10 月 23 日，国务院办公厅发布《国务院办公厅关于批准平顶山市城市总体规划的通知》，原则同意《平顶山市城市总体规划（2011—2020 年）》。在《总体规划》确定的 1383km² 城市规划区范围内，实行城乡统一规划管理。到2020 年，中心城区常住人口控制在 110 万人以内，城市建设用地控制在 106km²以内。

2016 年 10 月 28 日，民政部发布《城乡社区服务体系建设规划（2016-2020年）》，《规划》的重点任务是：加强城乡社区服务机构建设、扩大城乡社区服务有效供给、健全城乡社区服务设施网络、推进城乡社区服务人才队伍建设、加强城乡社区服务信息化建设、创新城乡社区服务机制。

2016 年 10 月 31 日，国家发展改革委印发《关于支持各地开展产城融合示范区建设的通知》，提出了 58 个产城融合示范区建设的主要任务，要求各地在示范区建设中明确控制开发强度、创新体制机制、落实工作责任。

2016 年 10 月 31 日，由住房和城乡建设部、联合国人居署、福建省人民政府主办，厦门市人民政府承办，中国市长协会、中国城市规划学会、上海世界城市日事务协调中心协办的"2016 世界城市日论坛"在福建省厦门市举行，论坛的主题是"共建城市，共享发展"。住房城乡建设部副部长易军、联合国人居署副执行主任艾莎·卡西拉等在论坛开幕式上致辞。来自中国、美国、英国、德国等近 20 个国家、地区和国际组织的官员、市长、专家学者共 300 多人出席论坛，并共同签署发表了《城市发展厦门倡议》。

2016 年 11 月 7 日，国务院批复同意《东北振兴"十三五"规划》。《规划》提出要以提高发展质量和效益为中心，以供给侧结构性改革为主线，着力完善体制机制，着力推进结构调整，着力鼓励创新创业，着力保障和改善民生，协同推进新型工业化、信息化、城镇化和农业现代化，因地制宜、分类施策，扬长避短、扬长克短、扬长补短，有效提升老工业基地的发展活力、内生动力和整体竞争力，努力走出一条质量更高、效益更好、结构更优、优势充分释放的振兴发展新路，与全国同步全面建成小康社会。

2016 年 11 月 24 日，国务院印发并实施《"十三五"生态环境保护规划》。《规划》提出，以提高环境质量为核心，实施最严格的环境保护制度，打好大气、水、土壤污染防治三大战役，加强生态保护与修复，严密防控生态环境风险，加快推进生态环境领域国家治理体系和治理能力现代化，不断提高生态环境管理系统化、科学化、法治化、精细化、信息化水平，为人民提供更多优质生态产品。

2016 年 11 月 25 日，人力资源社会保障部办公厅发布《关于 2017 年度专业技术人员资格考试计划及有关问题的通知》，自 2015 年起停考的注册城市规划师、建筑师考试将于 2017 年重新开考，注册城市规划师考试将于 2017 年 10 月 21、22 日进行。

2016 年 11 月 27 日，国家发改委发布《关于加快城市群规划编制工作的通知》，要求明年再启动编制 12 个城市群发展规划。《通知》指出，跨省级行政区城市群规划，由国家发展改革委会同有关部门负责编制，并报国务院批准后实施。将于 2017 年拟启动珠三角湾区城市群、海峡西岸城市群、关中平原城市群、兰州—西宁城市群、呼包鄂榆城市群等跨省域城市群规划编制；边疆地区城市群规划，由相关地区在国家发展改革委指导下编制，并报国家发展改革委批准。2017 年拟启动云南滇中、新疆天山北坡等城市群规划编制。省域内城市群规划，原则上由省级人民政府自行组织编制，国家发展改革委会同有关部门进行指导。2017 年底前，由所在省政府编制完成后报备国家发展改革委。

2016 年 12 月 2 日，中共中央办公厅、国务院办公厅发布《生态文明建设目标评价考核法》，明确突出公众获得感。对各省区市实行年度评价、五年考核机制以考核结果作为党政领导综合考核评价、干部奖惩任免的重要依据。《考核办法》指出，生态文明建设目标评价考核在资源环境生态领域有关专项考核的基础上综合开展。采取评价和考核相结合的方式。年度评价应当在每年 8 月底前完成，目标考核在五年规划期结束后的次年开展并于 9 月底前完成。

2016 年 12 月 6 日，住房和城乡建设部、环境保护部印发《全国城市生态保护与建设规划（2015—2020 年)》，《规划》指出，到 2020 年，城市建成区绿地率达到 38.9%，城市建成区绿化覆盖率达到 43.0%，城市人均公园绿地面积达到 14.6 m²，水体岸线自然化率不低于 80%，受损弃置地生态与景观恢复率大于 80%。

2016 年 12 月 7 日，国家发展改革委、国土资源部、环境保护部、住房城乡建设部等七部门联合制定发出《关于加强京冀交界地区规划建设管理的指导意见》，要求按统一规划、统一政策、统一管控的原则，统筹北京市和河北省毗邻区域规划建设管理，有序疏解北京非首都功能，推动京津冀协同发展。其中，全面划定永久基本农田并实行特殊保护，强化交界地区土地利用总体规划管控，严控增量建设用地规模、开展城镇低效用地再开发，严禁在交界地区大规模开发房地产、囤地炒地等涉及国土资源的政策被重申并强调部署。

2016 年 12 月 10 日，全国生态修复城市修补工作现场会在三亚召开。会上，住房城乡建设部负责人表示，我国要全面开展生态修复城市修补，改善城市环境和城市风貌，促城市转型发展。根据《住房城乡建设部关于加强生态修复城市修补工作的指导意见（征求意见稿)》，2017 年各城市全面启动城市建设和生态环境综合评价；2020 年城市"双修"在全国各市、县全面推开。开展生态修复、城市修补是治理"城市病"、保障改善民生的重大举措，是适应经济发展新常态，大力推动供给侧结构性改革的有效途径，是城市转型发展的重要标志。

2016 年 12 月 13 日，国务院印发《中国落实 2030 年可持续发展议程创新示范区建设方案》。《方案》提出，建设中国落实 2030 年可持续发展议程创新示范区要以实施创新驱动发展战略为主线，以推动科技创新与社会发展深度融合为目标，以破解制约我国可持续发展的关键瓶颈问题为着力点，集成各类创新资源，加强科技成果转化，探索完善体制机制，提供系统解决方案，促进经济建设与社会事业协调发展。《方案》强调，要按照创新理念问题导向，多元参与。开放共享的原则开展国家可持续发展议程创新示范区建设，使科技创新对社会事业发展的支持引领作用不断增强，经济与社会协调发展程度明显提升。形成一批可复制，可推广的现实样板，对国内其他地区可持续发展发挥示范带动效应，对外为其他国家落实 2030 年可持续发展议程提供中国经验。

2016 年 12 月 15 日，国务院发布《国务院办公厅关于批准吉林市城市总体规划的通知》，原则同意《吉林市城市总体规划（2011—2020 年)》。在《总体规划》确定的 3967km² 城市规划区范围内，实行城乡统一规划管理。到 2020 年，中心城区常住人口控制在 200 万人以内，城市建设用地控制在 215km² 以内。

2016 年 12 月 17 日，国家发展改革委印发《促进中部地区崛起"十三五"规划》。《规划》在巩固提升中部地区原有"三基地、一枢纽"（即全国重要粮食生产基地、能源原材料基地、现代装备制造及高技术产业基地和综合交通运输枢纽）定位的基础上，根据新形势新任务提出了"一中心四区"的新战略定位，即全国重要先进制造业中心、全国新型城镇化重点区、全国现代农业发展核心区、全国生态文明建设示范区、全方位开放重要支撑区。

2016 年 12 月 17 日，国务院办公厅发布《国务院办公厅关于批准潍坊市城市总体规划的通知》，原则同意《潍坊市城市总体规划（2011—2020 年）》。在《总体规划》确定的 2650km² 城市规划区范围内，实行城乡统一规划管理。到 2020 年，中心城区常住人口控制在 175 万人以内，城市建设用地控制在 192.5km² 以内。

2016 年 12 月 26 日，全国住房城乡建设工作会议在京召开。住房和城乡建设部党组书记、部长陈政高全面总结了 2016 年住房城乡建设工作，并对 2017 年工作任务作出了部署。陈政高指出，2016 年是"十三五"规划的开局之年，是全面落实中央城市工作会议的第一年。2017 年城乡规划建设重点工作为：一是努力推进房地产去库存。二是着力稳定热点城市房地产市场。三是顺利完成棚户区改造任务。四是不断加强城乡规划工作。五是继续强化城市基础设施建设。六是认真落实城市执法体制改革任务。七是全面理清建筑业改革发展思路。八是全力推动装配式建筑发展。九是深入开展农村人居环境改善工作。

2016 年 12 月 28 日，国务院发布《国务院关于中原城市群发展规划的批复》，原则同意《中原城市群发展规划》。批复提出：推动中原城市群发展，对于加快促进中部地区崛起、推进新型城镇化建设、拓展我国经济发展新空间具有重要战略意义。河南、河北、山西、安徽、山东省人民政府和国务院有关部门要认真贯彻有关文件精神，提高认识、紧密合作、扎实工作，共同推动《规划》的落实，努力把中原城市群建设成为经济发展新增长极、重要的先进制造业和现代服务业基地、中西部地区创新创业先行区、内陆地区双向开放新高地和绿色生态发展示范区，构建网络化、开放式、一体化的发展新格局。

2016 年 12 月 29 日，国务院发布《关于<全国土地整治规划（2016—2020 年)>的批复》，原则同意《全国土地整治规划（2016—2020 年）》，由国土资源部、国家发展改革委发布实施。通过《规划》实施，"十三五"期间，确保建成 4 亿亩、力争建成 6 亿亩高标准农田，使经整治的基本农田质量平均提高 1 个等级；通过土地整治补充耕地 2000 万亩，通过农用地整理改造中低等耕地 2 亿亩左右，耕地数量质量保护水平全面提升；整理农村建设用地 600 万亩，改造开发城镇低效用地 600 万亩，促进单位国内生产总值的建设用地使用面积降低 20%，节约集约用地水平进一步提高；全面推进土地复垦，复垦率达到 45% 以上，开展土地生态整治，使土地资源得到合理利用，生态环境明显改善。

2017 年 1 月 9 日，中共中央办公厅、国务院办公厅印发《省级空间规划试点方案》。《方案》明确，开展省级空间规划试点，要贯彻落实党的十八届五中全会关于以主体功能区规划为基础统筹各类空间性规划。推进"多规合一"的战略部署，全面摸清并分析国土空间本底条件，划定城镇、农业、生态空间及生态保护红线、永久基本农田和城镇开发边界，注重开发强度管控和主要控制线落地，统筹各类空间性规划，编制统一的省级空间规划，为实现"多规合一"、建立健全国土空间开发保护制度积累经验、提供示范。《方案》提出，2017 年年底前，通过试点探索实现以下目标：（1）形成一套规划成果。在统一不同坐标系的空间规划数据前提下，有效解决各类规划之间的矛盾冲突问题，编制形成省级空间规划总图和空间规划文本。（2）研究一套技术规程。研究提出适用于全国的省级空间规划编制办法，资源环境承载力和国土空间开发适宜性评价、开发强度测算、"三区三线"划定等技术规程，以及空间规划用地、用海、用岛分类标准、综合管控措施等基本规范。（3）设计一个信息平台。研究提出基于 2000 国家大地坐标系的规划基础数据转换办法，以及有利于空间开发数字化管控和项目审批核准并联合运行的规划信息管理平台设计方案。（4）提出一套改革建议。研究提出规划管理体制机制改革创新和相关法律法规立改废释的具体建议。

2017 年 1 月 11 日，住房和城乡建设部发布《住房城乡建设部关于 2016 年中国人居环境奖获奖名单的通报》，授予江苏省徐州市、浙江省诸暨市、山东省青州市 2016 年中国人居环境奖，授予上海市普陀区长征镇社区建设项目等 45 个项目 2016 年中国人居环境范例奖。

2017 年 1 月 20 日，国务院发布《国务院关于北部湾城市群发展规划的批复》，原则同意《北部湾城市群发展规划》。批复指出，培育发展北部湾城市群，对于深化中国—东盟战略合作、拓展我国经济发展新空间、推进新型城镇化建设具有重要战略意义。广东省、广西壮族自治区、海南省人民政府和国务院有关部门要认真贯彻落实有关文件精神，努力把北部湾城市群建设成为生态环境优美、经济充满活力、生活品质优良的蓝色海湾城市群。

2016—2017 年度城市规划相关法规文件索引

一、国务院颁布政策法规（共计 66 部）

序号	政策法规名称	发文字号	发布日期
1	中共中央国务院关于进一步加强城市规划建设管理工作的若干意见	中发〔2016〕6 号	2016 年 2 月 6 日
2	国务院关于青岛市城市总体规划的批复	国函〔2016〕11 号	2016 年 1 月 8 日
3	国务院关于杭州市城市总体规划的批复	国函〔2016〕16 号	2016 年 1 月 11 日
4	国务院关于淄博市城市总体规划的批复	国函〔2016〕23 号	2016 年 1 月 18 日
5	国务院办公厅关于批准大庆市城市总体规划的通知	国办函〔2016〕9 号	2016 年 1 月 20 日
6	国务院关于深入推进新型城镇化建设的若干意见	国发〔2016〕8 号	2016 年 2 月 2 日
7	国务院关于同意设立长春新区的批复	国函〔2016〕31 号	2016 年 2 月 3 日
8	国务院关于广州市城市总体规划的批复	国函〔2016〕36 号	2016 年 2 月 5 日
9	国务院关于厦门市城市总体规划的批复	国函〔2016〕35 号	2016 年 2 月 5 日
10	国务院关于哈长城市群发展规划的批复	国函〔2016〕43 号	2016 年 2 月 23 日
11	国务院关于深化泛珠三角区域合作的指导意见	国发〔2016〕18 号	2016 年 3 月 3 日
12	国务院办公厅关于批准临沂市城市总体规划的通知	国办函〔2016〕24 号	2016 年 3 月 4 日
13	国务院办公厅关于完善国家级经济技术开发区考核制度促进创新驱动发展的指导意见	国办发〔2016〕14 号	2016 年 3 月 16 日
14	国务院办公厅关于批准东营市城市总体规划的通知	国办函〔2016〕35 号	2016 年 3 月 31 日
15	国务院关于同意郑洛新国家高新区建设国家自主创新示范区的批复	国函〔2016〕63 号	2016 年 4 月 5 日
16	国务院关于同意山东半岛国家高新区建设国家自主创新示范区的批复	国函〔2016〕64 号	2016 年 4 月 5 日
17	国务院关于同意沈大国家高新区建设国家自主创新示范区的批复	国函〔2016〕65 号	2016 年 4 月 5 日
18	国务院关于成渝城市群发展规划的批复	国函〔2016〕68 号	2016 年 4 月 12 日
19	国务院关于同意设立黑龙江绥芬河—东宁重点开发开放试验区的批复	国函〔2016〕71 号	2016 年 4 月 19 日
20	国务院关于合肥市城市总体规划的批复	国函〔2016〕74 号	2016 年 4 月 22 日

序号	政策法规名称	发文字号	发布日期
21	国务院关于同意将浙江省温州市列为国家历史文化名城的批复	国函〔2016〕75 号	2016 年 4 月 22 日
22	国务院办公厅关于健全生态保护补偿机制的意见	国办发〔2016〕31 号	2016 年 4 月 28 日
23	国务院办公厅关于公布辽宁楼子山等 18 处新建国家级自然保护区名单的通知	国办发〔2016〕33 号	2016 年 5 月 2 日
24	国务院办公厅关于建设大众创业万众创新示范基地的实施意见	国办发〔2016〕35 号	2016 年 5 月 8 日
25	国务院关于长江三角洲城市群发展规划的批复	国函〔2016〕87 号	2016 年 5 月 22 日
26	国务院关于同意设立江西赣江新区的批复	国函〔2016〕96 号	2016 年 6 月 6 日
27	国务院关于同意福厦泉国家高新区建设国家自主创新示范区的批复	国函〔2016〕106 号	2016 年 6 月 16 日
28	国务院关于同意合芜蚌国家高新区建设国家自主创新示范区的批复	国函〔2016〕107 号	2016 年 6 月 16 日
29	国务院关于京津冀系统推进全面创新改革试验方案的批复	国函〔2016〕109 号	2016 年 6 月 24 日
30	国务院办公厅关于批准南通市城市总体规划的通知	国办函〔2016〕61 号	2016 年 7 月 1 日
31	国务院关于南京市城市总体规划的批复	国函〔2016〕119 号	2016 年 7 月 3 日
32	国务院关于川陕革命老区振兴发展规划的批复	国函〔2016〕120 号	2016 年 7 月 10 日
33	国务院关于同意重庆高新技术产业开发区建设国家自主创新示范区的批复	国函〔2016〕130 号	2016 年 7 月 19 日
34	国务院关于济南市城市总体规划的批复	国函〔2016〕133 号	2016 年 7 月 26 日
35	国务院关于苏州市城市总体规划的批复	国函〔2016〕134 号	2016 年 7 月 26 日
36	国务院关于实施支持农业转移人口市民化若干财政政策的通知	国发〔2016〕44 号	2016 年 7 月 27 日
37	国务院关于同意设立广西凭祥重点开发开放试验区的批复	国函〔2016〕141 号	2016 年 8 月 2 日
38	国务院关于同意设立贵州内陆开放型经济试验区的批复	国函〔2016〕142 号	2016 年 8 月 5 日
39	国务院关于平潭国际旅游岛建设方案的批复	国函〔2016〕143 号	2016 年 8 月 8 日
40	国务院关于银川市城市总体规划的批复	国函〔2016〕152 号	2016 年 9 月 2 日
41	国务院关于同意新增部分县（市、区、旗）纳入国家重点生态功能区的批复	国函〔2016〕161 号	2016 年 9 月 14 日
42	国务院办公厅关于批准三亚市城市总体规划的通知	国办函〔2016〕76 号	2016 年 9 月 16 日

序号	政策法规名称	发文字号	发布日期
43	国务院关于昆明市城市总体规划的批复	国函〔2016〕153 号	2016 年 9 月 16 日
44	国务院办公厅关于印发推动 1 亿非户籍人口在城市落户方案的通知	国办发〔2016〕72 号	2016 年 9 月 30 日
45	国务院办公厅关于批准枣庄市城市总体规划的通知	国办函〔2016〕79 号	2016 年 10 月 14 日
46	国务院办公厅关于批准平顶山市城市总体规划的通知	国办函〔2016〕85 号	2016 年 10 月 23 日
47	国务院关于深入推进实施新一轮东北振兴战略加快推动东北地区经济企稳向好若干重要举措的意见	国发〔2016〕62 号	2016 年 11 月 1 日
48	国务院关于东北振兴"十三五"规划的批复	国函〔2016〕177 号	2016 年 11 月 1 日
49	国务院关于做好自由贸易试验区新一批改革试点经验复制推广工作的通知	国发〔2016〕63 号	2016 年 11 月 2 日
50	国务院办公厅关于完善集体林权制度的意见	国办发〔2016〕83 号	2016 年 11 月 16 日
51	国务院关于同意将江苏省高邮市列为国家历史文化名城的批复	国函〔2016〕184 号	2016 年 11 月 22 日
52	国务院关于印发"十三五"生态环境保护规划的通知	国发〔2016〕65 号	2016 年 11 月 24 日
53	国务院关于印发"十三五"国家战略性新兴产业发展规划的通知	国发〔2016〕67 号	2016 年 11 月 29 日
54	国务院办公厅关于印发湿地保护修复制度方案的通知	国办发〔2016〕89 号	2016 年 11 月 30 日
55	国务院关于印发中国落实 2030 年可持续发展议程创新示范区建设方案的通知	国发〔2016〕69 号	2016 年 12 月 3 日
56	国务院办公厅关于批准吉林市城市总体规划的通知	国办函〔2016〕102 号	2016 年 12 月 15 日
57	国务院关于同意将湖南省永州市列为国家历史文化名城的批复	国函〔2016〕205 号	2016 年 12 月 16 日
58	国务院办公厅关于批准潍坊市城市总体规划的通知	国办函〔2016〕105 号	2016 年 12 月 17 日
59	国务院关于促进中部地区崛起"十三五"规划的批复	国函〔2016〕204 号	2016 年 12 月 17 日
60	国务院办公厅关于批准佛山市城市总体规划的通知	国办函〔2016〕107 号	2016 年 12 月 19 日
61	国务院关于全国土地整治规划（2016—2020 年）的批复	国函〔2016〕209 号	2016 年 12 月 23 日
62	国务院关于中原城市群发展规划的批复	国函〔2016〕210 号	2016 年 12 月 28 日
63	国务院办公厅关于印发国家综合防灾减灾规划（2016—2020 年）的通知	国办发〔2016〕104 号	2016 年 12 月 29 日

序号	政策法规名称	发文字号	发布日期
64	国务院关于全民所有自然资源资产有偿使用制度改革的指导意见	国发〔2016〕82号	2016年12月29日
65	国务院关于印发国家人口发展规划（2016—2030年）的通知	国发〔2016〕87号	2016年12月30日
66	国务院关于北部湾城市群发展规划的批复	国函〔2017〕6号	2017年1月20日

二、住房和城乡建设部政策文件（共计39部）

序号	政策法规名称	发文字号	发布日期
1	住房和城乡建设部关于修改《城乡规划编制单位资质管理规定》的决定	中华人民共和国住房和城乡建设部令第28号	2016年1月11日
2	住房和城乡建设部关于建水风景名胜区总体规划的函	建城函〔2016〕10号	2016年1月14日
3	住房和城乡建设部关于2015年国家生态园林城市、园林城市、县城和城镇的通报	建城〔2016〕16号	2016年1月15日
4	关于修改《城乡规划违法违纪行为处分办法》的决定	中华人民共和国监察部　中华人民共和国人力资源和社会保障部　中华人民共和国住房和城乡建设部令第33号	2016年1月18日
5	住房和城乡建设部关于云台山风景名胜区总体规划的函	建城函〔2016〕24号	2016年1月29日
6	国家发展改革委住房城乡建设部关于印发城市适应气候变化行动方案的通知	发改气候〔2016〕245号	2016年2月4日
7	住房和城乡建设部关于方岩风景名胜区总体规划的函	建城函〔2016〕32号	2016年2月15日
8	关于开展2016年中央财政支持地下综合管廊试点工作的通知	财办建〔2016〕21号	2016年2月16日
9	关于开展2016年中央财政支持海绵城市建设试点工作的通知	财办建〔2016〕25号	2016年2月25日
10	住房和城乡建设部关于成立城市设计专家委员会的通知	建科〔2016〕39号	2016年2月29日
11	住房和城乡建设部关于印发海绵城市专项规划编制暂行规定的通知	建规〔2016〕50号	2016年3月11日

续表

序号	政策法规名称	发文字号	发布日期
12	住房和城乡建设部关于浣江—五泄风景名胜区总体规划的函	建城函〔2016〕48 号	2016 年 3 月 4 日
13	住房和城乡建设部关于雪窦山风景名胜区总体规划的函	建城函〔2016〕69 号	2016 年 4 月 7 日
14	住房和城乡建设部办公厅等关于开展城市地下管线普查工作进展情况检查的通知	建办城〔2016〕23 号	2016 年 4 月 27 日
15	住房和城乡建设部关于陆水风景名胜区总体规划的函	建城函〔2016〕86 号	2016 年 5 月 4 日
16	住房和城乡建设部关于印发中国人居环境奖评价指标体系和中国人居环境范例奖评选主题的通知	建城〔2016〕92 号	2016 年 5 月 20 日
17	住房和城乡建设部关于印发城市地下空间开发利用"十三五"规划的通知	建规〔2016〕95 号	2016 年 5 月 25 日
18	住房和城乡建设部国家能源局关于推进电力管线纳入城市地下综合管廊的意见	建城〔2016〕98 号	2016 年 5 月 26 日
19	住房和城乡建设部办公厅关于申报中国人居环境奖有关工作的通知	建办城函〔2016〕532 号	2016 年 6 月 6 日
20	住房和城乡建设部关于废止注册城市规划师注册登记办法的通知	建规〔2016〕135 号	2016 年 7 月 5 日
21	住房和城乡建设部　财政部　国土资源部关于进一步做好棚户区改造工作有关问题的通知	建保〔2016〕156 号	2016 年 7 月 11 日
22	住房和城乡建设部办公厅关于印发《历史文化街区划定和历史建筑确定工作方案》的通知	建办规函〔2016〕681 号	2016 年 7 月 18 日
23	国家发展改革委　住房和城乡建设部关于印发开展气候适应型城市建设试点的通知	发改气候〔2016〕1687 号	2016 年 8 月 2 日
24	住房和城乡建设部关于提高城市排水防涝能力推进城市地下综合管廊建设的通知	建城〔2016〕174 号	2016 年 8 月 16 日
25	住房和城乡建设部　国家文物局关于组织申报第七批中国历史文化名镇名村的通知	建规函〔2016〕177 号	2016 年 8 月 19 日
26	住房和城乡建设部　国土资源部关于进一步完善城市停车场规划建设及用地政策的通知	建城〔2016〕193 号	2016 年 8 月 31 日

序号	政策法规名称	发文字号	发布日期
27	住房和城乡建设部关于印发绿道规划设计导则的通知	建城函〔2016〕211号	2016年9月21日
28	住房和城乡建设部关于印发国家园林城市系列标准及申报评审管理办法的通知	建城〔2016〕235号	2016年10月28日
29	住房和城乡建设部关于东江湖风景名胜区总体规划的函	建城函〔2016〕235号	2016年11月4日
30	住房和城乡建设部关于印发全国城市管理执法队伍"强基础、转作风、树形象"专项行动方案的通知	建督〔2016〕244号	2016年11月7日
31	住房和城乡建设部关于印发全国风景名胜区事业发展"十三五"规划的通知	建城〔2016〕247号	2016年11月10日
32	住房和城乡建设部关于南山风景名胜区总体规划的函	建城函〔2016〕239号	2016年11月14日
33	住房和城乡建设部城市管理监督局关于报送城市执法体制改革有关重点工作进展情况的通知	建督综函〔2016〕2号	2016年11月21日
34	住房和城乡建设部　环境保护部关于印发全国城市生态保护与建设规划（2015—2020年）的通知	建城〔2016〕284号	2016年12月6日
35	住房和城乡建设部办公厅　国家发展改革委办公厅　财政部办公厅关于印发《棚户区改造工作激励措施实施办法（试行）》的通知	建办保〔2016〕69号	2016年12月19日
36	住房和城乡建设部　国家发展改革委关于印发城镇节水工作指南的通知	建城函〔2016〕251号	2016年11月18日
37	住房和城乡建设部关于2016年中国人居环境奖获奖名单的通报	建城〔2017〕14号	2017年1月11日
38	国家发展改革委　住房和城乡建设部关于印发北部湾城市群发展规划的通知	发改规划〔2017〕277号	2017年2月10日
39	住房和城乡建设部关于加强生态修复城市修补工作的指导意见	建规〔2017〕59号	2017年3月6日